“十 三 五” 职 业 教 育 国 家 规 划 教 材
“十 二 五” 职 业 教 育 国 家 规 划 教 材
高等职业教育农业农村部“十三五”规划教材
国 家 级 精 品 资 源 共 享 课 配 套 教 材

全国优秀教材一等奖

动物微生物与免疫技术

第三版

李　舫　沈美艳　主编

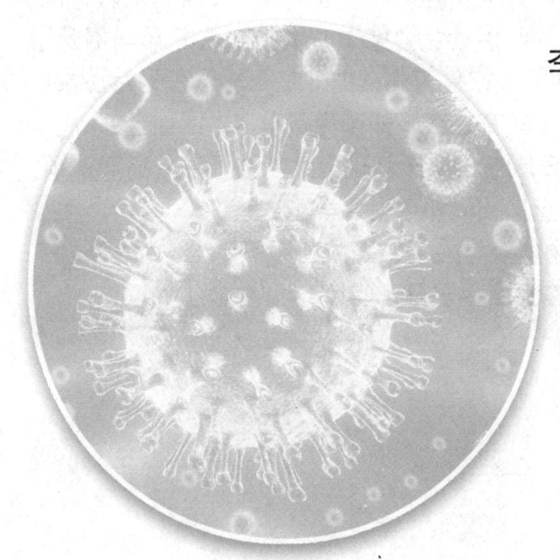

中国农业出版社
北　京

内容简介

本教材编写时以培养德智体美劳全面发展的高素质劳动者和技术技能人才为培养目标，主编根据学生就业岗位的任职要求，参照职业资格标准，结合本课程的特点和多年教学改革的经验，开发了基于工作过程的课程体系和教学内容，主要内容包括细菌病的实验室诊断、病毒病的实验室诊断、消毒与灭菌、免疫防治理论、免疫诊断、生物制品及其应用、微生物的其他应用等七个项目。每个项目下有一个“项目指南”，描述了该项目在生产中的应用背景和意义，完成该项目所需的知识点和技能点、重点与难点等，然后分别从“认知与解读”“操作与体验”“ 拓展与提升”三个方面阐述相关知识与技能，最后是便于大家复习测试的“复习与思考”。教材封底配有课程码，通过课程码登录“中国农业教育在线”即可免费学习本课程全部数字资源（课件、视频、动画、彩图等）。第三版在第二版基础上又新增了部分高清视频资源，用二维码的形式，学生无需登录，直接扫码即可观看学习。

本教材既适合农业高等职业教育动物防疫与检疫、畜牧兽医等专业教师和学生使用，亦可供基层畜牧兽医工作人员及其他社会学习者使用。

第三版编审人员

DONGWU WEISHENGWU YU MIANYI JISHU

主　　编　李　舫　沈美艳

副 主 编　朱明恩　王　涛　王丽娟

编　　者（以姓氏笔画为序）

王　涛　王　梅　王丽娟　乌日娜

朱明恩　乔昌明　向双云　李　舫

沈美艳　郑　敏　郭洪梅

审　　稿　牛钟相

行业指导　田夫林　陈　静

数字资源建设人员

沈美艳　杜　燕　袁东芳　王宝亮

第一版编审人员

DONGWU WEISHENGWU YU MIANYI JISHU

主　编　李　舫

副主编　沈文正　任　平

参　编　（以姓氏笔画为序）

刘兰泉　李静姬　邹晓亮　赵良仓

主　审　徐建义

参　审　沈美艳

第二版编审人员

DONGWU WEISHENGWU YU MIANYI JISHU

主　　编　李　舫

副 主 编　朱明恩　王　涛　王丽娟

编　　者　（以姓氏笔画为序）

王　珅　王　涛　王丽娟　乌日娜　朱明恩

向双云　李　舫　杨玉平　杨明容　张君慧

赵锁花　郭洪梅　韩若婵

审　　稿　牛钟相

行业指导　田夫林　陈　静

第三版前言

本教材第一版和第二版皆为国家规划教材，自出版以来，受到全国涉农院校师生的一致好评。本次修订在保留前两版的精华内容的基础上，依据教育部公布的高等职业学校畜牧兽医类专业教学标准和动物防疫与检疫专业课程标准的要求而编写。

教材编写时紧紧围绕农业高职教育的要求，以培养高素质技术技能型人才为培养目标，注重学生职业技能的培养，以及实践能力、创新能力、就业能力和创业能力的培养。根据学生就业岗位的任职要求，参照职业资格标准，结合本课程的特点和多年教学改革的经验，开发了基于工作过程的课程体系和教学内容，所有知识和技能的传授都围绕着生产中的七个项目来完成。主要内容包括细菌病的实验室诊断、病毒病的实验室诊断、消毒与灭菌、免疫防治理论、免疫诊断、生物制品及其应用、微生物的其他应用等七个项目。每个项目下设一个“项目指南”，描述了该项目在生产中的应用背景和意义，完成该项目所需的知识点和技能点，重点与难点等，然后分别从“认知与解读”“操作与体验”“拓展与提升”三个方面阐述相关知识与技能，最后是便于大家复习测试的“复习与思考”。

随着信息技术的飞速发展，学习者摄取信息的手段不断更新，通过手机、平板等终端设备，可以从各种学习平台获取丰富的学习资源，使学习可以随时随地进行，为与之相适应，山东畜牧兽医职业学院动物微生物课程教学团队开发了七个项目的教学资源，内容全、数量多、质量高。第二版教材出版时增加了课程码，登录“中国农业教育在线”即可免费在线学习本门课程的全部数字资源。第三版在第二版基础上又新增了部分高清视频资源，用二维码的形式，学生无需登录，直接扫码即可观看学习。此外，学习动物微生物课程资源还可登录国家资源共享课网站和国家教学资源库网站。

我国地域辽阔，畜牧业发展呈现多样化，教学条件与人才需求也各不相同，因此各地在使用时可依据课程标准来完成教学任务。课程标准规定的必须掌握的内容，一定要按质按量地完成，对于课程标准所列选学内容和内容呈现方法可根据各地具体情况、行业新发展、信息技术提升等及时调整更新，以便更有针对性地解决生产中的问题。

本教材的编写分工是：李舫（山东畜牧兽医职业学院）、向双云（北京农业职业学院）、郑敏（重庆三峡职业学院）编写绪论、项目一，郭洪梅（山东畜牧兽医职业学院）编写拓展与提升中的综合实训，朱明恩（山东畜牧兽医职业学院）、乌日娜（锡林郭勒职业学院）编写项目二，王丽娟（辽宁职业学院）编写项目三，沈美艳（山东畜牧兽医职业学院）、乔昌明（诸城外贸有限责任公司）、王梅（潍坊市现代农业发展中心）编写项目四、项目五，王涛（江苏农牧科技职业学院）编写项目六、项目七，山东畜牧兽医职业学院沈美艳、杜燕、袁东芳、王宝亮负责数字资源建设。全书由李舫和沈美艳统稿。本教材由山东农业大学牛钟相教授审定，山东省动物疫病预防与控制中心田夫林、陈静研究员，对教材做了指导和把关，在此深表谢意。

在教材的编写过程中，山东畜牧兽医职业学院的孙秋艳、孙霞、鞠雷、王光锋、王福红、王彩霞、齐茜、李丛丛等老师提了不少建议，在此表示衷心感谢。

由于编写水平有限，本教材可能有不少缺点甚至错误，恳请广大师生和读者批评指正。

编　者

2019年1月

第一版前言

本教材是依据教育部《关于加强高职高专教育人才培养工作的意见》《关于加强高职高专教育教材建设的若干意见》和21世纪农业部高职高专畜牧兽医专业动物微生物课程教学大纲而编写的，适用于2～3年学制的高职高专畜牧兽医类专业。

近年来，高职高专教育有了较快的发展，为了适应经济、科技、社会的发展对高职高专人才培养提出的更高要求，本教材的编写始终围绕着高职高专畜牧兽医专业的培养目标，坚持“以能力为本位，以就业为目标”的重要原则，淡化了学科体系，重视能力的培养。在内容的安排上，紧密联系生产实际，将知识和技能融为一体。同时，也将当前动物微生物领域的一些新知识、新技术融入教材之中。教材每章都有内容提要和复习思考题，全书图文并茂，最后附有彩图是高职动物微生物类教材的首次，使新编教材具有适用、实用、够用、可读性强、可操作性强等特点。

我国地域辽阔，畜牧业发展呈现多样化，教学条件与人才需求也各不相同，因此各地在使用时可依据教学大纲来完成教学任务。大纲规定的必须掌握的内容，一定要按质按量地完成，对于大纲所列的选学内容可根据各地的具体情况及时调整更新，以便更有针对性地解决生产中的问题。

本教材编写组由来自全国各地从事职业教育多年、具有丰富教学经验和实践经验的副教授以上职称的教师组成，具体分工是：李舫编写绪论、第一章、实训一至七；沈文正编写第九章、第十二章、第十五章；任平编写第六至八章、第十章；刘兰泉编写第三章、第四章、第十六章、实训十与十一；李静姬编写第二章、第十四章、实训八与九、实训十二；邹晓亮编写第十三章；赵良仓编写第五章、第十一章、实训十三至十七。全书由李舫教授统稿，承蒙山东畜牧兽医职业学院徐建义教授主审，沈美艳副教授参审，在此表示衷心感谢。

本教材书后的彩图由宋宗好、王彩霞、黄宏渊、杨明彩老师提供，并由黄宏渊老师处理。在教材的编写过程中，山东畜牧兽医职业学院的靖吉强、朱明恩、孙霞、郭洪梅、杨永春、孙秋艳、王富红、王彩霞、武世珍等老师提了不少建议，在此表示衷心感谢。

由于时间紧、任务重、编写水平有限，本教材可能有不少缺点甚至错误，恳请广大师生和读者批评指正。

编　者

2006年3月

第二版前言

本教材是根据教育部《关于加强高职高专教育教材建设的若干意见》《关于全面提高高等职业教育教学质量的若干意见》《关于“十二五”职业教育教材建设的若干意见》和《关于“十二五”职业教育国家规划教材选题立项的函》等文件精神，并依据教育部公布的高等职业学校畜牧兽医类专业教学标准的要求而编写。

本教材的编写紧紧围绕农业高职教育的要求，以培养高素质技术技能人才为培养目标，注重学生职业技能的培养，注重学生实践能力、创造能力、就业能力和创业能力的培养。根据学生就业岗位的任职要求，参照职业资格标准，结合本课程的特点和多年教学改革的经验，开发了基于工作过程的课程体系和教学内容，将学科体系下的四篇十二章的教学内容整合为生产中的七个项目，主要包括细菌病的实验室诊断、病毒病的实验室诊断；消毒与灭菌、免疫防治理论、免疫诊断、生物制品及其应用、微生物的其他应用等七个项目，所有知识和技能的传授都围绕着这七个项目来完成。每个项目下都设有“项目指南”“认知与解读”“操作与体验”“拓展与提升”“复习与思考”几部分。教材的最后在原教材彩图的基础上又增加了部分彩图，并配有相关数字资源。

为便于教师、学生、企业人员的学习和使用，山东畜牧兽医职业学院动物微生物课程教学团队开发了七个项目的所有教学资源，开发的资源具有资源内容全、资源数量多、资源质量高、资源内容服务对象广、资源多为原创等五大特色。学习动物微生物与免疫技术课程资源可登录中国大学精品开放课程网站：http：//www. icourses. cn/coursestatic/course _ 6142. html，国家级精品课程网站 http：//xn. sdmyxy. cn：8022/，国家教学资源库网站 http：//www. cchve. com. cn/hep/portal/courseid _ 1381/7/normal/nav/。

我国地域辽阔，畜牧业发展呈现多样化，教学条件与人才需求也各不相同，因此各地在使用时可依据课程标准来完成教学任务。课程标准规定的必须掌握的内容，一定要按质按量地完成，对于课程标准所列选学内容可根据各地具体情况及时调整更新，以便更有针对性地解决生产中的问题。

本教材的编写分工是：李舫（山东畜牧兽医职业学院）、向双云（北京农业职业学院）、韩若婵（保定职业技术学院）编写绪论、项目一，郭洪梅（山东畜牧兽医职业学院）编写拓展与提升中的综合实训，朱明恩（山东畜牧兽医职业学院）、乌日娜（锡林郭勒职业学院）编写项目二，王丽娟（辽宁职业学院）编写项目三，赵锁花（天津农学院职业技术学院）、杨明容（江西生物科技职业学院）编写项目四，王珅（辽宁医学院）编写项目五，王涛（江苏农牧科技职业学院）编写项目六，杨玉平（黑龙江生物科技职业学院）、张君慧（杨凌职业技术学院）编写项目七。全书由李舫和朱明恩统稿。本教材由山东农业大学牛钟相教授和山东省动物疫病预防与控制中心田夫林和陈静两位研究员审定，在此深表谢意。

在教材的编写过程中，山东畜牧兽医职业学院的沈美艳、孙秋艳、孙霞、鞠雷、王光锋、王福红、王彩霞、齐茜等老师提了不少建议，在此表示衷心感谢。

由于编者水平有限，本教材可能有不少缺点甚至错误，恳请广大师生和读者批评指正。

编　者

2014年8月

目　录

第三版前言
第一版前言
第二版前言

绪论

项目一　细菌病的实验室诊断 …… 5
项目指南 …… 5
认知与解读 …… 6
任务一　细菌形态和结构的认知 …… 6
任务二　细菌生理的认知 …… 13
任务三　细菌的人工培养 …… 19
任务四　细菌致病性的认知 …… 21
任务五　细菌病的实验室诊断 …… 26
操作与体验 …… 30
技能一　常用仪器的使用 …… 30
技能二　常用玻璃器皿的准备 …… 33
技能三　显微镜油镜的使用及细菌形态结构的观察 …… 34
技能四　细菌标本片的制备及染色法 …… 36
技能五　常用培养基的制备 …… 38
技能六　细菌的分离、移植及培养特性的观察 …… 39
技能七　细菌的生化试验 …… 41
拓展与提升 …… 42
知识拓展一　病原细菌 …… 42
葡萄球菌（42）　链球菌（44）　大肠杆菌（46）　沙门氏菌（49）　布鲁氏菌（51）　多杀性巴氏杆菌（54）　炭疽杆菌（57）　猪丹毒杆菌（60）　鸭疫里氏杆菌（62）　分枝杆菌（63）　厌氧性病原梭菌（65）
知识拓展二　其他病原微生物 …… 70
真菌（70）　放线菌（76）　支原体（79）　螺旋体（83）　立克次氏体（87）　衣原体（88）
综合实训　提供疑似病例进行大肠杆菌病的实验室诊断 …… 90

复习与思考 …… 93

项目二　病毒病的实验室诊断 …… 94

项目指南 …… 94
认知与解读 …… 94
任务一　病毒的认知 …… 94
任务二　病毒形态和结构的认知 …… 95
任务三　病毒增殖的认知 …… 97
任务四　病毒的培养 …… 98
任务五　病毒其他特性的认知 …… 100
任务六　病毒致病作用的认知 …… 104
任务七　病毒病的实验室诊断 …… 107
操作与体验 …… 110
技能一　病毒的鸡胚接种技术 …… 110
技能二　病毒的血凝与血凝抑制试验（微量法） …… 111
拓展与提升 …… 114
知识拓展　常见的动物病毒 …… 114
口蹄疫病毒（114）　狂犬病病毒（115）　痘病毒（116）　猪瘟病毒（117）　犬瘟热病毒（118）　兔出血症病毒（119）　新城疫病毒（120）　禽流感病毒（121）　马立克病病毒（123）　传染性法囊病病毒（124）　鸭瘟病毒（125）　马传染性贫血病毒（126）
综合实训　鸡新城疫抗体测定 …… 127
复习与思考 …… 128

项目三　消毒与灭菌 …… 129

项目指南 …… 129
认知与解读 …… 129
任务一　微生物在自然界分布的认知 …… 129
任务二　外界环境因素对微生物影响的认知 …… 135
任务三　微生物变异的认知 …… 147
操作与体验 …… 149
技能一　细菌的药物敏感性试验 …… 149
技能二　实验动物的接种与剖检 …… 151
拓展与提升 …… 153
知识拓展　无菌动物和无特定病原体动物 …… 153
综合实训一　水中菌落总数的测定 …… 154
综合实训二　水中总大肠菌群的测定 …… 156
复习与思考 …… 161

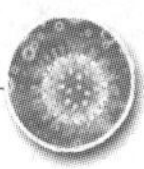

项目四　免疫防治理论 …… 162

项目指南 …… 162
认知与解读 …… 162
任务一　传染与免疫的认知 …… 162
任务二　免疫系统的认知 …… 166
任务三　抗原的认知 …… 175
任务四　免疫应答的认知 …… 179
任务五　体液免疫应答的认知 …… 181
任务六　细胞免疫应答的认知 …… 187
任务七　非特异性免疫应答的认知 …… 190
任务八　抗细菌感染免疫的认知 …… 195
任务九　抗病毒感染免疫的认知 …… 197
拓展与提升 …… 198
知识拓展一　MHC和MHC限制现象 …… 198
知识拓展二　抗真菌感染免疫 …… 199
知识拓展三　抗寄生虫感染免疫 …… 200
复习与思考 …… 203

项目五　免疫诊断 …… 204

项目指南 …… 204
认知与解读 …… 204
任务一　血清学试验诊断 …… 204
任务二　变态反应诊断 …… 224
操作与体验 …… 229
技能一　凝集试验 …… 229
技能二　沉淀试验 …… 231
技能三　酶联免疫吸附试验（ELISA） …… 234
技能四　间接血凝试验 …… 235
技能五　免疫荧光技术 …… 236
拓展与提升 …… 237
综合实训一　利用琼脂扩散试验进行传染性法氏囊病卵黄抗体效价测定 …… 237
综合实训二　利用全血平板凝集试验进行种鸡场鸡白痢的检疫 …… 239
综合实训三　利用正向间接血凝试验检测猪瘟抗体 …… 240
综合实训四　利用间接ELISA试验检测猪繁殖与呼吸综合征（PRRS）抗体 …… 242
复习与思考 …… 244

项目六　生物制品及其应用 …… 245

项目指南 …… 245

认知与解读 …… 245
任务一　生物制品的认知 …… 245
任务二　生物制品的应用 …… 249
拓展与提升 …… 252
知识拓展一　疫苗的制备及检验 …… 252
知识拓展二　免疫血清的制备及检验 …… 258
知识拓展三　诊断液的制备及检验 …… 259
复习与思考 …… 264

项目七　微生物的其他应用 …… 265

项目指南 …… 265
认知与解读 …… 265
任务一　微生物与饲料的认知 …… 265
任务二　微生物与畜产品的认知 …… 270
任务三　微生物活性制剂的认知 …… 274
复习与思考 …… 277

参考文献 …… 279

绪　论

一、微生物的概念、种类及特点

微生物是一群形体微小、结构简单，必须借助光学显微镜或电子显微镜才能看到的微小生物。微生物广泛存在于自然界和动植物体中，单一的个体通常不能为肉眼所辨认，但聚集成“群体”时（如单个细菌生长后形成的菌落），眼睛就可以看得到了。墙壁上、馒头上的霉点就是单个细菌或霉菌生长后形成的菌落。

微生物的种类繁多，包括细菌、真菌、放线菌、螺旋体、支原体、衣原体、立克次氏体、病毒等八大类。根据其结构特点，可分为三种类型：

1. 非细胞型微生物　这类微生物个体最小，必须在电子显微镜下才能看到，不具备细胞结构，必须在活的细胞内才能增殖。病毒属此类。

2. 原核细胞型微生物　仅有核质，无核膜和核仁，缺乏完整的细胞器。这类微生物有细菌、放线菌、螺旋体、支原体、立克次氏体和衣原体。

3. 真核细胞型微生物　细胞核的分化程度较高，有核膜、核仁和染色体，细胞质内有完整的细胞器。真菌属此类。

自然界的微生物具有形体微小、结构简单、繁殖迅速、容易变异、种类多、数量大、分布广泛的特点。土壤、空气、水、人和动植物的体表以及与外界相通的腔道都有微生物的存在。对于人和动物而言，微生物是一把十分锋利的双刃剑，它们在给人类带来巨大利益的同时也能带来“残忍”的危害。多数微生物对人类和动植物的生命活动是有益的，甚至是必需的。在自然界的物质循环中，微生物作为分解者，将动物和植物的尸体分解为小分子的有机物和无机物回归土壤，使得植物的营养得以保证，继而使各种动物和人得以在地球上生存；在人类的生活中，可口的酸奶、香甜的面包和馒头、美味的葡萄酒、凉爽的啤酒等，都是利用微生物加工生产而成；在医药行业使用的各种抗生素，都是微生物的产物；其实，能让我们感受到微生物“好处”的还有人和动物消化道内的微生物，它们在消化过程中起重要作用，尤其是草食动物消化道中的微生物，它们能消化纤维素，合成蛋白质和多种维生素，合成的这些物质，不仅是微生物自身的营养需要，还可被人和动物吸收以维持动物机体代谢的需要。然而，也有一小部分微生物能引起人和动植物的病害，如能引起人和动物发生传染病。传染病的发生除了能造成直接的经济损失外，还会影响人的健康，甚至某些传染病的发生能影响到国际贸易、国际信誉。我们把此类能引起人和动植物发病的微生物称为病原微生物。

二、微生物学的发展简史

人类在从事生产活动的早期就已经感受到了微生物的存在，并在不知不觉中应用它们。据考古学家推测，四千多年以前我国酿酒已经十分普遍，而当时的埃及人也已学会烘制面包和酿制果酒；公元6世纪，我国贾思勰在其巨著《齐民要术》中详细记载了制曲、酿酒、制酱和酿醋等工艺。我国少数民族的牧民，世世代代做“酸奶子”，而且知道做前要先煮（灭菌），冷后接种上一点“老底”，实际上就是接种微生物。在认识微生物与疾病的关系上，也有不少记载。《左传》记载，春秋时期鲁襄公十七年（公元前566年）“十一月，甲午，国人逐瘈狗……”，很明显，人们已经知道疯狗咬人后人会得病，故“逐瘈狗”以防之。公元9世纪到10世纪，我国已发明用鼻苗种痘法。至少在一百多年前，在甘肃夏河等地就应用了“灌花”（我国少数民族很早就用来预防牛瘟的方法，即灌服稀释的病牛血）以预防牛瘟；到了16世纪，古罗马医生G. Fracastoro明确提出疾病是由肉眼看不见的生物引起的。我国明末（1641年）医生吴又可提出“戾气”学说，认为传染病的病因是一种看不见的“戾气”，其传播途径以口、鼻为主。尽管人们对微生物有了些初步的了解和应用，但作为一门科学，应当从显微镜发明之后，认识了微生物世界开始。微生物学的发展可概括为三个阶段：

（一）形态学时期

第一个看见并描述微生物的是荷兰人吕文·虎克（Antony Van Leeuwenhoek，1632—1723），1683年吕文·虎克自制了放大倍数为200倍以上的显微镜，他用这种显微镜清楚地观察并记录了污水及牙垢中球状、杆状、螺旋状的各种微小生物，首次揭示了一个崭新的生物世界——微生物界，也打开了研究微生物的门户，使微生物学进入了形态学时期。在这一时期，借助显微镜观察了多种微生物，并对其进行了简单的形态学描述。这个时期延续相当长久，从17世纪末至19世纪中叶，将近200年，但研究仅限于形态学方面，其主要原因之一是“自然发生论”在当时占统治地位。

自然发生论的核心是“生物可以无中生有，破布中可以生出老鼠来”。既然生命可以无中生有，自然发生，那么人们对微生物是无法控制的，也无研究的必要。然而，1861年，法国学者巴斯德（Louis Pasteur，1822—1895）用一个简单的曲颈瓶试验证明了自然发生论的荒谬。他用一个颈细长而弯曲的玻瓶，内盛肉汤，经灭菌后久置不坏；因为弯曲的瓶颈使得空气可以进入瓶内，但微生物不能通过弯曲的长颈而进入瓶内，只能附着在瓶颈低弯处及外口处。若将瓶内液体与低弯处接触后就有微生物生长。巴斯德最终证明了微生物并非来自肉汤本身，而是来自于空气中微生物的“种子”。他打破了“自然发生论”的枷锁，使人们认识到研究微生物的价值，加上当时显微镜制造技术的提高、无机和有机化学的迅速发展，以及人们在生产和疾病控制等方面的需求，推动微生物学进入了生理学和免疫学时期。

（二）生理学及免疫学时期

这一时期大约从1870年持续到1920年，在此时期，微生物学发展为一门独立的科学，在理论、技术、应用等方面都取得了不少成就。这个阶段，巴斯德做出了突出贡献：一是他通过实验证明了有机物的发酵与腐败是由不同的微生物引起的，从而证

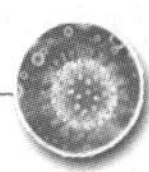

明了各种微生物之间不仅存在形态上的差异，而且在生理特性上也各有不同；二是动物的炭疽、狂犬病等是由相应的微生物引起，微生物的毒力可以致弱以预防传染病之用，并做了微生物毒力致弱途径的示范性试验，如狂犬病疫苗就是病毒通过兔体致弱制成，这是现代多种弱毒疫苗研制的基础。巴斯德是微生物学、生理学、免疫学的主要奠基人。继巴斯德之后，德国医生柯赫（Robert Koch，1843—1910）创造了细菌的染色法、固体培养基分离培养细菌、实验性动物感染等，在微生物的技术研究上做出了很大贡献，可以说他是微生物研究方法的奠基者。

1892 年，俄国学者伊凡诺夫斯基（Д. И. ИВаНоВСКИЙ，1864—1920）首先发现了烟草花叶病毒，从而为病毒学的建立奠定了基础。

在微生物生理学建立并发展的同时，免疫学开始兴起。我国明朝已应用人痘预防天花，这是世界上免疫学应用的首创。18 世纪末，英国医生琴纳（Edward Jenner，1749—1803）创制的牛痘苗和巴斯德创制的炭疽、狂犬病等疫苗为传染病的预防开辟了广阔的前景。

人们对于抗感染免疫本质的认识，是从 19 世纪开始的。以俄国学者梅契尼可夫（И. И. Мечников，1845—1916）为代表的学派，提出了细胞免疫学说；以德国学者欧立希（Paul Ehrlich，1854—1915）为代表的学派，提出了体液免疫学说，两大学派发生了长期的争论，而他们是从不同角度片面强调了免疫的部分现象，直到 20 世纪初发现调理素后两种学派才得以统一认识，现已确认细胞免疫与体液免疫都是机体免疫的组成部分，两者是相辅相成、相互协调、共同发挥免疫作用的。

（三）近代及现代微生物学时期

进入 20 世纪以后，微生物学在理论研究、技术创新及实际应用等方面取得了重要进展。

20 世纪和 21 世纪是生物科学迅猛发展的时期。随着生物化学、分子生物学等学科的发展，核酸和蛋白质分子的深入研究，揭开了生物遗传的奥秘，也使微生物学进入分子水平，微生物基因表达和调控方面的知识不断积累，进入了真正意义上的遗传工程时代。

对免疫球蛋白的类型、形成以及细胞免疫和体液免疫的认识有了飞跃式发展，对组织移植、免疫耐受的研究，进一步揭示了体内免疫反应的本质，证实了抗原抗体反应已不仅仅局限于抗传染免疫过程，而且扩展到非传染性疾病和整个生物学的领域。同时，这些理论在疾病的防控方面都发挥了重大的作用。

电子显微镜的发明、同位素示踪原子的应用、细胞培养、分子杂交、核磁共振等技术的应用，使微生物结构和成分的研究提高到亚细胞水平，对其功能及生命活动的规律加深了理解；分子克隆技术、PCR（Polymerase chain reaction，聚合酶链式反应）及电子计算机技术的综合应用，在微生物的鉴定、检测、致病与免疫等方面带来了革命性的变化。

相关学科理论与技术的提高，促进了微生物学和免疫学理论和技术的广泛应用。分子生物学的兴起和迅速发展，加上电子技术、核磁共振等技术的进步，使微生物学的研究进入分子水平，使微生物的检验和诊断技术更先进、更快速。

现代微生物学已成为生物科学的一个重要分支，其本身也延伸出不同的新的分支学科，如微生物遗传学、免疫学和病毒学等。随着科学的发展，各领域理论和技术的相互渗透，微生物学的发展将会出现更多的新气象。

动物微生物作为微生物学的重要分支，其发展与微生物学的发展是同步的，也进入分子生物学的研究阶段，并在许多方面已取得显著成果，其中有些研究成果在畜牧生产中发挥了重要作用。如我国日前首次在全世界推出了最快能在 4h 内同时检测出禽流感 H5、H7、H9 亚型病毒的新型检测试剂盒；猪链球菌通用荧光 PCR 快速检测技术、猪链球菌 2 型荧光 PCR 检测技术将传统细菌分离方法的 3～7d 检测时间缩短为 1.5h。可以预见，动物微生物的发展和应用前景将会更加广阔。

复习与思考

1. 名词解释：微生物、病原微生物。
2. 微生物有哪八大类？微生物学的发展经历了哪几个时期？

项目一　细菌病的实验室诊断

项目指南

细菌是自然界中广泛存在的一类微生物，细菌性传染病占动物传染病的50%左右，细菌性传染病的发生不仅能给畜牧业带来重大的经济损失，同时也能给人类的健康造成较大危害，因此做好细菌性传染病的防治工作，对畜牧生产和人类健康都具有十分重要的意义。

细菌性传染病除少数可根据流行病学、临床症状和病理变化作出诊断外，多数需要在临床初步诊断的基础上进行实验室诊断，确定细菌的存在或检出特异性抗体。同时，通过实验室可以研究病原细菌的致病性与抗原性，进行细菌的分类，以便为细菌病的有效防控提供可靠依据。

本项目需要掌握的理论知识有：细菌的形态与结构、细菌的生理、细菌的人工培养、细菌的致病作用、细菌病的实验室诊断方法；技能点主要有：实验室常用仪器的使用、常用玻璃器皿的准备、显微镜油镜的使用和细菌形态结构的观察、细菌标本片的制备及染色法、细菌培养基的制备、细菌的分离培养、移植和培养特性的观察、细菌的生化试验等。为进一步拓展细菌的有关知识和提升操作技能，本项目选择了十一种常见的病原细菌，对其生物学特性、致病性、微生物学诊断和防治进行了详细介绍；对真菌、放线菌、支原体、衣原体和立克次氏体等其他病原微生物作了简要介绍；设计了提供疑似病例进行大肠杆菌病实验室诊断的综合实训，以培养学生细菌病实验室诊断的整体设计、综合分析和运用的能力。

本项目的重点是学习和掌握细菌病实验室诊断常用的各种方法和技能，难点是细菌生化试验的原理、细菌的致病性。本项目的学习，既要熟知细菌的相关理论知识，又要熟练掌握细菌病实验室诊断的常用技能，需要将理论与技能的学习与生产实践相结合，将学习内容与生产任务相结合，基于工作过程学习相关知识和技能。细菌病的实验室诊断需要在正确采集病料的基础上进行，常用的诊断方法有：细菌的形态检查、细菌的分离培养、细菌的生化试验、细菌的血清学试验、动物接种试验、分子生物学方法等。

认知与解读

任务一　细菌形态和结构的认知

细菌是一类具有细胞壁的单细胞原核型微生物。细菌在一定的环境条件下具有相对恒定的形态结构和生理生化特性，了解这些特性，对于细菌的分类鉴定、细菌病的诊断、细菌的致病性与抗原性的研究，均有重要意义。

一、细菌的形态

（一）细菌的大小

细菌的个体微小，须用显微镜放大数百倍乃至数千倍才能看到。通常使用显微测微尺来测量细菌的大小，以微米（μm）作为测量单位。不同种类的细菌，大小很不一致，即使是同一种细菌，在不同的生长繁殖阶段其大小也可能差别很大。一般球菌的直径为 0.8～1.2μm；杆菌长 1～10μm，宽 0.2～1.0μm；螺旋菌长 1～50μm，宽 0.2～1.0μm。

细菌的大小，是以生长在适宜的温度和培养基中的青壮龄培养物（对数期）为标准。在一定条件下，各种细菌的大小是相对稳定的，而且具有明显特征，可以作为鉴定细菌的依据之一。同种细菌在不同的生长环境（如动物体内、体外）、不同的培养条件下，其大小会有所变化，测量时的制片方法、染色方法及使用的显微镜不同也会对测量结果产生一定影响，因此，测定细菌大小时，各种条件和技术操作等均应一致。

（二）细菌的基本形态和排列

细菌的基本形态有球状、杆状和螺旋状三种，并据此将细菌分为球菌（图 1-1，彩图 2）、杆菌（图 1-2、彩图 1、彩图 3、彩图 4）和螺旋菌（图 1-3）。

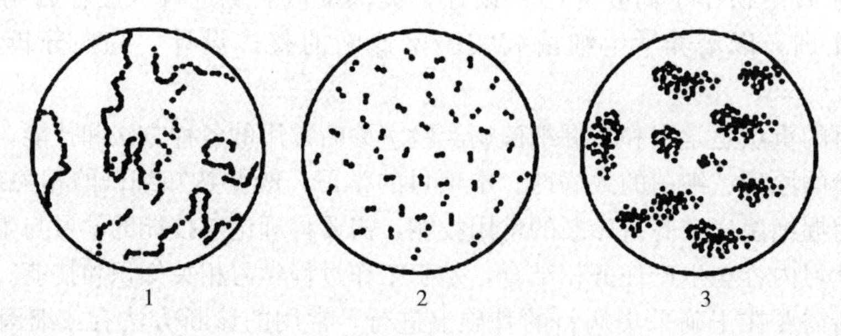

图 1-1　各种球菌的形态和排列

1. 链球菌　2. 双球菌　3. 葡萄球菌

细菌的繁殖方式是简单的二分裂，不同的细菌分裂后，其菌体的排列方式不同，有些细菌分裂后单个存在，有些细菌分裂后彼此仍通过原浆带相连，形成一定的排列方式。

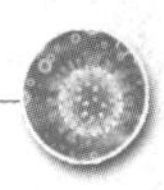

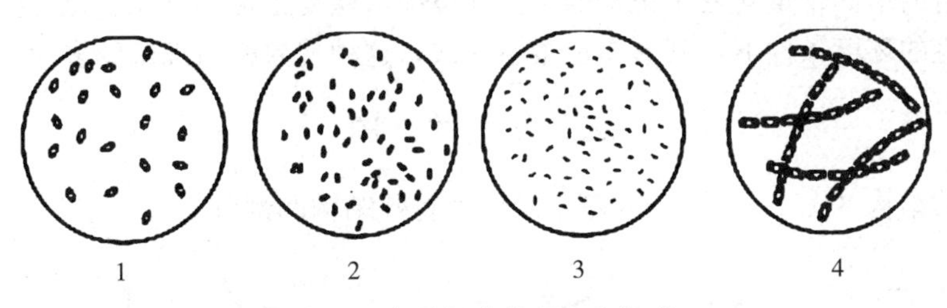

图 1-2　各种杆菌的形态和排列

1. 巴氏杆菌　2. 布鲁氏菌　3. 大肠杆菌　4. 炭疽杆菌

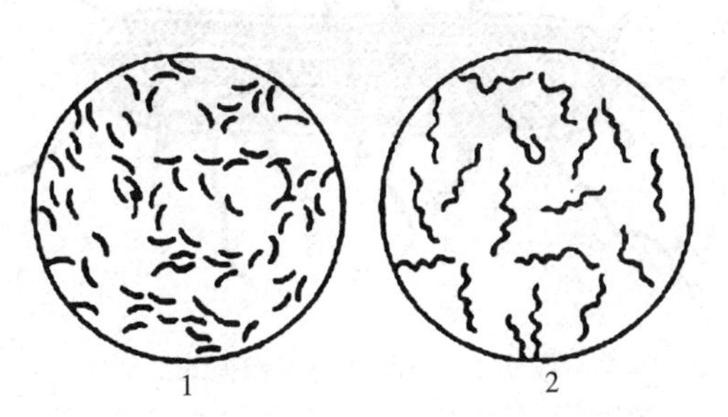

图 1-3　螺旋菌的形态和排列

1. 弧菌　2. 螺菌

1. 球菌　菌体呈球形或近似球形。根据球菌分裂的方向和分裂后的排列状况将其分为：

（1）双球菌。沿一个平面分裂，分裂后两两相连，其接触面扁平或凹入，菌体有时呈肾形，如脑膜炎双球菌；有时呈矛头状，如肺炎双球菌。

（2）链球菌。沿一个平面分裂，分裂后三个以上的菌体呈短链或长链排列，如猪链球菌。

（3）葡萄球菌。沿多个不同方向的平面分裂，分裂后排列不规则，似一串葡萄，如金黄色葡萄球菌。

此外，还有单球菌、四联球菌和八叠球菌等。

2. 杆菌　杆菌一般呈正圆柱状，也有近似卵圆形的，其大小、粗细、长短都有显著差异。菌体多数平直，少数微弯曲，两端多为钝圆，少数平截。有的杆菌菌体短小，两端钝圆，近似球状，称为球杆菌；有的杆菌一端较另一端膨大，使整个杆菌呈棒状，称为棒状杆菌；有的杆菌菌体有分支，称为分枝杆菌；也有的杆菌呈长丝状。

杆菌的分裂平面与菌体长轴相垂直（横分裂），多数杆菌分裂后单个散在，称为单杆菌；也有的杆菌成对排列，称为双杆菌；有的呈链状，称为链杆菌。

3. 螺旋菌　菌体呈弯曲状，两端圆或尖突。根据弯曲程度和弯曲数，又可分为弧菌和螺菌。弧菌的菌体只有一个弯曲，呈弧状或逗点状，如霍乱弧菌；螺菌的菌体较长，有两个或两个以上弯曲，捻转成螺旋状，如鼠咬热螺菌。

在正常情况下各种细菌的外形和排列方式是相对稳定并具有特征性的，可作为细菌分类和鉴定的依据之一。通常在适宜环境下细菌呈较典型的形态，但当环境条件改变或在老龄培养物中，会出现各种与正常形态不一样的个体，称为退化型或衰老型。

这些衰老型的培养物重新处于正常的培养环境中可恢复正常形态。但也有些细菌，即使在最适宜的环境条件下，其形态也很不一致，这种现象称为细菌的多形性。

二、细菌的结构

细菌的结构（图 1-4）可分为基本结构和特殊结构两部分。

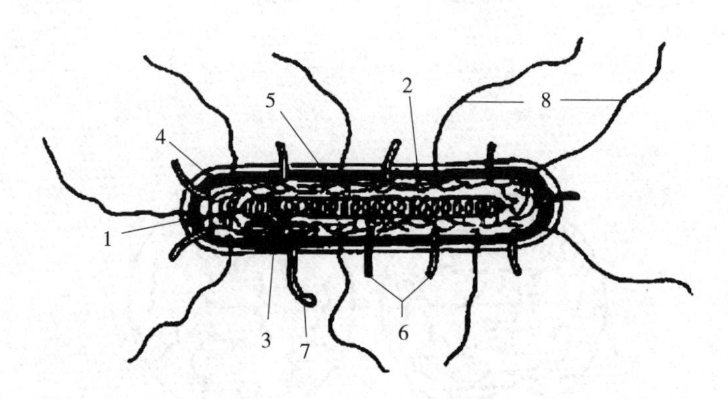

图 1-4　细菌细胞结构模式

1. 核质　2. 核糖体　3. 间体　4. 细胞壁与细胞膜　5. 荚膜　6. 普通菌毛　7. 性菌毛　8. 鞭毛

（一）细菌的基本结构

所有细菌都具有的结构称为细菌的基本结构，包括细胞壁、细胞膜、细胞质、核质。

1. 细胞壁　细胞壁在细菌细胞的最外层，紧贴在细胞膜之外。细胞壁的化学组成因细菌种类不同而有差异（图 1-5）。一般是由糖类、蛋白质和脂类镶嵌排列而成。其基础成分是肽聚糖。

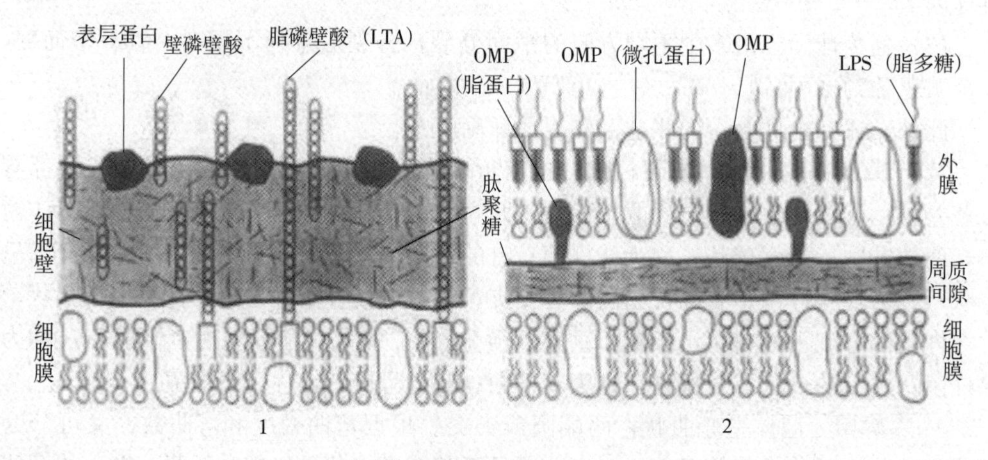

图 1-5　细菌细胞壁结构模式（据陆承平）

1. 革兰氏阳性菌　2. 革兰氏阴性菌

不同细菌细胞壁的结构和成分不同，用革兰氏染色法染色，可将细菌分成革兰氏阳性菌和革兰氏阴性菌两大类。革兰氏阳性菌的细胞壁较厚，15～80nm，其化学成分主要是肽聚糖，占细胞壁物质的 40%～95%，形成 15～30 层的聚合体。此外，还

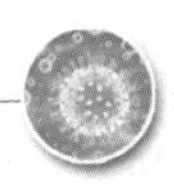

有磷壁酸、多糖和蛋白质（如葡萄球菌的A蛋白、A群链球菌的M蛋白）等。而分枝杆菌的细胞壁则含有多量的脂类，多数以分枝杆菌酸或蜡质的形式存在。革兰氏阴性菌的细胞壁较薄，10～15nm，结构和成分较复杂，由外膜和周质间隙组成。外膜由脂多糖、磷脂、蛋白质和脂蛋白等复合构成，周质间隙是一层薄的肽聚糖，占细胞壁的10%～20%。

（1）肽聚糖。又称黏肽或糖肽，是细菌细胞壁特有的物质。革兰氏阳性菌细胞壁的肽聚糖是由聚糖链支架、四肽侧链和五肽交联桥三部分组成的复杂聚合物。聚糖链支架由*N*-乙酰葡糖胺和*N*-乙酰胞壁酸通过β-1，4糖苷键交替连接组成。四肽侧链由4种氨基酸组成并与胞壁酸相连，五肽交联桥由5个甘氨酸组成，交联于相邻两条四肽侧链之间。聚糖链支架、四肽侧链和五肽交联桥共同构成十分坚韧的三维立体结构。革兰氏阴性菌的肽聚糖层很薄，由1～2层网状分子构成，其结构单体有与革兰氏阳性菌相同的聚糖链支架和相似的四肽侧链，但无五肽交联桥，由相邻聚糖链支架上的四肽侧联直接连接成二维结构，较为疏松。溶菌酶能水解聚糖链支架的β-1，4糖苷键，故能裂解肽聚糖；青霉素能抑制五肽交联桥和四肽侧链之间的联接，故能抑制革兰氏阳性菌肽聚糖的合成。

（2）磷壁酸。是革兰氏阳性菌特有的成分，呈长链穿插于肽聚糖层中，是特异的表面抗原。它带有负电荷，能与镁离子结合，以维持细胞膜上一些酶的活性。此外，它对宿主细胞具有黏附作用，是A群链球菌毒力因子或为噬菌体提供特异的吸附受体。

（3）脂多糖（LPS）。为革兰氏阴性菌所特有，位于外壁层的最表面，由类脂A、核心多糖和侧链多糖三部分组成。类脂A是一种结合有多种长链脂肪酸的氨基葡萄糖聚二糖链，是内毒素的主要毒性成分，发挥多种生物学效应，能致动物体发热，白细胞增多，甚至休克死亡。各种革兰氏阴性菌类脂A的结构相似，无种属特异性。核心多糖位于类脂A的外层，由葡萄糖、半乳糖等组成，与类脂A共价联结。核心多糖具有种属特异性。侧链多糖在LPS的最外层，即为菌体（O）抗原，是由3～5个低聚糖单位重复构成的多糖链，其中单糖的种类、位置、排列和构型均不同，具有种、型特异性。此外，LPS也是噬菌体在细菌表面的特异性吸附受体。

（4）外膜蛋白（OMP）。是革兰氏阴性菌外膜层中镶嵌的多种蛋白质的统称。按含量及功能的重要性可将OMP分为主要及次要两类。主要外膜蛋白包括微孔蛋白及脂蛋白，微孔蛋白能形成跨越外膜的微小孔道，起分子筛作用，仅允许小分子质量的营养物质如双糖、氨基酸、二肽、三肽、无机盐等通过，大分子物质不能通过，因此溶菌酶之类的物质不易作用到革兰氏阴性菌的肽聚糖。脂蛋白的作用是使外膜层与肽聚糖牢固地连接，可作为噬菌体的受体或参与铁及其他营养物质的转运。

细胞壁坚韧而富有弹性，能维持细菌的固有形态，保护菌体耐受低渗环境。此外，细胞壁上有许多微细小孔，直径1nm大小的可溶性分子能自由通过，具有相对的通透性，与细胞膜共同完成菌体内外物质的交换。同时脂多糖还是内毒素的主要成分。此外，细胞壁与革兰氏染色特性、细菌的分裂、致病性、抗原性以及对噬菌体和抗菌药物的敏感性有关。

2. 细胞膜　又称胞浆膜，是在细胞壁与细胞质之间的一层柔软、富有弹性的半透性生物薄膜。细胞膜的主要化学成分是磷脂和蛋白质，亦有少量糖类和其他物质。其结构类似于真核细胞膜的液态镶嵌结构，镶嵌在磷脂双分子中的蛋白质是具有特殊功能的酶和载体蛋白，与细胞膜的半透性等作用有关。

细胞膜具有重要的生理功能。细胞膜上分布许多酶，可选择性地进行细菌的内外物质交换，维持细胞内正常渗透压，细胞膜还与细胞壁、荚膜的合成有关，是鞭毛的着生部位。此外，细菌的细胞膜凹入细胞质形成囊状、管状或层状的间体，革兰氏阳性菌较为多见。间体的功能与真核细胞的线粒体相似，与细菌的呼吸有关，并有促进细胞分裂的作用。

3. 细胞质 是一种无色透明、均质的黏稠胶体，主要成分是水、蛋白质、脂类、多糖类、核酸及少量无机盐类等。细胞质中含有许多酶系统，是细菌进行新陈代谢的主要场所。细胞质中还含有核糖体、异染颗粒、间体、质粒等。

（1）核糖体。又名核蛋白体，是一种由2/3核糖核酸和1/3蛋白质构成的小颗粒，核糖体是合成蛋白质的场所，细菌的核糖体与人和动物的核糖体不同，故某些药物如红霉素和链霉素能干扰细菌核糖体合成蛋白质，而对人和动物的核糖体不起作用。

（2）质粒。是在核质DNA以外，游离的小型双股DNA分子。多为共价闭合的环状，也发现有线状，含细菌生命非必需的基因，控制细菌某些特定的性状，如产生菌毛、毒素、耐药性和细菌素等遗传性状。质粒能独立复制，可随分裂传给子代菌体，也可由性菌毛在细菌间传递。质粒具有与外来DNA重组的功能，所以在基因工程中被广泛用作载体。

（3）异染颗粒。细菌等原核生物细胞内往往含有一些贮存营养物质或其他物质的颗粒样结构，称为内含物。如脂肪滴、糖原、淀粉粒及异染颗粒等。其中，异染颗粒是某些细菌细胞质中特有的一种酸性小颗粒，对碱性染料的亲和性特别强，特别是用碱性美蓝染色时呈红紫色，而菌体其他部分则呈蓝色。异染颗粒的成分是RNA和无机聚偏磷酸盐，功能是贮存磷酸盐和能量。某些细菌，如棒状杆菌的异染颗粒非常明显，巴氏杆菌的异染颗粒位于菌体两端，用瑞氏染色法染色后菌体呈两极着染，常用于细菌的鉴定。

4. 核质 细菌是原核型微生物，不具有典型的核结构，没有核膜、核仁，只有核质，不能与细胞质截然分开，分布于细胞质的中心或边缘区，呈球形、哑铃状、带状或网状等形态。核质是共价闭合、环状双股DNA盘绕而成的大型DNA分子，含细菌的遗传基因，控制细菌几乎所有的遗传性状，与细菌的生长、繁殖、遗传变异等有密切关系。

（二）细菌的特殊结构

有些细菌除具有上述基本结构外，还有某些特殊结构。细菌的特殊结构有荚膜、鞭毛、菌毛和芽孢等，这些结构有的与细菌的致病力有关，有的有助于细菌的鉴定。

1. 荚膜 某些细菌（如猪链球菌、炭疽杆菌等）在生活过程中，可在细胞壁外面产生一层黏液性物质，包围整个菌体，称为荚膜。当多个细菌的荚膜融合形成一大的胶状物，内含多个细菌时，则称为菌胶团。有些细菌菌体周围有一层很疏松、与周围物质界限不明显、易与菌体脱离的黏液样物质，则称为黏液层。

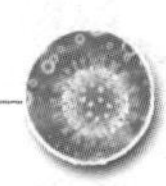

细菌的荚膜用普通染色方法不易着色，因此，普通染色法染色时，可见菌体周围一层无色透明圈，即为荚膜。如用特殊的荚膜染色法染色，可清楚地看到荚膜的存在。

荚膜的主要成分是水（约占90%以上），固形成分随细菌种类不同而异，多数为多糖类，如猪链球菌；少数则是多肽，如炭疽杆菌；也有极少数二者兼有，如巨大芽孢杆菌。荚膜的产生具有种的特征，在动物体内或营养丰富的培养基上容易形成。它不是细菌的必需构造，除去荚膜对菌体的代谢没有影响。

荚膜能保护细菌抵抗吞噬细胞的吞噬、噬菌体的攻击，保护细胞壁免受溶菌酶、补体等杀菌物质的损伤，所以荚膜与细菌的毒力有关；荚膜能贮留水分，有抗干燥的作用。荚膜具有抗原性，具有种和型的特异性，可用于细菌的鉴定。

2. 鞭毛　有些杆菌、弧菌和个别球菌，在菌体上长有一种细长呈螺旋弯曲的丝状物，称为鞭毛。鞭毛比菌体长几倍，经特殊的鞭毛染色法，使染料沉积于鞭毛表面，增大其直径，用光学显微镜可观察到。

细菌的种类不同，鞭毛的数量和着生位置不同，根据鞭毛的数量和在菌体上的位置，将有鞭毛的细菌分为单毛菌、丛毛菌和周毛菌等（图1-6）。细菌是否产生鞭毛以及鞭毛的数目和着生位置，都具有种的特征，是鉴定细菌的依据之一。

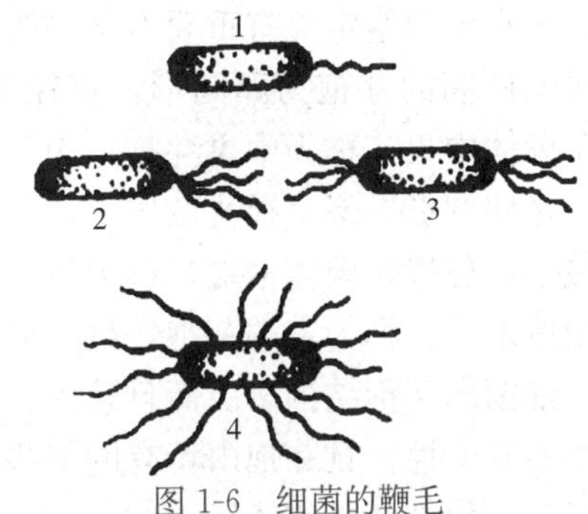

图1-6　细菌的鞭毛

1. 单毛菌　2、3. 丛毛菌　4. 周毛菌

鞭毛由鞭毛蛋白组成，具有抗原性，称为鞭毛抗原或H抗原，不同细菌的H抗原具有型特异性，常作为血清学鉴定的依据之一。

鞭毛是细菌的运动器官，鞭毛有规律地收缩，引起细菌运动。运动方式与鞭毛的排列方式有关，单毛菌和丛毛菌一般呈直线迅速运动，周毛菌则无规律地缓慢运动或滚动。将细菌接种于半固体营养琼脂柱中，培养后，有鞭毛的细菌在穿刺线周围混浊扩散，而无鞭毛的细菌培养后穿刺线周围仍透明，不混浊。实验室常用此法检查细菌是否有运动性。

鞭毛与细菌的致病性也有关系，霍乱弧菌等通过鞭毛运动可穿过小肠黏膜表面的黏液层，黏附于肠黏膜上皮细胞，进而产生毒素而致病。

3. 菌毛　大多数革兰氏阴性菌和少数革兰氏阳性菌的菌体上生长有一种比鞭毛短而细的丝状物，称为菌毛或纤毛（图1-7），其直径5～10nm，长度0.2～1.5μm，只能在电镜下观察到。菌毛是一种空心的蛋白质管，具有良好的抗原性。

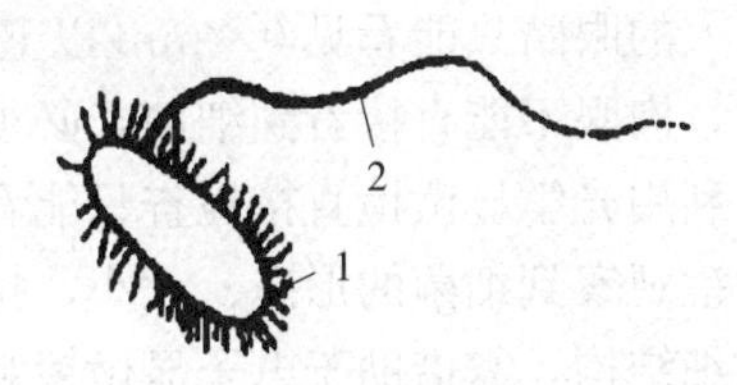

图1-7　细菌的菌毛

1. 菌毛　2. 鞭毛

菌毛可分为普通菌毛和性菌毛。普通菌毛数量较多，菌体周身都有，能使菌体牢固地吸附在动物消化道、呼吸道和泌尿生殖道的黏膜上皮细胞上，以利于获取营养。对于病原菌来讲，菌毛与毒力有密切关系。性菌毛比普通菌毛长而且粗，数量较少，有性菌毛的细菌为雄性菌，雄性菌和雌性菌

可通过菌毛接合，发生基因转移或质粒传递。

菌毛并非细菌生命所必需。在体外培养的细菌，如条件不适宜，未必能检测到菌毛。

4. 芽孢 某些革兰氏阳性菌在一定条件下，细胞质和核质脱水浓缩，在菌体内形成一个折光性强、通透性低的圆形或椭圆形的休眠体，称为芽孢。带有芽孢的菌体称为芽孢体。未形成芽孢的菌体称为繁殖体。芽孢在菌体内成熟后，菌体崩解，形成游离芽孢。炭疽杆菌、破伤风梭菌等均能形成芽孢。

芽孢具有较厚的芽孢壁，多层芽孢膜，结构坚实，含水量少，应用普通染色法染色时，染料不易渗入，因而不能使芽孢着色，在显微镜下观察时，呈无色的空洞状（彩图24）。需用特殊的芽孢染色法染色才能让芽孢着色。细菌能否形成芽孢，芽孢的形状、大小以及在菌体的位置等，都随细菌的不同而不同，这在细菌鉴定上有重要意义（图1-8）。例如炭疽杆菌的芽孢为卵圆形，直径比菌体小，位于菌体中央，称为中央芽孢；肉毒梭菌的芽孢也是卵圆形，但直径比菌体大，使整个菌体呈梭形，位置在菌体偏端，称为偏端芽孢；破伤风梭菌的芽孢为圆形，比菌体大，位于菌体末端，称为末端芽孢，呈鼓槌状。

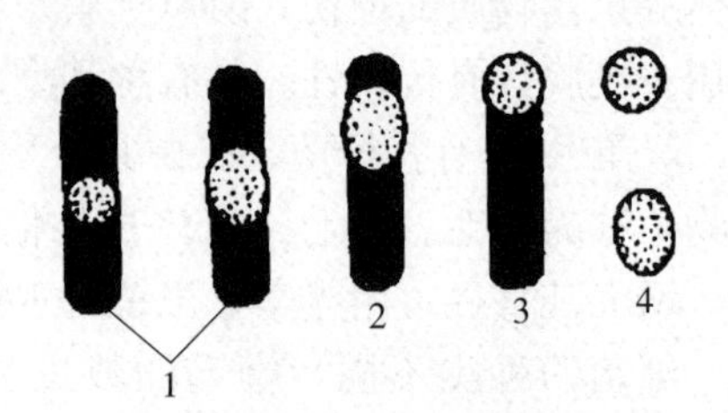

图1-8 细菌芽孢的类型
1. 中央芽孢 2. 偏端芽孢
3. 末端芽孢 4. 游离芽孢

细菌的芽孢结构多层而且致密，各种理化因子不易渗透，因其含水量少，蛋白质受热不易变性，且芽孢内特有的某些物质使芽孢能耐受高温、辐射、氧化、干燥等的破坏。一般细菌繁殖体经100℃ 30min煮沸可被杀灭，但形成芽孢后，可耐受100℃数小时，如破伤风梭菌的芽孢煮沸1～3h仍然不死，炭疽杆菌芽孢在干燥条件下能存活数十年。杀灭芽孢可靠的方法是干热灭菌和高压蒸汽灭菌。实际工作中，消毒和灭菌的效果以能否杀灭芽孢为标准。

芽孢不能分裂繁殖，它是细菌抵抗外界不良环境、保存生命的一种休眠状态，在适宜条件下能萌发形成一个新的繁殖体。

三、细菌形态和结构的观察方法

人的眼睛只能看见0.2mm以上的物体，细菌细胞微小，仅有0.2～20μm大小，因此，肉眼不能直接看到细菌，必须借助显微镜放大才能观察到。细菌菌体无色半透明，利用光学显微镜直接检查只能看到细菌的轮廓及其运动性，必须经过染色才能用显微镜观察到细菌的形态、大小、排列、染色特性及细菌的特殊结构。如要研究细菌的微细结构，需借助于电子显微镜观察。

（一）普通光学显微镜观察法

普通光学显微镜以可见光为光源，细菌经100倍的物镜和10（或16）倍的目镜联合放大1 000（或1 600）倍后，达到0.2～2mm，肉眼可以看见。光学显微镜中有普通显微镜、暗视野显微镜、相差显微镜等，最常用的是普通明视野显微镜（使用方法见项目一的技能三），暗视野显微镜的结构类似于普通光学显微镜，不同的是用特

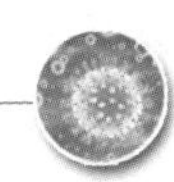

殊的暗视野聚光器。

1. 不染色标本检查法　是检查细菌的运动性等生理活动的方法，因此是细菌活标本检查的方法，常用的有压滴法、悬滴法等。

(1) 压滴法。用接种环依次取生理盐水和细菌培养物，置于洁净的载玻片中央，使其成为均匀的菌悬液，覆以盖玻片。检查时先用低倍镜找到适宜的位置，再用高倍镜或油镜观察。观察时必须缩小光圈，适当下降聚光器，以造成一个光线较弱的视野，才便于观察细菌的运动情况。

(2) 悬滴法。将细菌液滴于洁净的盖玻片上，另取一张凹玻片，在凹孔周边涂一薄层凡士林，然后将其凹面向下，对准盖玻片中央并盖于其上，然后迅速翻转，用小镊子轻轻按压。观察时先用低倍镜找到悬滴边缘，再换高倍镜观察（因凹玻片较厚，一般不用油镜），可观察到细菌的运动状态。

2. 染色标本检查法　细菌细胞无色半透明，需经过染色才能在光学显微镜下清楚地看到。常用的细菌染色法包括单染色法和复染色法。单染色法，只用一种染料使菌体着色，如美蓝染色法；复染色法，用两种或两种以上的染料染色，可使不同菌体呈现不同颜色，故又称为鉴别染色法，如革兰氏染色法、抗酸染色法等，其中最常用的复染色法是革兰氏染色法。此外，还有细菌特殊结构的染色法，如荚膜染色法、鞭毛染色法、芽孢染色法等。

3. 革兰氏染色法　由丹麦植物学家 Christian Gram 创建于 1884 年，以此法可将细菌分为革兰氏阳性菌（蓝紫色）和革兰氏阴性菌（红色）两大类。革兰氏染色的机理，目前一般认为与细菌细胞壁的结构和组成有关。细菌经初染和媒染后，在细胞表面形成结晶紫和碘的复合物，革兰氏阳性菌的细胞壁含较多的肽聚糖，脂类很少，用 95%乙醇作用后，肽聚糖收缩，不能在壁上溶出缝隙，结晶紫和碘的复合物仍牢牢阻留在其细胞壁内，不能脱出，使其呈现蓝紫色；而革兰氏阴性菌的细胞壁含有较多的脂类，肽聚糖较少，当以 95%乙醇处理时，脂类被脱去，在细胞壁上就会出现较大的缝隙，这样结晶紫与碘的复合物就极易被脱去，细胞又呈无色，这时，再经复红等红色染料复染，就使革兰氏阴性菌获得了新的颜色——红色，而革兰氏阳性菌仍呈蓝紫色。

（二）电子显微镜观察法

电子显微镜简称为电镜，以电子流为光源，包括透射电镜和扫描电镜。细菌的超薄切片经负染等处理后，在透射电镜下可观察到细菌内部的超微结构。而经金属喷涂的细菌标本在扫描电镜下可清楚地看到细菌表面的立体构象。

负染色法　是透射电镜标本的处理方法，将经过戊二醛固定的标本进行超薄切片后，用磷钨酸处理，由于磷钨酸不被样品所吸附，而是沉积到样品四周，因而在电子束光源透射时，在样品周围染液沉积的地方散射电子的能力强，表现为暗区，有样品的地方散射电子的能力弱，表现为亮区。这样，便能把样品的外形与表面结构清楚地衬托出来。

任务二　细菌生理的认知

细菌与其他生物一样，有独立的生命过程，能进行复杂的新陈代谢，从环境中摄取营养物质，用以合成菌体本身的成分或获得生命活动所需的能量，并排出代谢产物。不同的细菌在其生理活动的过程中呈现某些特有的生命现象，因此，细菌的生长特征、代谢产物等常作为鉴别细菌的重要依据。本任务将重点介绍细菌的营养、生长繁殖和新陈代谢，这些知识和相关技能都是细菌鉴定和细菌病实验室诊断的基础。

一、细菌的营养

组成细菌细胞的元素成分类似于动物细胞，但通过对细菌新陈代谢的研究发现，细菌利用各种化合物作为能源的能力远远大于动物细胞，而细菌对营养的需求比动物细胞更为多样，其特有的代谢过程也合成了许多不同于动物细胞的成分，如肽聚糖、脂多糖、磷壁酸等。

（一）细菌的化学组成

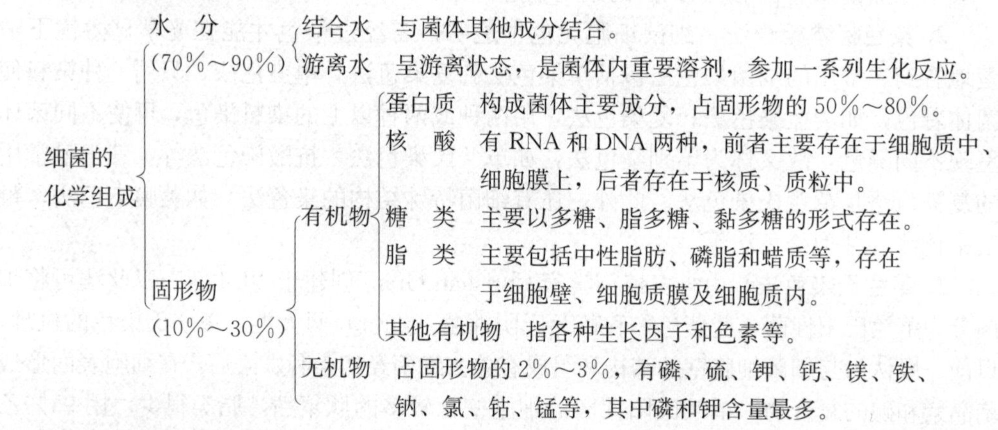

（二）细菌的营养类型

以往人们将生物分成自养型和异养型，能利用无机物的植物为自养型，必须利用有机物的动物为异养型，后来，对细菌的营养研究发现细菌亦有自养和异养之分，碳元素是细菌细胞各种有机物的重要组成元素，不同细菌代谢途径不同，其利用碳元素的形式也不同，据此可把细菌分为自养菌和异养菌两大类。

1. 自养菌 自养菌具有完备的酶系统，合成能力较强，能以无机形式的碳（如二氧化碳、碳酸盐等）作为碳源，合成菌体所需的有机物质。细菌所需的能量来自无机化合物的氧化，也可以通过光合作用获得能量，因此自养菌又分为化能自养菌和光能自养菌。

2. 异养菌 异养菌不具备完备的酶系统，合成能力较差，必须利用有机形式的碳源，其代谢所需能量大多从有机物氧化中获得，少数从光线中获得能量，故异养菌也分为化能异养菌和光能异养菌。

异养菌由于生活环境不同，又分为腐生菌和寄生菌两类：腐生菌以无生命的有机物如动植物尸体、腐败食品等作为营养物质来源；寄生菌则寄生于有生命的动植物体内，靠宿主提供营养。致病菌多属异养菌。

（三）细菌的营养物质

细菌必须不断从外界吸收营养，来合成自身细胞成分，也为其生命活动提供能量，细菌的化学组成和营养类型决定其可利用的营养物质。细菌所需的营养物质有：

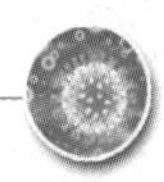

1. 水　水是细菌生长所必需的。水的作用：①起到溶剂和运输介质的作用，营养物质的吸收与代谢产物的分泌都必须以水为介质才能完成；②参与细胞内的一系列化学反应；③维持蛋白质、核酸等生物大分子稳定的天然构象；④细胞中大量的水有利于对细菌代谢过程中产生的热量及时吸收并散发到环境中，有效地调节细菌及其周围环境的温度。此外，水还是细菌细胞内某些结构的成分。高渗环境中细菌脱水时，其代谢受到抑制，生长速度变慢。

2. 含碳化合物　细菌细胞内含有大量的有机物，含碳化合物在细胞内经过一系列复杂的生化反应后成为细菌自身细胞的组成成分，同时，在生化反应过程中还为菌体提供生命活动所必需的能源，因此，含碳化合物同时也是能源物质。自养菌利用无机形式的碳合成自身成分；异养菌只能利用有机含碳化合物，如实验室制备培养基常利用各种单糖、双糖、多糖、醇类、脂类等，氨基酸除供给氮源外，也能提供碳源。

3. 含氮化合物　氮是构成细菌蛋白质和核酸的重要元素。在自然界中，从分子氮到复杂的有机含氮化合物，都可以作为不同细菌的氮源，病原菌多以有机氮作为氮源。氨基酸或蛋白质是病原菌良好的有机氮源，是普通培养基的主要成分，纯蛋白往往需要经过降解才能被利用，如蛋白胨等。此外，有的病原菌也可利用无机氮化合物作为氮源，硝酸钾、硝酸钠、硫酸铵等可被少数病原菌如绿脓杆菌、大肠杆菌等所利用。

4. 无机盐类　细菌的生长需要多种无机盐类，根据细菌需要量的大小，将无机盐类分为常量元素（如磷、硫等）和微量元素（如铁、钴等）。这些无机盐类的主要功能有：构成菌体成分；作为酶的组成成分，维持酶的活性；调节渗透压等。有的无机盐类可作为自养菌的能源。

5. 生长因子　是指细菌生长时必需但需要量很少，细菌自身又不能合成或合成量不足以满足生长需要的有机化合物。各种细菌需要的生长因子的种类和数量是不同的，主要包括维生素、嘌呤、嘧啶、某些氨基酸等。

（四）细菌摄取营养的方式

外界的各种营养物质必须吸收到细胞内，才能被利用。细菌的细胞壁、细胞膜及其他表面结构构成的渗透屏障，是决定营养物质吸收的重要因素，此外，营养物质本身的性质、环境条件也可影响营养物质的吸收。根据物质运输的特点，可将物质进出细胞的方式分为单纯扩散、促进扩散、主动运输和基团转位。

1. 单纯扩散　又称被动扩散，是细胞内外物质最简单的交换方式。细胞膜两侧的物质靠浓度差进行分子扩散，不需消耗能量。某些气体（氧气、二氧化碳）、水、乙醇及甘油等水溶性小分子以及某些离子（钠离子）等可进行单纯扩散。单纯扩散无选择性，速度较慢，细胞内外物质浓度达到一致，扩散便停止，因此不是物质运输的主要方式。

2. 促进扩散　此运输方式也是靠浓度差进行物质的运输，不需消耗能量，但与单纯扩散不同的是促进扩散同时需要专一性载体蛋白。载体蛋白位于细胞膜上，糖或氨基酸等营养物质与载体蛋白结合，然后转运至细胞内。促进扩散具有特异性。

3. 主动运输　是细菌吸收营养的一种主要方式，与促进扩散一样，需要特异性的载体蛋白，但被运输的物质可逆浓度差“泵”入细胞，因此需消耗能量。细菌在生长过程中所需要的氨基酸和各种营养物质，主要是通过主动运输方式摄取的。

4. 基团转位 与主动运输相似，同样靠特异性载体将物质逆浓度差转运至细胞内，但物质在运输的同时受到化学修饰，如发生磷酸化，因此使细胞内被修饰的物质浓度大大高于细胞外的浓度。此过程需要特异性的载体蛋白和能量的参与。

二、细菌的生长繁殖

（一）细菌生长繁殖的条件

1. 营养物质 包括水分、含碳化合物、含氮化合物、无机盐类和生长因子等。不同细菌对营养的需求不尽相同，有的细菌只需基本的营养物质，而有的细菌则需加入特殊的营养物质才能生长繁殖，因此，制备培养基时应根据细菌的类型进行营养物质的合理搭配。

2. 温度 细菌只能在一定温度范围内进行生命活动，温度过高或过低，细菌生命活动受阻乃至停止。根据细菌对温度的需求不同，可将细菌分为嗜冷菌、嗜温菌和嗜热菌三类（表1-1），病原菌属于嗜温菌，在15～45℃都能生长，最适生长温度是37℃左右，所以实验室培养细菌常把温箱温度调至37℃。

表1-1 细菌的生长温度

细菌类型	生长温度（℃）			分　布
	最　低	最　适	最　高	
嗜冷菌	-5～0	10～20	25～30	水和冷藏环境中的细菌
嗜温菌	10～20	18～28	40～45	腐生菌
	10～20	37	40～45	病原菌
嗜热菌	25～45	50～60	70～85	温泉及堆积肥中的细菌

3. pH 培养基的pH对细菌生长影响很大，大多数病原菌生长的最适pH为7.2～7.6，但个别偏酸，如鼻疽假单胞菌需pH为6.4～6.6，也有的偏碱，如霍乱弧菌需pH为8.0～9.0。许多细菌在生长过程中，能使培养基变酸或变碱而影响其生长，所以往往需要在培养基内加入一定的缓冲剂。

4. 渗透压 细菌细胞需在适宜的渗透压下才能生长繁殖。盐腌、糖渍之所以具有防腐作用，即因一般细菌和霉菌在高渗条件下不能生长繁殖。不过细菌较其他生物细胞对渗透压有较强的适应能力，特别是有一些细菌能在较高的食盐浓度下生长。

5. 气体 细菌的生长繁殖与氧的关系十分密切，在细菌培养时，氧的提供与排除要根据细菌的呼吸类型而定。少数细菌培养时需要二氧化碳等其他气体。

（二）细菌的繁殖方式和速度

细菌的繁殖方式是无性二分裂。在适宜条件下，大多数细菌每20～30min分裂一次，在特定条件下，以此速度繁殖10h，1个细菌可以繁殖10亿个细菌，但由于营养物质的消耗和有害产物的蓄积，细菌是不可能保持这种速度繁殖的。有些细菌如结核分枝杆菌，在人工培养基上繁殖速度很慢，需18～24h才分裂一次。

（三）细菌的生长曲线

将一定数量的细菌接种在适宜的液体培养基中，定时取样计算细菌数，可发现细

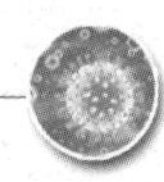

菌生长过程的规律性。以时间为横坐标，菌数的对数为纵坐标，可形成一条生长曲线，曲线显示了细菌生长繁殖的 4 个时期（图 1-9）。

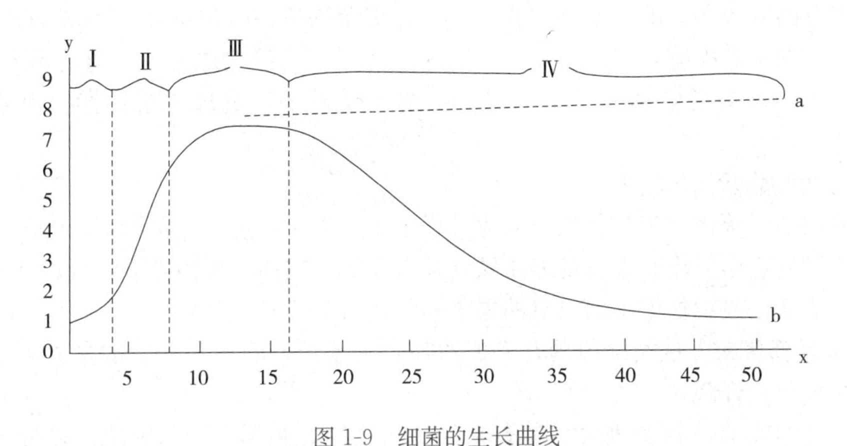

图 1-9　细菌的生长曲线

Ⅰ. 迟缓期　Ⅱ. 对数期　Ⅲ. 稳定期　Ⅳ. 衰老期

a. 总菌数　b. 活菌数　x. 培养时间（h）　y. 细菌总数的对数

1. 迟缓期　是细菌在新的培养基中的一段适应过程。在这个时期，细菌数目基本不增加，但体积增大，代谢活跃，菌体产生足够量的酶、辅酶以及一些必要的中间产物。当这些物质达到一定程度时，少数细菌开始分裂，此期细菌的数量几乎不增加。以大肠杆菌为例，这一时期一般为 2～6h。

2. 对数期　经过迟缓期后，细菌以最快的速度进行增殖，细菌数的对数与时间呈直线关系。一般地，此期的病原菌致病力最强，菌体的形态、大小及生理活性均较典型，对抗菌药物也最敏感。以大肠杆菌为例，这一时期持续 6～10h。

3. 稳定期　随着细菌的快速增殖，培养基中营养物质也迅速被消耗，有害产物大量积累，细菌生长速度减慢，死亡细菌数开始增加，新增殖的细菌数量与死亡细菌数量大致平衡，进入稳定期。稳定期后期可能出现菌体形态与生理特性的改变，一些芽孢菌可能形成芽孢。以大肠杆菌为例，这一时期约为 8h。

4. 衰老期　细菌死亡的速度超过分裂速度，培养基中活菌数急剧下降，此期的细菌若不移植到新的培养基，最后可能全部死亡。此期细菌菌体出现变形或自溶，染色特性不典型，难以鉴定。

衰退期细菌的形态、染色特征都可能不典型，所以细菌的形态和革兰氏染色反应，应以对数期到稳定期中期的细菌为标准。

三、细菌的新陈代谢

（一）细菌的酶

细菌新陈代谢过程的各种复杂的生化反应，都需由酶来催化。酶是活细胞产生的功能蛋白质，具有高度的特异性。细菌的种类不同，细胞内的酶系统就不同，因而其代谢过程及代谢产物也往往不同。

细菌的酶有的仅存在于细胞内部发挥作用，称为胞内酶，包括一系列的呼吸酶以及与蛋白质、多糖等代谢有关的酶。有的酶由细菌产生后分泌到细胞外，称为胞外酶，胞外酶能把大分子的营养物质水解成小分子的物质，便于细菌吸收，包括各种蛋白酶、脂肪酶、糖酶等水解酶。根据酶产生的条件，细菌的酶还分固有酶和诱导酶，细菌必须有的酶为固有酶，如某些脱氢酶等；细菌为适应环境而产生的酶为诱导酶，如大肠杆菌的半乳糖酶，只有乳糖存在时才产生，当诱导物质消失，酶也不再产生。有些细菌产生的酶与该菌的毒力有关，如透明质酸酶、溶纤维蛋白酶、血浆凝固酶等。

（二）细菌的呼吸类型

细菌借助于菌体呼吸酶从物质氧化过程中获得能量的过程，称为细菌的呼吸。呼吸是氧化过程，但氧化并不一定需要氧。凡需要氧存在的，称为需氧呼吸；凡不需要氧的称为厌氧呼吸。根据细菌对氧的需求不同，可分为三大类：

1. 专性需氧菌 这类细菌具有完善的呼吸酶系统，必须在有氧的条件下才能生长，如结核分枝杆菌。

2. 专性厌氧菌 该类细菌不具有完善的酶系统，必须在无氧或氧浓度极低的条件下才能生长，如破伤风梭菌、肉毒梭菌等。专性厌氧菌人工培养时，必须要排除培养环境中的氧气。

3. 兼性厌氧菌 此类细菌具有更复杂的酶系统，在有氧或无氧的条件下均可生长，但在有氧条件下生长更佳。大多数细菌属此类型。

（三）细菌的新陈代谢产物

各种细菌因含有不同的酶系统，因而对营养物质的分解能力不同，代谢产物也不尽相同。各种代谢产物可积累于菌体内，也可分泌或排泄到环境中，有些产物能被人类利用，有些可作为鉴定细菌的依据，有些则与细菌的致病性有关。

1. 分解代谢产物

（1）糖的分解产物。不同种类的细菌以不同的途径分解糖类，其代谢过程中均可产生丙酮酸。丙酮酸进一步生成气体（二氧化碳、氢气等）、酸类、醇类和酮类等。不同的细菌有不同的酶，对糖的分解能力也不同，有的不分解，有的分解产酸，有的分解产酸产气。利用糖的分解产物对细菌进行鉴定的生化试验有：糖发酵试验、维-培（V-P）试验、甲基红（MR）试验等。

（2）蛋白质的分解产物。细菌种类不同，分解蛋白质、氨基酸的种类和能力也不同，因此能产生许多中间产物。硫化氢是细菌分解含硫氨基酸的产物；吲哚（靛基质）是细菌分解色氨酸的产物；明胶是一种凝胶蛋白，有的细菌有明胶酶，使凝胶状的明胶液化；在分解蛋白质的过程中，有的能形成尿素酶，分解尿素形成氨；有的细菌能将硝酸盐还原为亚硝酸盐等。利用蛋白质的分解产物设计的鉴定细菌的生化试验有：靛基质试验、硫化氢试验、尿素分解试验、明胶液化试验、硝酸盐还原试验等。

2. 合成代谢产物 细菌通过新陈代谢不断合成菌体成分，如糖类、脂类、核酸、蛋白质和酶类等。此外，细菌还能合成一些与人类生产实践有关的产物。

（1）维生素。是某些细菌能自行合成的生长因子，除供菌体需要外，还能分泌到菌体外。畜禽体内的正常菌群能合成维生素 B 族和维生素 K。

（2）抗生素。是一种重要的合成产物，它能抑制和杀死某些微生物。生产中应用的抗生素大多数由放线菌和真菌产生，细菌产生的抗生素很少。

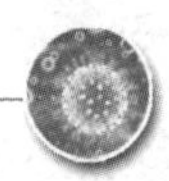

(3) 细菌素。是某些细菌产生的一种具有抗菌作用的蛋白质，与抗生素的作用相似，但作用范围狭窄，仅对有近缘关系的细菌产生抑制作用。目前发现的有大肠菌素、绿脓菌素、弧菌素和葡萄球菌素等。

(4) 毒素。细菌产生的毒素有内毒素和外毒素两种。毒素与细菌的毒力有关。

(5) 热原质。主要是指革兰氏阴性菌产生的一种多糖物质，将其注入人和动物体内，可以引起发热反应。热原质耐高温，不被高压蒸汽灭菌法破坏，在制造注射剂和生物制品时，应注意将其除去。

(6) 酶类。细菌代谢过程中产生的酶类，除满足自身代谢需要外，还能产生具有侵袭力的酶，这些酶与细菌的毒力有关，如透明质酸酶。

(7) 色素。某些细菌在氧气充足、温度和 pH 适宜条件下能产生色素。细菌产生的色素有水溶性和脂溶性两种，如绿脓杆菌的绿脓色素与荧光素是水溶性的，而葡萄球菌产生的色素是脂溶性的。色素在细菌鉴定中有一定的意义（彩图 36）。

任务三　细菌的人工培养

用人工的方法，提供细菌生长繁殖所需要的各种条件，可进行细菌的人工培养，从而进行细菌的鉴定和进一步的利用。细菌的人工培养技术是微生物学研究和应用的重要手段。

一、培养基的概念

把细菌生长繁殖所需要的各种营养物质合理地配合在一起，制成的营养基质称为培养基。培养基的主要用途是促进细菌的生长繁殖，可用于细菌的分离、细菌的纯化、细菌的鉴定、细菌的保存和细菌制品的制造等。

二、培养基的类型

由于各种细菌的营养需求不同，所以培养基的种类繁多，根据培养基的物理状态、用途等可将培养基分为多种类型。

（一）根据培养基的物理状态分类

1. 液体培养基　将细菌生长繁殖所需的各种营养物质直接溶解于水，不加凝固剂制成的培养基为液体状态，即为液体培养基。液体培养基中营养物质以溶质状态存在其中，有利于细菌充分的接触和利用，从而使细菌更好地生长繁殖，故常用于生产和实验室中细菌的扩增培养。实际操作中，在使用液体培养基培养细菌时进行振荡或搅拌，可增加培养基中的通气量，并使营养物质更加均匀，可大大提高培养效果。

2. 固体培养基　在液体培养基中加入 2%～3%的琼脂，使培养基凝固成固体状态。固体培养基可根据需要制成平板培养基、斜面培养基和高层培养基等。平板培养基常用于细菌的分离、菌落特征观察、药敏试验以及活菌计数等；斜面培养基常用于菌种保存；高层培养基多用于细菌的某些生化试验。

3. 半固体培养基　在液体培养基中加入少量（通常为 0.3%～0.5%）的琼脂，凝固后培养基呈半固体状态。多用于细菌运动性观察，即细菌的动力试验，也用于菌种的保存。

（二）根据培养基的用途分类

1. 基础培养基 尽管不同细菌的营养需求不同，但大多数细菌所需的基本营养物质是相同的。基础培养基含有细菌生长繁殖所需要的最基本的营养成分，可供大多数细菌人工培养用。常用的是肉汤培养基、普通琼脂培养基及蛋白胨水等。

2. 营养培养基 在基础培养基中加入葡萄糖、血液、血清、酵母浸膏及生长因子等，用于培养营养要求较高的细菌，常用的营养培养基有鲜血琼脂培养基、血清琼脂培养基等。

3. 鉴别培养基 利用各种细菌分解糖、蛋白质的能力及其代谢产物不同，在培养基中加入某种特殊营养成分和指示剂，以便观察细菌生长后发生的变化，从而鉴别细菌。如伊红美蓝培养基、麦康凯培养基、三糖铁琼脂培养基等。

4. 选择培养基 在培养基中加入某些化学物质，有利于需要分离的细菌的生长，抑制不需要细菌的生长，用来将某种或某类细菌从混杂的细菌群体中分离出来，如分离沙门氏菌、志贺氏菌等用的SS琼脂培养基。

5. 厌氧培养基 专性厌氧菌不能在有氧环境中生长，将培养基与空气及氧隔绝或降低培养基中的氧化还原电势，可供厌氧菌生长。如肝片肉汤培养基、疱肉培养基，应用时于液体表面加盖液体石蜡以隔绝空气。

三、制备培养基的基本要求和程序

（一）制备培养基的基本要求

尽管细菌的种类繁多，所需培养基的种类也很多，但制备各种培养基的基本要求是一致的，具体如下：

1. 选择所需的营养物质 制备的培养基应含有细菌生长繁殖所需的各种营养物质。

2. 调整pH 培养基的pH应在细菌生长繁殖所需的范围内。

3. 培养基应均质透明 均质透明的培养基便于观察细菌生长性状及生命活动所产生的变化。

4. 不含抑菌物质 制备培养基所用容器不应含有抑菌物质，所用容器应洁净，无洗涤剂的残留，最好不用铁制或铜制容器；所用的水应是蒸馏水或去离子水。

5. 灭菌处理 培养基及盛培养基的玻璃器皿必须彻底灭菌，避免杂菌污染，以获得纯的目标菌。

（二）制备培养基的基本程序

配料→溶化→测定及矫正pH→过滤→分装→灭菌→无菌检验→备用（详细内容见项目一的技能五）。

四、细菌在培养基中的生长情况

细菌在培养基中的生长情况是由细菌的生物学特性决定的，了解细菌的生长情况有助于识别和鉴定细菌。

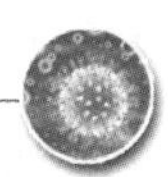

细菌在液体培养基中生长后，常呈现混浊、沉淀或形成菌膜等情况（图 1-10）。

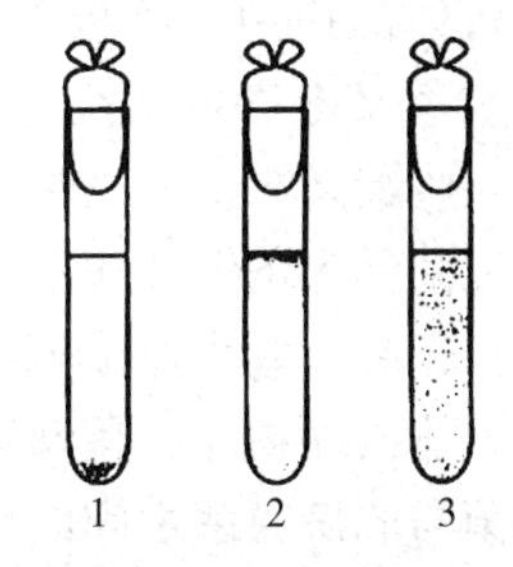

图 1-10　细菌在液体培养基中的生长特征

1. 形成沉淀　2. 形成菌膜　3. 混浊

细菌接种在固体培养基上，经过一定时间的培养后，表面可出现肉眼可见的单个细菌集团，称为菌落。许多菌落融合成片，则称为菌苔。在一般情况下，一个菌落是一个细菌繁殖的后代，因而平板培养基可用来分离细菌。各种细菌菌落的大小、形态、透明度、隆起度、硬度、湿润度、表面光滑或粗糙、有无光泽等，随菌种不同而各异，在细菌鉴定上有重要意义（图 1-11）。

用穿刺接种法，将细菌接种到半固体培养基中，具有鞭毛的细菌，可以向穿刺线以外扩散生长；无鞭毛的细菌只沿着穿刺线生长（图 1-12、彩图 34）。用这种方法可以鉴别细菌有无运动性。此外，半固体培养基还常用于菌种保存。

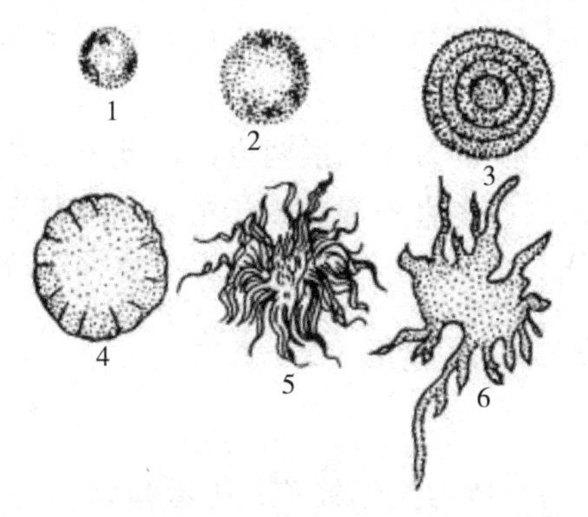

图 1-11　细菌在固体培养基上的生长特征

1. 表面光滑　2. 边缘隆起　3. 同心圆状
4. 放射状　5. 卷发状　6. 不规则状

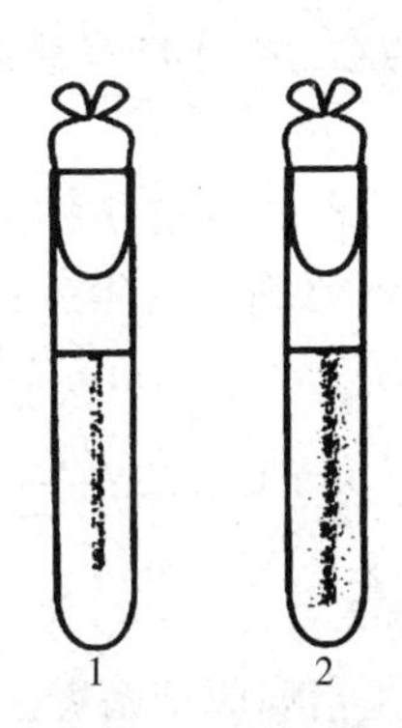

图 1-12　细菌在半固体培养基中的生长特性

1. 只沿穿刺线生长　2. 沿穿刺线扩散生长

任务四　细菌致病性的认知

一、致病性与毒力的概念

在自然界中，细菌的种类繁多、分布广泛、数量极大。但它们绝大多数对人和动植物无害，甚至有益，此类细菌为非病原菌；只有极少数细菌可引起人和动植物的病害，此类细菌称为病原菌。

病原细菌引起疾病的性质称致病性（pathogenicity）或病原性，是指一定种类的细菌，在一定条件下，引起动物机体发生疾病的能力。致病性是病原菌的共性和本质。绝大多数病原菌能寄生在宿主体内获得生长繁殖所需要的营养和环境条件，并以各种方式损伤或毒害机体。一般不同病原菌对宿主有一定的嗜性，有些仅对人致病，如痢疾志贺氏菌；有些仅对某些动物致病，如多杀性巴氏杆菌；有些对人和动物均有致病性，如结核分枝杆菌。病原菌的致病性是对宿主而言的，病原菌不同引起宿主机体的病理过程也不同，如结核分枝杆菌引起结核病，炭疽杆菌引起炭疽病，从这个意义上讲，致病性是微生物种的特征之一。

还有一些细菌在正常情况下是共栖菌，只有在一定条件下，才能表现出致病作用，这类细菌称为条件性病原菌。如某些大肠埃希氏菌侵入肠外组织器官时，可引起肠外感染。还有一些病原菌本身并不侵入机体，而是以其代谢产生的毒素随同食物或饲料进入人体或动物体，呈现毒害作用，此类细菌称为腐生性病原菌，如肉毒梭菌。

病原菌与非病原菌之间的界限不是绝对的。在一定条件下，腐生性细菌亦可能在感受性机体内获得寄生性、造成病理损伤而成为病原菌，病原菌也可以丧失致病性而营腐生生活。特别值得关注的是，近年来随着广谱抗生素等药物的广泛应用，已发现过去认为不致病的细菌，也可能引起宿主发生致命性疾病。

细菌的致病性包括两方面涵义，一是细菌对宿主引起疾病的特性，这是由细菌的种属特性决定的；二是对宿主致病能力的大小，即细菌的毒力。毒力是病原菌的个性特征，表示病原菌致病力的强弱程度，可以通过测定加以量化。不同种类病原菌的毒力强弱常不一致，并可因宿主及环境条件不同而发生改变。同种病原菌也可因型或株的不同而有毒力强弱的差异。如同一种细菌的不同菌株有强毒、弱毒与无毒菌株之分。

构成细菌毒力的物质称为毒力因子，主要有侵袭力和毒素两方面，此外，有些毒力因子尚不明确。近年来的研究发现，细菌的许多重要毒力因子的分泌与细菌的分泌系统有关。

二、构成病原菌毒力的因素

（一）侵袭力

侵袭力是指病原细菌突破机体的防御屏障，在体内生长繁殖、扩散蔓延的能力。在病原菌的侵袭过程中，有些侵袭因子可造成机体组织细胞的损伤，有些对机体无毒害作用，只是协助细菌侵入机体，抵抗机体的防卫功能，便于细菌向机体的深部组织迅速扩散并进行繁殖，致使发生传染。病原菌侵袭动物机体的方式主要有以下几个方面：

1. 细菌的附着力 细菌的附着力主要依靠黏附素发挥作用。黏附素是菌体表面具有黏附功能的结构成分，主要有细菌菌毛、某些外膜蛋白和膜磷壁酸等。某些病原菌通过黏附素与宿主易感细胞表面的特异性受体结合，附着在组织细胞表面。这种黏附性与病原菌的致病性密切相关，如产毒素大肠杆菌，借助菌毛附着于仔猪结肠黏膜上皮，得以停留在肠管内生长繁殖，致使肠道发生炎症，引起严重腹泻；溶血性链球菌可依靠菌体表面M蛋白附着于咽黏膜上皮细胞，引起传染。如果细菌缺乏附着力，将被机体防卫功能如气管纤毛运动或肠道蠕动排出体外。

2. 抗吞噬和定居 当细菌突破机体防卫屏障侵入体内后，必然会受到吞噬细胞的吞噬与体液性抗体等介导的免疫应答反应的清除。如果病原菌能克服这些免疫因素的影响，便可以在机体内大量繁殖和定居。某些病原菌的抗吞噬不被清除的作用，可通过自身结构成分或合成代谢产物来实现。如炭疽杆菌、肺炎链球菌等具有荚膜，这种特殊结构好似保护菌体的“甲”，能抵抗吞噬细胞吞噬消化功能，而无荚膜的细菌

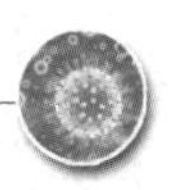

则易被吞噬细胞吞噬杀灭；A群链球菌的膜磷壁酸、病原性大肠杆菌的K抗原和沙门氏菌Vi抗原等不仅能抗细胞吞噬，而且具有抗抗体或补体的作用；金黄色葡萄球菌能产生血浆凝固酶，加速血浆凝固，保护菌体不被吞噬细胞吞噬或与抗体结合。总之，细菌的抗吞噬等作用，打破了机体防卫功能致使细菌在体内蔓延。

3. 促进扩散和转移　有些细菌侵入机体后，在体内生长繁殖，破坏组织结构，并扩散转移。如化脓性葡萄球菌、肺炎链球菌能产生透明质酸酶，可分解破坏细胞间结缔组织中的透明质酸，使结缔组织失去黏性，变得疏松，通透性增强，有利于病原菌在体内扩散，造成全身感染。A群链球菌能产生DNA酶，分解细胞中的DNA，致使细胞死亡，降低坏死组织的黏度，使感染部位的脓汁变稀薄。产气荚膜梭菌能产生蛋白分解酶（胶原酶），分解肌肉和皮下结缔组织，使组织崩解。此外，有些非病原菌也具有扩散能力。与细菌侵袭力有关的毒性酶或代谢产物见表1-2。

表1-2　与细菌侵袭力有关的毒性酶或代谢产物

细菌种别	产生的毒性酶或代谢产物	破坏作用
产气荚膜梭菌	卵磷脂酶	破坏细胞膜的卵磷脂
产气荚膜梭菌	溶血素	破坏红细胞
金黄色葡萄球菌	凝固酶	凝固血浆
金黄色葡萄球菌	胶原酶	破坏皮下胶原组织
金黄色葡萄球菌	脂酶	分解脂肪
金黄色葡萄球菌	DNA酶	破坏DNA
金黄色葡萄球菌	杀白细胞素	杀死白细胞
溶血性链球菌	透明质酸酶	破坏组织中的透明质酸

（二）毒素

毒素（toxin）是细菌在生长繁殖过程中产生和释放的具有损害机体组织、器官并引起生理功能紊乱的毒性成分。细菌毒素按其来源、性质和作用的不同，可分为内毒素和外毒素两大类。内毒素和外毒素主要性质的区别见表1-3。

表1-3　外毒素和内毒素的主要区别

区别要点	外毒素	内毒素
主要来源	主要由革兰氏阳性菌产生	革兰氏阴性菌多见
存在部位	由活的细菌产生并释放至菌体外	是细胞壁的结构成分，菌体崩解后释放出来
化学成分	蛋白质（相对分子质量2 7000～900 000）	类脂A、核心多糖和菌体特异性多糖复合物（毒性主要为类脂A）
毒　性	毒性强，各种外毒素有选择作用，引起特殊病变，如抑制蛋白质合成，有细胞毒性、神经毒性、紊乱水盐代谢等 微量对实验动物即有致死作用（以微克计量）	毒性弱，各种细菌内毒素的毒性作用相似。引起发热、粒细胞增多、弥散性血管内凝血、内毒素性休克等 对实验动物致死作用的量比外毒素为大
耐热性	一般不耐热，60～80℃经30min被破坏	耐热，160℃经2～4h才能被破坏

（续）

区别要点	外毒素	内毒素
抗原性	强，能刺激机体产生高效价的抗毒素。经甲醛处理可脱毒成为类素毒	弱，不能刺激机体产生抗毒素。可刺激机体对多糖成分产生抗体。经甲醛处理不能成为类毒素

1. 外毒素（exotoxin） 主要是由多数革兰氏阳性细菌和少数革兰氏阴性细菌在生长繁殖过程中产生并释放到菌体外的毒性蛋白质。能产生外毒素的革兰氏阳性菌有破伤风梭菌、肉毒梭菌、产气荚膜梭菌、炭疽杆菌、链球菌、金黄色葡萄球菌等；革兰氏阴性菌有大肠杆菌、霍乱弧菌、多杀性巴氏杆菌等。大多数外毒素在菌体内合成后分泌至胞外，若将产生外毒素细菌的液体培养基用滤菌器过滤除菌，即能获得外毒素。但也有不分泌的，只有当菌体细胞裂解后才释放出来，如大肠杆菌的外毒素就属于这种类型。

外毒素的毒性作用强，小剂量即能使易感机体致死。如纯化的肉毒梭菌外毒素毒性最强，1mg 可杀死2 000万只小鼠；破伤风毒素对小鼠的半数致死量为 10^{-6}mg；白喉毒素对豚鼠的半数致死量为 10^{-3}mg。

不同病原菌产生的外毒素，对机体的组织器官具有选择性（或称为亲嗜性），引起特殊的病理变化。例如破伤风梭菌产生的痉挛毒素选择性地作用于脊髓腹角运动神经细胞，引起骨骼肌的强直性痉挛；而肉毒梭菌产生的肉毒毒素，选择性地作用于眼神经和咽神经，引起眼肌和咽肌麻痹。有些细菌的外毒素已证实为一种特殊的酶，例如产气荚膜梭菌的甲种毒素是卵磷脂酶，作用于细胞膜上的卵磷脂，引起溶血和细胞坏死等。按细菌外毒素对宿主细胞的亲嗜性和作用方式不同，可分成神经毒素（破伤风痉挛毒素、肉毒毒素等）、细胞毒素（白喉毒素、葡萄球菌毒性休克综合征毒素 1、链球菌致热毒素等）和肠毒素（霍乱弧菌肠毒素、葡萄球菌肠毒素等）三类。

大多数外毒素由 A、B 两种亚单位组成。A 亚单位是外毒素的活性部分，决定其毒性效应，但 A 亚单位单独不能自行进入易感细胞；B 亚单位无毒，但能与宿主易感细胞表面的受体特异性结合，介导 A 亚单位进入细胞，使 A 亚单位发挥其毒性作用。所以，外毒素必须具备 A、B 两种亚单位时才有毒性。因为 B 亚单位与易感细胞受体结合后能阻止该受体再与完整外毒素分子结合，故人们利用这一特点，正在研制外毒素 B 亚单位疫苗以预防相应的外毒素性疾病。

一般来说外毒素的本质是蛋白质，相对分子质量为27 000～900 000，不耐热。白喉毒素加热到 58～60℃经 1～2h，破伤风毒素 60℃经 20min 即可被破坏。一般外毒素在 60～80℃经 10～80min 即可失去毒性，但也有少数例外，如葡萄球菌肠毒素及大肠杆菌肠毒素能耐 100℃ 30min。外毒素可被蛋白酶分解，遇酸则发生变性。

外毒素具有良好的免疫原性，可刺激机体产生特异性抗体，而使机体具有免疫保护作用，这种抗体称为抗毒素，抗毒素可用于紧急预防和治疗。外毒素经 0.3%～0.5%甲醛溶液于 37℃处理一定的时间后，使其失去毒性，但仍保留很强的抗原性，称类毒素。类毒素注入机体后仍可刺激机体产生抗毒素，可作为疫苗进行免疫接种。

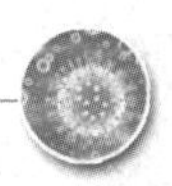

2. 内毒素（endotoxin）　是许多革兰氏阴性菌细胞壁中的结构成分，生活状态时不释放到外环境中，只有当菌体死亡破裂或用人工方法裂解细菌后才释放，故称为内毒素。大多数革兰氏阴性菌都能产生内毒素，如沙门氏菌、痢疾杆菌、大肠杆菌等。内毒素也存在于螺旋体、衣原体和立克次氏体中。

内毒素耐热，加热100℃经1h不被破坏，必须加热到160℃经2～4h，或用强碱、强酸或强氧化剂煮沸30min才能灭活。内毒素不能用甲醛脱毒制成类毒素，但能刺激机体产生具有中和内毒素活性的抗多糖抗体。

内毒素是革兰氏阴性菌细胞壁的最外层成分，覆盖在坚韧细胞壁的黏肽上，主要成分为脂多糖。内毒素对组织细胞作用的选择性不强，不同革兰氏阴性细菌内毒素的毒性作用大致相同，主要包括以下四个方面：

（1）发热反应。少量的内毒素（0.001μg）注入人体，即可引起发热。自然感染时，因革兰氏阴性菌不断生长繁殖，同时伴有陆续死亡、释出内毒素，故发热反应将持续至体内病原菌完全消灭为止。内毒素能直接作用于体温调节中枢，使体温调节功能紊乱，引起发热；也可作用于中性粒细胞及巨噬细胞等，使之释放一种内源性致热原，作用于体温调节中枢，间接引起发热反应。

（2）对白细胞的作用。内毒素进入血流数小时后，能使外周血液的白细胞总数显著增多，这是由于内毒素刺激骨髓，使大量白细胞进入循环血液的结果。部分不成熟的中性粒细胞也可进入循环血液。绝大多数被革兰氏阴性菌感染动物的血流中白细胞总数都会增加。

（3）弥散性血管内凝血。内毒素能活化凝血系统的Ⅻ因子，当凝血作用开始后，使纤维蛋白原转变为纤维蛋白，造成弥散性血管内凝血，之后由于血小板与纤维蛋白原大量消耗，以及内毒素活化胞浆素原为胞浆素，分解纤维蛋白，进而产生出血倾向。

（4）内毒素血症与内毒素休克。当病灶或血流中革兰氏阴性病原菌大量死亡，释放出来的大量内毒素进入血液时，可发生内毒素血症。内毒素激活了血管活性物质（5-羟色胺、激肽释放酶与激肽）的释放。这些物质作用于小血管造成其功能紊乱而导致微循环障碍，临床表现为微循环衰竭、低血压、缺氧、酸中毒等，最终导致休克，这种病理反应称为内毒素休克。

三、毒力大小的表示方法

在实际工作中，毒力的测定显得特别重要，尤其是在疫苗和血清效价测定及药物疗效研究等工作中，必须先测定病原菌的毒力。毒力大小常用以下4种方法表示，其中最具实用的是半数致死量和半数感染量。

1. 最小致死量（MLD）　指能使特定实验动物于感染后一定时间内死亡所需的最小的活微生物量或毒素量。

2. 半数致死量（LD50）　指能使接种的实验动物于感染后一定时间内死亡一半所需的活微生物量或毒素量。测定LD50应选取品种、年龄、体重乃至性别等各方面都相同的易感动物，分成若干组，每组数量相同，以递减剂量的微生物或毒素分别接种各组动物，在一定时限内观察记录结果，最后以生物统计学方法计算出LD50。由于半数致死量采用了生物统计学方法对数据进行处理，因而避免了动物个体差异造成的误差。

3. 最小感染量（MID） 指能引起试验对象（动物、鸡胚或细胞）发生感染的最小病原微生物的量。

4. 半数感染量（ID50） 指能使半数试验对象（动物、鸡胚或细胞）发生感染的病原微生物的量。测定ID50的方法与测定LD50的方法类似，只不过在统计结果时以感染者的数量代替死亡者数量。

四、细菌致病性的确定

著名的柯赫法则是确定某种细菌是否具有致病性的主要依据，其要点是：第一，特殊的病原菌应在同一疾病中查到，在健康者不存在；第二，此病原菌能被分离培养而得到纯种；第三，此培养物接种易感动物，能导致同样病症；第四，自实验感染的动物体内能重新获得该病原菌的纯培养物。

柯赫法则在确定细菌致病性方面具有重要意义，特别是在鉴定一种新的病原体时非常重要。但是，它也具有一定的局限性，某些情况并不符合该法则。如健康带菌或隐性感染，有些病原菌迄今仍无法在体外人工培养，有的则没有可用的易感动物。另外，该法则只强调了病原菌的一方面，忽略了它与宿主的相互作用是不足之处。

近年来随着分子生物学的发展，"基因水平的柯赫法则"应运而生。取得共识的有以下几点：第一，应在致病菌株中检出某些基因或其产物，而无毒力菌株中无；第二，如有毒力菌株的某个基因被损坏，则菌株的毒力应减弱或消除，或者将此基因克隆到无毒菌株内，后者成为有毒力菌株；第三，将细菌接种动物时，这个基因应在感染的过程中表达；第四，在接种动物体内能检测到这个基因产物的抗体，或产生免疫保护。该法则也适用于细菌以外的微生物，如病毒。

任务五　细菌病的实验室诊断

细菌是自然界广泛存在的一种微生物，细菌性传染病占动物传染病的50%左右，细菌病的发生给畜牧业带来了极大的经济损失。因此在动物生产过程中，必须做好细菌病的防治工作。对于发病的群体，及时而准确地做出诊断是十分重要的。

畜禽细菌性传染病，除少数如破伤风等可根据流行病学、临床症状作出诊断外，多数还需要借助病理变化进行初步诊断，确诊则需在临床诊断的基础上进行实验室诊断，确定细菌的存在或检出特异性抗体。细菌病的实验室诊断需要在正确采集病料的基础上进行，常用的诊断方法有：细菌的形态检查、细菌的分离培养、细菌的生化试验、细菌的血清学试验、动物接种试验、分子生物学的方法等。

一、病料的采集、保存及运送

（一）病料的采集

1. 采集病料的原则

（1）无菌采病料原则。病料的采集要求进行无菌操作，所用器械、容器及其他物

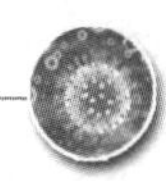

品均需事先灭菌。同时在采集病料时也要防止病原菌污染环境及造成人的感染。因此在尸体剖检前，首先将尸体在适当消毒液中浸泡消毒，打开胸腹腔后，应先取病料以备细菌学检验，然后再进行病理学检查。最后将剖检的尸体焚烧，或浸入消毒液中过夜，次日取出作深埋处理。剖检场地应选择易于消毒的地面或台面，如水泥地面等，剖检后操作者、用具及场地都要进行消毒或灭菌处理。疑似炭疽时，严禁剖解。

（2）适时采病料原则。病料一般采集于濒死或刚刚死亡的动物，若是死亡的动物，则应在动物死亡后立即采集，夏天不宜迟于6～8h，冬天不迟于24h。取得病料后，应立即送检。如不能立刻进行检验，应立即存放于冰箱中。若需要采血清测抗体，最好采发病初期和恢复期两个时期的血清。

（3）病料含病原多的原则。病料必须采自含病原菌最多的病变组织或脏器。

（4）采病料适量的原则。采集的病料不宜过少，以免在送检过程中细菌因干燥而死亡。病料的量至少是检测量的4倍。

2. 采集病料的方法

（1）液体材料的采集方法。破溃的脓汁、胸腹水一般用灭菌的棉棒或吸管吸取放入无菌试管内，塞好胶塞送检。血液可无菌操作从静脉或心脏采血，然后加抗凝剂（每1mL血液加3.8%枸橼酸钠0.1mL）。若需分离血清，则采血后（一定不要加抗凝剂），放在灭菌的试管中，摆成斜面，待血液凝固析出血清后，再将血清吸出，置于另一灭菌试管中送检。方便时可直接无菌操作取液体涂片或接种适宜的培养基。

（2）实质脏器的采集方法。应在解剖尸体后立即采集。若剖检过程中被检器官被污染或剖开胸腹后时间过久，应先用烧红的铁片烧烙表面，或用酒精火焰灭菌后，在烧烙的深部取一块实质脏器，放在灭菌试管或平皿内。如剖检现场有细菌分离培养条件，直接以烧红的铁片烧烙脏器表面，然后用灭菌的接种环自烧烙的部位插入组织中，缓缓转动接种环，取少量组织或液体接种到适宜的培养基。

（3）肠道及其内容物的采集方法。肠道只需选择病变最明显的部分，将其中内容物去掉，用灭菌水轻轻冲洗后放在平皿内。粪便应采取新鲜的带有脓、血、黏液的部分，液态粪应采集絮状物。有时可将胃肠两端扎好剪下，保存送检。

（4）皮肤及羽毛的采集方法。皮肤要取病变明显且带有一部分正常皮肤的部位。被毛或羽毛要取病变明显部位，并带毛根，放入平皿内。

（5）胎儿。可将流产胎儿及胎盘、羊水等送往实验室，也可用吸管或注射器吸取胎儿胃内容物放入试管送检。

（二）病料的保存与运送

供细菌检验的病料，若能在1～2d内送到实验室，可放在有冰的保温瓶或4～10℃冰箱内，也可放入灭菌液体石蜡或30%甘油盐水缓冲保存液中（甘油300mL，氯化钠4.2g，磷酸氢二钾3.1g，磷酸二氢钾1.0g，0.02%酚红1.5mL，蒸馏水加至1 000mL，pH7.6）。

供细菌学检验的病料，最好及时由专人送检，并带好说明，内容包括：送检单位、地址、动物品种、性别、日龄、送检的病料种类和数量、检验目的、保存方法、死亡日期、送检日期、送检者姓名，并附临床病例摘要（发病时间、死亡情况、临床表现、免疫和用药情况等）。

二、细菌的形态检查

细菌的形态检查是细菌检验技术的重要手段之一。在细菌病的实验室诊断中，形态检查的应用有两个时机，一是将病料涂片染色镜检，它有助于对细菌的初步认识，也是决定是否进行细菌分离培养的重要依据，有时通过这一环节即可得到确切诊断。如禽霍乱和炭疽的诊断有时通过病料组织触片、染色、镜检即可确诊。另一个时机是在细菌的分离培养之后，将细菌培养物涂片染色，观察细菌的形态、排列及染色特性，这是鉴定分离细菌的基本方法之一，也是进一步生化鉴定、血清学鉴定的前提。

常用的染色方法本项目任务一中已讲述，包括单染色法和复染色法，应用时可根据实际情况选择适当的染色方法，如对病料中的细菌进行检查，常选择单染色法，如美蓝染色法或瑞氏染色法，而对培养物中的细菌进行染色检查时，多采用可以鉴别细菌的复染色法。当然，染色方法的选择并非固定不变。细菌形态检查的具体操作见项目一的技能三、四。

三、细菌的分离培养

细菌的分离培养及移植是细菌学检验中最重要的环节，细菌病的诊断与防治以及对未知菌的研究，常需要进行细菌的分离培养。

细菌病的临床病料或培养物中常有多种细菌混杂，其中有致病菌，也有非致病菌，从采集的病料中分离出目的病原菌是细菌病诊断的重要依据，也是对病原菌进一步鉴定的前提。不同的细菌在一定培养基中有其特定的生长现象，如在液体培养基中形成的均匀混浊、沉淀、菌环或菌膜，在固体培养基上形成的菌落和菌苔等。细菌菌落的形状、大小、色泽、气味、透明度、黏稠度、边缘结构和有无溶血现象等，均因细菌的种类不同而异，根据菌落的这些特征，即可初步确定细菌的种类。

将分离到的病原菌进一步纯化，可为进一步的生化试验鉴定和血清学试验鉴定提供纯的细菌。此外，细菌分离培养技术也可用于细菌的计数、扩增和动力观察等。

细菌分离培养的方法很多，最常用的是平板划线接种法，另外还有倾注平板培养法、斜面接种法、穿刺接种法、液体培养基接种法等（具体内容详见项目一的技能六）。

四、细菌的生化试验

细菌在代谢过程中，要进行多种生物化学反应，这些反应几乎都靠各种酶系统来催化，由于不同的细菌含有不同的酶，因而对营养物质的利用和分解能力不一致，代谢产物也不尽相同，据此设计的用于鉴定细菌的试验，称为细菌的生化试验。

一般只有纯培养的细菌才能进行生化试验鉴定。生化试验在细菌鉴定中极为重要，方法也很多，下面介绍几种常用的生化试验的原理（生化试验的具体操作见项目一的技能七，部分生化试验的结果见彩图13～彩图15、彩图31～彩图33）。

1. 糖分解试验 不同细菌对糖的利用情况不同，代谢产物不尽相同，有的不分解，有的分解只产酸，有的分解既产酸又产气。而且这种分解能力因是否有氧的存在而异，在有氧的条件下称为氧化，无氧条件下称为发酵。试验时往往将同一种细菌接种相同的糖培养基一式两管，一管用液体石蜡等封口，进行“发酵”，另一管置有氧

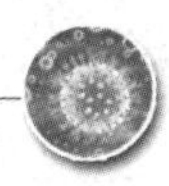

条件，培养后观察产酸产气情况。目前，“糖发酵”一词泛指有氧及厌氧条件下细菌对糖的分解反应，如不加特别说明，均是有氧条件。

2. 维-培试验　又称V-P试验，由Voges和Proskauer两学者创建，故名。大肠杆菌和产气肠杆菌均能发酵葡萄糖，产酸产气，两者不能区别。但产气肠杆菌能使丙酮酸脱羧，生成中性的乙酰甲基甲醇，后者在碱性溶液中被空气中的分子氧所氧化，生成二乙酰，二乙酰与培养基中含胍基的化合物反应，生成红色的化合物，即为V-P试验阳性。大肠杆菌不能生成乙酰甲基甲醇，故为阴性。

3. 甲基红试验　又称MR试验，在V-P试验中，产气肠杆菌分解葡萄糖，产生的2分子的丙酮酸转变为1分子中性的乙酰甲基甲醇，故最终的酸类较少，培养液pH>5.4，以甲基红（MR）作指示剂时，溶液呈橘黄色，为阴性；大肠杆菌分解葡萄糖时，丙酮酸不转变为乙酰甲基甲醇，故培养基的酸性较强，pH≤4.5，甲基红指示剂呈红色，为阳性。

4. 枸橼酸盐利用试验　某些细菌能利用枸橼酸盐作为唯一的碳源，能在除枸橼酸盐外不含其他碳源的培养基上生长，分解枸橼酸盐生成碳酸盐，并分解其中的铵盐生成氨，使培养基由酸性变为碱性，从而使培养基中的指示剂溴麝香草酚蓝由草绿色变为深蓝色，为阳性；不能利用枸橼酸盐作为唯一碳源的细菌在该培养基上不能生长，培养基颜色不改变，为阴性。

5. 吲哚试验　又称靛基质试验，有些细菌能分解蛋白胨水培养基中的色氨酸产生吲哚，如在培养基中加入对二甲基氨基苯甲醛，则与吲哚结合生成红色的玫瑰吲哚，为吲哚试验阳性，否则为阴性。

6. 硫化氢试验　某些细菌能分解培养基中的胱氨酸、甲硫氨酸等含硫氨基酸，产生硫化氢，与加到培养基中的醋酸铅或硫酸亚铁等反应，生成黑色的硫化铅或硫化亚铁，使培养基变黑色，为硫化氢试验阳性。

7. 触酶试验　触酶又称接触酶或过氧化氢酶，能使过氧化氢快速分解成水和氧气。有的细菌能产生此酶，在细菌培养物上滴加过氧化氢水溶液，见到大量的气泡产生为阳性。

8. 氧化酶试验　氧化酶又称细胞色素酶、细胞色素氧化酶C或呼吸酶。该试验用于检测细菌是否含有该酶。原理是氧化酶在有分子氧或细胞色素C存在时，可氧化四甲基对苯二胺，出现紫色反应。

9. 脲酶试验　脲酶又称尿素酶。细菌如有脲酶，能分解尿素产生氨，使培养基的碱性增加，使含酚红指示剂的培养基由粉红色转为紫红色，为阳性。

细菌生化试验的主要用途是鉴别细菌，对革兰氏染色反应、菌体形态以及菌落特征相同或相似的细菌的鉴别具有重要意义。其中吲哚试验、甲基红试验、V-P试验、枸橼酸盐利用试验四种试验常用于鉴定肠道杆菌，合称为IMViC试验。例如大肠杆菌对这四种试验的结果是“＋＋－－”，而产气杆菌则为“－－＋＋”。

五、动物接种试验

实验动物有“活试剂”“活天平”之誉，是生物学研究的重要基础和条件之一。动物试验也是微生物检验中常用的技术，有时为了证实所分离菌是否有致病性，可进行动物接种试验，最常用的是本动物接种和实验动物接种（内容详见项目三的技能二）。

六、细菌的血清学试验

血清学试验具有特异性强、检出率高、方法简易快速的特点，因此广泛应用于细菌病的诊断和细菌的鉴定。常用的血清学试验有凝集试验、沉淀试验、补体结合试验、免疫标记技术等。如生产中常用凝集试验来进行鸡白痢和布鲁氏菌病的检疫（血清学试验的详细内容及操作见项目五的技能一至技能五）。

在细菌病的实验室诊断或细菌的鉴定中，除应用上述介绍的方法外，迅速兴起和发展起来的分子生物学技术也在广泛应用。如：传统的猪链球菌检测方法为细菌分离法，至少需要3d时间，如果采用先进的PCR新技术，可将检测猪链球菌的时间缩短至1.5h左右。

技能一　常用仪器的使用

【目的要求】 了解微生物实验室重要仪器的构造，熟悉仪器的使用方法和注意事项。

【仪器及材料】 电热恒温培养箱、电热干燥箱、高压蒸汽灭菌器、电冰箱、电动离心机、电热恒温水浴箱。

【方法与步骤】

（一）电热恒温培养箱

电热恒温培养箱又称温箱，主要由箱体、电热丝、温度调节器等构成（图1-13），厌氧培养箱见彩图39。温箱主要用于细菌的培养、某些血清学试验及有关器皿的干燥。

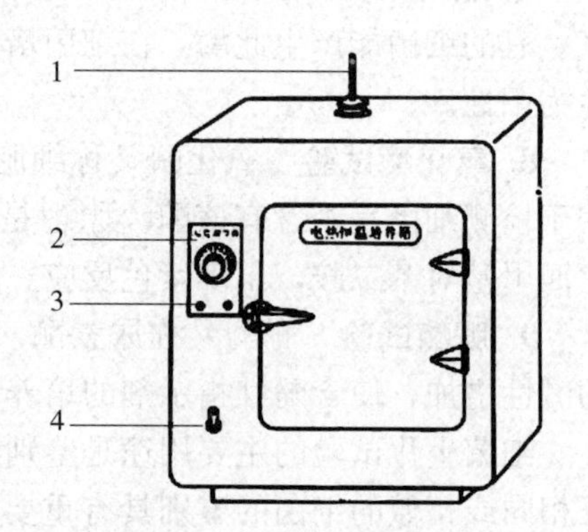

图1-13　电热恒温培养箱
1. 温度计　2. 温度调节器
3. 指示灯　4. 开关

1. 使用方法　插上电源插头，开启电源开关，绿色指示灯亮，表明电源接通。然后把温控仪上的调节旋钮旋至所需温度刻度处，此时红灯亮，箱内开始升温，待红绿指示灯交替发亮时，工作室内温度达到设定状态，进入正常工作。（应注意，近几年销售的温箱有的红灯亮表示通电及恒温，绿灯亮表示升温。）

2. 注意事项

（1）温箱必须放置于干燥及平稳处。

（2）使用时，随时注意温度计的指示温度是否与所需温度相同。

（3）除了取放培养物开启箱门外，尽量减少开启次数，以免影响恒温。

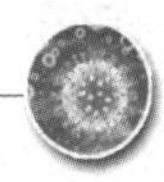

(4) 工作室内隔板放置试验材料不宜过重、过密，以防影响热空气对流。底板为散热板，其上切勿直接放置试验物品。

(5) 培养箱内禁止放入易挥发性物品，以免发生爆炸事故。

(二) 电热干燥箱

电热干燥箱又称干热灭菌箱（彩图 40），其构造和使用方法与温箱相似，但所用温度较高。主要用于玻璃器皿和金属制品的干热灭菌。灭菌时箱内放置物品要留空隙，保持热空气流动，以利彻底灭菌。常用灭菌温度为 160℃，维持 1～2h。灭菌时，关门加热应开启箱顶上的活塞通气孔，使冷空气排出，待升至 60℃时，将活塞关闭，为了避免玻璃器皿炸裂，灭菌后箱内温度降至 60℃时，才能开启箱门取物品。若仅需达到干燥目的，可一直开启活塞通气孔，温度只需 60℃左右即可。

灭菌过程中如遇温度突然升高，箱内冒烟，应立即切断电源，关闭排气小孔，箱门四周用湿毛巾堵塞，杜绝氧气进入，火则自熄。

(三) 高压蒸汽灭菌器

高压蒸汽灭菌器（图 1-14、彩图 37、彩图 38）是应用最广、效率最高的灭菌器，有手提式、立式、横卧式三种，其构造和工作原理基本相同。

高压蒸汽灭菌器的使用

高压蒸汽灭菌器为一锅炉状的双层金属圆筒，外筒盛水，内筒有一活动金属隔板，隔板有许多小孔，使蒸汽流通。灭菌器上方或前方有金属厚盖，盖上有压力表、安全阀和放气阀。盖的边缘附有螺旋，借以紧闭灭菌器，使蒸汽不能外溢。

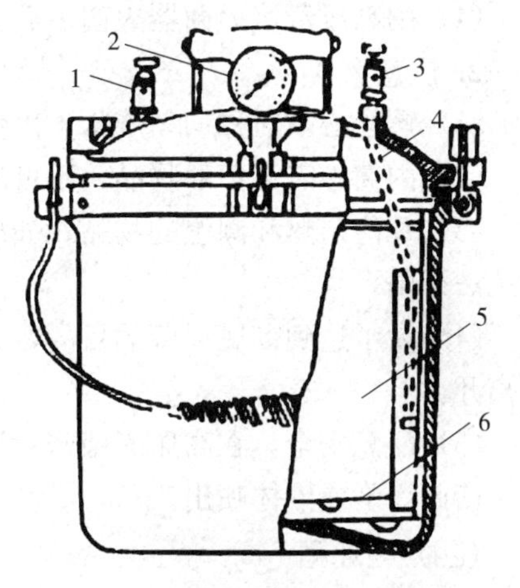

图 1-14　手提式高压蒸汽灭菌器
1. 安全阀　2. 压力表　3. 放气阀
4. 放气软管　5. 内筒　6. 筛板

在标准大气压下，水的沸点是 100℃，这个温度能杀死一般细菌的繁殖体，要杀死芽孢则需要很长时间。如果人为地加大压力，则水的沸点可以升高。因高压蒸汽灭菌器是一个密闭的容器，因此，加热时蒸汽不能外溢，所以锅内压力不断增大，使水的沸点超过 121℃。

1. 使用方法

(1) 加适量水于灭菌器外筒内，使水面略低于支架，将灭菌物品包扎好放入内筒筛板上。

(2) 器盖盖上时，必须将器盖腹侧的放气软管插入消毒内筒的管架中，然后对称扭紧六个螺栓，检查安全阀、放气阀是否处于良好的可使用状态，并关闭安全阀，打开放气阀。通电后，待水蒸气从放气阀均匀冒出时，表示锅内冷空气已排尽，然后关闭放气阀继续加热，待灭菌器内压力升至约 0.105MPa（121.3℃），维持 20～30min（如果高压锅不是全自动的，则需要通过控制电源维持），即可达到灭菌的目的。灭菌时，锅内冷空气应完全排净，灭菌锅内留有不同分量空气时，压力与温度的关系见表 1-4。

表 1-4 灭菌锅留有不同分量空气时，压力与温度的关系

压力数		全部空气排出时的温度/℃	2/3 空气排出时的温度/℃	1/2 空气排出时的温度/℃	1/3 空气排出时的温度/℃	空气全不排出时的温度/℃
MPa	kg/cm^2					
0.03	0.35	108.8	100	94	90	72
0.07	0.70	115.6	109	105	100	90
0.10	1.05	121.3	115	112	109	100
0.14	1.40	126.2	121	118	115	109
0.17	1.70	130.0	126	124	121	115
0.21	2.10	134.6	130	128	126	121

(3) 灭菌完毕，停止加热，待压力表指针自动降至零位，才能打开放气阀开盖取物。

(4) 用高压蒸汽灭菌器灭菌之后，可放出器内之水，并擦干净。

2. 注意事项

(1) 螺栓必须对称均匀旋紧，以免漏气。

(2) 内筒中需灭菌的物品，不可堆压过紧，以免妨碍蒸汽流通，影响灭菌效果。

(3) 凡能耐热和潮湿的物品，如培养基、生理盐水、敷料、病原微生物等都可应用此法灭菌。

(4) 为了达到彻底灭菌的目的，灭菌时间和压力必须准确可靠，操作人员不能擅自离开。

(5) 注意安全，在高压灭菌密封液体时，如果压力骤降，可能造成物品内外压力不平衡而炸裂或液体喷出。

(四) 电冰箱

电冰箱主要由箱体、制冷系统、自动控制系统和附件四大部分构成。实验室中常用以保存培养基、药敏片、病料以及菌种、疫苗、诊断液等生物制品。

其使用方法及注意事项如下：

(1) 电冰箱应放置在干燥通风处，避免日光照射，远离热源，离墙 10cm 以上，以保证对流，利于散热。

(2) 电冰箱电源的电压一般为 220V，如不符合，须另装稳压器稳压。

(3) 通电检查箱内照明灯是否明亮，机器是否运转。

(4) 使用时，于冷冻室放置冰盒盛水至 3/4 处，将温度调节器调至一定刻度（冷冻室 0℃以下，冷藏室温度 4～10℃）。

(5) 调节温度时不可一次调得过低，以免冻坏箱内物品。应作第二次、第三次调整。

(6) 冷冻室冰霜较厚时，按化霜按钮或切断电路，进行化霜，融化后清洁整理。

(7) 箱内存放物品不宜过挤，以利冷空气对流，使箱内温度均匀。

(8) 箱内保持清洁干燥，如有霉菌生长，断电后取出物品，经福尔马林熏蒸消毒后，方可使用。

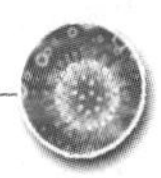

（五）电动离心机

实验室常用电动离心机沉淀细菌、血细胞、虫卵和分离血清等，用得较多的是低速离心机，转速可达 4 000r/min。常用的为倾角电动离心机，其中管孔有一定倾斜角度，使沉淀物迅速下沉。上口有盖，确保安全，前下方装有电源开关和速度调节器，可以调节转速。

其使用方法及注意事项如下：

（1）先将盛有材料的两个离心管及套管放到天平上平衡，然后对称放入离心机中，若分离材料为一管，则对侧离心管放入等量的其他液体。

（2）将盖盖好，接通电路，慢慢旋转速度调节器到所需刻度，保持一定的速度，达到所需的时间（一般转速2 000r/min，维持 5～20min），将调节器慢慢旋回“0”处，停止转动方可揭盖取出离心管。

（3）离心时如有杂音或离心机震动，立即停止使用，进行检查。

（六）电热恒温水浴箱

为镀镍的铜或不锈钢制成的水浴箱，电热管在箱内夹水中间，加热快、耗电省，箱前有“电源”和“加热”指示灯（一红一绿），并装有温度调节器，自 37～100℃可以调节定温，箱侧有一水龙头，供放水用。水浴箱主要用于蒸馏、干燥、浓缩、温渍化学药品及血清学试验用。

使用时必须先加水于箱内，通电后电源指示灯（绿灯）即亮，再按顺时针方向旋转温度调节器，绿灯灭，加热指示灯（红灯）亮，即接通内部电热丝，使之加温。如水温达到所需温度，再按逆时针方向微微调节温度调节器，使红绿指示灯忽亮忽灭，经 30～60min 观察，水温恒定不变即达到定温。如下次使用需要同样温度，可不必旋转调节旋钮，或记下所需刻度，以作下次转向之用。使用时，不可加水过多，以浸过加热容器为宜。加水少于最低水位，会使箱旁焊锡熔化引起漏水。使用完毕，待水冷却后，必须放水擦干。

必须强调，我们在教学和生产中，每购买一种新的仪器，一定要认真阅读仪器说明书，以便正确使用。

技能二　常用玻璃器皿的准备

【目的要求】熟悉常用玻璃器皿的名称及规格，掌握各种玻璃器皿的清洗和灭菌方法。

【仪器及材料】试管、吸管、培养皿、三角烧瓶、烧杯、量筒、量杯、漏斗、乳钵、普通棉花、脱脂棉、纱布、牛皮纸、旧报纸、新洁尔灭、来苏儿、石炭酸、肥皂粉、重铬酸钾、粗硫酸、盐酸、橡胶手套、橡胶围裙等。

【方法与步骤】

（一）玻璃器皿的洗涤

1. 新购入的玻璃器皿　因附着游离碱质，须用 1%～2%盐酸溶液浸泡数小时或过夜，以中和其碱质，然后用清水反复冲刷，去除残留的酸，最后用蒸馏水冲洗 2～3 次，倒立使之干燥或烘干。

2. 一般使用过的器皿 可于用后立即用清水冲净。凡沾有油污者，可用肥皂水煮半小时后趁热刷洗，再用清水冲洗干净，最后用蒸馏水冲洗2～3次，晾干。

3. 载玻片和盖玻片 用毕立即浸泡于消毒液（2%～3%来苏儿或0.1%新洁尔灭）中，经1～2d取出，用洗衣粉液煮沸5min，再用毛刷刷去油脂及污垢，然后用清水冲洗，晾干或将洗净的玻片用蒸馏水煮沸，趁热把玻片摊放在干毛巾或干纱布上，稍等片刻，玻片即干，保存备用或浸泡于95%酒精中备用。

4. 细菌培养用过的试管、平皿 须高压蒸汽灭菌后趁热倒去内容物，立即用热肥皂水刷去污物，然后用清水冲洗，最后用蒸馏水冲洗2～3次，晾干或烘干。

5. 污染有病原微生物的吸管 用后投入盛有消毒液（2%～3%来苏儿或5%石炭酸）的玻璃筒内（筒底必须垫有棉花，消毒液要淹没吸管），经1～2d后取出，浸入2%肥皂粉液中1～2h（或煮沸）取出，再用一根橡皮管，使一端接于自来水龙头，另一端与吸管口相接，用自来水反复冲洗，最后用蒸馏水冲洗。

6. 其他 如遇玻璃器皿用上述方法不能洗净者，可用下列清洗液浸泡后洗刷：重铬酸钾（工业用）80g，粗硫酸100mL，水1 000mL。

将玻璃器皿浸泡24h后取出用水冲刷干净。清洁液经反复使用变黑，重换新液。此液腐蚀性强，用时切勿触及皮肤或衣服等，可戴上橡胶手套、穿上橡胶围裙操作。

（二）玻璃器皿的包装

1. 培养皿 将合适的底盖配对，装入金属盒内或5～6个用报纸包成一包。

2. 试管、三角烧瓶等 于开口处塞上大小适合的棉塞或纱布塞（也可用各种型号的软木塞、胶塞等），并在棉塞、瓶口之外，包以牛皮纸，用细绳扎紧即可。

3. 吸管 在用口吸的一端，加塞棉花少许，松紧要适宜，然后用3～5cm宽的长纸条（旧报纸），由尖端缠卷包裹，直至包没吸管将纸条合拢。

4. 乳钵、漏斗、烧杯等 可用纸张直接包扎或用厚纸包严开口处，再以牛皮纸包扎。

（三）玻璃器皿的灭菌

常用干热灭菌法。将包装的玻璃器皿放入干燥箱内，为使空气流通，堆放不宜太挤，也不能紧贴箱壁，以免烧焦。一般采用160℃灭菌1～2h即可。灭菌完毕，关闭电源，待箱中温度降至60℃以下，开箱取出玻璃器皿。

技能三　显微镜油镜的使用及细菌形态结构的观察

【目的要求】 能利用显微镜油镜观察细菌的基本形态和特殊结构，并会进行显微镜的保养。

【仪器及材料】 显微镜、香柏油、乙醇乙醚（替代二甲苯，乙醇与乙醚的比例为3∶7）、擦镜纸、细菌染色标本片。

【方法与步骤】

（一）油镜的识别

油镜是接物镜的一种，使用时需在物镜和载玻片之间添加香柏油，因此称为油镜。可根据以下几点识别：

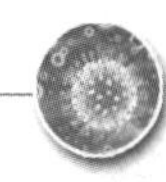

（1）一般来讲，接物镜的放大倍数越大，长度就越长，作为光学显微镜，油镜的放大倍数最大，故油镜最长。

（2）油镜的放大倍数为 90×或 100×，使用时应查看油镜上标明的倍数。

（3）不同光学仪器厂生产的各类显微镜，往往在接物镜上有一白色色环作为油镜的标记，或直接在油镜头上标有“油”或“oil”字样，有的标有“HI”字样。

（二）油镜的使用原理

细菌的油镜检查

主要避免部分光线折射的损失。因空气的折光率（$n=1.0$）与玻璃的折光率（$n=1.52$）不同，故有一部分光线被折射，不能射入镜头，加之油镜的镜面较小，进入镜中的光线比低倍镜、高倍镜少得多，致使视野不明亮。为了增强视野的亮度，在镜头和载玻片之间滴加一些香柏油，因香柏油的折光率（$n=1.515$）和玻璃的相近。这样绝大部分的光线能射入镜头，使视野明亮、物像清晰（图 1-15）。

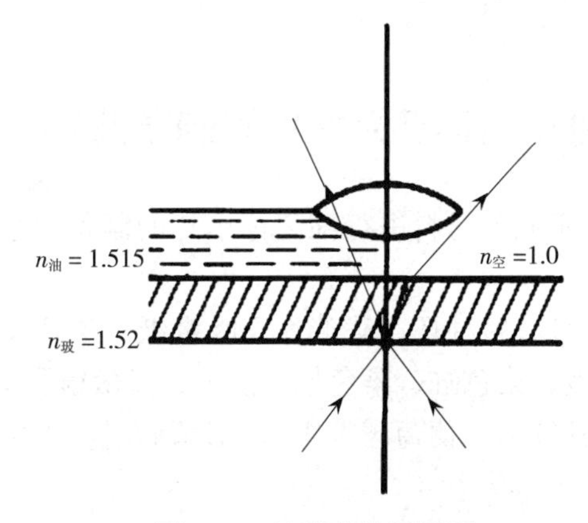

图 1-15　油镜的使用原理

（三）使用方法（以目前生产中使用较多的电光源显微镜为例）

1. 放置　显微镜使用时应放置在洁净平稳的实验桌或实验台上。

2. 调节视野亮度　打开电源开关，尽量升高聚光器，放大光圈，调节亮度调节钮，使射入镜头的光线适中（明亮但不刺眼）。

3. 标本片的放置　于标本片的欲检部位，滴加香柏油一滴，将标本片固定于载物台正中，用油镜检查。

4. 镜检　首先，眼睛从镜筒右侧注视油镜头，小心转动粗调节器，使载物台上升，直至油镜头浸没油中，与玻片相接触。然后，一面从目镜观察，一面徐徐转动粗调节器使载物台缓慢下降，待得到模糊物像时，再换用细调节器，直至物像完全清晰为止。

5. 油镜的保养　油镜用毕，应以擦镜纸拭去镜头上的香柏油，如油已干或物镜模糊不清，可滴加少量乙醇乙醚于擦镜纸上，拭净油镜头，并随即用擦镜纸拭去乙醇乙醚（以免乙醇乙醚溶解粘固镜片的胶质使其脱胶，致使镜片移位或脱落），然后，把低倍镜转至中央，高倍镜和油镜转成“八”字形，使载物台和聚光器下降，关上电源，用绸布包好，放入镜箱，存放于阴凉干燥处，避免受潮生锈。

应该指出，目前所用的显微镜种类很多，尽管油镜的识别和原理是一致的，但在使用上可能与以上所述有所不同，应注意灵活掌握，目前生产中使用较多的是电光源显微镜。

（四）细菌基本形态的观察

1. 纯培养物标本片　葡萄球菌、链球菌、大肠杆菌、炭疽杆菌等。

2. 血片或组织触片　炭疽杆菌、巴氏杆菌等。

标本片准备两种，一是纯培养的细菌涂片，二是血片或组织触片。一般是先认识纯培养细菌的形态、大小和排列，然后再观察血片或组织触片中的细菌，为将来细菌病的诊断打下良好基础。

（五）细菌特殊结构的观察

1. 荚膜的标本片　炭疽杆菌。

2. 鞭毛的标本片　变形杆菌、枯草杆菌等。

3. 芽孢的标本片　破伤风梭菌、炭疽杆菌、腐败梭菌等。

观察时应注意荚膜的位置，芽孢形成后菌体形态的改变，芽孢的位置及形状，鞭毛的数量和位置等。

技能四　细菌标本片的制备及染色法

【目的要求】能利用不同的材料进行细菌标本片的制备，会进行常规染色，并认识细菌的不同染色特性。

【仪器及材料】酒精灯、接种环、载玻片、吸水纸、生理盐水、美蓝染色液、革兰氏染色液、瑞氏染色液、染色缸、染色架、洗瓶、显微镜、香柏油、乙醇乙醚、擦镜纸、细菌培养物（大肠杆菌、葡萄球菌等）、细菌病料、无菌镊子和剪刀、特种铅笔等。

【方法与步骤】

（一）细菌标本片的制备

1. 抹片　根据所用材料不同，抹片的方法亦有差异。

（1）固体培养物。取洁净的玻片一张，把接种环在酒精灯火焰上烧灼灭菌后，取1～2环的无菌生理盐水，放于载玻片的中央，再将接种环灭菌，冷却后，从固体培养基上挑取菌落或菌苔少许，与水混匀，作成直径1cm的涂面。接种环用后需灭菌。

（2）液体培养物。可直接用灭菌接种环钩取细菌培养液1～2环，在玻片上作直径1cm的涂面。

（3）液体病料（血液、渗出液、腹水等）。取一张边缘整齐的载玻片，用其一端蘸取血液等液体材料少许，在另一张洁净的玻片上，以45°角均匀推成一薄层的涂面。

（4）组织病料。以无菌剪刀、镊子剪取被检组织一小块，以其新鲜切面在玻片上做3～5个压印或涂抹成适当大小的一薄层。

无论何种方法，切忌涂抹太厚，否则不利于染色和观察。

2. 干燥　涂片应在室温下自然干燥，必要时将涂面向上，置火焰高处微烤加热干燥。

3. 固定　固定的方法因染色方法不同而异。

（1）火焰固定。是最常用的方法，将干燥好的抹片涂面向上，在火焰上来回通过

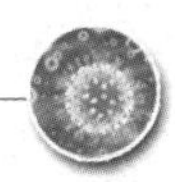

数次（一般4～6次），以手背触及玻片微烫手为宜。

（2）化学固定。有的血片、组织触片用姬姆萨染色时，要用甲醇固定3～5min。

固定的目的是使菌体蛋白质凝固，形态固定，易于着色，并且经固定的菌体牢固黏附在玻片上，水洗时不易冲掉。

（二）常用的细菌染色方法

1. 美蓝染色法　在经火焰固定的抹片上，滴加适量美蓝染色液覆盖涂面，染色2～3min，水洗，晾干或吸水纸轻压吸干后镜检。菌体呈蓝色。

2. 革兰氏染色法

病料触片与美蓝染色法

（1）在固定好的抹片上，滴加草酸铵结晶紫染色液，染1～3min，水洗。

（2）加革兰氏碘液媒染，作用1～2min，水洗。

（3）加95%酒精脱色30s～1min，水洗。

（4）加稀释石炭酸复红或沙黄水溶液复染30s左右，水洗，吸干后镜检。

结果：革兰氏阳性菌呈蓝紫色，革兰氏阴性菌呈红色。

3. 瑞氏染色法　细菌抹片自然干燥后，滴加瑞氏染色液于涂片上以固定标本，1～3min后，再滴加与染色液等量的磷酸盐缓冲液或中性蒸馏水于玻片上，轻轻摇晃使与染色液混合均匀，5min左右水洗，干后镜检。菌体呈蓝色，组织细胞的细胞质呈红色，细胞核呈蓝色。

细菌培养物的革兰氏染色

4. 姬姆萨染色法　血片或组织触片自然干燥后，用甲醇固定3～5min，干燥后在其上滴加足量染色液或将抹片浸入盛有染色液的染缸里，染色30min，或者染色数小时或24h，取出水洗，吸干或烘干，镜检。细菌呈蓝青色，组织细胞质呈红色，细胞核呈蓝色。

附　常用染色液的配制（市场已有配制好的各种染色液，可直接购买）

1. 碱性美蓝染色液

甲液：美蓝0.3g，95%酒精30mL。

乙液：0.01%苛性钾溶液100mL。

将美蓝放入研钵中，徐徐加入酒精研磨均匀后即为甲液，将甲、乙两液混合，越夜后用滤纸过滤即成。新配制的美蓝染色不好，陈旧的染色好。

2. 革兰氏染色液

（1）草酸铵结晶紫染色液。

甲液：结晶紫2g，95%酒精20mL。

乙液：草酸铵0.8g，蒸馏水80mL。

将结晶紫放入研钵中，加酒精研磨均匀为甲液，然后将完全溶解的乙液与甲液混合即成。

（2）革兰氏碘液（又称卢戈氏碘液）。碘1g，碘化钾2g，蒸馏水300mL。将碘化钾放入研钵中，加入少量蒸馏水使其溶解，再放入已磨碎的碘片徐徐加水，同时充分磨匀，待碘片完全溶解后，把余下的蒸馏水倒入，再装入瓶中。

（3）稀释石炭酸复红溶液。取碱性复红酒精饱和溶液（碱性复红10g溶于

95%酒精 100mL 中）1mL 和 5%石炭酸水溶液 9mL 混合，即为石炭酸复红原液。再取复红原液 10mL 和 90mL 蒸馏水混合，即成稀释石炭酸复红溶液。

3. 瑞氏染色液 取瑞氏染料 0.1g，纯中性甘油 1mL，在研钵中混合研磨，再加入甲醇 60mL 使其溶解，装入棕色瓶中越夜，次日过滤，盛于棕色瓶中，保存于暗处。保存越久，染色越好。

4. 姬姆萨染色液 取姬姆萨染料 0.6g 加于 50mL 甘油中，置 55～60℃水浴中 1.5～2h，加入甲醇 50mL，静置 1d 以上，滤过即成姬姆萨染色原液。临染色前，于每毫升蒸馏水中加入上述原液 1 滴，即成姬姆萨染色液。应当注意，所用蒸馏水必须为中性或微碱性，若蒸馏水偏酸，可于每 10mL 左右加入 1%碳酸钾溶液 1 滴，使其变成微碱性。

技能五　常用培养基的制备

【目的要求】 熟悉培养基制备的基本程序，会制备常用的培养基。

【仪器及材料】 高压蒸汽灭菌器、温箱、冰箱、电炉或电磁炉、天平、量筒、搪瓷缸、玻璃棒、培养皿、试管、三角烧瓶、营养琼脂、伊红美蓝培养基、麦康凯培养基、SS 培养基、脱纤绵羊血等。

【方法与步骤】

（一）培养基制备的基本程序

配料→溶化→测定及矫正 pH→过滤→分装→灭菌→无菌检验→备用。目前，常用的培养基均已商品化，所以在制作时基本程序中的一些环节可以省去，如目前的商品化的培养基在制作时不需要测定及矫正 pH，按说明使用即可。

（二）营养琼脂培养基的制备

1. 配料 蒸馏水 1 000mL，营养琼脂粉 38g（不同厂家生产的培养基称量上有一定差异）。

2. 制法 将营养琼脂粉加入蒸馏水内，搅拌均匀后在电炉上边搅拌边加热，直到煮沸使其完全溶解，分装于试管或三角烧瓶中，以 121.3℃灭菌 20min。可制成试管斜面、高层培养基或琼脂平板。

此培养基可供一般细菌的分离培养、纯培养，观察菌落特征及保存菌种等，也可作特殊培养基的基础。

（三）鉴别培养基的制备

伊红美蓝培养基、麦康凯培养基，制备方法基本同营养琼脂培养基，关注称量的量和灭菌要求。SS 培养基的制备方法基本同营养琼脂培养基，不同之处是 SS 培养基不需要高压灭菌。

（四）血液琼脂培养基的制备

将灭菌的营养琼脂培养基冷至 45～50℃，以无菌操作，加入 5%～10%的无菌血液（或脱纤血），然后倾注灭菌平皿或分装试管制成斜面。

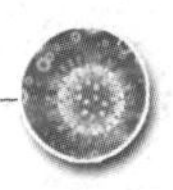

此培养基供营养要求较高的细菌如巴氏杆菌等的分离培养，亦可供溶血性的观察和保存菌种用。

（五）无菌检验、保存和备用

1. 无菌检验　随机抽取部分制备好的培养基，置37℃恒温箱中培养18～24h，若培养基仍均质透明，未出现任何生长物，视为合格。

2. 保存和备用　检验合格的培养基置冰箱中，4℃冷藏。琼脂平板需倒置保存。

技能六　细菌的分离、移植及培养特性的观察

【目的要求】能利用不同的被检材料进行细菌的分离培养，观察细菌的培养特性，并会进一步移植培养。

【仪器及材料】温箱、病料、实验用菌种、营养琼脂培养基、肉渣汤（疱肉）培养基、接种环、酒精灯、烙刀、镊子、剪刀等。

【方法与步骤】

（一）细菌的分离培养

1. 平板划线分离法　平板划线是通过将被检材料连续划线而获得单个菌落，因而划线越长，获得单个菌落的机会也越多。具体操作步骤如下：

（1）右手持接种环于酒精灯上烧灼灭菌，待冷。

（2）无菌操作取病料。若为液体病料，可直接用灭菌的接种环取病料一环；若为固体病料，首先将烙刀在酒精灯上灭菌，并立即用其将病料表面烧烙灭菌，然后用灭菌接种环从烧烙部位插入组织中缓缓转动接种环，取少量组织或液体。

（3）左手持平皿，用拇指、食指及中指将皿盖打开一侧（角度大小以能顺利划线为宜，但以角度小为佳，以免空气中细菌污染培养基）。

（4）将已取被检材料的接种环伸入平皿，并涂于培养基一侧，然后自涂抹处成30°～40°角，以腕力在平板表面轻轻地分区划线。

在细菌病诊断或药敏试验时，为了提高效率，常可将皿盖放于酒精灯附近，左手持培养基，使划线的平面与右侧台面的角度小于90°且在酒精灯附近，右手持接种环取病料连续划线。

（5）划线完毕，烧灼接种环，将培养皿盖好，用记号笔在培养皿底部注明被检材料及日期，倒置37℃温箱中，培养18～24h观察结果（图1-16）。凡是分离菌应在划线上生长，否则为污染菌。

细菌的培养

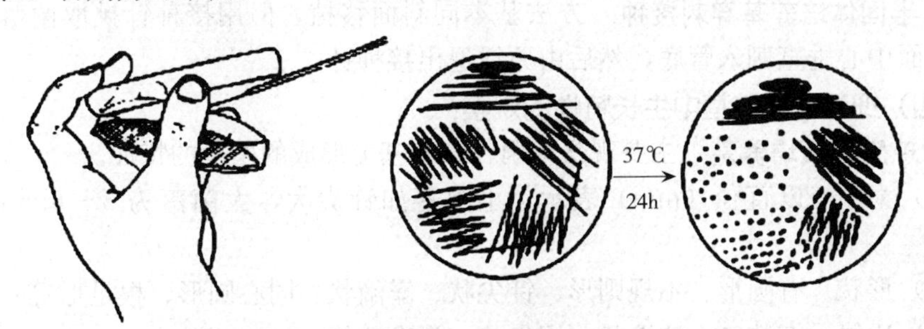

图1-16　平板划线分离法的操作及结果

2. 倾注分离法 取3支融化后冷至50℃左右的琼脂管，用灭菌的接种环取一环培养物（或被检材料）移至第1管中，随即用掌心搓转均匀，再由第1管取一环至第2管，搓转均匀后，再由第2管取一环至第3管经同样处理后，分别倒入3个灭菌培养皿中，待凝固后，倒置于37℃温箱中培养24h观察结果（图1-17）。

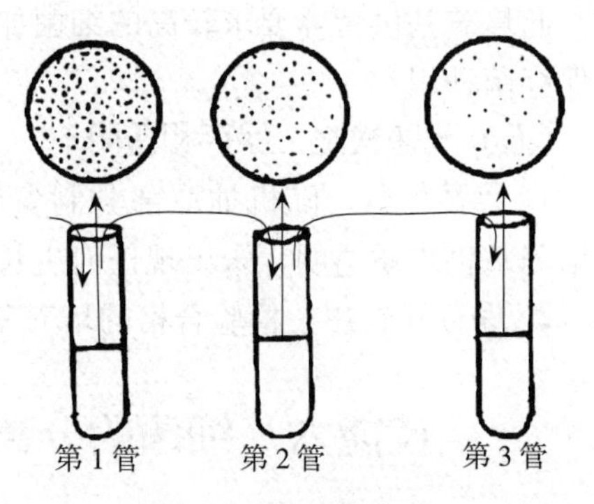

图1-17 倾注分离法

（二）厌氧菌的分离培养

厌氧菌的分离培养常用肉渣汤（疱肉培养基）培养法。先将试管倾斜，使培养基表面露出一点，然后接种被检材料或菌种，接种后将试管直立，即封闭液面。最后置37℃温箱中培养24～48h。

（三）细菌的移植

1. 斜面移植（图1-18）

（1）左手持菌种管及琼脂斜面管，一般菌种管放在外侧，斜面管放在内侧，两管口并齐，管身略倾斜，斜面向上，管口靠近火焰。

（2）右手拇指、食指及中指持接种环在酒精灯上烧灼灭菌。

（3）将斜面管的棉塞夹在右手掌心与小指之间，菌种管棉塞夹在小指与无名指之间，将二棉塞一起拔出。

（4）把灭菌接种环伸入菌种管内，挑取少量菌苔将其立即伸入斜面培养基底部，由下而上在斜面上弯曲划线，然后管口和棉塞通过火焰后塞好，接种环烧灼灭菌。

（5）在斜面管口，写明菌种名，日期，置37℃温箱内，培养18～24h，观察生长情况。

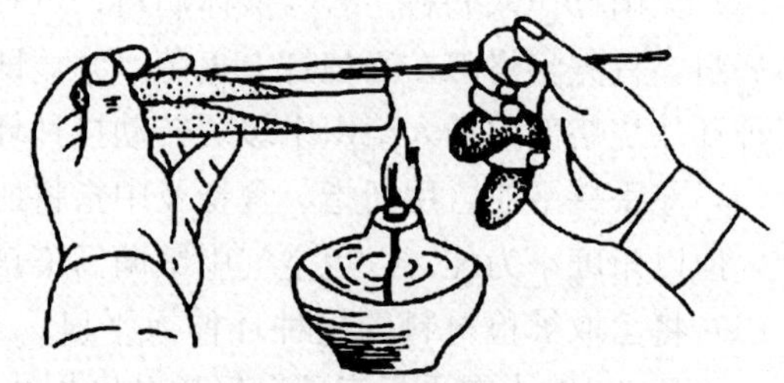
图1-18 细菌的斜面移植法

2. 肉汤移植 方法同上，取少许菌落，迅速伸入肉汤管内，在接近液面的管壁轻轻研磨，并蘸取少许肉汤调和，使菌混合于肉汤中。

3. 从平板移植到斜面 无菌操作打开平皿盖，挑取少许菌落移于斜面管，方法同上。

4. 半固体培养基穿刺接种 方法基本同斜面移植，但用接种针挑取菌落，由培养基表面中心垂直刺入管底，然后由原线退出接种针。

（四）细菌在培养基中生长特性的观察

1. 琼脂平板培养基 主要观察细菌在培养基上形成的菌落的特征。

（1）大小。以直径（mm）表示，小菌落如针尖大，大菌落为5～6mm，甚至更大。

（2）形状。有圆形、不规则形、针尖状、露滴状、同心圆形、根足形等。

（3）边缘。有整齐、波浪状、锯齿状、卷发状等。

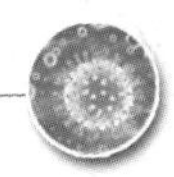

（4）表面形状。光滑、粗糙、同心圆状、放射状、皱状、颗粒状等。

（5）湿润度。湿润、干燥。

（6）隆起度。表面隆起、轻度隆起、中央隆起、脐状、扣状、扁平状。

（7）色泽和透明度。色泽有无色、白、黄、橙、红等；透明度有透明、半透明、不透明等。

（8）质地。分坚硬、柔软或黏稠等。

（9）溶血性。菌落周围有无溶血环。有透明的溶血环称β型溶血；呈很小的半透明绿色的溶血环称α型溶血；不溶血的为γ型溶血。

2. 肉汤培养基

（1）混浊度。有高度混浊、轻微混浊或仍保持透明等。

（2）沉淀。管底有无沉淀，沉淀物是颗粒状或棉絮状等。

（3）表面。液面有无菌膜，管壁有无菌环。

（4）色泽。液体是否变色，如绿色、红色等。

3. 半固体培养基　具有鞭毛的细菌，沿穿刺线向周围扩散生长，无鞭毛的细菌沿穿刺线呈线状生长。

技能七　细菌的生化试验

【目的要求】了解细菌生化试验的原理、方法及在细菌鉴定中的意义。

【仪器及材料】温箱、接种环、酒精灯、蛋白胨水培养基、糖发酵培养基、葡萄糖蛋白胨水培养基、醋酸铅蛋白胨水培养基、柠檬酸盐琼脂斜面培养基、MR试剂、V-P试剂、靛基质试剂、大肠杆菌、产气杆菌、沙门氏菌的24h纯培养物等。

【方法与步骤】细菌都有各自的酶系统，因此，都有各自的分解与合成代谢产物，而这些产物就是鉴别细菌的依据。所谓细菌的生化试验，就是用生物化学的方法检查细菌的代谢产物。生化试验的种类很多，下面介绍几种常用的生化试验（部分生化试验结果见彩图13～彩图15、彩图31～彩图33）。

（一）糖发酵试验

有些细菌能分解糖产酸，从而使指示剂变色。试验时，将细菌无菌操作接种于糖发酵培养基中，于37℃培养24～48h，结果有三种：有的只产酸（＋），有的产酸产气（⊕），有的不发酵（－）。

（二）甲基红（MR）试验与维－培（V-P）试验

取菌接种于两支含0.5％葡萄糖蛋白胨水培养基中，置37℃温箱培养4d，分别作甲基红和维-培试验。

1. 甲基红试验　取上述培养基一支，加入甲基红试剂（甲基红0.1g溶于95％酒精300mL中）5～6滴，液体呈红色者为阳性，黄色者为阴性，橙色者为可疑。

2. 维-培试验　取上述培养基一支，先加维-培甲液（6％α-甲萘酚酒精溶液）3mL，再加入维-培乙液（40％氢氧化钾水溶液）1mL，混合后静置于试管架内观察2～4h，凡液体呈红色者为阳性，不变色者为阴性。

（三）靛基质试验

有些细菌能分解蛋白胨中的色氨酸产生靛基质（吲哚），遇相应试剂而呈红色。试验时，取菌接种于蛋白胨水培养基中，37℃培养2～3d；于培养基中加入戊二醇或二甲苯2～3mL，摇匀，静置片刻后，沿试管壁加入靛基质试剂（配法：对二甲基氨基苯甲醛1.0g，95%酒精95mL溶解后，再加浓盐酸50mL）2mL，若能形成玫瑰靛基质而呈红色，则为阳性反应，不变色为阴性反应。

（四）硫化氢试验

某些细菌能分解培养基中含硫氨基酸如半胱氨酸等产生硫化氢，硫化氢遇醋酸铅或硫酸亚铁则形成黑色的硫化铅或硫化亚铁。用接种针取菌穿刺于含有醋酸铅或硫酸亚铁的琼脂培养基中，37℃培养4d，凡沿穿刺线或穿刺线周围呈黑色者为阳性，不变色者为阴性。

（五）柠檬酸盐利用试验

取菌接种于柠檬酸盐琼脂斜面上，置37℃培养4d，如果有细菌生长，使培养基变蓝色，则为阳性，否则为阴性。

知识拓展一　病原细菌

葡萄球菌

葡萄球菌（*Staphylococcus*）广泛分布于环境当中（如空气、水、土壤）及人和动物的体表，因常堆聚成葡萄串状，故名葡萄球菌。多数为非致病菌，少数可导致疾病。致病性葡萄球菌可引起各种化脓性疾病、败血症和脓毒败血症，污染食品、饲料时可引起食物中毒。

（一）生物学特性

1. 形态与构造　葡萄球菌呈球形或稍呈椭圆形，直径1.0μm左右，常单个、成对或呈葡萄串状排列（彩图2）。在脓汁或液体培养基中的球菌呈双球或短链排列。致病性菌株的菌体稍小，且各个菌体的排列和大小较为整齐。本菌无鞭毛，无芽孢，除少数菌株外一般不形成荚膜。革兰氏染色阳性，衰老的菌株（培养时间超过24h）、死亡或被中性粒细胞吞噬的菌体可呈革兰氏阴性，镜检时需注意。

2. 培养特性　本菌为需氧或兼性厌氧菌，对营养要求不高，在普通培养基上均可生长，若加入血液或葡萄糖，生长更为繁茂。对温度和pH的适应性强，在15～42℃和pH为4.5～9.8均能生长。致病菌的最适生长温度为37℃，最适pH为7.4。本菌耐盐性强，在含10%～15%氯化钠的培养基中仍能生长。在肉汤培养基中培养24h后均匀混浊，2～3d产生菌膜，培养时间较长者，在管底则形成多量黏稠沉淀。在普通琼脂平板上培养18～24h后，形成中等大小、圆形、隆起、湿润、边缘整齐、表面光滑、有光泽、不透明的菌落，不同型的菌株产生不同的脂溶性色素，初呈灰白

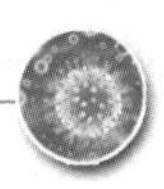

色，继而为金黄色、白色、柠檬色，在室温 20℃、暗处产生色素最好。在血液琼脂平板上生长的菌落较大，多数致病菌能产生溶血毒素，在菌落周围形成明显的全透明溶血环（β溶血），非致病菌则无溶血现象。在甘露醇盐琼脂上，致病菌在厌氧条件下能分解甘露醇产酸，在菌苔周围形成黄晕。

葡萄球菌的生化反应并不恒定，常因菌株及培养条件而异。多数能分解乳糖、葡萄糖、麦芽糖、蔗糖，产酸不产气。致病菌株多能分解甘露醇，还原硝酸盐，不产生靛基质，可产生血浆凝固酶，触酶阳性，氧化酶阴性。

3. 分类　根据产生的色素和生化反应，本菌可分为金黄色葡萄球菌、表皮葡萄球菌和腐生葡萄球菌三种。其中金黄色葡萄球菌多为致病菌，表皮葡萄球菌偶尔致病，而腐生葡萄球菌一般不致病。致病的金黄色葡萄球菌能产生金黄色色素、溶血素、甘露醇分解酶及血浆凝固酶。一般来说，凝固酶阴性者无致病性。

4. 抗原构造　葡萄球菌抗原构造复杂，已发现有 30 种以上。较重要的有蛋白质抗原和多糖类抗原两类。

（1）蛋白质抗原。所有人源菌株都含有该抗原，来自动物源的则很少。主要为 A 蛋白（SPA），存在于细胞壁的表面，是一种单链多肽，能与人和各种哺乳动物血清 IgG 分子的 Fc 非特异性结合，结合后的 IgG 仍能与相应抗原发生特异性结合反应，这一性质已被广泛应用于免疫诊断技术。

（2）多糖抗原。具有型特异性，可用于葡萄球菌的定型。金黄色葡萄球菌的多糖抗原为 A 型，化学组成为磷壁酸中的核糖醇残基。表皮葡萄球菌的为 B 型，化学成分为甘油残基。

5. 抵抗力　本菌是不形成芽孢的细菌中抵抗力最强的。在干燥的脓汁中或血液中可存活 15～20d，80℃ 30min 才被杀死，煮沸可迅速灭活，但本菌产生的肠毒素 1～1.5h 仍保持毒力。在消毒剂 5%石炭酸、0.1%升汞中 10～15min 死亡。1∶20 000洗必泰、消毒净、新洁尔灭、1∶10 000度米芬均可在 5min 内杀死本菌。对碱性染料较敏感，如 1∶（100 000～200 000）稀释的龙胆紫能抑制其生长。

葡萄球菌对青霉素、庆大霉素高度敏感，对磺胺类、金霉素、红霉素、新霉素等也敏感，但易产生耐药性。

（二）致病性

葡萄球菌的致病因素主要是毒素和酶，产生的毒素主要是溶血毒素、杀白细胞毒素、肠毒素等。产生的酶主要是血浆凝固酶、耐热核酸酶，还可产生溶纤维蛋白酶、透明质酸酶、磷酸酶、卵磷脂酶等。可致化脓性疾病，如创伤感染、脓肿、蜂窝织炎、乳腺炎、关节炎、败血症和脓毒败血症等。金黄色葡萄球菌产生的外毒素还可引起食物中毒、烫伤样皮肤综合征、毒性休克综合征等。

（三）微生物学诊断

采取病料应根据不同的病型确定，如化脓性病灶中取脓汁或渗出物，败血症取血液，乳腺炎取乳汁，食物中毒取可疑食物、呕吐物及粪便等。由于葡萄球菌具有非常强的抵抗力，所以在处理、运输、保存样品的过程中无需采取特殊措施，按常规方法进行即可。

1. 直接涂片镜检　可将采取的病料直接涂片，可用美蓝、瑞氏或革兰氏染色后镜检，若观察到单个、成双或呈短链排列（在病料中不成典型的葡萄球状排列）的蓝（蓝紫）色球菌时，为疑似葡萄球菌感染。

2. 分离培养与生化试验 可将病料划线接种于普通琼脂平板、5%绵羊或兔血液琼脂平板（如病料为血液、剩余食品、呕吐物、粪便等最好用肉汤增菌培养后再划线接种血液平板），37℃培养18～24h，观察其菌落特征、色素形成、有无溶血等。菌落金黄色，周围呈溶血现象者多为致病菌。挑取菌落涂片、染色进行镜检，可呈典型的葡萄球状排列。进一步鉴定可做甘露醇发酵试验、血浆凝固酶试验、耐热核酸酶试验，阳性者多为致病菌。

3. 动物接种试验 实验动物中家兔最为易感。取24h纯培养物1.0mL皮下接种家兔，可引起局部皮肤溃疡、坏死；若静脉接种0.1～0.5mL，家兔在24～28h后死亡，剖检时可见浆膜出血，肾、心肌及其他脏器有大小不等的脓肿。也可将病料接种于肉汤培养基中，使之产生毒素，然后将培养物注射于幼猫或猴，可出现急性胃肠炎的症状。

食物中毒时可取剩余食物、呕吐物或粪便做分离培养后接种于普通肉汤培养基中，置30%二氧化碳培养40h，离心沉淀后取上清液，100℃加热后30min，注入6～8周龄幼猫静脉或腹腔内，15min～2h出现寒战、呕吐、腹泻等急性症状，表明有肠毒素存在。此外，用反向间接血凝、酶联免疫吸附试验（ELISA）、DNA探针杂交技术也可快速检出肠毒素。

（四）防治

注意卫生，对皮肤创伤应及时妥善处理，防止病菌侵入繁殖。青霉素是防治葡萄球菌病的首选药物，葡萄球菌容易形成耐药性，可通过药敏试验，选择敏感的抗生素。感染葡萄球菌痊愈后，不产生明显免疫力，可再次感染。对于慢性反复感染，可试用自家疫苗或用葡萄球菌外毒素制成的类毒素治疗，有一定疗效。

链 球 菌

链球菌（*Streptococcus*）广泛分布于自然界、人和动物的上呼吸道、胃肠道及泌尿生殖道。本菌种类很多，有些是非致病菌，是人和动物正常菌群成员；有些为致病菌，可引起各种疾病，如肺炎、乳腺炎、败血症等。

（一）生物学特性

1. 形态与构造 链球菌多为球形或卵圆形，呈短链或长链（在固体培养基中常呈短链，而在液体培养基中易形成长链，图1-19）。在液体培养基中易形成长链，而在固体培养基中常呈短链。致病性链球菌的链一般较长（彩图27），非致病性的菌株或毒力弱的菌株链较短。大多数链球菌在幼龄培养物中可见到荚膜，继续培养则荚膜消失，个别菌株有鞭毛，有的菌株有菌毛，本菌无芽孢，革兰氏染色阳性，老龄培养物或被吞噬细胞吞噬后呈阴性。

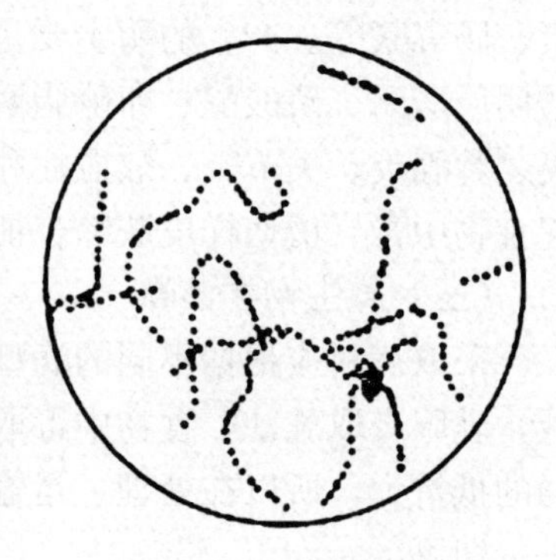

图1-19 链球菌

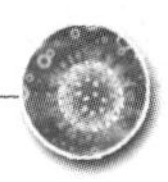

2. 培养特性　本菌为需氧或兼性厌氧菌，少数为厌氧菌。营养要求较高，在普通培养基中生长不良且慢，培养基中如加有血液、血清、腹水、葡萄糖等则能生长较好。最适温度为37℃，最适 pH 为 7.4～7.6。在血液琼脂平板上长成灰白色、光滑、圆形、隆起的露滴状小菌落，多数致病菌可形成不同的溶血现象。在血清肉汤中培养，培养基开始均匀混浊，继而管底出现颗粒沉淀，上部培养基透明，不产生菌膜。在血清琼脂培养 24h 后，形成针尖大小、无色的小菌落，继续培养后菌落增大，呈浅蓝白色。能发酵葡萄糖、蔗糖，不同菌株表现对其他糖不同的利用能力。

3. 分类

（1）根据溶血情况分类。根据链球菌在血液琼脂平板上的溶血现象分为甲型（α）、乙型（β）、丙型（γ）三类。

①甲型（α）溶血性链球菌。菌落周围有 1～2mm 宽不透明的草绿色溶血环，此绿色物质可能是细菌产生的过氧化氢使血红蛋白氧化成正铁血红蛋白的氧化产物。如将平板置于冰箱中过夜或继续培养 48h，接近绿色环外围可呈现出明显的狭窄溶血圈，即所谓的"热冷溶血现象"。以低倍镜观察，仍可见少数完整的红细胞。此型链球菌致病力不强，通常寄居在人畜的口腔、呼吸道及肠道中，多为条件致病菌。

②乙型（β）溶血性链球菌。能产生强烈的链球菌溶血素，在菌落周围出现 2～4mm 宽、界限分明、完全透明的溶血环，红细胞完全溶解，低倍显微镜下观察无完整红细胞，所以称溶血性链球菌。有时生长表面的菌落溶血不明显，但在深层生长的菌落溶血显著。此型链球菌致病力强，产生各种毒素和酶，能引起人、畜多种疾病。

③丙型（γ）链球菌。不产生溶血素，菌落周围无溶血环，红细胞不溶解也不变色，低倍镜下观察无任何变化，也称非溶血性链球菌。此型菌多为腐生菌，一般无致病性，常存在于乳汁和粪便中。

（2）根据抗原构造分类。链球菌的抗原结构比较复杂，包括属特异、群特异及型特异三种抗原。

①属特异抗原，又称 P 抗原，并与葡萄球菌属有交叉。

②群特异抗原，又称 C 抗原，是链球菌的细胞壁中含有的一种多糖抗原。根据 C 抗原的不同，可将乙型溶血性链球菌分为 A、B、C、D、E、F、G、H、K、L、M、N、O、P、Q、R、S、T、U 等 19 个血清群。

③型特异性抗原，又称蛋白质抗原或表面抗原，是位于 C 抗原之外的一种蛋白质成分，分为 M、R、T、S 四种，具有型特异性。M 抗原主要见于黏液型菌落的链球菌表面，与 A 群链球菌的毒力密切相关。M 抗原具有抗吞噬作用，并使链球菌易于黏附在上皮细胞表面，根据 M 抗原的不同可将 A 群链球菌分为 60 多个血清型。R、T、S 抗原与致病性和毒力关系不大，但也可用于链球菌的分型。

4. 抵抗力　本菌抵抗力不强，60℃ 30min 即被杀死，常用消毒药都能杀死该菌。本菌对青霉素、氯霉素、四环素和磺胺类药物等都很敏感，青霉素是治疗链球菌感染的首选药物。

（二）致病性

由于链球菌能产生多种毒素和酶，同时人畜机体各组织器官对该菌具有高度易感性，所以该菌所致疾病具有复杂而多样的特点。

链球菌产生的酶主要为透明质酸酶、蛋白酶、链激酶、脱氧核糖核酸酶、核糖核酸酶等。链激酶又名溶纤维蛋白酶，溶解血凝块，利于细菌扩散。产生的毒素主要为溶血毒素、红疹毒素及杀白细胞素等。溶血素有两种，溶血素O和S，在血液琼脂平板上所出现的溶血现象即为溶血素所致。红疹毒素是A群链球菌产生的一种外毒素，该毒素是蛋白质，具有抗原性，对细胞或组织有损害作用，还有内毒素样的致热作用。

链球菌产生的毒素和酶可引起人和多种动物发生不同疾病，不同血清群的链球菌所致动物的疾病也不同。C群的某些链球菌，常引起猪的急性或亚急性败血症、脑膜炎、关节炎及肺炎等，如猪的链球菌病是一种急性败血型传染病，人也可以感染此病；D群的某些链球菌可引起小猪心内膜炎、脑膜炎、关节炎及肺炎等；E群主要引起猪淋巴结脓肿；L群可致猪的败血症、脓毒败血症。

（三）微生物学诊断

根据链球菌所致疾病不同，可采取相应的病料，如脓汁、渗出液、乳汁、血液等。取样后应立即做形态学检查或划线接种于血液琼脂平板进行培养以获得最佳效果。

1. 形态学检查 取适宜的病料涂片作瑞氏、美蓝染色或革兰氏染色镜检，若发现有链状排列的球菌可作初步诊断。但在链球菌的败血症中，羊、猪等动物组织涂片时，往往看到呈双球状、有荚膜的球菌，通常瑞氏染色或姬姆萨染色比革兰氏染色更清楚；在腹腔或心包液等组织液中常呈长链状排列，但荚膜不如组织中明显。

2. 分离培养及鉴定 将病料接种于血液琼脂平板上，培养后观察菌落特征和溶血情况。若拭子样品超过2h未做培养，可在肉汤中孵育2～4h后，再在血液琼脂平板上培养，如想提高菌数，可在营养肉汤中培养过夜后再划线接种。分离培养后可进一步涂片观察分离菌的形态及染色特点，必要时作生化及血清学试验分型鉴定。分型鉴定一般是用标准分型血清对其培养物做活菌玻片凝集试验，确定血清型。此外，还可以应用荧光PCR检测技术进行快速诊断。

（四）防治

对链球菌病的预防原则与葡萄球菌病相似，家畜发生创伤时要及时妥善处理，发生猪链球菌病的地区，可用疫苗进行预防注射。链球菌主要通过飞沫传播，故对急性咽炎、扁桃体炎患者，要彻底治疗，防止风湿热、急性肾炎的发生；此外，应注意空气、器械、敷料等的消毒灭菌。对感染本菌的家畜，及早使用足量的磺胺药或抗生素。青霉素G是治疗A群链球菌感染的首选药物，B群等链球菌对抗菌药物敏感不一，最好通过药敏试验选择敏感抗生素。

大肠杆菌

大肠杆菌（*Escherichia coli*）是动物肠道的正常菌群，一般不致病，并能合成B族维生素和维生素K，产生大肠杆菌素，抑制致病性大肠杆菌生长，对机体有利。但致病性大肠杆菌能引起畜禽特别是幼畜禽的大肠杆菌病和饲料中毒。在分子生物学研究中，因该菌中的质粒具有携带目的基因进入宿主细胞进行扩增和表达的特点，因此

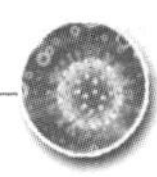

常被用作基因工程菌。

（一）生物学特性

1. 形态与构造　大肠杆菌是中等大小、两端钝圆的革兰氏阴性杆菌（彩图 1）。无芽孢；大多数菌株为周鞭毛，但也有无鞭毛或丢失鞭毛的变异株；一般均有普通菌毛，少数菌株兼有性菌毛；通常无可见荚膜，但常有微荚膜。

2. 培养特性　本菌为需氧或兼性厌氧菌，最适宜温度为37℃，最适 pH 为7.2～7.4。对营养要求简单，在一般培养条件下生长良好，但初次分离时最好使用鉴别培养基。在普通肉汤中呈均匀混浊生长，管底有黏性沉淀物，液面管壁有菌环，培养物常有特殊的粪臭味；在营养琼脂培养基上形成中等大小、凸起、湿润、半透明、边缘整齐或不太整齐的（运动活泼的菌株）光滑型菌落；一些致病性菌株（如仔猪黄痢和水肿病者）在 5%绵羊血琼脂平板上呈 β 溶血；在麦康凯琼脂上 18～24h 形成边缘整齐或波状、稍凸起、表面光滑、湿润的红色菌落（彩图 8）；在伊红美蓝琼脂平板上形成紫黑色带金属光泽的圆形菌落（彩图 6）；在远滕氏培养基上形成红色带金属光泽的菌落；在 SS 琼脂上一般不生长或生长很差，生长者因能发酵乳糖而产酸，使中性红指示剂变红色，故菌落呈红色（彩图 7），但其周围颜色较淡。

大肠杆菌能分解葡萄糖、麦芽糖、甘露醇产酸、产气；大多数菌株可迅速发酵乳糖，仅极少数迟发酵或不发酵；约半数菌株不分解蔗糖。靛基质试验阳性，MR 试验阳性，V-P 试验阴性，不能利用枸橼酸盐，不产生硫化氢（表 1-5、彩图 32、彩图 35）。

表 1-5　大肠杆菌生化特性

（马兴树．2006．禽传染病实验室诊断技术）

项目	葡萄糖	乳糖	麦芽糖	甘露醇	阿拉伯糖	靛基质	甲基红	V-P	尿素酶	明胶液化	硝酸盐还原	硫化氢	运动力	枸橼酸盐利用
结果	⊕	⊕	⊕	⊕	+	+	+	−	−	−	+	−	±	−

注：⊕表示糖被细菌利用，分解产酸产气；+表示糖被利用，分解产酸不产气；−表示糖没有被细菌利用。

3. 抗原类型　大肠杆菌具有菌体抗原（O）抗原、鞭毛抗原（H）、表面抗原（K）和菌毛抗原（F）。目前 O 抗原有 173 种，H 抗原有 60 种，K 抗原有 103 种，F 抗原有 17 种。O 抗原是光滑型菌的一种耐热菌体抗原。每个菌株只含有一种 O 抗原，其种类以阿拉伯数字表示，可用单因子抗 O 血清做玻板或试管凝集试验进行鉴定。H 抗原是一类不耐热的鞭毛抗原，能刺激机体产生高效价凝集抗体。K 抗原是菌体表面的一种热不稳定抗原，多存在于被膜或荚膜中，个别位于菌毛中。根据 K 抗原的热稳定性，可将其分为 L、A 和 B 三型。F 抗原与细菌对细胞的黏附作用有关，根据 F 抗原对细胞的凝集作用能否被甘露醇抑制，可将 F 抗原分为甘露醇敏感型（MS 型）和甘露醇抵抗型（MR 型）。

4. 抵抗力　大肠杆菌在自然界生存力较强，土壤、水中可存活数周至数月。本菌对热的抵抗力较其他肠道杆菌强，60℃加热 15min 仍有部分细菌存活。但化学消毒剂如 5%石炭酸、3%来苏儿等 5min 可将其杀死。大肠杆菌对磺胺脒、链霉素、氯霉素、红霉素、庆大霉素、卡那霉素、新霉素、多黏菌素、金霉素等敏感，但耐药菌株多，用药前最好进行药物敏感试验选择适当的药物。某些化学药品如胆酸盐、亚硒酸盐、煌绿等对大肠杆菌有抑制作用。

（二）致病性

大肠杆菌存在于人和动物的肠道内，正常条件下大多数是不致病的共栖菌，在特定条件下可致大肠杆菌病。但少数病原性大肠杆菌可引起人和动物的大肠杆菌病，这些大肠杆菌极少存在于健康机体内。

根据病原性大肠杆菌的毒力因子与发病机制的不同，将其分为五类：产肠毒素大肠杆菌（ETEC）、产类志贺毒素大肠杆菌（SLTEC）、肠致病性大肠杆菌（EPEC）、败血性大肠杆菌（SEPEC）及尿道致病性大肠杆菌（UPEC）。其中研究的最清楚的是前两种。

产肠毒素大肠杆菌是一类致人和幼畜（初生仔猪、犊牛、羔羊及断乳仔猪）腹泻最常见的病原性大肠杆菌。初生幼畜被ETEC感染后常因剧烈水样腹泻和迅速脱水死亡，发病率和死亡率均很高。其致病力主要由黏附素性菌毛和肠毒素两类毒力因子构成，二者密切相关且缺一不可。目前，该类型的大肠杆菌中发现的黏附素主要有F4（K88）、F5（K99）、F6（987P）和F41，其次为F42和F17。肠毒素是一种蛋白质性毒素，分为不耐热肠毒素（LH）和耐热肠毒素（ST）两种。

产类志贺毒素大肠杆菌是一类在体内或体外生长时可产生类志贺毒素（SLT）的病原性大肠杆菌。可引起猪的水肿病、犊牛出血性结肠炎、幼兔腹泻等。

（三）微生物学诊断

由于病原性大肠杆菌在动物死后易于从肠道扩散到其他组织，故应自新鲜的尸体采集病料。不同类型采集不同的病料，如败血症可无菌操作采集其病变的内脏组织，幼畜腹泻及猪水肿病例应取其各段小肠内容物或黏膜刮取物以及相应肠段的肠系膜淋巴结。

1. 形态学检查　取适宜的病料涂片染色镜检，如发现有革兰氏阴性、散在或成对、中等大小、两端钝圆的直杆菌，即可初步诊断。

2. 分离培养及鉴定　将采取的病料直接接种于普通营养琼脂、血琼脂、麦康凯或伊红美蓝平板上，37℃温箱培养18～24h，观察菌落特征。在普通琼脂上形成圆形凸起、光滑、湿润、半透明、灰白色的中等偏大菌落；在血琼脂平板上呈β溶血（仔猪黄痢与猪水肿病菌株）；在麦康凯平板上形成红色菌落；在伊红美蓝平板上形成带金属光泽的菌落，即可诊断。

挑取典型的菌落，分别转种三糖铁（TSI）培养基和普通琼脂斜面做初步生化鉴定和纯培养，或用纯培养物做常规生化试验的鉴定，以确定分离株是否为大肠杆菌。

3. 血清学鉴定　血清学鉴定是区分普通大肠杆菌和致病性大肠杆菌最主要的方法。如玻片凝集试验在30～60s呈现明显凝集者为阳性反应，呈均匀混浊者为阴性。血凝试验和D-甘露糖血凝抑制试验可用来鉴定有菌毛的致病性大肠杆菌。

4. 动物实验　取分离菌的纯培养物接种实验动物，观察实验动物的发病情况，并做进一步细菌学检查。

（四）防治

预防本病要加强饲养管理，搞好卫生消毒工作，避免诱因的存在，同时选用同血清型大肠杆菌疫苗进行免疫预防。治疗该病可用抗菌药物，但抗菌药物虽然可减轻患病动物疫情或暂时控制疫情发展，停药后却可复发。并且由于耐药菌株的大量出现，以往有

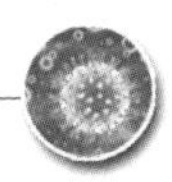

效的许多药物变得无效或低效，因此宜通过药物敏感试验来选择敏感药物；也可用抗血清治疗。多年实践证明，在已发生仔猪黄痢的猪群中，仔猪出生后立即口服或肌内注射抗血清，可获满意预防效果，发病初期仔猪用此血清也可取得较好的治疗效果。

沙门氏菌

沙门氏菌（Salmonella）是肠杆菌科沙门氏菌属的细菌，种类繁多，目前已发现6个种2 500多个血清型，且不断有新的血清型发现。它们主要寄生于人类及各种温血动物肠道，绝大多数能引起人和动物的多种不同的沙门氏菌病，并是人类食物中毒的主要病原之一。

（一）生物学特性

1. 形态与构造　沙门氏菌的形态与大肠杆菌相似，呈直杆状、两端钝圆、中等大小的革兰氏染色阴性菌（图1-20）。无荚膜和芽孢，除鸡白痢和鸡伤寒沙门氏菌外，其余均有周鞭毛，能运动，个别菌株可偶尔出现无鞭毛的变种，多数有菌毛。

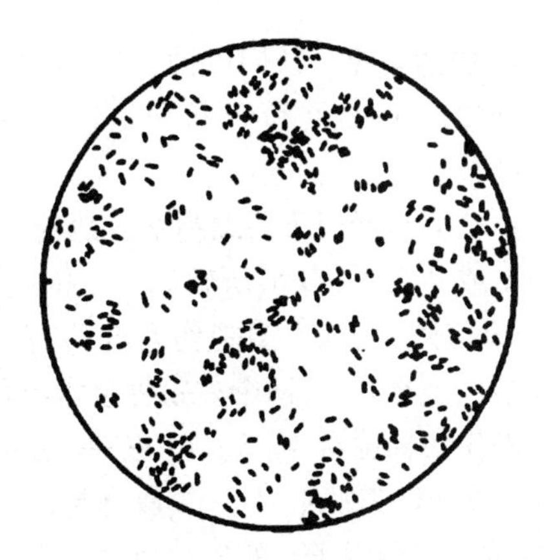

图1-20　沙门氏菌的形态
（胡建和．2006．动物微生物）

2. 培养特性　沙门氏菌为需氧或兼性厌氧菌，生长温度为10～42℃．最适温度为37℃。适宜的pH为6.8～7.8。培养特性与大肠杆菌相似，在普通培养基上，只有鸡白痢、鸡伤寒、羊流产和甲型副伤寒等沙门氏菌在普通琼脂培养基上生长贫瘠，形成较小的菌落，直径约0.5mm。其他沙门氏菌生长良好，形成中等大小、圆形、表面光滑、无色、半透明、边缘整齐的菌落，其直径为1.5mm左右。在普通肉汤中呈均匀的混浊生长。在含有乳糖、胆盐和中性红指示剂的麦康凯琼脂平板上或SS琼脂平板上形成无色半透明、中等大小、表面光滑的菌落，可与大肠杆菌等发酵乳糖的肠道菌加以区别。培养基中加入硫代硫酸钠、胱氨酸、血清、葡萄糖、脑心浸液和甘油等均有助于本菌生长。

3. 生化试验　沙门氏菌不发酵乳糖和蔗糖，能发酵葡萄糖、麦芽糖和甘露醇产酸产气，V-P试验阴性，不水解尿素，不产生靛基质，有的产生硫化氢。生化反应对鉴定沙门氏菌有重要意义（表1-6）。

表1-6　常见沙门氏菌的生化特性

（刑钊．2009．动物微生物及免疫）

菌　名	葡萄糖	乳糖	麦芽糖	甘露醇	蔗糖	硫化氢	靛基质	甲基红	V-P	枸橼酸盐利用	尿素分解
鼠伤寒沙门氏菌	⊕	－	⊕	⊕	－	＋	－	＋	－	±	－
猪霍乱沙门氏菌	⊕	－	⊕	⊕	－	±	－	＋	－	＋	－

（续）

菌 名	葡萄糖	乳糖	麦芽糖	甘露醇	蔗糖	硫化氢	靛基质	甲基红	V-P	枸橼酸盐利用	尿素分解
猪伤寒沙门氏菌	⊕	－	⊕	－	－	－	－	＋	－	－	－
都柏林沙门氏菌	⊕	－	⊕	⊕	－	＋	－	＋	－	＋	－
肠炎沙门氏菌	⊕	－	⊕	⊕	－	＋	－	＋	－	±	－
马流产沙门氏菌	⊕	－	⊕	⊕	－	＋	－	＋	－	＋	－
鸡白痢沙门氏菌	⊕	－	－	⊕	－	＋	－	＋	－	－	－
鸡伤寒沙门氏菌	＋	－	＋	＋	－	±	－	＋	－	－	－

注：⊕为产酸产气；＋为产酸和阳性；±为有些为阳性有些为阴性；－为阴性。

4. 抗原类型 沙门氏菌抗原结构复杂，可分为O抗原、H抗原和毒力Vi抗原三种（图）。O抗原和H抗原是其主要抗原，构成绝大部分沙门氏菌血清型鉴定的物质基础。

O抗原是沙门氏菌细胞壁表面的耐热脂多糖抗原，100℃、2.5h不被破坏，也不被酒精或0.1%石炭酸所破坏。O抗原有许多组成成分，以小写阿拉伯字数字1、2、3、4…表示。例如乙型副伤寒杆菌有4、5、12三个，鼠伤寒有1、4、5、12四个，猪霍乱杆菌有6、7两个。每种菌常有数种O抗原，有些抗原是几种菌共有的，例如乙型副伤寒杆菌有4、5、12三种，鼠伤寒菌有1、4、5、12四种，猪霍乱杆菌有6、7两种成分，其中4、5、12成分是乙型副伤寒杆菌和鼠伤寒菌共有成分。将具有共同O抗原（群因子）的各个血清型菌归入一组，以大写英文字母表示，这样可以把沙门氏菌分为A、B、C、D、E等51个O群，包括58种O抗原，对动物致病的大多数在A～E。

H抗原为蛋白质鞭毛抗原，共有63种。对热不稳定，65℃15min或纯酒精处理后即被破坏，但能抵抗甲醛。H抗原分两相：第一相和第二相。第一相抗原以小写英文字母表示，其特异性强，为少数沙门氏菌株所特有，称为特异相；第二相抗原用阿拉伯数字表示，特异性低，是许多沙门氏菌所共有称为非特异相。具有第一相和第二相抗原的细菌称为双相菌，并常发生位相变异，仅有其中一相抗原者称为单相菌。

Vi抗原即表面抗原，不耐热亦不稳定，加热至60℃或以石炭酸处理即被破坏，人工培养传代可消失。Vi抗原的存在能阻碍O抗原与相应抗体的特异性结合，如将菌体加热破坏其Vi抗原，则O抗原暴露可与相应抗体结合。

5. 抵抗力 本菌抵抗力中等，在水中能存活2～3周，在粪便中可活1～2月。对热的抵抗力不强，60℃ 15min即可杀死。常用消毒药物如5%石炭酸、0.1%的升汞、3%的来苏儿10～20min即可杀死该菌。沙门氏菌多数菌株对土霉素、四环素、链霉素和磺胺类药物等易产生耐药性，但对阿米卡星、头孢曲松、氟苯尼考敏感。

（二）致病性

沙门氏菌是一种重要的人畜共患的病原，本属菌均有致病性，能产生较强的内毒素和肠毒素等，可引起动物发热和中毒性休克。本菌主要通过消化道和呼吸道传播；也可通过自然交配或人工授精传播；还可以通过子宫内感染或带菌禽蛋垂直传播。本

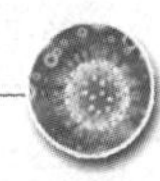

菌最常侵害幼、青年动物，使之发生败血症、胃肠炎及其他组织局部炎症，在成年动物则往往是散发或局限性，发生败血症的怀孕母畜可表现流产。在一定条件下也能引起急性流行性暴发。

与畜禽有关的沙门氏菌种类很多，有些是专嗜性的。如猪霍乱沙门氏菌，主要引起幼猪和架子猪的败血症以及肠炎；鸡白痢沙门氏菌，多侵害20日龄以内的幼雏，引起雏鸡急性败血症，日龄较大的雏鸡可表现白痢，发病率和死亡率相当高，对成年鸡主要感染生殖器官，呈慢性局部炎症或隐性感染，该菌可通过种蛋垂直传播；马流产沙门氏菌，使怀孕母马流产或继发子宫炎，对公马致鬐甲瘘或睾丸炎。有些属于泛嗜性细菌，如鼠伤寒沙门氏菌，引起各种畜禽、犬、猫及实验动物的副伤寒，表现胃肠炎或败血症，也可引起人类的食物中毒；肠炎沙门氏菌，主要引起畜禽的胃肠炎及人类肠炎和食物中毒。

（三）微生物学诊断

根据病型采取不同的病料，如粪便、肠内容物、阴道分泌物、血液或病变组织器官等。采集好的样品最好立即培养，即使在冰箱中保存亦不得超过24h。运送和保存样品时，需使用单独的容器和工具，以防止沙门氏菌的灭活和交叉污染。

1. 形态学检查　此属细菌在形态上与其他肠道菌相似，无明显特征，单凭形态难以区分。

2. 分离培养　对未污染的被检组织可直接在普通琼脂、血液琼脂或麦康凯、伊红美蓝、SS和HE等鉴别培养基平板上划线分离。对已污染的被检材料如饮水、粪便、饲料、肠内容物和已败坏组织等，因含杂菌数远超过沙门氏菌，需在增菌培养基如：亮绿-胆盐-四硫黄酸钠肉汤、四硫磺酸盐增菌液、亚硒酸盐增菌液以及亮绿-胱胺酸-亚硒酸氢钠增菌液等增菌培养后再进行划线分离。

3. 生化试验　挑取鉴别培养基上的几个可疑菌落分别纯培养，并同时分别接种三糖铁琼脂和尿素琼脂，37℃培养24h。若有二者反应结果均符合沙门氏菌者，则取其三糖铁琼脂的培养物或与其相应菌落的纯培养物做沙门氏菌常规生化项目和沙门氏菌抗O抗原群的进一步鉴定试验。必要时可做血清型分型。

此外，用免疫荧光抗体试验、凝集试验、血清或蛋黄琼脂凝胶沉淀试验、对流免疫电泳、核酸探针和PCR等方法可进行快速诊断。

（四）防治

不同类型的沙门氏菌病预防方法不同。目前，预防各种家畜的沙门氏菌病多采用兽用疫苗。如预防马流产，用马流产沙门氏菌灭活苗，预防仔猪副伤寒则用仔猪副伤寒灭活菌苗或弱毒冻干菌苗，均有一定的预防效果。防制家禽沙门氏菌应严格检疫，并采取防止饲料和环境污染等一系列净化措施。

发生沙门氏菌病时，用于治疗的抗生素主要有庆大霉素、卡那霉素、诺氟沙星或环丙沙星。但因本属菌的耐药菌株不断增加，用药之前最好做药敏试验。

▶▶ 布鲁氏菌 ◀◀

布鲁氏菌（Brucella）能感染家畜和人，是人畜共患的布鲁氏菌病的病原体。主要侵害动物生殖系统，引起妊娠母畜流产、子宫炎、公畜睾丸炎。人如果吃了未经消毒的含菌鲜乳或乳制品，或与病畜接触而感染，表现为不定期发热（称为“波浪热”）、关节炎、睾丸炎等病症。因此布鲁氏菌不仅危害畜牧生产，而且严重损害人类健康，在医学和兽医学领域都极受重视。

（一）生物学特性

1. 形态及染色特征 布鲁氏菌呈球形、球杆形或短杆形（图 1-21），新分离菌趋向球形。大小为（0.5～0.7）μm×（0.6～1.5）μm，多单在，很少成双、短链或小堆状。无鞭毛，不形成芽孢，无荚膜，偶尔有类似荚膜样结构。革兰氏染色阴性；姬姆萨染色呈紫色；科兹洛夫斯基（常用）或改良ZiehlNeelSeni鉴别染色法，布鲁氏菌呈红色，其他杂菌呈绿色，可与其他细菌相区别。

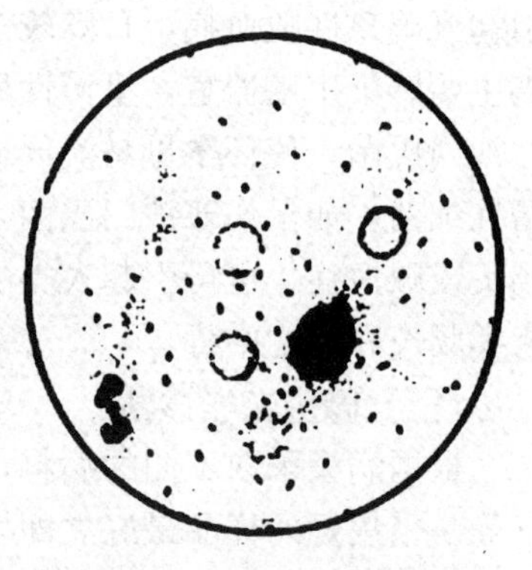

图 1-21　布鲁氏菌的形态
（黄青云．2007．畜牧微生物）

2. 培养特性 布鲁氏菌最适生长温度为 37℃，最适 pH 为 6.6～7.4。本菌为专性需养菌，但许多菌株（如牛型流产布鲁氏菌、马耳他布鲁氏菌）在初次培养时尚需5%～10%二氧化碳，其他型细菌培养时不需二氧化碳。布鲁氏菌对营养要求较高，在普通培养基中生长缓慢，在含有肝浸液、血液、血清及葡萄糖等培养基上生长良好。大多数菌株在初次培养时生长缓慢，一般需 5～10d 甚至 20～30d 才能形成菌落。但实验室长期传代保存的菌株，培养 2～3d 后即可生长良好，而且对营养要求降低，在普通培养基上也能生长。在液体培养基中呈轻微混浊生长，无菌膜，但培养时间长，可形成菌环，有时形成厚的菌膜。在固体培养基上培养 2d 后，可见到湿润、闪光、圆形、隆起、边缘整齐的针尖大小的菌落，培养日久，菌落增大到 2～3mm，呈灰黄色。在血液琼脂培养 2～3d 后，形成灰白色、不溶血的小菌落。

3. 生化特性 布鲁氏菌不液化明胶，吲哚、甲基红和 V-P 试验阳性，触酶阳性，氧化酶阳性，石蕊牛乳无变化，不利用柠檬酸盐。不同类型分解糖的能力不同，一般能分解葡萄糖，产生少量酸，不分解甘露醇。绵羊布鲁氏菌不水解或迟缓水解尿素，其余各种均可水解尿素。除绵羊布鲁氏菌和一些犬布鲁氏菌菌株外，均可还原硝酸盐和亚硝酸盐。

4. 分类 布鲁氏菌有 6 个种，20 个生物型。6 个种分别是羊布鲁氏菌、牛布鲁氏菌、猪布鲁氏菌、犬布鲁氏菌、沙林鼠布鲁氏菌和绵羊布鲁氏菌。

5. 抵抗力 布鲁氏菌在自然界中抵抗力较强，具体见表 1-7。

表 1-7　不同环境条件下的存活时间
（胡建和．2006．动物微生物）

生存环境	生存时间	生存环境	生存时间
污染的土壤和水	1～4 个月	煮沸	立即死亡
皮毛	2～4 个月	60℃加热	30min
鲜乳	8d	直射日光下	4h

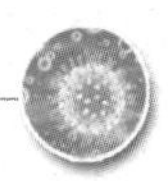

（续）

生存环境	生存时间	生存环境	生存时间
乳、肉食品	2个月	0.5%洗必泰或0.01%度米芬、消毒净或新洁尔灭	5min
粪便	120d	2%石炭酸、来苏儿、烧碱溶液或0.1%升汞	1h内杀死
流产胎儿	至少75d	5%新鲜石灰乳	2h
子宫渗出物	200d	1%～2%福尔马林	3h

布鲁氏菌对磺胺类药物有一定的敏感性，链霉素、土霉素、庆大霉素、氯霉素和金霉素等对本菌有抑制作用，但青霉素无效。

6. 抗原　布鲁氏菌的抗原结构非常复杂，目前可分为属内抗原和属外抗原。属内抗原包括A抗原、M抗原和R抗原等。A抗原与M抗原的决定簇位于细胞壁的脂多糖蛋白复合物上，为外露的多糖链部分。各种布鲁氏菌的菌体表面均含有A抗原与M抗原，但各个菌株中的含量各不相同。R抗原为细胞壁低蛋白含量的脂多糖复合物。

（二）致病性

布鲁氏菌不产生外毒素，但可产生毒性较强的内毒素。在不同的种别和生物型，甚至同型细菌的不同菌株之间，毒力的强弱程度有差异。其中羊型布鲁氏菌毒力最强，猪型次之，牛型较弱。本菌可通过皮肤、消化道、呼吸道、眼结膜及吸血昆虫等传播途径侵入动物机体后，被吞噬细胞吞噬成为内寄生菌，然后能产生鸟苷磷酸及腺嘌呤，这两种成分会抑制吞噬细胞的吞噬小体对细菌菌体的融合，该菌从而得以存活，并在淋巴结中生长繁殖形成感染灶。一旦侵入血液，则出现菌血症。

本菌能引起人畜的布鲁氏菌病，在自然条件下，除羊、牛、猪对本菌敏感外，还可传染马、骡、水牛、骆驼、鹿、犬和猫等。各种动物感染后，一般无明显临床症状，多属隐性感染，致病率低。病变多局限于生殖器官，主要表现为流产、睾丸炎、附睾丸炎、乳腺炎、子宫炎、关节炎、后肢麻痹跛行和鬐甲瘘等。人与病畜及流产材料接触，食用病畜的乳和乳制品后，可引起感染，发生波浪热、关节痛、全身乏力，并形成带菌免疫。实验动物中豚鼠最敏感，家兔、小鼠则有抵抗力，对豚鼠的致病顺序是：羊布鲁氏菌≥猪布鲁氏菌≥牛布鲁氏菌>沙林鼠布鲁氏菌≥犬布鲁氏菌>绵羊布鲁氏菌。

（三）微生物学诊断

本菌所致疾病症状复杂，多不典型，难与其他疾病区别，故微生物检查较为重要。主要采用细菌学诊断、血清学诊断、变态反应诊断。但细菌学诊断仅用于发生流产的动物和其他特殊情况，常用的方法为血清学诊断和变态反应诊断。

1. 细菌学诊断　采取流产胎儿的胃内容物、肺、肝和脾以及流产胎盘和羊水等，也可采用阴道分泌物、乳汁、血液、精液、尿液以及急宰病畜的子宫、乳房、精囊、睾丸、淋巴结、骨髓和其他有局部病变的器官等作为病料。直接涂片，做革兰氏和科兹洛夫斯基染色镜检。若发现革兰氏阴性、柯氏染色法为红色的球状杆菌或短小杆菌，即可做出初步的疑似诊断。

无污染的病料，可直接选择适宜的培养基进行划线分离培养；污染的病料可接种选择性琼脂平板（加有放线菌酮、杆菌肽、多黏菌素、色素等）。

2. 血清学诊断 包括血清中的抗体检查和病料中布鲁氏菌的检查两类方法。动物在感染布鲁氏菌7～15d可出现抗体，检测血清中的抗体是布鲁氏菌病诊断和检疫的主要手段。最常用的方法是用平板凝集试验、乳汁环状试验进行现场或牧区大群检疫，再以试管凝集试验和补体结合试验进行实验室最后确诊。也可选用琼脂扩散试验或酶联免疫吸附试验等作为辅助诊断。检测抗原常用的方法有荧光抗体技术、反向间接血凝试验、间接碳凝集试验以及免疫酶组化法染色等。

3. 变态反应诊断 家畜感染布鲁氏菌20～25d后，常可出现变态反应阳性，此法不宜做早期诊断，但对慢性病例的检出率较高，一般用于动物的大群检疫，主要用于绵羊和山羊，其次为猪。检测时，注入布鲁氏菌水解素0.2mL于羊尾根皱襞部或猪耳根部皮内，24h及48h各观察一次，若注射部位红肿，即为阳性反应。

凝集反应、补体结合反应、变态反应诊断各有特点。动物感染初期，出现凝集反应，但消失较早；继而出现补体结合反应，消失较晚；最后出现变态反应，保持时间长。因此，在感染初期，凝集反应常为阳性，补体结合反应为阳性或阴性，变态反应则为阴性。到后期慢性或恢复阶段，则凝集反应和补体结合反应均转为阴性，仅变态反应呈现阳性。因此，为了彻底净化各类病畜，最好三种方法综合运用。

（四）防治

防制布鲁氏菌通常是对畜群进行定期检疫、淘汰病畜，并每年定期进行预防接种。目前，国内常用的疫苗有羊型5号（M5）弱毒活菌苗，用于绵羊、山羊、牛和鹿的免疫；猪型2号（S2）弱毒活菌苗，对山羊、绵羊、猪和牛都有较好的免疫效力。国外常用的菌苗主要有四种，即牛型19号弱毒活菌苗、羊型ReV.1弱毒活菌苗、牛型45/20死菌佐剂苗、羊型53H38死菌佐剂苗。为了克服活菌苗的不良反应，近年来还提取了布鲁氏菌细胞壁、核糖体、内毒素等成分，制备亚单位疫苗，用于预防接种，有一定的效果。

多杀性巴氏杆菌

巴氏杆菌有20多个种，其中多杀性巴氏杆菌（Pasteurella multocida）是引起多种畜禽巴氏杆菌病的病原体，能使多种畜禽发生出血性败血症或传染性肺炎。不同动物分离的巴氏杆菌对该种动物的致病性较强，但很少交叉感染其他动物。

本菌分布广泛，正常存在于多种健康动物的口腔和咽部黏膜，是一种条件性致病菌。当动物抵抗力下降或处于应激状态时，细菌可侵入机体并大量繁殖，发生内源性传染。巴氏杆菌病可通过蜱和蚤在同种或不同种动物间相互传染，过去曾按感染动物的名称将本菌分别称为牛、羊、猪、禽、马、兔巴氏杆菌，现统称为多杀性巴氏杆菌。

（一）生物学特性

1. 形态与构造 本菌为卵圆形、两端钝圆的球杆菌或短杆菌，呈单个或成对存

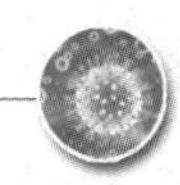

在，偶呈链状或丝状，重复传代后呈多型性，大小为（0.25～0.4）μm×（0.5～2.5）μm，单个存在，有时成双排列。无鞭毛，不形成芽孢，新分离的强毒株具有荚膜，但经培养后荚膜迅速消失。革兰氏染色阴性。病畜血液或脏器中的细菌经美蓝或瑞氏染色时呈明显两极浓染、中间浅的特点（图 1-22，彩图 3）。

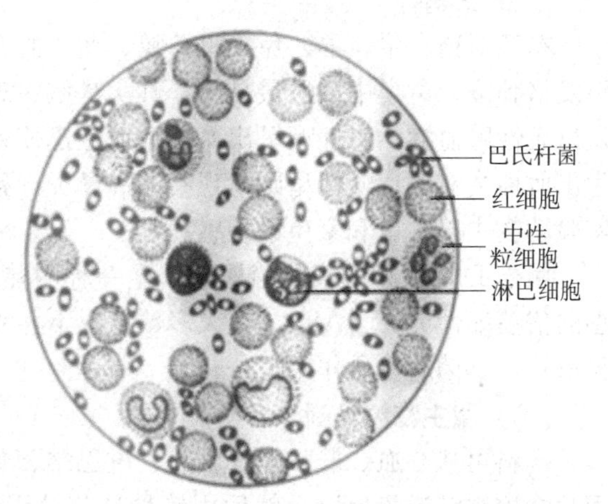

图 1-22 多杀性巴氏杆菌

2. 培养特性 本菌为需氧或兼性厌氧菌，最适温度为 37℃，pH 为 7.2～7.4，依培养基的组成不同，也可在 pH6.2～9.0 的条件下生长。对营养要求较严格，在普通培养基上虽能生长，但不旺盛；在麦康凯培养基上不生长；在加有血液、血清或微量高铁血红蛋白的琼脂培养基中生长良好。在血液琼脂平板上培养 24h 后，菌落呈圆形、光滑、突起、边缘整齐、闪光、浅灰色或奶油色露滴样菌落，老龄菌的菌落较小，多扁平。该菌不溶血，但可能产生一种特殊霉味。在血清琼脂平板上可形成淡灰白色、闪光的露珠状小菌落。在血清肉汤中，开始轻度混浊，4～6d 后液体变清朗，管底出现黏稠沉淀，振摇后不分散，表面形成菌环。

3. 生化试验 诊断本病一般不做此项鉴定，如有必要或留作菌种可进行此项试验。本菌可分解葡萄糖、果糖、蔗糖、甘露糖和半乳糖，产酸不产气。大多数菌株可发酵甘露醇，一般不发酵乳糖，可产生吲哚，MR 和 V-P 试验均为阴性，不液化明胶，产生硫化氢，触酶和氧化酶均为阳性。

4. 抗原与血清型 本菌的抗原结构复杂，主要有荚膜抗原（K 抗原）和菌体抗原（O 抗原）。荚膜抗原有 6 个型，用大写的英文字母表示。荚膜抗原有型特异性和免疫原性。菌体抗原有 16 个型，用阿拉伯数字表示。一般多杀性巴氏杆菌的抗原式以大写英文字母记录特异性荚膜抗原血清组，放在前面，后面用阿拉伯数字表示菌体血清型，如 A∶5 等。我国分离的禽多杀性巴氏杆菌以 A∶5 为多，其次为 A∶8、A∶9和 D∶2；猪的以 A∶5 和 B∶6 为主，其次为 A∶8 和 D∶2；羊的以 B∶6 为多；家兔的以 A∶7 为主，其次为 A∶5。C 型菌是犬、猫的正常栖居菌，E 型主要引发牛、水牛的流行性出血性败血症（仅见于非洲），F 型主要发现于火鸡，致病作用均不清楚。

5. 抵抗力 本菌抵抗力不强，在无菌蒸馏水和生理盐水中很快死亡。在干燥的空气中2～3h 可死亡；在阳光暴晒 10min，或在 56℃经 15min 或 60℃经 10min 可被杀死。在厩肥中可存活 1 个月，埋入地下的病死鸡，经 4 个月仍残存活菌。常规消毒药在几分钟或十几分钟内可杀死本菌，如 3%石炭酸、3%福尔马林、10%石灰乳、2%来苏儿、1%氢氧化钠等 5min 可杀死本菌。对青霉素、链霉素、四环素、土霉素、磺胺类及许多新的抗菌药物敏感。冻干菌种在低温中可保存长达 26 年。

(二) 致病性

本菌对猪、牛、羊、兔、鸡、鸭、鹅、野禽等都有致病性。家畜中以猪最敏感，引发猪肺疫；禽类中以鸭最易感，其次是鹅、鸡，引发禽霍乱；牛、羊、马、兔等引发出血性败血症。急性型呈出血性败血症迅速死亡；亚急性型于黏膜、关节等部位发生出血性炎症等；慢性型则呈现萎缩性鼻炎（猪、羊）、关节炎及局部化脓性炎症等。实验动物中以小鼠和家兔最易感。

属于D血清型的某些菌株能产生一种耐热的外毒素，用此毒素接种猪可复制典型的猪萎缩性鼻炎（AR）。在大多数情况下，AR由产毒素的本菌与波氏杆菌混合感染所致，本菌起主导作用。

(三) 微生物学诊断

病料可从心血、肝、脾、脑膜、淋巴结、骨髓、渗出液等采取。采取病料时可用刀片烧灼组织或渗出物，然后用接种环或消毒棉拭子通过烧灼的表面插入组织内取样。活禽可通过挤出鼻孔黏液或将棉拭子插入鼻裂取样。

1. 形态学检查　取新鲜病料涂片或触片，用美蓝或瑞氏染色，显微镜检查。如发现典型的两级着色的小杆菌，结合流行病学及剖检，即可做初步诊断。对于慢性病例或腐败材料，镜检结果不明显，需进行分离培养和动物试验。

2. 分离培养　分离培养最好用麦康凯琼脂和血液琼脂平板同时进行。麦康凯培养基上不生长，而将病料接种于血液琼脂上，24h后形成露滴样、不溶血的小菌落，此菌在三糖铁培养基上可生长，使底部变黄。必要时，可进一步做生化反应鉴定。

3. 动物试验　取1∶10病料研磨制成的乳剂或24h的肉汤培养物0.2～0.5mL，皮下或肌内注射小鼠、家兔或鸽，经24～48h死亡，对实验动物进行剖检，观察病变并镜检进行确诊。由于健康动物呼吸道内常可带菌，所以应参照患畜生前的临床症状和剖检变化，结合分离菌株的毒力试验，做出最后诊断。

4. 血清学试验　血清学试验对于慢性巴氏杆菌病的诊断价值有限，对于急性病例的诊断几乎不用。常用抗血清或单克隆抗体进行血清学试验鉴定荚膜抗原和菌体抗原类型。检测动物血清中的抗体，可用试管凝集、间接凝集、琼脂扩散试验或ELISA。

(四) 防治

使用疫苗是控制多杀性巴氏杆菌病的有效方法。猪可选用猪肺疫氢氧化铝甲醛苗、猪肺疫口服弱毒苗或猪瘟-猪丹毒-猪肺疫三联苗；禽用禽霍乱弱毒苗；牛用牛出血性败血症氢氧化铝苗。该菌的高免多价血清具有良好的紧急预防和治疗作用。预防和治疗还可用抗生素、磺胺类、喹诺酮类药物等，尤其在猪、禽生产中，药物预防也是行之有效的措施。

多杀性巴氏杆菌是多种动物（如犬、猫和啮齿动物）口腔的常在菌，猫和啮齿动物是将此菌引入养殖场的主要动物。因此，控制啮齿动物和其他动物（如猫、犬）与畜禽接触是预防巴氏杆菌病的重要措施。此外，死于巴氏杆菌病的动物尸体是多杀性巴氏杆菌的重要来源，所以，及时清除患急性巴氏杆菌病感染群中的死畜禽是避免该病在畜禽群内扩散传染的重要措施。

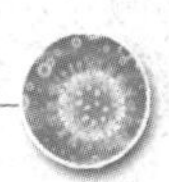

炭疽杆菌

炭疽杆菌是需氧芽孢杆菌属的一种，是人畜共患传染病——炭疽病的病原体。因本菌能引起感染局部皮肤等处发生黑炭状坏死，故名炭疽杆菌，在兽医学和医学领域均有相当重要的地位。

（一）生物学特性

1. 形态与结构　炭疽杆菌为长而直的粗大杆菌，长 3～8μm，宽 1～1.5μm，在动物或人体内菌体单在或 3～5 个菌体形成短链，相连的菌体两端平截呈竹节状或稍有凹陷，游离端钝圆（彩图 4）。在猪体内，此菌的形态较为特殊，菌体常为弯曲或部分膨大，轮廓不清，多单在或二三相连。在人和动物体内能形成荚膜，在含血清或碳酸氢钠的培养基中，孵育于二氧化碳环境下，也能形成荚膜，但在普通培养基中不形成荚膜。荚膜与致病力有密切的关系，有较强的抗腐败能力，当菌体因腐败而消失后，仍有残留荚膜显示，称为“菌影”。在培养基中，常形成长链，并于培养 18～24h 后开始形成芽孢，芽孢椭圆形，位于菌体中央，直径比菌体小。在活体或未经解剖的尸体内，则不能形成芽孢，只有在接触空气之后才能形成芽孢。无鞭毛，革兰氏染色阳性。

2. 培养特性　本菌为需氧或兼性厌氧菌。可生长温度范围为 15～40℃，最适生长温度为 30～37℃，最适 pH 为 7.2～7.6。对营养要求不高，在普通培养基中也能繁殖。在普通琼脂平板培养 24h 后，形成灰白色、大而扁平、表面干燥、边缘不整齐的菌落，低倍镜观察边缘呈卷发状（图 1-23）。在血液琼脂培养基中一般不溶血，个别菌株可轻微溶血。在普通肉汤中培养 24h 后管底有絮状沉淀，上清液透明，液面无菌膜或菌环形成。在明胶培养基中穿刺培养，呈倒立松树状生长，经培养 2～3d 后，其表面渐被液化呈漏斗状。在含青霉素的琼脂培养基中菌体形成“串珠现象”（图 1-24）。

图 1-23　炭疽杆菌卷发状菌落（低倍放大）
（黄青云.2007. 畜牧微生物学）

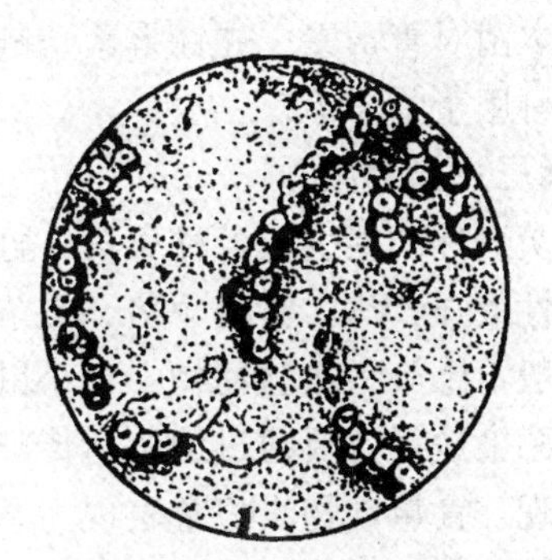

图 1-24　炭疽杆菌在青霉素琼脂上呈现的串珠现象
（黄青云.2007. 畜牧微生物学）

3. 生化试验　本菌能发酵葡萄糖产酸而不产气，不能发酵阿拉伯糖、木糖和甘露醇。能水解淀粉、明胶和酪蛋白。V-P 试验阳性，不产生吲哚和硫化氢，能还原硝酸盐，触酶阳性。牛乳经 2～4d 凝固，然后缓慢胨化，不能或微弱还原美蓝。

4. 抗原结构 已知炭疽杆菌有荚膜抗原、菌体抗原、保护性抗原和芽孢抗原四种主要抗原成分。

（1）荚膜抗原。仅见于有毒菌株，与毒力有关，是一种半抗原。该抗原刺激机体产生的抗体无保护作用，但有较强的特异性，可据此建立各种血清型鉴定方法，如荚膜肿胀试验及免疫荧光抗体法等，均有较强的特异性。

（2）菌体抗原。有两种，其中一种存在于细胞壁及菌体内，为半抗原。该抗原与细菌毒力无关，但性质稳定，即使在腐败的尸体中经过较长时间，或经加热煮沸甚至高压蒸汽处理，抗原性不被破坏。这是 Ascoli 反应加热处理抗原的依据。此法特异性不高，能与其他需氧芽孢杆菌发生交叉反应。

（3）保护性抗原。是一种胞外蛋白质抗原，在人工培养条件下亦可产生，为炭疽毒素的组成成分之一，具有免疫原性，能使机体产生抗本菌感染的保护力。

（4）芽孢抗原。芽孢抗原是芽孢的外膜、中层、皮质层一起组成的特异性抗原，具有免疫原性和血清学诊断价值。

5. 抵抗力 本菌的繁殖体抵抗力不强，但芽孢的抵抗力特别强。繁殖体在 60℃ 经 30～60min 或 75℃经 5～15min 即可被杀死。常用消毒剂如 1∶5 000洗必泰、1∶10 000新洁尔灭、1∶50 000度米芬等均能在短时间内将其杀死。在未剖解的尸体中，细菌可随腐败而迅速崩解死亡。

芽孢在干燥环境中可长期存活，在皮毛中可存活 10 年以上。实验室干燥保存 40 年以上的炭疽芽孢仍有活力。牧场如被芽孢污染，传染性可保持 20～30 年。芽孢需煮沸 1～2h，121℃高压蒸汽灭菌 5～10min 或 160℃干热 1h 方被杀死。消毒药则要用 20%新鲜石灰乳或新配的 20%漂白粉作用 48h，0.1%升汞作用 40min 或 4%高锰酸钾作用 15min。故怀疑炭疽病畜尸体，不应在现场解剖，以免繁殖体变成芽孢，长期污染环境，潜在人畜感染机会。炭疽芽孢对碘特别敏感，0.04%碘液 10min 即可将其破坏，但有机物的存在对其作用有很大影响。除此之外，过氧乙酸、环氧乙烷、次氯酸钠等都有较好的效果。

本菌对青霉素、先锋霉素、链霉素、卡那霉素等多种抗生素及磺胺类药物高度敏感，可用于临床治疗。

（二）致病性

炭疽杆菌能引起各种家畜、野兽和人类的炭疽，四季均可发生。牛、绵羊、鹿的易感性最强，马、骆驼、猪、山羊等次之，犬、猫、食肉兽则有相当大的抵抗力，禽类一般不感染。实验动物中，小鼠、豚鼠、家兔和仓鼠最敏感，大鼠则有抵抗力。本菌的感染途径主要通过消化道传染，也可经呼吸道及皮肤创伤或吸血昆虫传播。感染的表现，食草动物炭疽常表现为急性败血症，猪炭疽多表现为慢性的咽部局限感染，犬、猫和食肉动物则常表现为肠炭疽。人类对炭疽杆菌的易感性介于食草动物和猪之间，感染后多表现为肠、肺或纵隔炭疽，并可并发败血症和炭疽性脑膜炎。

炭疽杆菌的毒力主要与荚膜和毒素有关。荚膜是在细菌侵入机体内生长繁殖后形成，能够增强细菌抗吞噬细胞的吞噬能力，使其易于扩散，引起感染乃至败血症。毒素包括水肿毒素和致死毒素两种。毒素由水肿因子（EF）、致死因子（LF）以及保护性抗原（PA）三种因子构成，三种单独均无毒性作用。若将 EF 与 PA 混合注射家

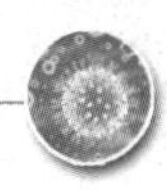

兔或豚鼠皮下，可引起皮肤水肿；将 LF 与 PA 混合注射，可引起肺部出血水肿，并致豚鼠死亡；三种成分混合注射可出现炭疽的典型中毒症状。炭疽毒素的毒性作用主要是直接损伤微血管的内皮细胞，增强微血管的通透性，改变血液循环动力学，损害肾功能，干扰糖代谢，血液呈高凝状态，易形成感染性休克和弥散性血管内凝血，最后导致机体死亡。

（三）微生物学诊断

怀疑是炭疽的动物尸体严禁剖检，只能自耳尖或尾尖采取血液，取血后应立即用烙铁将创口烧烙止血封口，或用浸有 0.2%升汞或 5%石炭酸棉球将其覆盖，或用碘酒严格消毒采血部位，严防污染并注意自身防护。必要时需在严格消毒、防止病原扩散的情况下，将尸体做局部切开，采取脾。皮肤炭疽可采取病灶水肿液或渗出物，肠炭疽可采取粪便。若已错剖的畜尸，可采取脾、肝、心血、肺、脑等组织进行检验。病料装入试管或玻璃瓶内严密封口，用浸有 0.2%升汞纱布包好，装入塑料袋内，再置广口瓶中，由专人送检。

1. 形态学检查　取新鲜病料涂片以碱性美蓝、瑞氏染色或姬姆萨染色法染色镜检，如发现有荚膜的竹节状典型粗大杆菌，即可初步诊断。病料不新鲜时菌体易于消失，可以看到“菌影”。

2. 分离培养　确诊需要分离培养。取病料接种于普通琼脂或血液琼脂，37℃培养 18～24h，观察有无典型的炭疽杆菌菌落。同时涂片做革兰氏染色镜检。为了抑制杂菌生长，还可接种于戊烷脒琼脂。溶菌酶-正铁血红蛋白琼脂等炭疽选择性培养基，经 37℃培养 16～20h 后，挑取纯培养与芽孢杆菌如枯草芽孢杆菌、蜡状芽孢杆菌等鉴别。

3. 动物试验　将被检病料或培养物用生理盐水制成 1∶5 乳悬液，皮下注射小鼠 0.1～0.2mL 或豚鼠、家兔 0.2～0.3mL。如为炭疽，实验动物通常于注射后 24～36h（小鼠）或 2～3d（豚鼠、家兔）因败血症死亡，剖检可见注射部位皮下呈胶样浸润及脾肿大等病理变化。取血液、脏器涂片镜检，如发现有荚膜的竹节状大杆菌，即可确诊。

4. 血清学检查　检测炭疽杆菌病有多种血清学方法，多用已知抗体来检查被检的抗原。

常用的血清学检查方法是 Ascoli 沉淀反应，该反应系 Ascoli 于 1902 年创立。操作方法是把疑为炭疽病死亡的动物尸体组织，用加热抽提方法得到被检抗原。与特异性炭疽沉淀素血清重叠，如在二液接触面产生灰白色沉淀环，即可诊断。该方法不仅适用于各种新鲜病料，对皮张甚至严重腐败污染的尸体材料的检查也适用。此反应快速简便，反应清晰，故应用广泛。但特异性不高，敏感性也较差，因而使用价值受到一定影响。

除上述诊断方法外，还可通过间接血凝试验、协同凝集试验、串珠荧光抗体检查、琼脂扩散试验等进行确诊。另外还可应用酶标葡萄球菌 A 蛋白间接染色法和荧光抗体间接染色法等，检测动物体内的炭疽荚膜抗体进行诊断。

（四）防治

痊愈动物可获得坚强的免疫，再次感染者很少。经常或近 2～3 年内曾发生炭疽地区的易感动物，每年应做预防接种。常用的疫苗有无毒炭疽芽孢苗（对山羊不宜使用）及Ⅱ号炭疽芽孢苗两种。这两种疫苗接种后14d产生免疫力，免疫期为一年。另外，须严格执行兽医卫生防疫制度，炭疽病畜尸体应焚烧处理。紧急预防与治疗可用抗炭疽血清。抗炭疽血清是治疗病畜的特效制剂，病初应用有良效。治疗时，也可选用青霉素、链霉素、土霉素、氯霉素多种抗生素及磺胺类药物。

猪丹毒杆菌

猪丹毒杆菌（*Erysipelothrix rhuriopathiae*）是猪丹毒病的病原体，又称红斑丹毒丝菌。广泛分布于自然界，可寄生在猪、羊、鸟类和其他动物体表、肠道等处。

（一）生物学特性

1. 形态结构 猪丹毒杆菌为菌体平直或稍弯曲的纤细小杆菌（图1-25），两端钝圆，长0.2～0.4μm，宽0.8～2.5μm，病料中菌单在或呈V型、堆状或短链排列，在白细胞内成丛存在，老年培养物或慢性感染的病灶内（如心内膜疣状物中），菌体多呈弯曲的长丝状（图1-26）。革兰氏染色阳性，但老龄培养物中菌体着色能力较差，常呈阴性。无鞭毛，无荚膜，不产生芽孢。

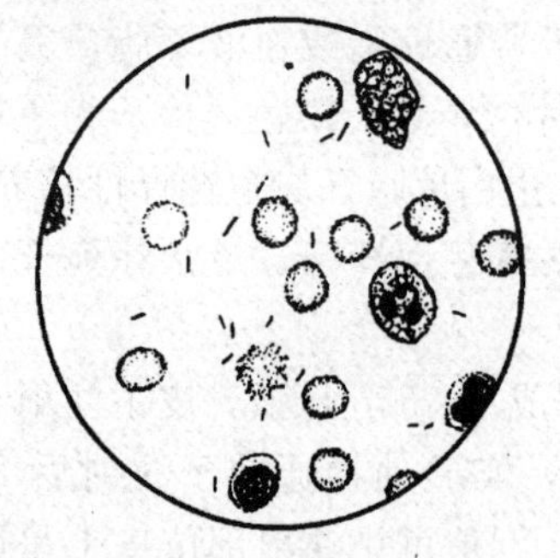

图1-25 猪丹毒杆菌
（黄青云.2007.畜牧微生物学）

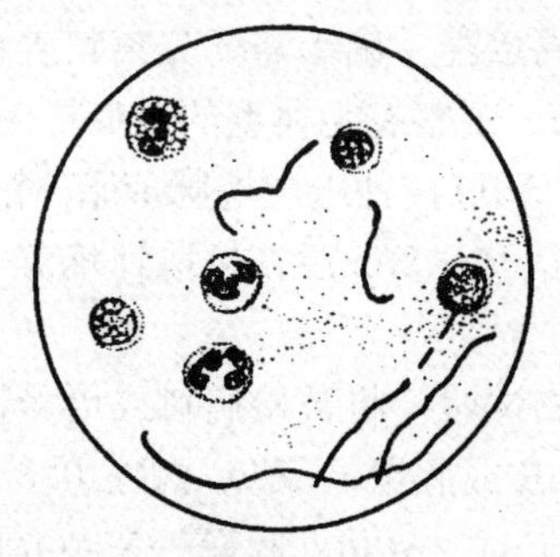

图1-26 呈丝状的猪丹毒杆菌（心内膜病灶涂片）
（黄青云.2007.畜牧微生物学）

2. 培养特性 本菌为需氧菌或兼性厌氧菌。最适温度为30～37℃，最适pH为7.2～7.6。在普通培养基中生长不良，如加入0.5%吐温80、0.1%葡萄糖或5%～10%血液、血清则生长较好。在血琼脂平板上长成透明、圆形、湿润、光滑、灰白色、露滴状的小菌落（光滑型菌落来自急性猪丹毒病例），并出现狭窄的绿色溶血环（α溶血环）。慢性猪丹毒病例形成粗糙型菌落，边缘不整齐，表面呈颗粒状，较灰暗而密集。在麦康凯培养基上不生长。在肉汤中生长呈轻度混浊，试管底部有少量白色黏稠沉淀，振荡后呈云雾状上升，不形成菌膜和菌环。

3. 生化试验 在含有5%马血清和1%蛋白胨水的糖培养基中可发酵葡萄糖、果糖和乳糖，产酸不产气；不发酵甘露醇、山梨醇、肌醇、水杨酸、鼠李糖、蔗糖、菊糖等。过氧化酶、氧化酶试验、MR、V-P试验、尿素酶和吲哚试验阳性，能产生硫化氢。明胶穿刺培养6～10d生长特殊，沿穿刺线向四周横向生长，形成试管刷状，但不液化明胶。

4. 抗原结构 猪丹毒杆菌抗原结构复杂，分为耐热抗原和不耐热抗原。根据其

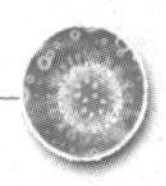

对热、酸的稳定性，又分为型特异性抗原和种特异性抗原。型号用阿拉伯数字表示，亚型用英文小写字母表示。根据菌体可溶性的耐热肽聚糖的抗原性分为25个血清型和1a、1b和2a、2b亚型。大多数菌株为1型和2型，从急性败血症分离的菌株多为1a型，从亚急性及慢性病例分离的多为2型。

5. 抵抗力　猪丹毒杆菌是无芽孢杆菌中抵抗力较强的。尤其对腐败和干燥环境有较强的抵抗力，尸体内可存活9个月，干燥状态下可存活3周。另外，在饮水中可存活5d，在污水中可存活15d，在熏腌制肉品中能存活3个月，肉汤培养物封存于安瓿中可存活17年。对湿热的抵抗力较弱，70℃经5～15min可完全杀死。对常用消毒剂抵抗力不强，1%漂白粉、0.1%升汞、5%石炭酸、5%氢氧化钠、5%福尔马林等均可在短时间时杀死本菌，此外，用10%石灰乳或0.1%过氧乙酸涂刷墙壁和喷洒猪圈是目前较好的消毒方法。本菌可耐0.2%的苯酚，对青霉素很敏感。

（二）致病性

本菌分布十分广泛，已从70多种动物中分离出本菌。其中猪分离率最高，可使3～12月龄的猪发生猪丹毒；也可感染马、山羊、绵羊，引起多发性关节炎；禽类也可感染，鸡与火鸡感染后呈衰弱和下痢等症状，鸭可出现败血症，并侵害输卵管；人可经外伤感染，发生皮肤病变，因为症状与化脓链球菌所致的人丹毒病相似，故称为“类丹毒”；实验动物中以小鼠和鸽子最易感，试验感染时，皮下注射2～5d呈败血症死亡。

本菌主要经消化道感染，进入血液，而后定植在局部或引起全身感染。本菌可产生神经氨酸酶，酶的存在有助于菌体侵袭宿主细胞，故认为其可能是毒力因子，菌株的毒力与该酶的量有相关性。

（三）微生物学诊断

不同病例可采取不同的病料。败血型猪丹毒，生前耳静脉采血，死后可采取胃、脾、肝、心血、淋巴结，尸体腐败可采取长骨骨髓；疹块型猪丹毒可采取疹块皮肤；慢性病例，可采用心脏瓣膜症状增生物和肿胀部关节液。

1. 形态学检查　取病料涂片染色镜检，如发现革兰氏染色阳性、细长、单在、成对或成丛的纤细小杆菌，特别在白细胞内排列成丛，即可初步诊断。如慢性病例，可见长丝状菌体。

2. 分离培养　将病料接种于血液琼脂平板，经24～36h培养，观察有无针尖状菌落，并在菌落周围呈α溶血，取此菌落涂片染色镜检，若为革兰氏阳性纤细小杆菌，即可诊断。分离培养时也可用含有0.2%（质量浓度）的葡萄糖或5%～10%无菌马血清（体积浓度）的半固体琼脂培养基。为了提高分辨率可采取含有1×10^{-6}结晶紫，2×10^{5}叠氮钠的10%马血清肉汤及琼脂平板。必要时可进一步作明胶穿刺等生化反应鉴定。

3. 动物试验　取病料制成5～10倍生理盐水的乳剂，给小鼠皮下注射0.2mL，鸽子胸肌内注射1mL，若病料中有猪丹毒杆菌，则接种的动物于2～5d死亡。死后取病料涂片镜检或接种培养基，根据细菌形态及菌落特征进行确诊。

4. 血清学试验　可用凝集试验、协同凝集试验、血清培养凝集试验（ESCA）、免疫荧光法进行诊断。

(四) 防治

本菌有良好的免疫原性，用猪丹毒氢氧化铝甲醛苗或猪瘟-猪丹毒-猪肺疫三联苗，能有效地预防猪丹毒。马或牛制备的抗猪丹毒血清，可用于紧急预防和治疗，也可用青霉素治疗猪丹毒，效果良好。四环素、林可霉素、泰乐菌素等也有效，血清+青霉素效果更好。

鸭疫里氏杆菌

鸭疫里氏杆菌（*Riemerella anatipestifer*，*RA*）是里氏杆菌属的重要代表，原名鸭疫巴氏杆菌，是引起雏鸭传染性浆膜炎的病原菌。

(一) 生物学特性

1. 形态结构 鸭疫里氏杆菌菌体呈杆状或椭圆形，大小为（0.3～0.5）μm×（0.7～6.5）μm，液体培养可见丝状长达11～24μm。多单在，少数成双或短链排列。可形成荚膜，无芽孢，无鞭毛。瑞氏染色可见两极着色，革兰氏染色阴性，印度墨汁染色可显示有荚膜（彩图11、彩图12）。

2. 培养特性 鸭疫里氏杆菌最适生长温度为37℃，某些菌株可在45℃生长，但在4℃和55℃不生长。本菌营养要求较高，普通培养基和麦康凯培养基上不生长，在血液琼脂、巧克力琼脂和胰蛋白胨大豆琼脂（TSA）上生长良好。在培养基上补加小牛血清或酵母浸出物以及在培养时增加二氧化碳，均有助于细菌生长。在血液琼脂平板上，于二氧化碳培养箱或烛缸中，37℃培养24h，可形成1～2.5mm、圆形、凸起、边缘光滑、闪光的菌落。在巧克力或胰蛋白胨大豆琼脂平板上，二氧化碳培养箱或烛缸中，37℃培养24～48h，可形成直径为0.5～1.5mm、无色素、表面光滑微突起、圆形或椭圆形、奶油状菌落（彩图18），若继续培养，菌落可增大至2mm。但在普通大气环境中进行培养，菌落较小，呈露珠状。在含血清或胰蛋白胨酵母的肉汤中，37℃培养48h，可见上下一致轻微混浊，管底无或有少量灰白色沉淀物。

3. 生化试验 本菌不发酵葡萄糖、蔗糖，可与多杀性巴氏杆菌区别。也不发酵半乳糖、乳糖、果糖、木糖、棉籽糖、山梨醇、甘露醇、甘露糖等，极少菌株发酵麦芽糖或肌醇。吲哚、硫化氢、硝酸盐还原、枸橼酸盐利用、MR、V-P试验均为阴性，氧化酶、触酶试验为阳性。多不溶血，多液化明胶。

4. 分型 本菌的血清型比较复杂，目前至少发现有21个血清型，国内主要是1型，也有2型。不同血清型及同型不同菌株的毒力有差异。

5. 抵抗力 本菌对外界环境的抵抗力不强。37℃或室温条件下，大多数鸭疫里氏杆菌菌株在固体培养基中3～4d全部死亡，4℃下可存活1周。肉汤培养基中于4℃可存活2～3周。-20℃抗凝血液里可保存20个月。鲜血琼脂培养物置4℃冰箱保存容易死亡，通常4～5d应继代一次，毒力也会因此逐渐减弱。55℃作用12～16h，细菌全部失活，常用消毒药可杀死该菌。本菌对庆大霉素、新霉素、壮观霉素、磺胺喹沙林磺胺药等敏感，但易产生耐药性。

(二) 致病性

鸭疫里氏杆菌感染（RAI）是鸭、鹅、火鸡等多种禽类的一种接触性传染病，主

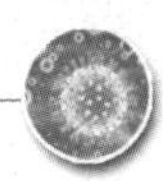

要感染雏鸭，多发生于2～3周龄的小鸭，引起急性或慢性的败血症和浆膜炎。表现为眼与鼻孔有分泌物、绿色下痢、共济失调和抽搐；慢性病例则表现为斜颈、纤维素性渗出等，生长发育严重受阻。病变以纤维素性心包炎、肝周炎、气囊炎、脑膜炎以及部分病例出现干酪性输卵管炎、结膜炎、关节炎为特征。兔和小鼠不敏感，豚鼠腹腔注射大量细菌可致死。

（三）微生物学诊断

根据临诊症状和剖检变化做出初步诊断，然后进行微生物学检查。处于疾病急性阶段，细菌容易分离，适于分离的组织有心血、脑、肝、脾、胆囊、气囊、骨髓、肺以及病变中的渗出物，前三种器官最适于细菌分离。

1. 形态学检查 取血液、肝、脾、脑等做涂片，瑞氏染色镜检，发现两极浓染的小杆菌，菌体往往很少，且不易与鸭多杀性巴氏杆菌相区别。

2. 分离培养 无菌操作取发病初期病鸭的脑和心血等接种于血液琼脂或巧克力培养基上，于二氧化碳培养箱或烛缸中37℃培养24～48h，观察菌落形态，挑取单个菌落进行染色镜检。一般肝、脾分离率低，仅10%左右。分离时应同时接种麦康凯培养基，以与大肠杆菌区别。对被污染的病料，平板中加5%的胎牛血清和庆大霉素，有助于鸭疫里氏杆菌的分离。分离到的细菌进行葡萄糖和蔗糖发酵试验，也可接种小鼠，与多杀性巴氏杆菌区别。

3. 血清学诊断 可用荧光抗体技术检测病禽组织或渗出物中的鸭疫里氏杆菌。也可应用抗血清进行平板或试管凝集试验及琼脂凝胶沉淀试验，鉴定分离培养的鸭疫里氏杆菌的血清型。另外，还可应用酶联免疫吸附试验检测病禽体中的抗体水平。

（四）防治

预防可用疫苗进行免疫接种，国内外已研制成功某些血清型的灭活菌苗和弱毒菌苗，具有良好的免疫效果。同时应完善饲养管理制度，实行全进全出，改善育雏条件，特别注意通风、干燥、防寒以及改善饲养密度，勤换垫料。药物防治是控制发病和死亡的一项重要措施，通过药物敏感性试验选用敏感药物，混于饲料，防治效果显著。

分枝杆菌

分枝杆菌在自然界广泛分布，许多是人和动物的病原菌。其中对人和畜禽有致病作用的主要是结核分枝杆菌、牛分枝杆菌、禽分枝杆菌和副结核分枝杆菌，它们因繁殖时呈分支状生长而得名。该属细菌的共同特点是：菌体平直或稍弯，无鞭毛、芽孢和荚膜；属于需氧菌；革兰氏染色阳性，并具有抗酸染色的特性；对营养要求较高，一般培养基上不生长，在添加特殊营养物后的培养基上能生长，但生长较慢。结核分枝杆菌、牛分枝杆菌、禽分枝杆菌有很多相似之处，在此一并介绍。

（一）生物学特性

1. 形态及染色特性 结核分枝杆菌为细长、直且稍弯的杆菌，两端钝圆，单个或呈“V”“Y”和“人”字形排列，也有成丛堆集的，且有分支趋势（图1-27）。牛分枝杆菌菌体短而粗，禽分枝杆菌呈球状、杆状或链状等多态性。在陈旧的培养基或干酪性病灶内的菌体可见分支现象。革兰氏染色阳性，但由于其细胞壁中具有特殊的糖脂，革兰氏染色时不着色，常用抗酸染色法染色，本菌为红色，其他杂菌被染成蓝色或绿色。

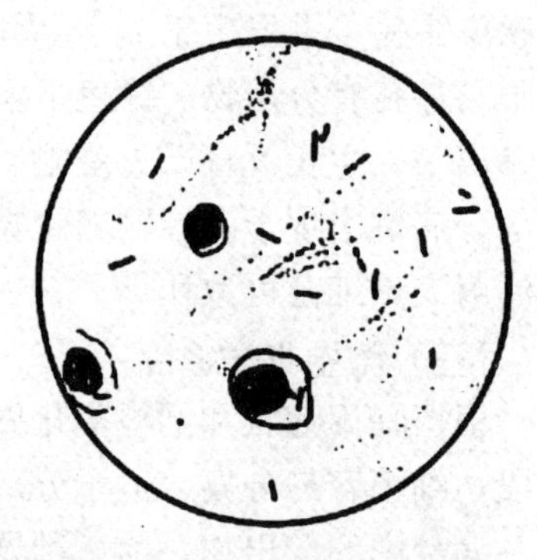
图 1-27 结核分枝杆菌的形态
（黄青云．2007. 畜牧微生物学）

2. 培养特性 本菌为专性需氧菌。最适温度为37～37.5℃，在30～34℃可生长，低于30℃或高于42℃均不生长，但禽分枝杆菌可在42℃生长。最适pH为6.4～7.0，但三种分枝杆菌稍有区别：结核分枝杆菌7.4～8.0，牛分枝杆菌5.9～6.9，禽分枝杆菌7.2。本菌对营养要求较高，在含有特殊营养物质（如蛋黄、甘油、马铃薯、无机盐）的培养基上才能生长，且生长缓慢，特别是初代培养，一般需要10～30d才能看到菌落。其中生长速度由快至慢依次为禽分枝杆菌、结核分枝杆菌、牛分枝杆菌。固体培养基中形成的菌落乳白色或米黄色，显著隆起，表面粗糙皱缩坚硬，不易破碎，似菜花状、结合状或颗粒状。在液体培养基中可形成有皱褶的菌膜，培养液一般保持清朗。常用的培养基有罗杰二氏培养基、改良罗杰二氏培养基、丙酮酸培养基和小川培养基。在上述培养基中，结核分枝杆菌需14～15h分裂一次，如加入5%～10%的二氧化碳或5%甘油可刺激结核分枝杆菌的生长，但5%甘油对牛分枝杆菌生长有抑制作用。

3. 生化试验 本菌不发酵糖类。结核分枝杆菌可产生烟酸，还原硝酸盐，牛分枝杆菌和禽分枝杆菌不能。吡嗪酰胺酶、酸性磷酸酶、触酶阳性，有的菌株中性红试验阳性。

4. 抵抗力 由于本菌细胞壁含有丰富脂肪类而表现对外界环境尤其是对干燥、寒冷及一般消毒药具有较强的抵抗力。在干燥环境中可存活6～8个月；在0℃可存活4～5个月；对4%氢氧化钠、3%盐酸、6%硫酸有抵抗力，15min不受影响；对1∶75 000的结晶紫或1∶13 000孔雀绿有抵抗力，在培养基中加入这些染料可抑制杂菌生长；但70%乙醇及10%漂白粉数分钟即可杀死本菌。对湿热、紫外线较敏感，60℃经30min失去活力，直射阳光2～7h可杀死本菌。在水中可存活5个月，在土壤存活7个月。

本菌对链霉素、异烟肼、对氨基水杨酸和环丝氨酸等药物敏感，但长期应用易产生耐药性，而对常用的磺胺类、青霉素及其他广谱抗生素均不敏感。

（二）致病性

本菌可使人、畜和禽类发生结核病。牛分枝杆菌毒力最强，主要引起牛发病，其他家畜、野生反刍动物、人、灵长目动物、犬、猫等肉食动物均可感染，实验动物中豚鼠、兔高度敏感，对仓鼠、小鼠有中等致病力，对家禽无致病性。结核分枝杆菌除人发病外，还可引起马、牛、猪、犬等发病，山羊和家禽对结核分枝杆菌不敏感，实验动物中豚鼠、仓鼠最为敏感，也可使小鼠致病。禽分枝杆菌毒力最弱，主要引起禽结核，包括家禽与野兽，也可引起猪的局限性病灶，实验动物中小鼠有一定的敏感性。

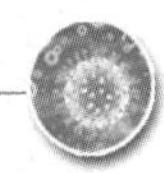

（三）微生物学诊断

结核病常以结核菌素做变态反应进行诊断，也可采用细菌学和血清学方法诊断。

1. 细菌学诊断

（1）形态学检查。取患病器官（如脾、肝、骨髓或腹膜）的结核结节及病变与非病变交界处组织直接涂片，乳汁以2 000～3 000r/min离心40min，分别取脂肪层和沉淀层涂片。涂片干燥固定后抗酸染色，镜检时如发现红色或丛杆菌时，即可初步诊断。

（2）分离培养。先将病料中加入4%氢氧化钠（或3%盐酸、6%硫酸）处理15min（可杀死杂菌、液化异物）。经中和、离心（浓缩结核分枝杆菌，提高病料中结核分枝杆菌的检出率）后，用棉拭子或接种环将沉淀物接种至固体斜面培养基上，每份病料接种4～6管，管口封严，置37℃培养8周。每周观察一次，一般2～8周可形成肉眼可见的菌落，根据菌落特点及菌落涂片染色结果鉴定，结果阳性时，需进行生化特性鉴定。

（3）动物接种。将上述经处理的供分离培养用的病料接种于实验动物，皮下或腹腔注射0.5mL。牛分枝杆菌对兔有致病性，接种后3周至3个月死亡；结核分枝杆菌对豚鼠有较强的致病性，皮下注射3～5周可引起明显病变；禽分枝杆菌可使鸡致病。

2. 变态反应诊断　本法是临床结核病检疫的主要方法。目前所用的诊断液为提纯结核菌素（PPD）。牛结核的诊断方法为牛颈部皮下注射诊断液0.2mL，72h后局部炎症反应明显，皮厚差≥4mm，为阳性；炎症反应不明显，皮厚差在2～4mm，为疑似；无炎症反应，皮厚差在2mm以下，为阴性。凡判为疑似反应的牛，30d后复查一次，如仍为疑似，经30～45d再复查一次，如仍为疑似可判为阳性。禽结核菌素试验主要用于鸡和火鸡，水禽少用。试验时，用10mm×0.5mm小针头于肉髯皮内注射0.05mL或0.1mL结核菌素（约2 000IU），48h后观察结果。如注射部位肿胀，肿胀从直径5mm的小硬结扩散至整个肉髯与颈部，则判为阳性。对雏鸡做试验时可在鸡冠上进行，但结果不十分可靠。

3. 血清学诊断　可用荧光抗体技术、间接血凝试验及ELISA等进行诊断。ELISA是目前较好的方法，其操作简单、敏感性高、特异性强。也可用PCR检测分离菌株及结核病人的临床样本（痰液），特异性强而且快速，但该菌DNA提取较困难，含菌量少的样本检测结果的可靠性较差。

（四）防治

医学上广泛采用卡介苗给婴儿做免疫接种，效果很好，免疫期达4～5年。但牛因接种卡介苗在一年后仍维持变态反应阳性，结核菌素检疫时无法与自然感染的牛区别，故不宜推广此法。饲养牛群每年春、秋两季用变态反应和ELISA方法结合进行检疫，凡检出的病牛不提倡用药物治疗，而是扑杀处理。特别贵重的动物可用链霉素、异烟肼、对氨基水杨酸和环丝氨酸等药物治疗。

厌氧性病原梭菌

厌氧性病原梭菌是一群革兰氏阳性的厌氧大杆菌，主要存在于土壤、污水和人畜肠道中，通常在厌氧条件下形成直径大于菌体的芽孢，位于中央、近端或顶端，细菌呈梭形、匙形或鼓槌状。本群的细菌有80多种，多为非病原菌，常见的病原菌有11种，多为人畜共患病病原。病原梭菌通常均能产生毒性强的外毒素，是致病的主要原因。在此主要介绍与兽医工作关系密切的3种病原梭菌。

（一）破伤风梭菌

破伤风梭菌（Cl. tetani）又名破伤风杆菌，是引起人畜破伤风的病原，大量存在于动物肠道及粪便中，由粪便污染土壤，机体因创伤感染而引起疾病。本病以骨骼肌发生强直性痉挛的症状为特征，故又称为强直症（tetanus），此菌也因此称为强直梭菌。

1. 生物学特性 本菌为两端钝圆、细长、直或稍弯曲的杆菌，大小为(0.5～1.7)μm×(2.1～18.1) μm，长度变化很大。多单在，有时成双，偶有短链，在湿润琼脂表面上可形成较长的丝状。大多数菌株具有周鞭毛而不能运动，无荚膜，在动物体内、外均可形成圆形芽孢，位于菌体一端，直径比菌体宽度大，似鼓槌状。幼龄培养物为革兰氏阳性，但培养24h以后往往出现阴性结果。

本菌严格厌氧，接触氧后迅速死亡。最适生长温度37℃，最适pH为7.0～7.5。对营养要求不高，在普通培养基中即能生长。在血液琼脂平板上可形成直径4～6mm的扁平、半透明、灰色、表面粗糙无光泽、边缘不规则的菌落，常伴有狭窄的β溶血环。在厌氧肉肝汤、庖肉培养基和PYG肉汤中，稍混浊，肉渣部分消化且微变黑，有细颗粒状或黏稠沉淀，产生气体和发臭。

本菌一般不发酵糖类，只轻微分解葡萄糖，不分解尿素，能液化明胶，产生硫化氢和靛基质，不能还原硝酸盐，V-P和MR试验均为阴性，神经氨酸酶阴性，脱氧核糖核酸酶阳性。

本菌繁殖体抵抗力不强，但芽孢的抵抗力极强。芽孢在土壤中可存活数十年不死，湿热80℃经6h、90℃经2～3h、105℃经25min、120℃经20min，煮沸10～90min或干热150℃经1h以上均可将其杀死，5%石炭酸、0.1%升汞作用15h杀死芽孢。对青霉素敏感，磺胺类药物对本菌有抑制作用。

本菌具有不耐热的鞭毛抗原，用凝集试验可分为10个血清型。我国常见的是第V型，其中第VI型为无鞭毛不运动的菌株。各型细菌都具有一个共同的耐热性菌体抗原，而Ⅱ、IV、V和IX型还有共同的第二菌体抗原。各型细菌均产生抗原性相同的外毒素，并能被任何一个型的抗毒素中和。

2. 致病性 本菌芽孢长存在土壤、健康人和动物肠道及粪便中，在健康组织中或有氧环境下，其生长繁殖受抑制且被吞噬细胞消灭。在有深而窄的创口，同时创伤内发生组织坏死时，坏死组织吸收游离氧而形成厌氧环境，可使芽孢转变为细菌，在局部大量繁殖，产生强烈毒素，引起破伤风。各种动物对破伤风毒素的感受性，以马最易感，猪、牛、羊和犬次之，人很敏感，实验动物中以小鼠和豚鼠感受性最强。

破伤风梭菌主要产生两种外毒素：一种为强直性痉挛毒素，毒力非常强，主要作用于神经系统，使动物出现特征性的强直症状；另一种为破伤风溶血毒素，不耐热，对氧敏感，可溶解马及家兔的红细胞，其作用可被相应抗血清中和，该毒素与破伤风梭菌的致病性无关。

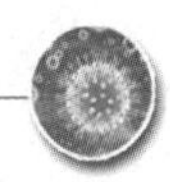

3. 微生物学诊断　破伤风的临床症状特征显著，一般不需微生物学诊断。如有特殊需要，可采取创伤部位的分泌物或坏死组织进行细菌学检查和动物接种试验。动物接种试验主要是用患病动物血清或细菌培养液进行毒素检查，其方法为小鼠尾根皮下注射 0.5～1.0mL 观察 24h，看是否出现尾部和后腿强直或全身肌肉痉挛等症状，且不久死亡。还可用破伤风抗毒素血清，进一步进行毒素保护试验。

4. 防治　破伤风梭菌毒素具有良好的免疫原性，用其制成类毒素免疫动物，可产生坚强的免疫，能有效地预防本病的发生。注射后 1 个月产生免疫力，免疫期 1 年，第二年再注射 1 次，则免疫力可持续 4 年。破伤风抗毒素血清可用于破伤风的紧急预防，效果很好，但作用仅能维持 14～21d。

（二）产气荚膜梭菌

本菌曾名魏氏梭菌（Cl. welchii）或产气荚膜杆菌（Bacillus perfringens），在自然界分布极广，土壤、污水、饲料、食物、粪便以及人畜肠道等都有存在，在一定条件下，可引起多种严重疾病，如动物和人创伤性感染、恶性水肿、羔羊痢疾、羊猝狙、羊肠毒血症和仔猪红痢等。

1. 生物学特性　产气荚膜梭菌为两端钝圆的直杆状，菌体粗而短，大小为（0.6～2.4）μm×（1.3～19.0）μm，单在或成双，亦有呈短链状。本菌在自然界中虽以芽孢形式存在，但形成较难且慢，芽孢呈椭圆形，位于菌体中央或近端。在形成荚膜是本菌的重要特点，荚膜成分为多糖，其组成因菌株不同而有变化。无鞭毛，不运动。革兰氏染色阳性，但在阳性培养物中，一部分则为阴性。

本菌对厌氧要求不甚严格。多数菌株可生长温度范围为 20～50℃，A 型、D 型和 E 型菌株的最适生长温度为 45℃，B 型和 C 型为 37～45℃。对营养要求不苛刻，在普通培养基上均可发育且迅速。若加入葡萄糖、血液，则生长更好。在血液琼脂平板上，可形成灰白色、圆形、光滑、边缘呈锯齿状的大菌落，多数菌株有双层溶血环，即内环透明、外环变暗但不溶血。在葡萄糖血清琼脂上形成中央隆起或圆盘状“勋章”样大菌落，菌落表面有放射状条纹，边缘呈锯齿状，灰白色，半透明。在蛋黄琼脂平板上可形成周围呈乳白色混浊圈的菌落。在肝片肉汤中均匀混浊，并产生大量气体。在牛乳培养基中，能分解乳糖产酸，并使酪蛋白凝固，产生大量气体，冲开凝固的酪蛋白，气势凶猛，称为“汹涌发酵”，是本菌的特点之一，可用于本菌的快速诊断。

本菌分解糖的作用极强，能分解葡萄糖、麦芽糖、乳糖、蔗糖、淀粉等产酸产气；不发酵甘露醇。液化明胶，石蕊牛乳阳性，吲哚阳性，产生硫化氢。

本菌的抵抗力与一般病原相似，在含糖的厌氧肝汤中，因产酸于几周内即可死亡，而在无糖厌氧肉肝汤中能生存几个月，芽孢在 90℃经 30min 或 100℃经 5min 死亡，而食物中毒型菌株的芽孢可耐煮沸 1～3h。

本菌以菌体抗原进行血清型分类意义不大，可溶性毒素抗原有 12 种，用小写希腊字母表示，其中 β、ε 和 ι 是主要致死毒素。依据主要致死型毒素与其抗毒素的中和试验可将此菌分为 A、B、C、D 和 E 五个型。每型菌产生一种重要毒素，一种或数种次要毒素。A 型菌主要产生 α 毒素，B、E 型主要产生 β 毒素，D 型产生 ε 毒素。α 毒素最为重要，具有坏死、溶血和致死作用，β 毒素有坏死和致死作用。

2. 致病性 产气荚膜梭菌能引起人畜多种疾病，A型菌主要引起人气性坏疽和食物中毒，B型菌主要引起羔羊痢疾，C型菌主要是绵羊猝狙的病原，D型菌引起羔羊、绵羊、山羊、牛以及灰鼠的肠毒血症，E型菌可致犊牛、羔羊肠毒血症，但很少发生。实验动物以豚鼠、小鼠、鸽和幼猫最易感，家兔次之。用液体培养物0.1～1.0mL肌内或皮下注射豚鼠，或胸肌内注射鸽，常于12～24h引起死亡。喂服羔羊或幼兔，可引起出血性肠炎并导致死亡。

本菌主要由消化道或伤口侵入机体，产生致死毒素、坏死毒素和溶血毒素等多种外毒素和酶，引起局部组织的分解、坏死、产气、水肿和全身中毒。

3. 微生物学诊断 各种菌的诊断方法有一定区别。A型菌主要依靠细菌分离鉴定；其余各型细菌鉴于正常人畜肠道中常有本菌存在，动物也很容易于死后被侵染，因此，从病料检出该菌，并不能说明它就是病原，只有当分离到毒力强的菌株时，才具有一定的参考意义。鉴定本菌的要点为：厌氧生长，菌落整齐，生长快，革兰氏阳性粗大杆菌，不运动，有双层溶血环，引起牛乳暴烈发酵，胸肌内注射鸽过夜死亡，胸肌涂片可见有荚膜的菌体。

有效的微生物学诊断方法是肠内容物毒素检查。其方法为取回肠内容物，经离心沉淀后取上清液或24h的肉汤滤液2份，一份不加热，一份加热（60℃ 30min），给小鼠尾静脉注射0.2～0.5mL。如有毒素存在，不加热组的小鼠死亡，加热组的小鼠健活。将死亡的小鼠放于37℃温箱中，经4～5h，剖检时可见泡沫肝。若要确定毒素的类别，需进一步做毒素中和保护试验。目前已采用多重PCR等分子生物学方法用于毒素基因的检测，快速方便。

4. 防治 预防羔羊痢疾、猝狙、肠毒血症以及仔猪肠毒血症，可用羊快疫（腐败梭菌引起）-猝狙-肠毒血症三联菌苗，或用羊快疫-猝狙-肠毒血症-羔羊痢疾-羊黑疫五联菌苗免疫接种，注射后14d产生免疫力，免疫期6个月以上。治疗本病，早期可用多价抗毒素血清，并结合抗生素和磺胺类药物，有较好的疗效。

（三）肉毒梭菌

肉毒梭菌最早于1896年由Van Ermengem在比利时从腊肠中毒的病人分离而得，因此也称腊肠杆菌。本菌是一种腐生菌，广泛分布于土壤、海洋和湖泊的沉积物、哺乳动物和鱼等动物的肠道、饲料和食品中。肉毒梭菌不能在活的机体内生长繁殖，即使进入人畜消化道，亦随粪便排出。当有适宜营养且获得厌氧环境时，即可生长繁殖并产生肉毒毒素，人畜食入含此毒素的食品、饲料或其他物品，即可发生中毒。本菌有若干型，G型现已独立，定名为阿根廷梭菌（C. argentinense）。为叙述方便，在此仍作为G型介绍。

1. 生物学特性 本菌是梭菌属中最大的杆菌之一，多为粗大的直杆状，两端钝圆，单在或成双。无荚膜，着生周鞭毛，能运动。芽孢椭圆形，大于菌体宽度，位于偏端，使菌体呈汤匙状或网球拍状，易于在液体和固体培养基上形成，但G型菌罕见形成芽孢。革兰氏染色阳性。

本菌属专性厌氧菌，最适生长温度为30～37℃，多数菌株在25℃和45℃也可生长。产毒素的最适温度为25～30℃，最适pH为7.2～8.2。对营养要求不高，在普通培养基上均能生长。在血液琼脂平板上可形成1～6mm不规则菌落，β溶血。有时

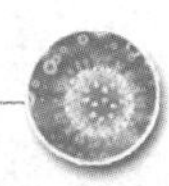

形成油煎蛋状粗糙菌落，或扩散成薄层，盖满平皿表面。在庖肉培养基中，能消化肉渣，使之变黑并有腐败恶臭。在PYG肉汤中呈混浊生长，具有均匀的白色沉淀或絮状沉淀。

肉毒梭菌的生化反应变化很大，随毒素型而有所差异，同一型的各菌株之间也不完全一致。在病原性梭菌中，本菌的特征为发酵葡萄糖、麦芽糖，除C型和D型不产气外，其他均产酸产气，都不发酵乳糖。各型均液化明胶，产生硫化氢。但不产生吲哚，不还原硝酸盐，不分解尿素，MR、V-P试验阴性。

根据毒素抗原性的差异，可将肉毒梭菌分为A、B、C（Cα、Cβ）、D、E、F、G七个型，用各型毒素或类毒素免疫动物，只能获得中和相应型毒素的特异性抗毒素。各型菌虽产生其型特异性毒素，但型间存在交叉现象，如Cα型菌除产生Cα毒素外，还可产生少量的Cβ和D型毒素。

肉毒梭菌的繁殖体抵抗力中等，80℃经30min或100℃经10min能将其杀死。但芽孢的抵抗力极强，干热180℃经5～15min，湿热100℃经5h，高压105℃经5～100min或120℃经2～20min可被杀死。本菌毒素的抵抗力也较强，尤其对酸在pH为3～6范围内其毒性不减弱。但对碱敏感，在pH8.5以上即被破坏。此外，0.1%高锰酸钾加热至100℃经20min亦能破坏毒素。

2. 致病性　肉毒梭菌可产生毒性极强的肉毒毒素，该毒素是目前已知毒素中毒性最强的一种，1mg纯化结晶的肉毒毒素能杀死2千万只小鼠，对人的致死量小于1μg。肉毒梭菌对所有温血动物和冷血动物均有致病作用，在家畜中以马最为易感，猪最迟钝。在自然情况下，A、B型毒素引起马、牛、水貂等动物饲料中毒和鸡软颈病；C型毒素为各种禽类、马、牛、羊以及水貂肉毒毒素中毒症的主要病因；D型和G型毒素的致病性还不十分清楚；F型肉毒梭菌可能与幼儿腹泻有关。家畜中毒后，出现特征性临诊症状，引起运动肌麻痹，从眼部开始，表现为斜视，继而咽部肌肉麻痹，咀嚼吞咽困难，膈肌麻痹，呼吸困难，心力衰竭而死亡。

小鼠、大鼠、豚鼠、家兔、猫、犬、猴等实验动物以及鸡、鸽等各种禽类对肉毒素都敏感，但易感程度因动物种属及毒素型别而异。

3. 微生物学诊断　从可疑媒介物或患病人畜胃肠内容物及血清中检查肉毒毒素，是主要的微生物学诊断手段。

（1）毒素检查。取待检材料用生理盐水制成悬液，离心沉淀后取上清液分为两份，其中一份与抗毒素混合，然后分别腹腔注射小鼠，每只0.5mL，观察4d。若有毒素存在，小鼠一般多在注射后24h内发病死亡，主要表现为竖毛、失声、四肢瘫软、呼吸困难呈风箱式、腰部凹陷如“蜂腰状”，病程数小时，最后因呼吸困难、麻痹而死亡。接种抗毒素混合物的小鼠则得到保护。

（2）细菌分离鉴定。利用本菌芽孢耐热性强的特性，接种检验材料悬液于疱肉培养基，在80℃加热30min，置30℃培养5～10d，使其增菌并产毒，然后取上清液进行毒素检测，再移植于血琼脂35℃厌氧培养48h。挑取可疑菌落，涂片染色镜检并接种疱肉培养基，30℃培养5d，进行毒素检测及培养特性检查，以确定分离菌的型别。

4. 防治　预防肉毒梭菌食物中毒，主要是加强食品卫生管理和监督，定期进行食品安全检查。在肉毒梭菌中毒多发地区，可用明矾沉淀类毒素做预防接种，也可用氢氧化铝或明矾菌苗预防注射。治疗肉毒梭菌中毒症，可立即用多价抗毒素血清，若已确定毒素型别，可用同型抗毒素血清。

知识拓展二 其他病原微生物

引起动物发生传染病的病原微生物除了细菌和病毒外，还有许多其他微生物，如真菌、放线菌、螺旋体、支原体等也会引起人和动物传染病的发生。

真　菌

真菌是一大类真核微生物，不含叶绿素，无根、茎、叶，营腐生或寄生生活；仅少数类群为单细胞，其余为多细胞；大多数呈分支或不分支的丝状体；能进行有性和无性繁殖，营腐生或寄生生活。从形态上可分为酵母菌、霉菌和担子菌三大类群。按照《真菌字典》中的分类，可将真菌分为壶菌门、接合菌门、子囊菌门、担子菌门、半知菌门 5 个门，酵母菌、霉菌和担子菌分属于真菌的各门，如霉菌分属于壶菌门、接合菌门或子囊菌门中。

真菌种类多、数量大、分布广泛，与人类生产与生活密切相关。绝大多数对人和动物有益，利用某些真菌及代谢产物广泛服务于工农业生产。但有的真菌能引起人和动物的疾病，称为病原性真菌。

（一）生物学特性

真菌与细菌的大小、形态、结构及化学组成差异很大，如真菌的单细胞个体比细菌大几倍至几十倍；真菌细胞结构中也具有细胞壁，但不含细菌细胞壁的肽聚糖。在此重点介绍常见的酵母菌和霉菌。

1. 酵母菌　酵母菌是人类应用较多的一类微生物，可用于酿酒、制馒头、发酵饲料，以及单细胞蛋白质饲料、维生素、有机酸及酶制剂的生产等方面。有的酵母菌会引起饲料和食品败坏，少数菌种属于病原性真菌。酵母菌是以芽殖为主，结构简单，多数为单细胞的真菌。

（1）形态与结构。一般为圆形、椭圆形、腊肠形，少数为瓶形、柠檬形、假丝状等；比细菌大得多，一般为（1～5）μm×（5～30）μm，通过高倍镜可清楚观察（彩图 28）。

酵母菌具有典型的细胞结构，包括细胞壁、细胞膜、细胞质、细胞核和内含物。细胞壁主要由甘露聚糖、葡聚糖、几丁质等组成，其厚度因菌龄而异，一般为 100～300nm，占细胞干物质的 10%左右。细胞膜与所有生物膜一样，具有典型的 3 层结构。细胞膜包裹着细胞质，内含细胞核、线粒体、核蛋白体、内质网、高尔基体和纺锤体。幼龄菌细胞核呈圆形，随液泡的扩大变为肾形，细胞质均匀，随菌龄增长可出现 1～2 个液泡、肝糖和异染颗粒。细胞核外有核膜，核中有核仁和染色体。纺锤体在核附近呈球状结构，包括中心染色质和中心体，中心体为球状，内含 1～2 个中心粒（图 1-28）。

（2）生长与繁殖。酵母菌是单细胞微生物，其生长繁殖规律与细菌相似。与细菌生长曲线相同，亦分为四期。

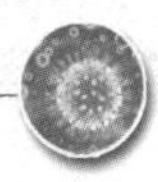

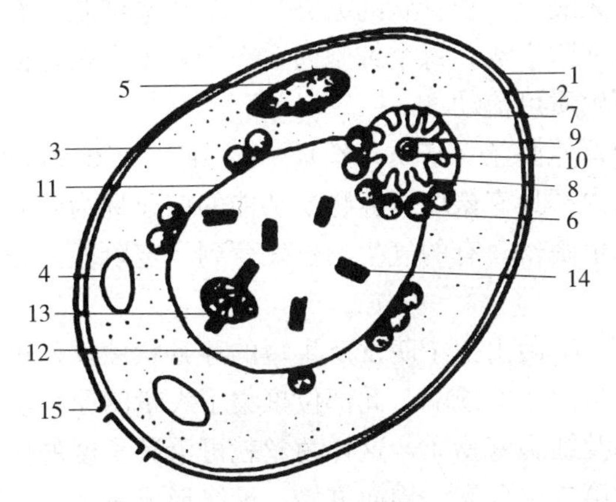

图 1-28　酵母菌细胞构造示意

1. 细胞壁　2. 细胞膜　3. 细胞质　4. 脂肪体　5. 肝糖　6. 线粒体
7. 纺锤体　8. 中心染色质　9. 中心体　10. 中心粒　11. 核膜　12. 核
13. 核仁　14. 染色体　15. 芽痕

酵母菌可进行无性繁殖和有性繁殖，以无性繁殖为主。

无性繁殖主要为芽殖、裂殖和掷孢子。

有性繁殖是由两个性别不同的细胞接近、结合、细胞质融合、分裂，形成子囊孢子。原来的细胞壁成为子囊。子囊破裂后孢子散出，在适宜环境下可萌发形成新的酵母菌。酵母菌产生的子囊和子囊孢子有不同形状，是酵母菌分类的重要依据。

2. 霉菌　凡是生长在营养基质上，能形成绒毛状、蛛网状或絮状菌丝体的真菌，均称为霉菌。

（1）形态与结构。霉菌由菌丝和孢子构成，菌丝由孢子萌发而成（图 1-29），菌丝延长、分支、交错形成的菌丝体，称为霉菌的菌落。菌落呈绒毛状、絮状等。当菌丝上长出孢子后，菌落可呈黄、绿、青、蓝等颜色。

①霉菌菌丝按结构分为无隔菌丝与有隔菌丝两种（图 1-30）。

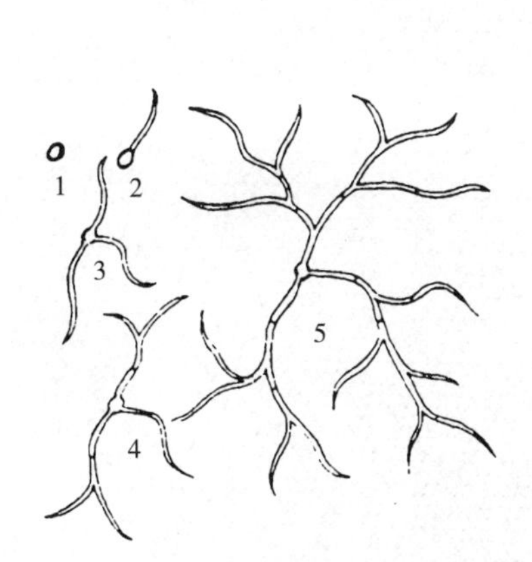

图 1-29　孢子萌发和菌丝的生长过程

1. 孢子　2. 孢子萌发　3～5. 菌丝生长

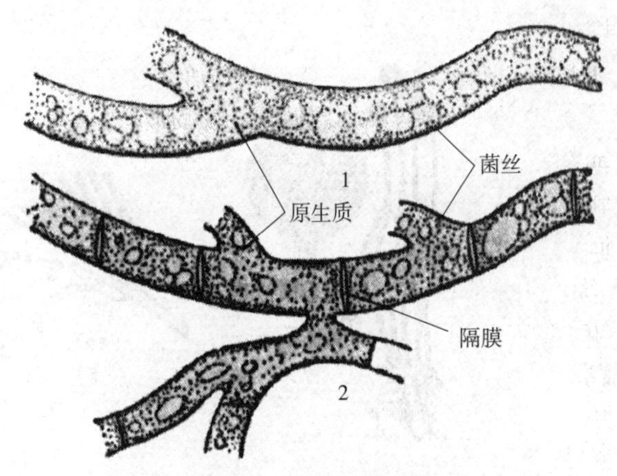

图 1-30　霉菌的两种菌丝

1. 无隔菌丝　2. 有隔菌丝

（据邢来君）

无隔菌丝是一种无隔膜，长管状的分支，呈多核单细胞。有隔菌丝是有隔膜，菌丝体由分支的成串多细胞组成，每个细胞内含一个或多个核，菌丝中有隔膜，隔中央有小孔，细胞核及原生质可流动。

②按功能可分为营养菌丝（基质菌丝）、气生菌丝和繁殖菌丝。

伸入固体培养基内部具有摄取营养物质功能的菌丝称为营养菌丝或基质菌丝，伸入空气中的菌丝称气生菌丝。有的气生菌丝发育到一定阶段，分化成产生孢子的菌丝称为繁殖菌丝。

（2）生长与繁殖。霉菌由孢子萌发产生短的芽管状菌丝，进而发育成一个球形菌落。菌丝体的生长点是菌丝的顶端，此部位聚集了大量的原生质泡囊。泡囊可运输细胞壁溶解酶或合成酶及细胞壁物质，这样菌丝就可沿其长度的任何一点产生分支，在第一次分支上再产生第二次分支，周而复始，最终形成一个霉菌的菌落。

霉菌以产生各种无性和有性孢子繁殖，而以无性孢子繁殖为主。霉菌孢子的形态特征也是分类的重要依据。

①无性繁殖。无性繁殖是不经过两性细胞的结合而形成新个体的过程。不同霉菌的无性繁殖，产生不同的无性孢子（图 1-31）。

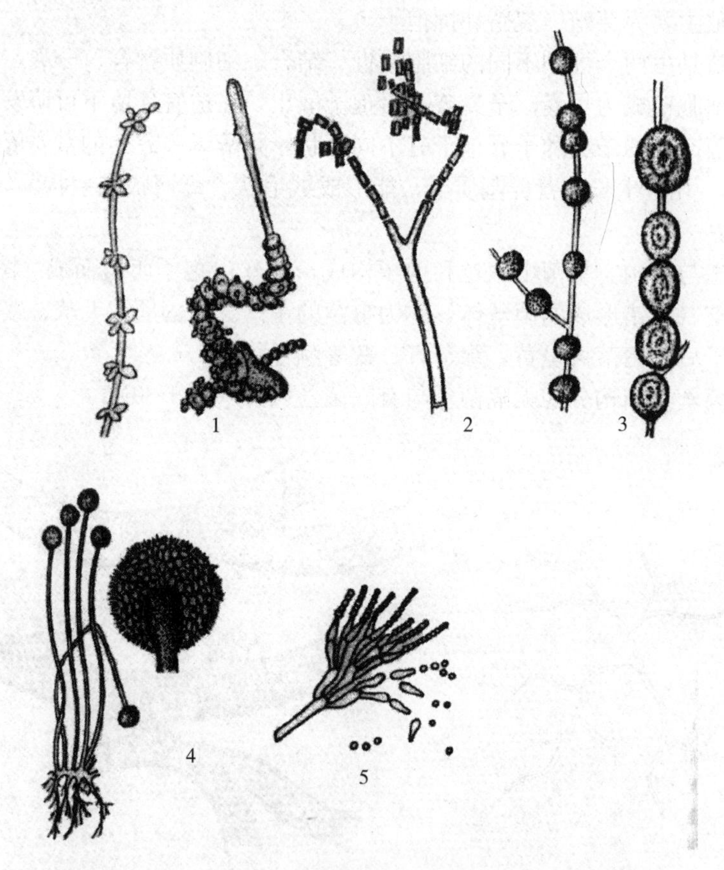

图 1-31　霉菌的无性孢子

1. 芽孢子　2. 节孢子　3. 厚垣孢子　4. 孢子囊孢子　5. 分生孢子

真菌的无性繁殖方式可概括为四种：

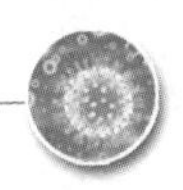

a. 菌丝体的断裂片段可以产生新个体，大多数真菌都能进行这种无性繁殖，实验室“转管”接种便是利用这一特点来繁殖菌种。

b. 营养细胞分裂产生子细胞，如裂殖酵母菌无性繁殖就像细菌一样，母细胞一分为二的繁殖。

c. 出芽繁殖，母细胞出“芽”，每个“芽”成为一个新个体，酵母菌属的无性繁殖就是这种类型的繁殖。

d. 产生无性孢子，每个孢子可萌发为新个体。

无性孢子的形状、颜色、细胞数目、排列方式、产生方法都有种的特征性，因而可作为鉴定菌种的依据。

②有性繁殖。有性繁殖以细胞核的结合为特征，其繁殖过程一般包括下列三个阶段：

a. 质配：首先是两个细胞的原生质进行配合。

b. 核配：两个细胞里的核进行配合。真菌从质配到核配之间时间有长有短，这段时间称双核期，即每个细胞里有两个没有结合的核。这是真菌特有的现象。

c. 减数分裂：核配后或迟或早将继之以减数分裂，减数分裂使染色体数目减为单倍。

多数霉菌是由菌丝体分化出称为配子囊的性器官进行交配，性器官里如产生性细胞则称为配子。由两性细胞结合产生的孢子称为有性孢子，有卵孢子、接合孢子及子囊孢子数种(图 1-32)。

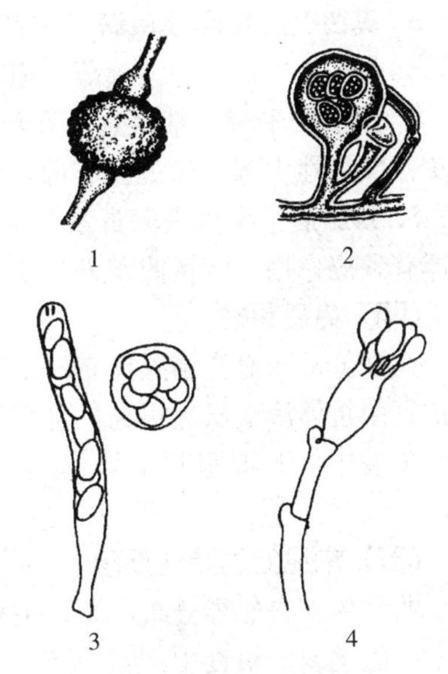

图 1-32　霉菌的有性孢子

1. 接合孢子　2. 卵孢子

3. 子囊孢子　4. 担孢子

（二）真菌生长繁殖的条件

1. 营养需要　真菌大多数为异养菌，但它们的碳素利用能力强，不仅能利用单糖和双糖，而且也能利用淀粉、纤维素、木质素等多糖。真菌对氮素营养要求不严，除氨基酸、蛋白质外，还可利用尿素、铵盐、亚硝酸盐、硝酸盐作为氮源。多数真菌能合成生长因子，利用环境中的微量元素。

2. 温度　属嗜温菌，生长温度范围为 10～40℃，最适温度为 25～35℃。动物病原真菌最适温度为 37℃。

3. pH　真菌在 pH 1.5～11 可生长，最适 pH 为 5～10。多数真菌嗜微酸性环境。

4. 湿度　真菌需在高湿条件下才能生长，多数真菌在相对湿度 95%～100%条件下生长良好。

5. 光线　可见光对孢子的形成和释放有重要作用，紫外线可使真菌发生变异和损伤，妨碍 DNA 的复制。

6. 气体　多数真菌为需氧菌，少数为兼性厌氧菌，个别为严格厌氧菌。环境中的二氧化碳的浓度对真菌的生长有明显影响，在 pH 高的环境中，二氧化碳对真菌呈现毒性作用。

（三）致病性

有些真菌呈寄生性致病作用，有些则产生毒素使动物中毒。

1. 致病性真菌感染 主要是一些外源性真菌感染，可造成皮肤和全身性感染。

2. 条件致病性真菌感染 一些内源性真菌如念珠菌、曲霉菌、毛霉菌等，致病性不强，只有机体免疫力降低或长期应用广谱抗生素、激素或放射治疗后，发生机会感染。目前此类真菌病日益多见，必须引起足够重视。

3. 真菌变态反应性疾病 一部分真菌能引起变态反应阳性，这些真菌本身不致病，如曲霉、青霉、镰刀菌等，但它们污染空气时，可引起接触性皮炎等疾病。

4. 真菌性中毒 某些真菌在粮食、饲料上生长，产生毒素，动物或人食后可导致急性或慢性中毒。如黄曲霉毒素、岛青霉素等可引起肝损害。

5. 致肿瘤 某些真菌毒素与肿瘤发生密切相关，如黄曲霉毒素毒性很强，小剂量即有致癌作用。除黄曲霉外，烟曲霉、黑曲霉、赤曲霉等也可以产生黄曲霉毒素。

（四）免疫原性

大部分动物对真菌感染有一定的抵抗力。真菌感染的康复主要靠细胞免疫，血清中抗真菌抗体滴度虽然很高，可用于血清学诊断，但不能抑制真菌的生长。在真菌的细胞免疫中，T 细胞起主导作用，如 T 细胞受损，机体易发生念珠菌病、曲霉菌病等。

（五）常见的病原性真菌

曲霉菌在自然界分布广泛，也是实验室经常污染的真菌之一。可感染动物，也可在寄生的饲料、粮食中产生毒素，污染动物食物导致中毒。常见的有烟曲霉、黄曲霉、寄生曲霉、赭曲霉、杂色曲霉、白曲霉、黑曲霉等，其中烟曲霉以感染致病为主，同时也产生毒素，黄曲霉、寄生曲霉、赭曲霉、杂色曲霉等主要以所产毒素致病。

1. 烟曲霉 烟曲霉菌是曲霉菌属致病性最强的霉菌，主要引起家禽的曲霉性肺炎及呼吸器官组织炎症，并形成肉芽肿结节。也可感染哺乳动物和人。

（1）生物学特性。烟曲霉与其他曲霉菌在形态、结构上相同，菌丝无色透明或微绿。分生孢子梗较短，顶囊直径 20～30μm，小梗单层，长 6～8μm，末端着生分生孢子，孢子链达 400～500μm。分生孢子呈圆形或卵圆形，直径 2～3.5μm，呈灰、绿或蓝绿色。

本菌为需氧菌，培养温度为 37～40℃，在葡萄糖马铃薯培养基、沙堡培养基、血琼脂培养基上经 25～37℃培养，生长较快，菌落最初呈白色绒毛状，迅速变为绿色、暗绿色以及黑色，外观呈绒毛状，有的菌株呈黄、绿和红棕色。

烟曲霉广泛分布于自然界，在禽舍的地面、垫草、用具及空气中经常可分离出其孢子。孢子对外界理化因素的作用有较强的抵抗力，干热 120℃经 1h 或煮沸 5min 才被杀死。常用消毒剂为 5%甲醛、石炭酸、过氧乙酸和含氯消毒剂，曲霉菌在消毒液中经 1～3h 才能死亡。对一般的抗生素均不敏感，制霉菌素、两性霉素 B、灰黄霉素及碘化钾对本菌有抑制作用。

（2）致病性。本菌在感染组织的过程中，还产生一种蛋白质毒素，可导致动物组

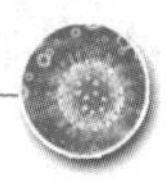

织发生痉挛、麻痹，直至死亡。烟曲霉的孢子和菌丝进入家禽腔性器官并增殖，常造成器官机械性阻塞，加之毒素的作用，常表现为曲霉菌性肺炎，尤其是幼禽敏感性极高。潮湿环境中，曲霉孢子穿入蛋壳进入蛋内，不仅引起蛋品变质，而且在孵化期间造成死胚，或雏鸡发生曲霉菌性肺炎。毒素的提取物对家兔、豚鼠、小鼠和鸡有毒性，兔和犬尤为敏感，但鸽却有抵抗力，尽管鸽对本菌感染十分敏感。

（3）微生物学诊断。结合临床症状和病理变化进行综合诊断十分必要，进行微生物学检查时要采取病料如肺部结节、鼻分泌物、痰液或病损处刮取物，进行切片或压片，镜检。在高倍镜下观察，可见分隔菌丝、分生孢子梗及孢子等结构。

必要时进行分离培养，有鉴别意义的主要特征是：顶囊由分生孢子梗逐渐膨大而形成，状如烧瓶，小梗着生于顶囊的上半部，小梗单层，小梗和分生孢子链按与分生孢子梗平行的方向升起，菌落呈暗绿色至黑褐色。

（4）防治。主要措施是加强饲养管理，不使用发霉的饲料和垫草。环境及用具保持清洁，育雏室注意通风干燥，发病时可试用制霉菌素。

2. 黄曲霉

（1）生物学特性。与烟曲霉相似，但菌丝分支分隔，分生孢子梗壁厚而粗糙、无色，直径 10～20μm，顶囊大，呈球状或近似球状，小梗为一层或两层，直径 300～400μm；分生孢子呈圆形或椭圆形，呈链状排列。在培养基上菌落初为灰白色、扁平，以后出现放射状皱纹，菌落颜色转为黄至暗绿色，菌落背面无色至淡红色。

（2）致病性。黄曲霉的致病性主要在于其产生的黄曲霉毒素。黄曲霉菌和寄生曲霉菌均产生黄曲霉毒素。该毒素常见于霉变的花生、玉米等谷物，在鱼粉、肉制品、咸干鱼、乳和肝中也可发现。黄曲霉菌中有 30%～60%的菌株产生毒素，而寄生曲霉菌几乎都能产生黄曲霉毒素。

黄曲霉毒素是一类结构相似的化合物，基本结构都是二氢呋喃氧杂萘邻酮的衍生物，包括一个双呋喃环和一个氧杂萘邻酮，前者为毒性结构，后者与致癌有关。毒素能被强碱（pH9～10）和氧化剂分解。在水中溶解度低，溶于油及一些有机溶剂（如氯仿、甲醇），不溶于乙醚、石油醚，对热稳定，煮沸不能使之破坏，毒素的熔点为 200～300℃，根据其化学结构可分为 B_1、B_2、G_1、G_2、B_{2a}、G_{2a}、M_1、M_2、P_1、G_{M2}、毒醇等多种。种类不同，毒性也不同。

在各种黄曲霉毒素中，B_1 的毒性和致癌性最强，其次是 G_1。黄曲霉污染物中，最常见的是黄曲霉毒素 B_1，其含量最高，其毒性比氰化钾大 100 倍，仅次于肉毒毒素，是霉菌毒素中最强的一种。

黄曲霉毒素对多种动物呈现毒性作用，但不同动物的敏感性不同，鸭、兔、猫、猪、犬较敏感，LD50 为 0.1～0.65mg/kg。猴、豚鼠、小鼠、羊敏感性较低。

根据黄曲霉毒素的毒性作用，可将中毒分为三类，即急性或亚急性、慢性、致癌性。

①急性或亚急性中毒。雏鸭对 B_1 的毒性试验证明，LD50 为 0.33mg/kg。雏鸭急性中毒时，主要病变在肝，表现为肝细胞变性、坏死、出血等。

②慢性中毒。人或动物持续地摄入一定量的黄曲霉毒素，引起中毒，主要呈现肝的慢性损伤。

③致癌性。人和动物长期摄入较低水平的黄曲霉毒素，或在短期摄入一定量的黄曲霉毒素，经过较长时间后发生肝癌，还能诱变胃腺癌、肾癌、直肠癌等其他肿瘤。

（3）微生物学诊断。本病的诊断主要是毒素的检测。从可疑饲料提取毒素，饲喂1日龄鸭，可见肝坏死、出血及胆管上皮增生等，或以薄层层析法检测毒素。

（4）防治。预防措施同烟曲霉，一旦中毒发生，治疗意义不大。

3. 皮肤真菌 皮肤真菌有嗜角质的特性，侵入皮肤后在局部生长繁殖，一方面发生机械性刺激作用，另一方面在其繁殖过程中产生的酶类和酸性物质，可引起炎症反应和细胞组织病变。

（1）培养及生化特性。这类真菌主要有表皮癣真菌、毛癣菌和小孢子癣菌三个属。培养时均可形成丝状菌落，菌丝有隔。可根据各菌的菌落特征、大分生孢子的形状、小分生孢子的有无和形态排列等进行初步鉴定。

（2）致病性及毒力因子。主要是外源性感染，引起皮肤、皮下组织感染。皮肤浅部真菌有亲嗜表皮角质特性，侵犯皮肤、甲及须发等组织，顽强繁殖，引起机械刺激损害，同时产生酶及酸等代谢产物，引起炎症反应和细胞病变。深部真菌，可侵犯皮下、内脏及脑膜等，引起慢性肉芽肿及坏死。

（3）微生物学诊断。

①直接检查。是最简单而重要的方法。取浅部感染真菌标本，如毛、皮屑、甲屑等，置玻片上，滴加10%氢氧化钾，覆盖玻片微热溶化角质层，再将玻片压紧，用吸水纸吸去周围多余碱液，在显微镜下观察，见皮屑、甲屑中有菌丝，或毛发内部或外部有成串孢子，即可初步诊断为癣菌感染，但不能确定菌种。深部感染真菌标本，如痰、脑脊液等，亦可做涂片，用革兰氏染色法染色，镜检，观察形态特征。

②培养检查。本法可确定菌种，辅助直接检查的不足。通常用沙氏培养基（22～25℃），深部感染真菌可用血琼脂或脑心葡萄糖血琼脂37℃培养，或根据不同菌种运用不同培养基，如孢子丝菌可用胱氨酸血液葡萄糖琼脂。必要时运用鉴别培养基和生化反应、同化试验等进行鉴别。

③免疫学试验。由于检测抗体受到许多因素的限制，加之，深部真菌感染时，早期培养阳性率甚低，晚期则多失去治疗时机，因此用免疫学方法检测真菌抗原对早期诊断具有重要意义。如乳胶凝集法检测新型隐球菌病患者的荚膜多糖抗原，ELISA法检测白色念珠菌感染者的甘露聚糖抗原，以及免疫荧光法检测孢子丝菌病患者的可溶性抗原等，均为早期、快速、特异的诊断方法。

④动物试验。某些真菌对实验动物有致病性，可在小鼠、豚鼠体内生长，如白色念珠菌接种家兔、小鼠可致发生肾脓肿而死亡。

放 线 菌

放线菌是一类能形成分支菌丝的单细胞原核细胞型微生物，其细胞壁含有与细菌相同的肽聚糖，不产生芽孢和分生孢子，菌落由有隔或无隔菌丝组成，革兰染色阳性。介于细菌和真菌之间。

放线菌分布广泛，与人类的生产和生活关系极为密切，目前广泛应用的抗生素约

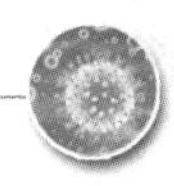

70%是各种放线菌所产生。一些种类的放线菌还能产生各种酶制剂（如蛋白酶、淀粉酶和纤维素酶等）、维生素 B_{12} 和有机酸等。此外，放线菌还可用于甾体转化、烃类发酵、石油脱蜡和污水处理等方面。放线菌多数无致病性，少数对动物有致病性，其中牛放线菌较为常见。除放线菌属外，链霉菌属也是常见的放线菌，往往污染细菌培养基，许多抗生素例如链霉素就是用该属细菌生产的。

（一）形态、大小和结构

本菌细胞大小不一，呈短杆状或棒状。在显微镜下，放线菌呈分支丝状，我们把这些细丝一样的结构称为菌丝，菌丝直径与细菌相似，小于1μm。菌丝细胞的结构与细菌基本相同。

根据菌丝形态和功能的不同，放线菌菌丝可分为基内菌丝、气生菌丝和孢子丝三种。

（二）菌落

放线菌在固体培养基上形成与细菌不同的菌落特征，菌落中的菌丝常从一个中心向四周辐射状生长，并因此得名放线菌。放线菌菌丝相互交错缠绕形成质地致密的小菌落，干燥、不透明、难以挑取，当大量孢子覆盖于菌落表面时，就形成表面为粉末状或颗粒状的典型放线菌菌落，由于基内菌丝和孢子常有颜色，使得菌落的正反面呈现出不同的色泽。

（三）繁殖

放线菌没有有性繁殖，主要通过形成无性孢子方式进行无性繁殖，成熟的分生孢子或孢囊孢子散落在适宜环境里发芽形成新的菌丝体；另一种方式是菌丝体的无限伸长和分支，在液体振荡培养（或工业发酵）中，放线菌每一个脱落的菌丝片段，在适宜条件下都能长成新的菌丝体，也是一种无性繁殖方式。

（四）致病性

对动物的致病性，除牛放线菌外，还有衣氏放线菌、内氏放线菌、龋齿放线菌、黏性放线菌、化脓放线菌和猪放线菌亦有一定的致病性。牛放线菌病，牛、猪、马、羊易感，主要侵害牛和猪，奶牛发病率较高。感染后主要侵害颌骨、唇、舌、咽、头颈部皮肤，尤以颌骨缓慢肿大为多见，常采用外科手术治疗。此外衣氏放线菌可引起牛的骨髓放线菌病和猪的乳房放线菌病。

（五）常见病原性放线菌

1. 牛放线菌

（1）生物学特性。

①形态及染色。形态随生长环境而异，在培养基上呈短杆状或棒状，可形成Y形、V形或T形排列的无隔菌丝，直径为0.6～0.7μm。老龄培养物常呈分支丝状或杆状。本菌无荚膜、鞭毛，不产生芽孢，革兰氏阳性。在病灶中形成肉眼可见的大头针帽大的黄白色小菌块，呈硫黄颗粒状，此颗粒放在载玻片上压平后镜检呈菊花状，菌丝末端膨大，呈放射状排列。革兰氏染色菌块中央呈阳性，周围膨大部分呈阴性。

②培养及生化特性。本菌为厌氧或微需氧，10%二氧化碳环境能促其生长。初代培养时需厌氧，pH为7.2～7.4，最适温度为37℃。培养基中含有甘油、血清或葡萄糖时生长良好。在血琼脂上，37℃厌氧培养2d可见半透明、乳白色、不溶血的粗

糙菌落，紧贴在培养基上，呈小米粒状，无气生菌丝。

该菌能分解葡萄糖、果糖、乳糖、麦芽糖、蔗糖，产酸不产气；不分解木胶糖、鼠李糖和甘露醇，不液化明胶，不还原硝酸盐，产生硫化氢，MR试验阴性，吲哚试验阳性，尿素酶试验阳性。

③抵抗力。对干燥、高热、低温抵抗力很弱，80℃经5min或0.1%升汞5min可将其杀死。对石炭酸抵抗力较强，对青霉素、链霉素、红霉素、四环素、头孢霉素、林可霉素及磺胺类药物敏感，但因药物很难渗透到脓灶中，故不易达到杀菌目的。

（2）致病性。主要侵害牛和猪，奶牛发病率较高。人无易感性。牛感染放线菌后主要侵害颌骨、唇、舌、咽、齿龈、头颈部皮肤及肺，尤以颌骨缓慢肿大为多见，故又称“大颌病”，猪感染后病变多局限于乳房。该菌有2个血清型，免疫原性不强。

（3）微生物学诊断。放线菌病因有特征性的临床症状和病理变化，不难诊断。必要时取少量脓汁加入无菌生理盐水中冲洗，沉淀后将硫黄样颗粒放在载玻片上，加5%氢氧化钾液1滴，盖上盖玻片用力按压镜检，可见菊花形或玫瑰花形菌块，周围有屈光性较强的放射状棒状体。如果将压片加热固定，革兰氏染色，镜检，可见放射状排列的菌丝，结合临床特征即可做出诊断。必要时可做病原的分离。

（4）防治。

①预防。避免低洼潮湿处放牧，饲喂干硬饲料和糠壳或有芒饲料时，应在饲前软化、调制，避免口黏膜损伤。防止皮肤和黏膜外伤，外伤及时治疗。手术时要严格消毒，以防止本菌菌丝和孢子的侵入。

②治疗。手术切除放线菌硬结和瘘管，用10%碘酒纱布填充，24～48h更换一次。连续内服碘化钾2～4周。结合链霉素、红霉素、林可霉素、头孢霉素等抗生素使用，可提高本病治愈率。

2. 猪胸膜肺炎放线菌

（1）形态与染色。猪胸膜肺炎放线菌为球杆菌，具多形性。新鲜病料呈两极染色。有荚膜和鞭毛，具运动性。

（2）培养及生化特性。兼性厌氧，置10%二氧化碳中可长出黏液性菌落。最适生长温度为37℃。在普通培养基上不生长，需添加V因子，常用巧克力培养基。在绵羊血平板上可产生稳定的β溶血，金黄色葡萄球菌可增强其溶血圈（CAMP试验阳性）。

（3）致病性及毒力因子。猪是本菌高度专一性的宿主，寄生在猪肺坏死灶内或扁桃体内，较少在鼻腔。慢性感染猪或康复猪为带菌者。小于6月龄的猪最易感，经空气传染或猪与猪直接接触传染。应激可促使发病。在集约化猪场的猪群往往呈跳跃式急性暴发，死亡率高。表现为典型的胸膜肺炎，鼻孔流出带菌血性分泌物，因受黏液蛋白的保护，病菌可在环境中存活数天。世界各养猪国家均有发病的报道，我国已鉴定有2、3、5、7与8型。

本菌的毒力因子较复杂。荚膜有抗吞噬作用，但如存在特异的调理素抗体，则可被吞噬细胞消化。荚膜缺失突变株具有免疫原性，但不再有致病性。用荚膜制备的疫苗免疫猪群，可降低死亡率，但不影响发病率。脂多糖是典型的内毒素，能引起肺部炎性细胞渗出，但不足以诱发胸膜肺炎的特征性病变。

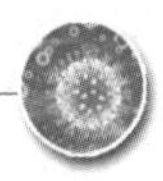

毒素是本菌最重要的毒力因子。不同血清型的菌株可产生 4 种细胞毒素，名为 ApxⅠ～Ⅳ，具有细胞毒性或溶血性，属于含重复子毒素家族，似通过转座作用获得。Ⅲ型毒素与大肠杆菌 α 溶血素有相同的操纵子编码基因。Ⅳ型毒素存在于所有血清型，但只有在猪体内才产生。

（4）微生物学诊断。取病死猪肺坏死组织、胸水、鼻及气管渗出物做涂片，显微镜检查是否有革兰氏阴性、两极染色的球杆菌。

确诊需取上述病料接种巧克力琼脂或绵羊血琼脂，置 5%二氧化碳条件下，37℃过夜培养。如有溶血小菌落生长，应进一步做 CAMP 试验，检测其脲酶活性及甘露醇发酵能力。

一般做琼脂扩散试验或直接凝集试验鉴定分离株的血清型：取分离株的 6h 培养物，以酚—水法提取多糖抗原做琼脂扩散试验效果较好；凝集试验如用二巯基乙醇处理血清，可增加结果的特异性。

采用 PCR 检测荚膜基因等，可快速诊断和定型。

支　原　体

支原体又称霉形体，是一类介于细菌和病毒之间、无细胞壁、能独立生活的最小的单细胞原核微生物。与梭菌、链球菌及乳杆菌在基因水平关系较近。细胞柔软，高度多形性；能通过细菌滤器，能在无细胞的人工培养基中生长繁殖，基因组在细菌中小到极限，只有 0.58～1.35Mb。含有 DNA 和 RNA，以二分裂或芽生方式繁殖。对青霉素有抵抗力。支原体广泛分布于污水、土壤、植物、动物和人体中，腐生、共生或寄生，有 30 多种对人或畜禽有致病性。支原体在分类上归为柔膜体纲，下设 4 目、5 科、8 个属。

（一）形态及染色

由于支原体细胞外围只有柔软的细胞膜，故具有多形性、可塑性和滤过性。常呈球状、两极状、环状、杆状，有些偶见分支丝状。球形细胞直径 0.3～0.8μm，丝状细胞大小（0.3～0.4）μm×（2～150）μm。在加压情况下，能通过孔径 220～450nm 的滤膜。无鞭毛，有些能滑动。革兰染色呈阴性，通常着色不良，用姬姆萨或瑞氏染色良好，呈淡紫色。

（二）培养特性

兼性厌氧，最适培养温度为 37℃，pH 为 7.6～8.0，初代培养需加入 5%二氧化碳。支原体由于基因组小，生物合成能力较弱，营养要求较高，培养支原体的人工培养基需添加 10%～20%动物血清、外源脂肪酸和甾醇。为抑制细菌生长，常加入青霉素、醋酸铊、叠氮钠等药物。

在琼脂培养基上生长缓慢，孵育 2～6d，才长出必须用低倍显微镜才能观察到的微小菌落，直径 10～600μm，圆形、透明、露滴状。溶脲脲原体的菌落仅 10～40μm，故称 T 株（T 来自 tiny，微小之意）。支原体的典型菌落呈荷包蛋状、乳头状或脐状，菌落中心深入培养基中、致密、色暗，周围长在培养基表面、较透明。猪肺炎支原体的菌落则不呈荷包蛋状，无中心生长点。液体培养基中需 2～4d 才能形成极微的混浊，或形成小颗粒黏于管壁或沉于管底。

（三）与细菌L型的区别

支原体与细菌L型极相似。均无细胞壁，形体柔软，形态多样，均具滤过性，对作用于细胞壁的抗生素有抵抗作用，菌落也似荷包蛋状。最主要的区别是在无抑制剂的培养基中连续传代后不回复为细菌形态。

（四）抗原及分型

支原体的抗原由细胞膜上的蛋白质和类脂组成。各种支原体的抗原结构不同，交叉很少，有鉴定意义。可用相应抗血清做生长抑制试验、代谢抑制试验、免疫荧光试验及酶联免疫吸附测定（ELISA）等，进行支原体的血清学鉴定或分型。

（五）抵抗力

支原体因无细胞壁，故对理化因素敏感。一般45℃加热15～30min，55℃加热5～15min即被杀死。对常用浓度的重金属盐类、石炭酸、来苏儿等消毒剂均比细菌敏感，易为脂溶剂乙醚、氯仿所裂解。但对醋酸铊、结晶紫、亚硝酸钾等有较强的抵抗力。

对影响细胞壁合成的抗生素如青霉素、先锋霉素有抵抗作用，对放线菌素D、丝裂菌素C最为敏感，对影响蛋白质合成的抗生素如四环素族、强力霉素、红霉素、氯霉素、螺旋霉素、链霉素等敏感。近年来国内已发现对四环素耐药的菌株。

（六）致病性及免疫性

病原性支原体常常定居于多种动物呼吸道、泌尿生殖道、消化道黏膜表面以及乳腺、眼等，并对胸腺、腹膜、关节滑液囊膜的间质细胞以及中枢神经系统的亲和力较强。单独感染时常常是症状轻微或无临床表现，当细菌或病毒等继发感染或受外界不利因素的作用，即可引起疾病。特点是潜伏期长，呈慢性经过，地方性流行，多具有种的特性。如猪肺炎支原体引发的猪地方流行性肺炎，即猪气喘病；禽败血支原体引起的鸡的慢性呼吸道病；此外还有牛传染性胸膜肺炎、山羊传染性胸膜肺炎等。

动物自然发生支原体病后具有免疫力，很少发生再次感染，例如猪发生支原体肺炎后保护期至少60周，牛患传染性胸膜肺炎后免疫力达12～30个月。机体感染支原体主要引起体液免疫应答，可产生IgM、IgG和IgA。

（七）微生物学诊断

应取病料进行分离培养以及形态学、生理生化、血清学鉴定。

近年来PCR技术已得到广泛应用，国内外已有商品化相关的试剂盒用于猪肺炎支原体、滑液支原体及鸡毒支原体等的快速检测。

（八）常见病原性支原体

1. 猪肺炎支原体 本菌是猪地方流行性肺炎（猪气喘病）的病原。

（1）生物学特性。

①形态及染色。形态多样，大小不等。在液体培养物和肺触片中，以环形为主，也见球状、两极杆状、新月状、丝状。可通过0.3μm孔径滤膜，革兰氏染色阴性，着色不佳，姬姆萨或瑞氏染色良好。

②培养及生化特性。兼性厌氧，对营养要求较一般支原体更高，需加入猪血清、水解乳蛋白、酵母浸液等，并要有5%～10%二氧化碳才能生长。在固体培养基上可

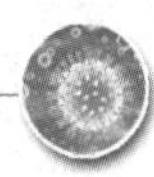

长成直径 25～100μm 的菌落，但不呈荷包蛋状。

在 6～7 日龄鸡胚卵黄囊或猪肺单层细胞中生长繁殖，也能适应乳兔，经过连续继代后对猪的致病力逐渐减弱。

③抵抗力。对外界环境的抵抗力较弱，存活一般不超过 26h。病猪肺组织中的病原体在−15℃可保存 45d，1～4℃可存活 4～7d。在甘油中 0℃可保存 8 个月，在−30℃可保存 20 个月仍有感染力。经冷冻干燥的培养物在−4℃可存活 4 年。常用化学消毒剂、1%苛性钠、20%草木灰等均可数分钟内将其灭活。对放线菌素 D、丝裂菌素 C 最敏感；对四环素、土霉素、泰乐菌素、螺旋霉素、林可霉素敏感；青霉素、链霉素、红霉素和磺胺对其无效。

（2）致病性及免疫性。自然感染仅见于猪，引起猪地方流行性肺炎。不同年龄、性别、品种的猪均可感染，但以哺乳仔猪和幼猪最为易感。表现为咳嗽和气喘，发病率高，死亡率低。本菌存在于病猪肺的细支气管和支气管上皮细胞表面和纤毛，经呼吸道传播，通常由带菌猪传给低日龄易感猪，也可经风力传播数公里之遥。人或其他动物传递。环境因素的影响或继发感染猪鼻支原体以及巴氏杆菌时，常使猪的病情加剧乃至死亡。将培养物滴鼻接种2～3 月龄健康仔猪，能引起典型病变。实验证明自然感染和人工感染的康复猪，对再感染具有较坚强的免疫力。

（3）微生物学诊断。一般根据临床症状、病理剖检，结合流行病学即可确诊。X 射线检查慢性病猪的肺部是否出现渗出性阴影具有重要诊断价值。必要时可进行微生物学诊断。

分离培养可取病肺组织剪成 1～2mm 的碎块，放入液体培养基中培养，或用棉拭子采取呼吸道分泌物，置液体培养基过滤器除菌，置 37℃培养。因其在液体培养物中混浊度低，不易观察，常借分解葡萄糖产酸，使培养基颜色变黄来推断，往往要做 4～5 代连续移植以提高分离率。当液体培养物出现疑似菌体时，应适当稀释接种于固体培养基，在 5%～10%二氧化碳环境置 37℃培养 3～10d，逐日观察有无菌落。所有初次分离成功的报道均采用液体培养基，而非固体培养基。

从病肺组织常分离出猪鼻支原体，因其易于培养，生长迅速，常在培养基中加入抗猪鼻支原体兔血清或加入有选择抑制作用的抗生素（环丝氨酸或庆大霉素），以提高本菌的分离率。

动物感染试验可取分离的纯培养物或病料悬液，经气管、肺或鼻腔接种于无病的健康仔猪，经 2 周后可发病。再根据临床症状、X 射线透视、病理剖检变化或特异性的血清学方法加以确诊。

（4）防治。预防本病可接种猪气喘病冻干兔化弱毒菌苗，有一定的免疫效果。临床的预防和治疗，还可选用广谱抗生素，如土霉素、卡那霉素、泰乐菌素等。

2. 鸡败血支原体　又名鸡毒支原体，是引起鸡和火鸡等多种禽类慢性呼吸道病（CRD）或火鸡传染性窦炎的病原，从鸡、火鸡、雉、珍珠鸡、鹌鹑、鹧鸪、鸭、鸽、孔雀、麻雀等多种禽类均分离到本菌。

（1）生物学特性。

①形态及染色。菌体通常为球形或卵圆形，直径 0.2～0.5μm，细胞的一端或两端具有“小泡”极体，该结构与菌体的吸附性有关。以姬姆萨或瑞氏染料着色良好，

革兰氏染色为弱阴性。

②培养及生化特性。本菌为需氧和兼性厌氧，在人工培养时对培养基的营养要求相当苛刻，不同菌株对培养基的营养要求也可能不同。几乎所有的菌株在生长过程中都需要胆固醇、一些必需氨基酸和核酸前体，因此在培养基中需要加入10%～15%的猪、牛或马灭活血清，胰酶水解物和酵母浸出物才能生长。为了抑制杂菌的生长需加入醋酸铊（1∶4 000倍）和青霉素1 000U/mL，在37℃ pH7.8左右的培养基中生长最佳。在液体培养基中加酚红作为指示剂，固体培养基中加1.0%～1.5%的琼脂。在液体培养基中，37℃经2～5d的培养可呈现轻度混浊，在固体培养基上，生长缓慢，在潮湿的环境中培养3～5d可形成圆形、表面光滑透明、边缘整齐、露珠状小菌落，直径为0.2～0.3mm，用放大镜观察，可见菌落中央有颜色较深且致密的乳头状突起，呈荷包蛋状。该菌落能吸附猴、大鼠、豚鼠和鸡的红细胞，这种凝集现象能被相应的抗体所抑制（彩图29、彩图30）。

在5～7日龄鸡胚卵黄囊内繁殖良好，并可使鸡胚在接种后5～7d死亡，病变表现为胚体发育不良、水肿、肝肿大、坏死等，死胚的卵黄及绒毛尿膜中含本菌量最高。

③抵抗力。对理化因素的抵抗力不强。对紫外线敏感，阳光直射便迅速丧失活力。一般常用的化学消毒剂均能迅速将其杀死，50℃加热20min即可被灭活。在肉汤培养物中－30℃能存活2～4年，经低温冻干后在－4℃能存活7年，在卵黄中37℃能存活8周，在孵化的鸡胚中45.6℃经12～24h可被灭活。对泰乐菌素、红霉素、螺旋霉素、放线菌素D、丝裂霉素最为敏感；对四环素、金霉素、土霉素、链霉素、林可霉素次之，但易形成耐药菌株；对青霉素、多黏菌素、卡那霉素、新霉素和磺胺类药物有抵抗力。

（2）致病性及免疫性。主要感染鸡和火鸡，引起鼻窦炎、眶下窦炎、肺炎和气囊炎。发病多呈慢性经过，病程长，生长受阻，可造成很大的经济损失。亦可感染珍珠鸡、鸽、鹧鸪、鹌鹑及野鸡等。病原体存在于病鸡和带菌鸡的呼吸道、卵巢、输卵管和精液中，带菌鸡胚可垂直传递给后代，公鸡可通过交配将病传遍全群，鸡群一旦染病即难以彻底根除。火鸡较鸡易感。雏鸡比成鸡易感，成鸡常无明显临床症状，应激因子及其他呼吸道病原微生物以及鸡新城疫弱毒株的协同作用，使病情恶化、症状明显。

病鸡康复后具有免疫力。血清抗体虽在试管内可抑制本菌的生长，但不能产生被动免疫。弱毒疫苗诱导免疫需时长，免疫力不坚强。灭活苗效果也不理想。

（3）微生物学诊断。无细胞的特殊培养基分离不易成功，鸡胚的分离率也不高，且非致病性支原体繁殖快，故很少采用病原分离和鉴定来诊断CRD，血清学试验可准确、快速诊断。

血清学诊断一般常用的方法有平板凝集试验、试管凝集试验、血细胞凝集抑制试验及琼脂扩散试验等。多采用抽样检查法，一旦检出血液中本菌抗体阳性鸡，即可作为整个鸡群污染的定性指标，判为阳性鸡群。

病原体分离可取气管、气囊、肺、眶下窦渗出液，活体可从后胸气囊处打一个小孔，以棉拭子擦拭。培养方法可参照猪肺炎支原体的方法。为了提高分离率，可在培

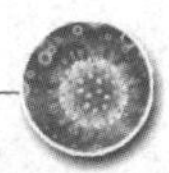

养基中加入一定量的鸡血清和鸡肉汤。用在平板上的菌落中进行红细胞吸附试验，取0.25%鸡红细胞液滴于琼脂培养物表面，静置15min，倾去红细胞液，用生理盐水轻洗2～3次，低倍镜检查，可见菌落表面吸附有多量红细胞。此种吸附可被相应的抗血清所抑制。

（4）防治。预防本病可用鸡败血支原体弱毒苗或灭活油乳剂苗。商品鸡生产多采用药物预防。发病鸡的治疗可选用泰乐菌素、红霉素、林可霉素、土霉素等抗菌药物。

螺　旋　体

螺旋体是一类菌体细长、柔软、弯曲呈螺旋状、能活泼运动的原核单细胞微生物。它的基本结构与细菌类似，细胞壁中有脂多糖和壁酸，细胞质内含核质，以二分裂繁殖。依靠位于胞壁和胞膜间的轴丝的屈曲和旋转使其运动，这与原虫类似。所以螺旋体是介于细菌和原虫之间的一类微生物。

在自然界，螺旋体广泛存在于水生环境，也有许多分布在人和动物体内。大部分营自由的腐生生活或共生，无致病性，只有一小部分可引起人和动物的疾病。

（一）形态及结构

螺旋体细胞呈螺旋状或波浪状圆柱形，具有多个完整的螺旋。其大小尤其是长度极为悬殊，长可为5～250μm，宽可为0.1～3μm。某些螺旋体可细到足以通过一般的细菌滤器或滤膜。细胞的螺旋数目、两螺旋间的距离（即螺距）及回旋角度（即弧幅）各不相同，在分类上可作为一项重要指标。

螺旋体的细胞中心为原生质柱，外有2～100根以上的轴丝，又称轴鞭毛或内鞭毛，现亦简称为鞭毛，沿原生质柱的长轴缠绕其上。原生质柱具有细胞膜，膜外还有由细胞壁和黏液层构成的外鞘，轴丝则夹在外鞘和细胞膜之间。

螺旋体轴丝的超微结构和某些化学特性与细菌鞭毛相似，不同之处在于：轴丝始终缠绕于细胞体，而且全都位于细胞内，并被外鞘所包围。螺旋体通过轴丝而运动，主要有三种方式：①沿长轴旋转，快速前进；②细胞屈曲伸缩前进；③螺旋状或蛇状前进。

螺旋体具有不定形的核，无芽孢，核酸兼有RNA和DNA，以二等分横分裂法繁殖。

（二）染色特性

都是革兰氏阴性，但大多数不易着色，故很少应用。姬姆萨染色效果较好，可使其染成红色或蓝色。染成蓝色者一般多属腐生性螺旋体。常用镀银染色法染色，染液中的金属盐黏附于螺旋体上，使之变粗而显出黑褐色。以相差和暗视野显微镜观察螺旋体既能检查形体又可分辨运动方式，甚为常用。

（三）培养特性

螺旋体的培养与细菌相似。有的较为困难，多数需厌氧培养。但钩端螺旋体的培养并不难，可需氧生长。但有的螺旋体迄今尚不能用人工培养基培养，只能用易感动物来增殖培养和保种。

（四）分类

螺旋体目下分为两个科，即螺旋体科和钩端螺旋体科。钩端螺旋体科有两个属，即钩端螺旋体属以及新建立的纤细螺旋体属，后者目前只有一个成员。目前的螺旋体科有五个属：螺旋体属、脊螺旋体属、密螺旋体属、疏螺旋体属和短螺旋体属。螺旋体目与兽医学有关的属主要有疏螺旋体属、密螺旋体属、短螺旋体属和钩端螺旋体属。

（五）致病性

大部分螺旋体无致病性，只有一小部分有致病性，如鸡疏螺旋体引起禽类的急性、败血性疏螺旋体病；兔梅毒密螺旋体是兔梅毒的病原体；猪痢疾密螺旋体引起猪痢疾；钩端螺旋体可感染多种家畜、家禽和野生动物，导致钩体病。

（六）常见病原性螺旋体

1. 钩端螺旋体 钩端螺旋体是一大类菌体纤细、螺旋致密，一端或两端弯曲呈钩状的螺旋体，简称钩体。其中大部分营腐生生活，广泛分布于自然界，尤其存活于各种水生环境中，大多数无致病性。少数有寄生性和致病性，可引起人和动物的钩端螺旋体病。

（1）生物学特性。

①形态结构及染色特性。呈纤细的圆柱形，长 16～20μm，宽 0.1～0.2μm，螺旋弧度 0.2～0.3μm，至少有 18 个弯曲、细密、规则的螺旋。在暗视野检查时，常形似细长的串珠样形态，菌体一端或两端可弯曲呈钩状。其运动形式多样，能翻转和屈曲运动，也可沿其长轴旋转而快速前进。革兰氏染色阴性，但较难着色，镀银染色法和刚果红负染效果较好。

②培养及生化特性。需氧，对营养要求不高，较易在人工培养基上生长。可用含动物血清和蛋白胨的柯氏培养基（液体、半固体和固体）、不含血清的半综合培养基等。常用灭活的新鲜兔血清，能促进钩体生长并中和培养过程中产生的抑制因子。最适 pH 为 7.2～7.4，最适生长温度为 28～30℃，在此温度下最快的 2d 后即可生长，最迟者 4 周，通常在接种后 7～14d 生长最好。

不发酵糖类，不分解蛋白质，氧化酶和过氧化氢酶均阳性，某些菌株能产生溶血素。

③抵抗力。在酸碱度为中性的湿土和水中可存活数月之久，因此污染的水源为重要传染源。对热和偏酸、偏碱环境抵抗弱。直射阳光和干燥均能迅速将其致死。常用浓度的各种化学消毒剂在 10～30min 可将其灭活。对青霉素、金霉素、四环素等抗生素敏感，但对砷制剂有抗性。

（2）抗原结构。抗原结构分为两种：一种是型特异抗原，成分为蛋白质多糖复合物，又称表面抗原，是钩体分型的物质基础；第二种是群特异抗原，又称共同抗原，系类脂多糖复合物，是分群的依据。亦可作为补体结合反应抗原，用于检测动物血清中相应的抗体。

（3）分类。钩端螺旋体属可分为两种：问号钩端螺旋体和双曲钩端螺旋体。前者包括所有寄生性和致病性血清型，可致家畜、野生动物和人类的钩端螺旋体病；后者包括所有寄生性（腐生性）非致病性血清型。问号钩端螺旋体可再做血清学分群和分型。

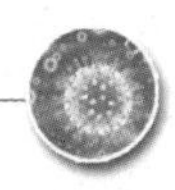

（4）致病性。在家畜中以牛和羊对钩体的易感性最高，其次为马、猪、犬、水牛和驴等，家禽的易感性较低。急性病例的主要症状为发热、贫血、出血、黄疸、血红蛋白尿以及黏膜和皮肤坏死；亚急性病例可表现为肾炎、肝炎、脑膜炎及产后泌乳缺乏症；慢性病例则表现虹膜睫状体炎、流产、死产及不孕不育。病程常经历两个阶段，即持续7～8d的菌血症（前期发热）阶段和持续2～3月或更长时间的菌尿期（后期无热）阶段。在前期阶段，钩体大量出现于血、肝、肾和脑脊髓液中，而后期主要定位于肾内长期繁殖，并经尿排出体外。

毒力因子主要有四种：黏附物质、溶血素、内毒素样物质和细胞毒性因子（CTK）。

（5）微生物学诊断。临床症状、剖解病变及流行病学分析等可为诊断提供有力的佐证，散发和非典型病例，则有赖于微生物学检查。通常诊断本病最重要的指标是检测特异性抗体滴度是否升高。

供检查用的病料需根据病程而定，即发病7～8d（发热期）可采集血、脑脊髓液，剖检可取肝和肾；发病7～8d后（退热）可采集尿液，死后则采肾。死亡病畜应在死后3h内采集肾和肝以供检验。

①直接镜检。可用暗视野显微镜检查或用改良镀银法等染色后镜检，钩体呈深黑色或灰色。

②分离培养。常用柯氏培养基等。无菌肝素抗凝血及尿样可直接接种，污染组织病料应接种于含抗生素的培养基。置28～30℃培养，每5～7d观察一次，连续4周或更长时间，最多至3个月，未检出者可做阴性处理，如病料中含钩体，常在培养7～10d后可肉眼观察到培养基略呈乳白色混浊，对光轻摇试管时，上1/3的培养基内有云雾状生长物。此时挑取培养物做暗视野检查，可见多量的典型钩体形态。

③动物接种试验。适用于含菌量少的病料的分离钩体及测定菌株的毒力。常用幼龄豚鼠或金黄仓鼠，每份病料至少接种2只动物。一般在接种后1～2周动物出现体温升高和体重减轻，此时剖检取其肾和肝进行镜检和分离培养。主要病变为内脏出血和皮下出血、黄染，肺有黄豆大的出血斑。

④分子生物学方法。用同位素或生物素标记的DNA探针以及PCR技术可检测尿中的菌体DNA，特异、快速、敏感。分型可用限制性内切酶，比较其指纹图谱。

显微凝集溶解试验（MAT）有高度型特异性，是诊断最常用的方法之一，又是分型的主要方法。动物感染钩体后，3～8d即可产生凝集素和溶菌素两种抗体，12～17d达到高峰。试验时用活的菌体作为抗原，与被检血清作用后在暗视野镜检。若待检血清中有同型抗体，则可见菌体相互凝集成"小蜘蛛状"，继而膨胀并裂解。当被检血清的MAT效价在1∶800或以上者即可判为阳性反应，1∶400为可疑，1∶400以下的被检动物，应间隔10～14d后，再次采血做上述检查，如第二次血清效价较上次增高4倍，即可确诊为钩体病。

此外还可用补体结合试验或酶联免疫吸附试验（ELISA）等。

（6）免疫防治。康复动物可获得长期的高度免疫性。接种疫苗有良好的免疫预防效果。初次免疫2d后，应进行再次接种，以后可每年接种1次。所用疫苗应与引起发病的菌株同型，或使用多价疫苗。犊牛可从免疫母牛获得高滴度的母源抗体，保护期有数月之久，3月龄后方能接种疫苗。治疗可选用链霉素、土霉素、金霉素及强力霉素等抗菌药物。

2. 猪痢疾密螺旋体 猪痢疾密螺旋体可致猪痢疾，美国早在1921年即发现本病，但直到1972年才证实其病原，当时名为猪痢密螺旋体。

(1) 生物学特性。

①形态结构及染色特性。菌体多为2～4个弯曲，两端尖锐，形似双燕翅状。革兰氏阴性，维多利亚蓝、姬姆萨和镀银染色法均能使其较好着色。可通过0.45μm孔径的滤膜。有两束7～13根周鞭毛。

②生长要求及培养特性。严格厌氧，常用的一般厌氧环境不易培养成功，须使用预先还原的培养基，并置于含1个大气压的氢气（或氮气）和二氧化碳（二者比例为80∶20）混合气体以及以冷钯为触媒的环境中才能生长。对培养基营养的要求相当苛刻，通常使用含10%胎牛血清或血液的TSB或BHIB液体或固体培养基。在液体培养基中38℃培养的群体倍增时间为3～5min。在TSB血液琼脂上，38℃经48～96min可形成扁平、半透明、针尖状、强β溶血性菌落，有时亦可向周围扩散呈云雾状表面生长而无可见菌落。

③抵抗力。猪痢疾密螺旋体抵抗力较弱，不耐热，在粪便中5℃存活61d，25℃存活7d，纯培养物4～10℃厌氧环境存活102d，−80℃存活10年以上。本菌对一般消毒药和高温、氧、干燥等敏感。

(2) 抗原及免疫性。用热酚水法可从猪痢疾密螺旋体中抽提出两种抗原成分，一种是水层中的脂多糖（LPS）抗原，另一种为酚层中的蛋白质。

自然发病猪康复后，可产生相应的抗体，具有一定的保护力。分子质量30 000u的外膜脂蛋白（BmpB）是本菌特异的免疫原，并对人工及自然感染猪有免疫反应性，可用作血清学检测的抗原。

(3) 致病性。最常发生于8～14周龄幼猪。主要症状是严重的黏膜出血性下痢和迅速减重。特征病变为大肠黏膜发生黏液渗出性（卡他性）、出血性和坏死性炎症。经口传染，病的传播迅速，发病率较高（约75%）而致死率较低（5%～20%）。猪和野鼠为本菌的贮主。

(4) 微生物学诊断。

①直接镜检。

染色镜检：取病猪的新鲜粪便或较干粪块表面黏液，或病变结肠黏膜刮取物或肠内容物直接制成薄涂片，用姬姆萨或维多利亚蓝染色镜检，后者菌体染成蓝色。也可用印度墨汁做负染或镀银染色法染色镜检。

相差或暗视野显微镜活体检查：可将待检样品与适量生理盐水混合后，制成压滴标本片，置于相差或暗视野显微镜下检查。若每个高倍视野中见有2～3个或更多蛇样运动的较大螺旋体，即可确诊。

染色组织切片检查：将病变组织制成切片，染色镜检。以检查螺旋体的存在。

②分离培养及鉴定。采取病料，利用鲜血琼脂培养基厌氧培养，据β溶血和螺旋体的形态来确定。血清凝集试验，尤其是ELISA可用于猪群的检疫。

(5) 防治。本病目前尚无可靠或实用的免疫制剂以供预防之用。现普遍采用抗生

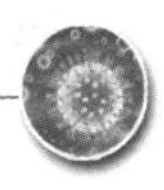

素和化学药物控制此病，培育 SPF 猪，净化猪群是防治本病的主要手段。高免血清有保护作用，灭活疫苗有一定作用。

立克次氏体

立克次氏体是一类专性细胞内寄生的小型革兰氏阴性原核单细胞微生物。为纪念发现落基山斑点热病原体的美国医生 H. T. Ricketts 而命名。立克次氏体在形态结构和繁殖方式等特性上与细菌相似，而在生长要求上又酷似病毒，是一类介于细菌和病毒之间的微生物。某些成员可引致人和动物立克次氏体病，如 Q 热、斑疹伤寒、恙虫病等。

（一）生物学特性

立克次氏体细胞多形，但主要是球杆状。大小介于细菌和病毒之间，球状菌直径 0.2～0.7μm，杆状菌大小（0.3～0.6）μm×（0.8～2）μm。除贝氏柯克斯体外，均不能通过细菌滤器。有类似于革兰氏阴性细菌的细胞壁结构和化学组成，细胞壁中含肽聚糖、脂多糖和蛋白质，细胞质内有 DNA、RNA 及核蛋白体。革兰氏染色阴性，姬姆萨染色呈紫色或蓝色，马基维洛法染成红色。

立克次氏体营专性细胞内寄生，酶系统不完整，大多数只能利用谷氨酸产能而不能利用葡萄糖产能，依赖于宿主细胞提供 ATP、辅酶Ⅰ和辅酶 A 等才能生长，以二等分裂方式繁殖。不能在人工培养基上生长繁殖。常用动物接种、鸡胚卵黄囊接种以及细胞培养等方法培养。对理化因素抵抗力不强，尤对热敏感，一般在 56℃经 30min 即被灭活。对某些广谱抗生素敏感，但对磺胺药不敏感，反而有促进立克次氏体生长的作用。致人畜疾病的立克次氏体，多寄生于网状内皮系统、血管内皮细胞或红细胞，虱、蚤、蜱、螨等节肢动物或为贮存宿主，或为媒介宿主。

（二）致病性与免疫性

立克次氏体主要寄生于节肢动物的肠壁上皮细胞中，或进入它们的唾液腺或生殖道内。人畜主要经这些节肢动物的叮咬或其粪便污染伤口而感染。侵入皮肤的立克次氏体先在局部淋巴组织或小血管内皮细胞中生长繁殖，引起内皮细胞肿胀、增生、坏死；微循环发生障碍以及形成血栓；红细胞渗出血管周围组织，引起特征性皮疹。若立克次氏体经血流在全身各器官的小血管内皮细胞中大量增殖后，再释入血流时，便能引起第二次菌血症，同时也导致各器官血管内皮细胞发生肿胀、增生，血管内形成血栓，血管出现节段性或圆形坏死等病变，从而使机体表现出各种相应的临床症状。

人和动物感染立克次氏体后，可产生特异性体液免疫和细胞免疫。前者可中和立克次氏体的毒性物质，但同时也能形成抗原-抗体复合物，从而加重晚期立克次氏体病。细胞免疫一方面可使机体产生迟发型变态反应，另一方面致敏淋巴细胞所产生的淋巴因子可抵御疾病发生和发展。

（三）分类

立克次氏体归类于立克次氏体目，分类变化较大，现分立克次氏体科及乏质体科。

根据 16SrRNA 基因序列的研究结果，目前仅有 3 个属：立克次氏体属、东方体属以及鱼立克次氏体属。

▶ 衣原体 ◀

衣原体是一类具有滤过性，严格细胞内寄生，并经独特发育周期以二等分裂繁殖和形成包含体样结构的革兰氏阴性原核细胞型微生物，能引起人和家畜的衣原体病。曾被认为是原生动物，因能通过450nm滤器而后又认为是“大型病毒”，这类微生物与立克次氏体很相似，在许多特性上与病毒截然不同，因此是一类介于立克次氏体与病毒之间的微生物。

（一）生物学特性

衣原体的细胞圆形或椭圆形，革兰氏染色阴性，含DNA和RNA两种核酸。细胞壁具有细胞膜及外膜，但无肽聚糖。有较复杂的、能进行一定代谢活动的酶系统，但不能合成带高能键的化合物，必须利用宿主细胞的三磷酸盐和中间代谢产物作为能量来源，营专性细胞内寄生，不能在细胞外生长繁殖。有独特的发育周期，并以二等分裂方式繁殖。对某些抗生素敏感。

（二）分类

衣原体列为衣原体目，下设三科：衣原体科、副衣原体科和西氏衣原体科。衣原体科有衣原体属及亲衣原体属两个属。衣原体属的成员有：沙眼衣原体、鼠衣原体及猪衣原体。亲衣原体属的成员有：牛羊亲衣原体（原为肺炎衣原体）、肺炎亲衣原体、鹦鹉热亲衣原体（原为鹦鹉热衣原体）、流产亲衣原体、猫亲衣原体、豚鼠亲衣原体。

（三）形态染色及发育周期

衣原体在宿主细胞内生长繁殖时，可表现独特的发育周期，不同发育阶段的衣原体在形态、大小和染色性上有差异。在形态上可分为个体形态和集团形态两类。个体形态又有大、小两种：一种是小而致密的，称为元体（elementary body，EB）；另一种是大而疏松的，称为网状体（reticulate body，RB）。

1. 元体 又称原生小体或原体，呈球状、椭圆形或梨形，直径0.2～0.4μm。电镜下可见其内含大量核物质和核糖体，中央致密，有细胞壁，是发育成熟的衣原体。与细菌芽孢类似，可存活于外环境，对人和动物具有高度传染性，但无繁殖能力，为衣原体的感染型个体形态。姬姆萨染色呈紫色，马基维洛染色呈红色。当元体吸附于易感细胞表面后，经细胞吞饮作用进入细胞内，此时宿主细胞的细胞膜围于元体外面形成空泡。元体即在空泡中逐渐增大，演变成网状体。

2. 网状体 又称始体（Initial body），形体较大，直径为0.7～1.5μm，呈圆形或椭圆形。其电子密度较低，无细胞壁。在细胞空泡中以二等分裂方式繁殖，直到整个空泡中充满许多中间体（intermediate），由中间体成熟后变小即成子代元体。成熟的子代元体从破裂的感染细胞中释出，再感染新的易感细胞，开始新的发育周期。每一发育周期为2～3d。所以，网状体是衣原体在细胞内发育周期中的一种繁殖型个体形态，无感染性。姬姆萨和马基维洛染色均呈蓝色。

包含体样结构是衣原体在细胞空泡内繁殖过程中所形成的集团（落）形态。它内含无数子代元体和正在分裂增殖的网状体。成熟的包含体经姬姆萨染色呈深紫色，革

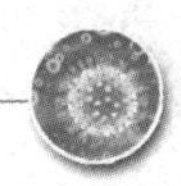

兰氏阴性。

具有感染性的元体的细胞壁 LPA 能吸附宿主细胞表面的相应受体，而后被吞噬进入细胞，在吞噬体的空泡中逐步完成发育周期。繁殖过程中所形成的包含体，不断成熟增大并充塞细胞，最终导致宿主细胞破裂。

（四）抵抗力

对热、脂溶剂和去污剂以及常用的消毒药均十分敏感。但对煤酚类化合物及石炭酸等一般较能抵抗。置－50℃冻结可长期保存。青霉素、金霉素、红霉素、四环素、氯霉素及多黏菌素 B 等可抑制衣原体生长繁殖，而链霉素、庆大霉素、卡那霉素及新霉素等则不能抑制。除沙眼衣原体对磺胺药敏感外，其余均能抵抗。

（五）致病性

衣原体引致多种动物和人的多种炎症，并可影响生殖系统。常见与动物有关的衣原体有：

1. 鹦鹉热亲衣原体　旧称鹦鹉热衣原体，以鸟类和哺乳动物为其天然宿主，有 8 个血清型，鸟类为 A～F 型，哺乳动物为 M56 及 WC 型，毒力有差异。高毒株发病率 50%～80%，死亡率 10%～30%；低毒株则分别为 5%～20%及 1%～4%。可致畜禽肺炎、流产、关节炎等多种疾病，偶致人的肺炎。

在鹦鹉类禽鸟中引起鹦鹉热（psittacosis），在非鹦鹉类禽类则称为鸟疫（ornithosis）。人类的感染大多来自患病鹦鹉类禽鸟，主要经吸入病禽鸟的含菌分泌物而感染，可引起肺炎和毒血症，亦称为鹦鹉热。

2. 猫亲衣原体　原为鹦鹉热衣原体猫源株，引致全世界范围的家猫结膜炎及鼻炎，也可致肺炎，有可能与胃肠炎及生殖系统疾病有关。本菌具有公共卫生意义，与人的心内膜炎、肾小球肾炎、慢性咳嗽及类流感有关。

3. 牛羊亲衣原体　旧称牛羊衣原体，系 Fanushi 和 Hirai 二人在 1992 年发现的一个新种，原属鹦鹉热亲衣原体。能引起牛和绵羊的多发性关节炎、脑脊髓炎和腹泻，死亡率可达 50%。还可致猪及绵羊肠炎和关节炎，致使考拉不育及泌尿生殖道疾病。

4. 肺炎亲衣原体　旧称肺炎衣原体，是 Grayston 等于 1989 年确立的一个新种，有 3 个生物型：TWAR 型、考拉型及鸟型。TWA 型分离自结膜炎和呼吸道，以 TW-138 和 AR-39 两个代表株字头缩合而成，对动物无病原性，致人急性呼吸道疾病。

5. 沙眼衣原体　分为两个生物型；沙眼生物型及性病淋巴肉芽肿生物型（LGV）。主要寄生于人类，引致沙眼及性病淋巴肉芽肿等，无动物贮存宿主。世界上第一个沙眼衣原体分离株是由我国科学家汤飞凡等于 1956 年用鸡胚培养法获得的。两个生物型有 19 个血清型，其中 LGV 有 4 个，沙眼生物型有 15 个。

（六）防治

用鸡胚卵黄囊灭活油佐剂苗进行免疫接种，可预防羊衣原体流产。其他类型的衣原体尚无实用或可靠的疫苗，当地分离株制苗免疫原性一致，可取得较好效果。治疗药物可选用土霉素等。

（七）常见病原性衣原体（鹦鹉热衣原体）

1. 形态与染色 鹦鹉热衣原体在细胞内繁殖，具有特殊的发育周期。可观察到两种不同的颗粒结构：一种是小而密的原体；另一种是大而疏松的网状体。原体在普通化学显微镜下勉强可见；电子显微镜下可见中央有致密的类核结构，有细胞壁，是发育成熟的衣原体。姬姆萨染色呈紫色。原体具有高度感染性，无繁殖能力。当原体进入宿主细胞后，细胞膜围于原体外形成空泡。原体在空泡中逐渐发育、增大成为网状体。网状体体大，圆形或卵圆形，无细胞壁，代谢活泼，以二分裂方式繁殖，在空泡内发育成许多子代原体，在细胞内形成包含体。

2. 培养及生化特性 鹦鹉热衣原体不能用人工培养基培养，但可用鸡胚或细胞培养。鹦鹉热衣原体在鸡胚卵黄囊及 Hela 细胞、猴肾细胞培养中易于生长，并能感染小鼠致发生肺炎、腹膜炎或脑炎而死亡。

3. 致病性及毒力因子 鹦鹉热衣原体的主要宿主是禽类，其次为除人类以外的哺乳动物。人只是在接触这种动物后才会受到感染，人类的鹦鹉热作为一种养禽业的职业病已被医学界所公认。鹦鹉热衣原体的传染源不限于鹦鹉科鸟类，还传染包括家禽和野禽在内的诸多鸟类。

鹦鹉热衣原体能产生不耐热的内毒素，该物质存在于衣原体的细胞壁中。衣原体在宿主细胞内繁殖，代谢产物和毒素的毒性作用可破坏细胞。

4. 微生物学诊断

（1）直接涂片镜检。采取病料做涂片，用姬姆萨染色法染色，镜检，观察上皮细胞细胞质内有无包含体。或从病变部位取材，染色，镜检，观察有无衣原体。

（2）病原体分离。取感染组织匀浆或渗出液，加链霉素处理，注射于小鼠腹腔，小鼠常于 7～10d 死亡。剖检后，取脾、肺、肝等涂片，染色，镜检查看有无衣原体及嗜碱性包含体。必要时可适当传代，分离得到病原后，再进行鉴定。

（3）分子生物学技术。核酸探针或 PCR 技术等分子生物学技术可快速、灵敏地检测或鉴定衣原体。

（4）血清学诊断。病原体分离结果阳性时，可进一步进行血清学鉴定。可用补体结合试验或间接免疫荧光法检测衣原体抗体，也可用特异性免疫荧光单克隆抗体鉴定不同的衣原体或血清型。此外，还可用琼脂扩散试验、间接血凝试验及 ELISA 等。取急性发病期及康复期双份血清，效价超过 4 倍者判为阳性。

综合实训　提供疑似病例进行大肠杆菌病的实验室诊断

【实训目标】 综合实训是将多个单一的实验按照某个工作岗位的具体工作内容构建成的实践性、应用性很强的实训项目。本综合实训的训练内容与兽医化验室工作岗位的实际检测项目接轨，通过从实验方案设计、实验前准备、实验操作、实验结果分析等多个方面进行训练，达到对实训技能会设计、会准备、会操作、会分析、会应用的目标，提高运用所学微生物学知识和技能进行细菌病实验室诊断的能力。

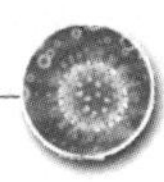

【试验方案】

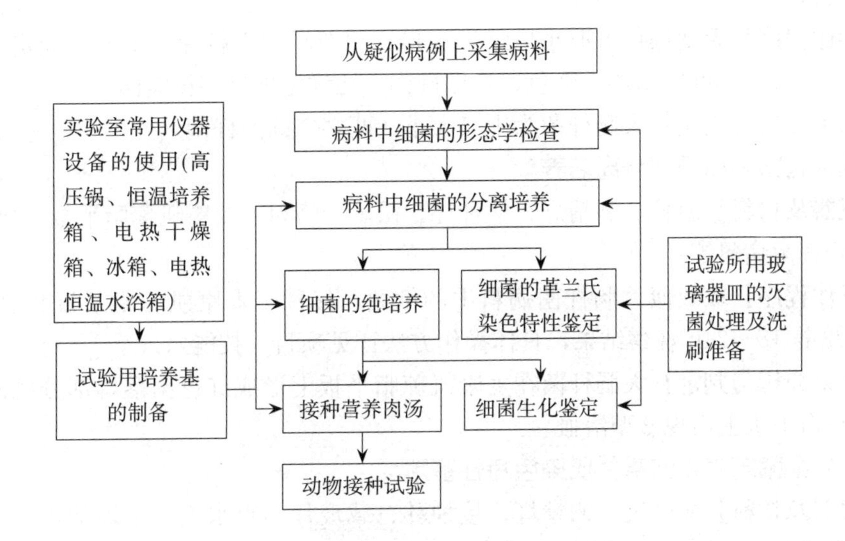

【方法与步骤】

(一) 实验室常用仪器设备的使用

【仪器及材料】高压锅、恒温培养箱、电热恒温水浴箱、电热干燥箱、冰箱。

【操作程序】本综合实训所用仪器及用途如下：

1. 高压锅　用于各种培养基的灭菌。

2. 恒温培养箱　用于培养细菌、生化试验等。

3. 电热恒温水浴箱　用于血平板的制备。

4. 电热干燥箱　用于玻璃器皿的灭菌。

5. 冰箱　用于培养基、菌种等的保存。

以上各种仪器的具体使用方法见项目一技能一。

(二) 培养基的制备

【仪器及材料】冰箱、高压锅、天平、电炉、量筒、培养皿、试管、三角瓶、烧杯、蒸馏水、营养琼脂粉、麦康凯琼脂粉、电热恒温水浴箱等。

【操作程序】

本综合实训需要准备的培养基类型及用途如下：

1. 麦康凯琼脂平板和血平板　用于疑似大肠杆菌病料中细菌的分离培养。

2. 营养琼脂平板　用于细菌的纯培养。

3. 普通营养肉汤　用于动物接种试验所需培养物的制备。

4. 微量生化反应管　包括微量糖发酵管、MR 培养基、三糖铁试管斜面等，购买商品化的培养基即可。

麦康凯琼脂平板、血平板、营养琼脂平板及营养琼脂试管斜面的制备方法详见项目一技能五。

(三) 病料中细菌的形态学检查

【仪器及材料】显微镜、酒精灯、接种环、载玻片、吸水纸、生理盐水、美蓝染色液、瑞氏染色液、染色缸、染色架、洗瓶、香柏油、擦镜纸、镊子、剪刀、疑似大肠杆菌病料等。

【操作程序】 无菌操作剪取小块组织病料，用新鲜切面触片、干燥、固定并进行美蓝染色，血涂片可使用瑞氏染色，具体操作方法详见项目一技能四。

【结果分析与判定】 大肠杆菌为中等大小、两端钝圆的杆菌。

（四）病料中细菌的分离培养

【仪器及材料】 温箱、酒精灯、接种环、镊子、烙刀、麦康凯琼脂平板、血平板、疑似大肠杆菌病料等。

【操作程序】 取疑似大肠杆菌病料中的细菌，接种于麦康凯琼脂平板和血平板，于37℃培养18～24h观察结果，具体操作方法详见项目一技能六。

【结果分析与判定】 大肠杆菌在麦康凯琼脂平板上形成红色菌落，部分致病性大肠杆菌在血平板上出现β型溶血。

（五）细菌培养物的革兰氏染色特性鉴定

【仪器及材料】 显微镜、酒精灯、接种环、载玻片、吸水纸、生理盐水、革兰氏染色液、染色缸、染色架、洗瓶、香柏油、乙醇乙醚、擦镜纸、细菌培养物等。

【操作程序】 无菌操作挑取可疑菌落涂片、干燥、固定并进行革兰氏染色，具体操作方法详见项目一技能四。

【结果分析与判定】 大肠杆菌为革兰氏阴性中等大小杆菌。

（六）细菌的移植及纯培养

【仪器及材料】 细菌培养物、营养琼脂平板、普通营养肉汤、接种环、酒精灯等。

【操作程序】 无菌操作取细菌分离培养物中的单个菌落，在营养琼脂平板上进行纯培养，另取细菌培养物移植于普通营养肉汤，培养18h后观察结果。具体操作方法详见项目一技能六。

【结果分析与判定】 大肠杆菌在营养琼脂平板上形成直径约2mm的圆形、隆起、光滑、湿润、半透明带淡灰色的菌落。取上述菌落中细菌涂片染色镜检，若无杂菌，且形态符合大肠杆菌特征，说明纯培养成功。若有杂菌，需重复纯培养试验过程。

大肠杆菌在营养肉汤中呈均匀混浊生长，管底形成黏性沉淀物，液面管壁有菌环。

（七）细菌的生化鉴定

【仪器及材料】 细菌纯培养物、微量糖发酵管、MR培养基、三糖铁试管斜面、接种针、酒精灯等。

【操作程序】 无菌操作取细菌纯培养物，分别接种于微量糖发酵管、MR培养基、三糖铁试管斜面等微量生化反应管内，培养18～24h后观察结果。具体操作及结果判定方法详见项目一技能七。

【结果分析与判定】 大肠杆菌有如下生化特性：能分解葡萄糖、麦芽糖、甘露醇产酸产气；大多数菌株可迅速发酵乳糖，仅极少数迟发酵或不发酵；约半数菌株不分解蔗糖。靛基质试验阳性，MR试验阳性，V-P试验阴性，不能利用枸橼酸盐，不产生硫化氢。

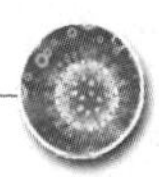

（八）动物接种试验

【仪器及材料】 大肠杆菌 18h 肉汤培养物、1mL 注射器、酒精棉球、镊子、雏禽或小鼠等。

【操作程序】 取大肠杆菌 18h 肉汤培养物 0.2～0.5mL 接种雏禽或小鼠，接种数小时后观察结果。

【结果分析与判定】 大肠杆菌可引起雏禽急性败血症死亡。一些菌种对小鼠有很强致病力，常于接种后几小时至 3d 死亡。

（九）试验所用玻璃器皿的灭菌处理及洗刷准备

【仪器及材料】 细菌培养用过的试管、平皿，用毕的载玻片，一般使用过的锥形瓶、刻度吸管、烧杯，新购入的玻璃平皿等。

【操作程序】 各种类型玻璃器皿的灭菌、洗刷、干燥等方法，详见项目一技能二。

复习与思考

1. 解释下列名词：细菌、培养基、菌落、热原质、细菌的呼吸、荚膜、芽孢、鞭毛、菌毛。

2. 试述细菌的基本结构、特殊结构及其功能。

3. 细菌的生长繁殖需要哪些条件？

4. 如何通过生化试验鉴别大肠杆菌和沙门氏菌？

5. 一般讲，细菌经煮沸 10～20min 即可被杀灭，为什么实验室常用高压蒸汽（121.3℃）灭菌？

6. 以仔猪黄痢大肠杆菌病的诊断说出细菌病实验室诊断的方法。

7. 比较革兰氏阳性菌和革兰氏阴性菌细胞壁的结构及化学组成的差异。

项目二　病毒病的实验室诊断

项目指南

病毒也是自然界中广泛存在的一类微生物，病毒性传染病占动物传染病的40%左右，病毒性传染病的发生不仅能给畜牧业带来重大的经济损失，同时也能给人类的健康造成较大危害，因此做好病毒性传染病的防治工作，对畜牧生产和人类健康都具有十分重要的意义。

病毒性传染病除少数可根据流行病学、临床症状和病理变化作出诊断外，多数需要在临床初步诊断的基础上进行实验室诊断，确定病毒的存在或检出特异性抗体。同时，通过实验室检测可以研究病毒的致病性与抗原性，可以进行病毒的分类，以便为病毒病的有效防控提供可靠依据。

本项目需要掌握的理论知识有病毒的概念及特点、病毒的形态和结构、病毒的增殖、病毒的培养、病毒的其他特性、病毒的致病性、病毒病的实验室诊断方法。技能点主要有病毒的鸡胚接种技术、病毒的血凝与血凝抑制试验。为进一步拓展病毒的有关知识和提升操作技能，本项目选择了十二种常见的动物病毒，对其生物学特性、致病性、微生物学诊断和防制进行了详细介绍；并以生产岗位的真实工作“鸡新城疫抗体测定”作为综合实训项目，以巩固本项目的单项技能操作，达到学生校内学习与实际工作的一致性，培养学生解决实际问题的能力。

本项目的重点是学习和掌握病毒的特点及形态结构、病毒的血凝现象、病毒的干扰现象、病毒的包含体、病毒的血凝与血凝抑制试验；难点是病毒的增殖、病毒的培养、病毒的致病性、病毒病的实验室诊断。本项目的学习，同项目一一致，既要熟练掌握病毒的相关理论知识，又要熟练操作病毒病实验室诊断的常用技能，需要将理论与技能的学习与生产实践相结合，将学习内容与生产任务相结合，基于工作过程学习相关知识和技能。病毒病的实验室诊断也需要在正确采集病料的基础上进行，常用的诊断方法有：包含体检查、病毒的分离培养、动物接种试验、病毒的血清学试验、分子生物学的方法等。

认知与解读

任务一　病毒的认知

病毒是一类只能在活细胞内寄生的非细胞型微生物。它形体微小，可以通过细

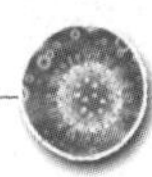

菌滤器，必须在电子显微镜下才能看到；没有细胞结构；只含有一种核酸（DNA或RNA）；病毒缺乏完整的酶系统，不能在无生命的培养基上生长，营严格的细胞内寄生生活；病毒的增殖方式为复制；病毒对抗生素具有明显的抵抗力。病毒和其他微生物的主要区别见表2-1。

病毒的种类繁多，按其感染的对象不同，可分为感染细菌、真菌、支原体等细胞的噬菌体；感染植物细胞的植物病毒；感染动物细胞的动物病毒。另外依据病毒核酸不同可分为DNA病毒和RNA病毒两类。

表2-1　病毒与其他微生物的主要鉴别要点

微生物类别	在无生命的培养基上生长	横二分裂	核酸	核糖体	对抗生素的敏感性	对干扰素的敏感性
细菌	+	+	D+R	+	+	−
支原体	+	+	D+R	+	+	−
立克次氏体	−	+	D+R	+	+	−
衣原体	−	+	D+R	+	+	+
病毒	−	−	D/R	−	−	+

注：D=DNA；R=RNA；有些细菌和立克次氏体对干扰素也敏感。

近年来还发现了一种比病毒更小的微生物——类病毒。类病毒缺乏蛋白质和类脂成分，只有裸露的侵染性核酸（RNA），很多植物病害是由类病毒所引起的。此外，绵羊的痒病、疯牛病的病原则是一类主要由蛋白质构成而不含核酸的朊病毒。类病毒和朊病毒被称为亚病毒，这些亚病毒的发现给一些病原尚不清楚的动物、植物和人类某些疑难病的研究开阔了思路。

病毒在自然界中分布广泛，许多病毒能感染人和动物，导致疫病的流行。病毒性传染病具有传染快、流行广、死亡率高的特点，迄今还缺乏确切有效的防治药物，对人类、畜禽造成严重危害，能给畜牧业带来巨大的经济损失。因此，学习、研究与病毒有关的基本知识和理论，对于诊断和防制病毒性传染病有着十分重要的意义。

任务二　病毒形态和结构的认知

一、病毒的大小与形态

1. 病毒的大小　病毒是自然界中最小的微生物，测量单位为纳米（nm）。用电子显微镜才能观察到。各种病毒的大小差别很大，较大的如痘病毒，大小为300nm×250nm×100nm；中等大小的如流感病毒，直径为80～120nm；较小的如口蹄疫病毒，直径仅为20～25nm。

2. 病毒的形态　病毒主要有五种形态：①砖形，如痘病毒；②子弹形，如狂犬病病毒；③球形，大多数动物病毒均呈球形；④蝌蚪形，是噬菌体的特征形态；⑤杆形，多见于植物病毒，如烟草花叶病毒（图2-1）。

结构完整的病毒个体称为病毒颗粒或病毒子。成熟的病毒颗粒是由蛋白质衣壳包裹着核酸构成的。衣壳与核酸二者组成核衣壳。有些病毒在核衣壳外面还有一层外套称为囊膜。有的囊膜上还有纤突（图 2-2）。

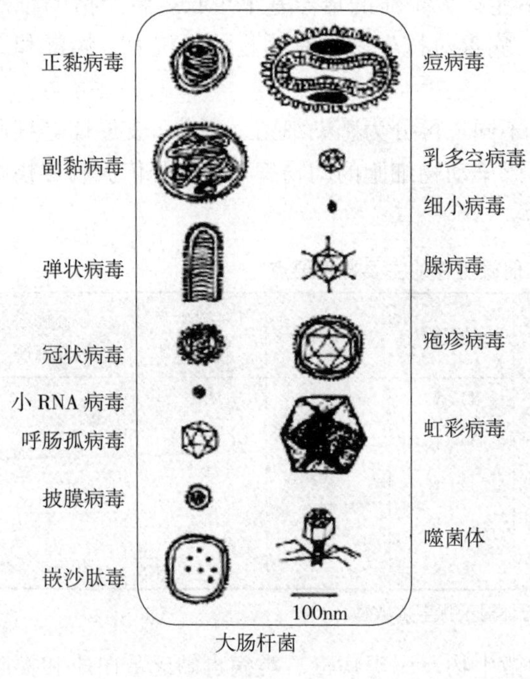

图 2-1　主要动物病毒群的形态及与大肠杆菌的相对大小

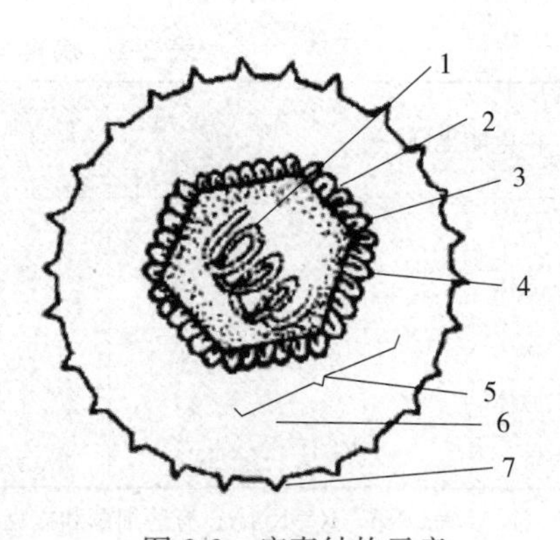

图 2-2　病毒结构示意
1. 核酸　2. 衣壳　3. 壳粒
4. 每个壳粒由 1 个或数个结构单位构成
5. 核衣壳　6. 囊膜　7. 纤突

二、病毒的结构及化学组成

1. 核酸　核酸存在于病毒的中心部分，又称为芯髓。一种病毒只含有一种类型核酸，即 DNA 或 RNA。病毒核酸与其他生物的核酸构型相似，DNA 大多数为双链，少数为单链，RNA 多数为单链，少数为双链，病毒的核酸无论是 DNA 还是 RNA，均携带遗传信息，控制着病毒的遗传、变异、增殖和对宿主的感染性等特性。某些动物病毒去除囊膜和衣壳，裸露的 DNA 或 RNA 也能感染细胞，这样的核酸称为传染性核酸。

2. 衣壳　是包围在病毒核酸外面的一层外壳。衣壳的化学成分为蛋白质，是由许多蛋白质亚单位即多肽链构成的壳粒组成的。这些多肽分子围绕核酸呈二十面体对称型或螺旋对称型。衣壳的主要功能：一是保护病毒的核酸免受核酸酶及外界理化因素的破坏；二是与病毒吸附、侵入和感染易感细胞有关。此外，病毒的衣壳是病毒重要的抗原物质。

病毒的衣壳由大量壳粒组成，壳粒是衣壳的基本单位。壳粒由单个或多个多肽分子组成，这些分子对称排列，围绕着核酸形成一层保护性外壳。由于核酸的形态和结构不同，多肽排列也不同，因而形成了几种对称形式，它在病毒分类上可作为一种指标。

3. 囊膜　有些病毒的核衣壳外面还包有一层由类脂、蛋白质和糖类构成的囊膜。囊膜是病毒复制成熟后，通过宿主细胞膜或核膜时获得的，所以具有宿主细胞的类脂

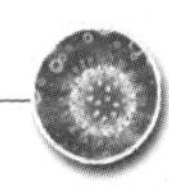

成分，易被脂溶剂如乙醚、氯仿和胆盐等溶解破坏。囊膜对衣壳有保护作用，并与病毒吸附宿主细胞有关。

有些病毒囊膜表面具有呈放射排列的突起，称为纤突（又称囊膜粒或刺突）。如流感病毒囊膜上的纤突有血凝素和神经氨酸酶两种。纤突不仅具有抗原性，而且与病毒的致病力及病毒对细胞的亲和力有关。因此，一旦病毒失去囊膜上的纤突，也就丧失了对易感细胞的感染能力。

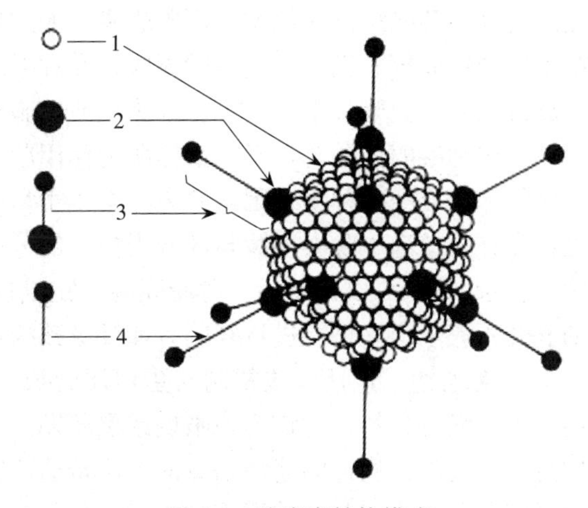

图 2-3　腺病毒结构模式
1. 聚体　2. 五聚体基　3. 五聚体　4. 触须（纤维）

另外，有些病毒虽没有囊膜，但有其他一些特殊结构，如腺病毒在核衣壳的各个顶角上长出共计 12 根细长的“触须”，其形态好似大头针状，具有凝集和毒害敏感细胞的作用（图 2-3）。

任务三　病毒增殖的认知

一、病毒增殖的方式

病毒缺乏自身增殖所需的完整的酶系统，增殖时必须依靠宿主细胞合成核酸和蛋白质，甚至是直接利用宿主细胞的某些成分，这就决定了病毒在细胞内专性寄生的特性。活细胞是病毒增殖的唯一场所，为病毒生物合成提供所需的能量、原料和必需的酶。

病毒增殖的方式是复制。病毒的复制是由宿主细胞供应原料、能量、酶和生物合成场所，在病毒核酸遗传密码的控制下，于宿主细胞内复制出病毒的核酸和合成病毒的蛋白质，进一步装配成大量的子代病毒，并将它们释放到细胞外的过程。

二、病毒的复制过程

病毒的复制过程大致可分为吸附、穿入、脱壳、生物合成、装配与释放五个主要阶段。

1. 吸附　病毒附着在宿主细胞的表面称为吸附。一方面是依靠病毒与细胞之间的静电吸附作用而结合。另一方面病毒对细胞的吸附有选择性，并不是任何细胞都可以吸附，必须是病毒颗粒与细胞表面的受体相结合才能吸附，这也是病毒感染具有明显选择性的原因。

2. 穿入　病毒吸附于细胞表面后，迅速侵入细胞。侵入的方式有以下四种：①通过胞饮作用进入细胞，如牛痘病毒；②通过病毒与宿主细胞膜的融合而进入细胞质中，如疱疹病毒；③病毒颗粒与宿主细胞膜上的受体相互作用，使其核衣壳穿入细胞质中，如脊髓灰质炎病毒；④某些病毒以完整的病毒颗粒直接通过宿主细胞

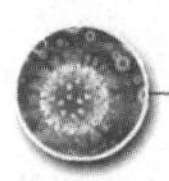

膜穿入细胞质中，如呼肠孤病毒。

3. 脱壳 病毒脱壳包括脱囊膜和脱衣壳两个过程。没有囊膜的病毒，则只有脱衣壳的过程。某些病毒在细胞表面脱囊膜，如疱疹病毒的囊膜可与细胞膜融合，同时在细胞质内释放核衣壳。痘病毒的囊膜则在吞噬泡内脱落。

病毒衣壳的脱落，主要发生在细胞质或细胞核。由吞饮方式进入细胞的病毒，在其吞噬泡中和溶酶体融合，经溶酶体酶的作用脱壳。某些病毒如腺病毒，可能因宿主细胞酶的作用或经某种物理因素脱壳。至于牛痘病毒，由胞饮进入细胞后，需经两步脱壳：先在吞噬泡中脱去外膜与部分蛋白，部分脱壳的核心含有一种依赖 DNA 的多聚酶，转录 mRNA 以译制另一种脱壳酶，完成这种病毒的全脱壳过程。也有个别病毒的衣壳不完全脱去仍能进行复制，如呼肠孤病毒。

4. 生物合成 包括核酸复制与蛋白质合成。病毒脱壳后，释放核酸，这时在细胞内查不到病毒颗粒，故称为隐蔽期或黑暗期。隐蔽期实际上是病毒增殖过程中最主要的阶段。此时，病毒的遗传信息向细胞传达，宿主细胞在病毒遗传信息的控制下合成病毒的各种组成成分及其所需的酶类，包括病毒核酸转录或复制时所需的聚合酶。最后是由新合成的病毒成分装配成完整的病毒子。

5. 成熟与释放 无囊膜的 DNA 病毒（如腺病毒），核酸与衣壳在胞核内装配。无囊膜的 RNA 病毒（如脊髓灰质炎病毒），其核酸与衣壳在细胞质内装配，呈结晶状排列。大多数无囊膜的病毒蓄积在细胞质或核内，当细胞完全裂解时，释放出病毒颗粒。

有囊膜的 DNA 病毒（如单纯疱疹病毒），在核内装配成核衣壳，移至核膜上，以芽生方式进入细胞质中，获取宿主细胞核膜成分成为囊膜，并逐渐从细胞质中释放到细胞之外。另一部分能通过核膜裂隙进入细胞质，获取一部分细胞质膜而成为囊膜，沿核周围与内质网相通部位从细胞内逐渐释放。有囊膜的 RNA 病毒（如副流感病毒），其 RNA 与蛋白质在细胞质中装配成螺旋状的核衣壳，宿主细胞膜上在感染过程中已整合有病毒的特异抗原成分（如血凝素与神经氨酸酶）。当成熟病毒以芽生方式通过细胞膜时，就带有这种细胞膜成分，并产生刺突。

任务四　病毒的培养

病毒缺乏完整的酶系统，又无核糖体等细胞器，所以不能在无生命的培养基上生长，必须在活细胞内增殖。因此，实验动物、禽胚以及体外培养的组织和细胞就成为人工培养病毒的场所。而病毒的人工培养，是病毒实验研究以及制备疫苗和特异性诊断制剂的基本条件。

一、动物接种

病毒经注射、口服等途径进入易感动物体后可大量增殖，并使动物产生特定反应。动物接种分本动物接种和实验动物接种两种方法。实验用动物，应该是健康的、血清中无相应病毒的抗体，并符合其他要求。当然，理想的动物是无菌动物或 SPF（无特定病原体）动物。常用的实验动物有小鼠、家兔、豚鼠、鸡等。

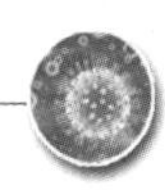

动物接种尽管是培养病毒的一种古老的方法，但也是一种现在生产中常用的方法。动物接种培养病毒主要用于病原学检查、传染病的诊断、疫苗生产及疫苗效力检验等。

二、禽胚培养

禽胚是正在孵育的禽胚胎。禽胚胎组织分化程度低，病毒易于在其中增殖，来自禽类的病毒大多可在相应的禽胚中增殖，其他动物病毒有的也可在禽胚内增殖。感染的胚胎组织中病毒含量高，培养后易于采集和处理，禽胚来源充足，操作简单，由于具有诸多优点，禽胚是目前较常用的病毒培养方法。但禽胚中可能带有垂直传播的病毒，也有卵黄抗体干扰的问题，因此最好选择SPF胚。

禽胚中最常用的是鸡胚，病毒在鸡胚中增殖后，可根据鸡胚病变和病毒抗原的检测等方法判断病毒增殖情况。病毒导致禽胚病变常见的有以下四个方面：一是禽胚死亡，胚胎不活动，照蛋时血管变细或消失；二是禽胚充血、出血或出现坏死灶，常见在胚体的头、颈、躯干、腿等处或通体出血；三是禽胚畸形；四是禽胚绒毛尿囊膜上出现痘斑。然而许多病毒缺乏特异性的病毒感染指征，必须应用血清学或病毒学相应的检测方法来确定病毒的存在和增殖情况。

接种时，不同的病毒可采用不同的接种途径（图2-4），并选择日龄合适的禽胚。常用的鸡胚接种途径及相应日龄为：①绒毛尿囊膜接种，主要用于痘病毒和疱疹病毒的分离和增殖，用10～13日龄鸡胚；②尿囊腔接种，主要用于正黏病毒和副黏病毒的分离和增殖，用9～12日龄鸡胚；③卵黄囊接种，主要用于虫媒披膜病毒及鹦鹉热衣原体和立克次氏体等的增殖，用6～8日龄鸡胚；④羊膜腔接种，主要用于正黏病毒和副黏病毒的分离和增殖，此途径比尿囊腔接种更敏感，但操作较困难，且鸡胚易受伤致死，选用10～11日龄鸡胚。适于鸡胚接种的病毒见表2-2。

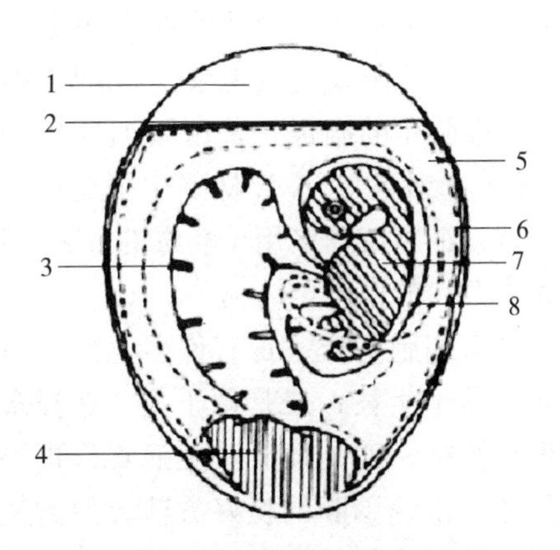

图2-4　病毒的鸡胚接种部位

1. 气室　2. 壳膜　3. 卵黄囊　4. 蛋清　5. 尿囊腔　6. 绒毛尿囊膜　7. 鸡胚　8. 羊膜腔

接种后的鸡胚一般于37.5℃孵育，相对湿度60%，根据接种途径不同，收获相应的材料：绒毛尿囊膜接种时收获接种部位的绒毛尿囊膜；尿囊腔接种收获尿囊液；卵黄囊接种收获卵黄囊及胚体；羊膜腔接种收获羊水。

禽胚接种在基层生产中应用相当广泛，常用在家禽传染病的诊断、病毒病原性的研究以及生产诊断抗原和疫苗等方面。

表2-2　适于鸡胚接种的病毒

病毒名称	增殖于鸡胚的	病毒名称	增殖于鸡胚的
禽痘及其他动物痘病毒	绒毛尿囊膜	禽脑脊髓炎病毒	卵黄囊内

（续）

病毒名称	增殖于鸡胚的	病毒名称	增殖于鸡胚的
禽马立克氏病病毒	卵黄囊内、绒毛膜	鸭肝炎病毒	绒毛尿囊腔
鸡传染性喉气管炎病毒	绒毛尿囊膜	鸡传染性支气管炎病毒	绒毛尿囊腔
鸭瘟病毒	绒毛尿囊膜	小鹅瘟病毒	鹅胚绒毛尿囊腔
人、畜、禽流感病毒	绒毛尿囊腔	马鼻肺炎病毒	卵黄囊内
鸡新城疫病毒	绒毛尿囊腔	绵羊蓝舌病病毒	卵黄囊内

三、组织培养

组织细胞培养是用体外培养的组织块或单层细胞分离增殖病毒。组织培养即将器官或组织小块于体外细胞培养液中培养存活后，接种病毒，观察组织功能的变化，如气管黏膜纤毛上皮的摆动等。

细胞培养是用细胞分散剂将动物组织细胞消化成单个细胞的悬液，适当洗涤后加入营养液，使细胞贴壁生长成单层细胞。病毒感染细胞后，大多数能引起细胞病变，称为病毒的致细胞病变作用（简称 CPE），表现为细胞变形，细胞质内出现颗粒化、核浓缩、核裂解等，借助倒置显微镜即可观察到。还有的细胞不发生病变，但培养物出现红细胞吸附及血凝现象（如流感病毒等）。有时还可用免疫荧光技术等血清学试验检查细胞中的病毒。兽医上通常用的细胞有 CEF（鸡胚成纤维细胞）、PK-15 株（猪肾上皮细胞）、K-L 株（中国仓鼠肺）、D-K 株（中国仓鼠肾，见彩图 25、彩图 26）等。细胞培养多用于病毒的分离、培养和检测中和抗体。在病毒的诊断和研究中发挥了很大的作用。

组织细胞培养病毒有许多优点：一是离体活组织细胞不受机体免疫力影响，很多病毒易于生长；二是便于人工选择多种敏感细胞供病毒生长；三是易于观察病毒的生长特征；四是便于收集病毒作进一步检查。因此，细胞培养是病毒研究、疫苗生产和病毒病诊断的良好方法。但此法由于成本和技术水平要求较高，操作复杂，所以在基层单位尚未广泛应用。

任务五　病毒其他特性的认知

一、干扰现象和干扰素

（一）干扰现象

当两种病毒感染同一细胞时，可发生一种病毒抑制另一种病毒复制的现象，称为病毒的干扰现象。前者称为干扰病毒，后者称为被干扰病毒。干扰现象可以发生在异种病毒之间，也可发生在同种病毒不同型或株之间，甚至在病毒高度复制时，也可发生自身干扰，灭活病毒也可干扰活病毒的增殖，最常见的是异种病毒之间的干扰现象。

病毒的干扰现象如发生在不同的疫苗之间，则会干扰疫苗的免疫效果，因此在实际防疫工作中，应合理使用疫苗，尤其是活疫苗的使用，应尽量避免病毒之间的

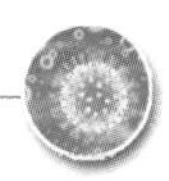

干扰现象给免疫带来的影响（主要体现在不同疫苗使用的时间间隔上）。此外，干扰现象也被用于病毒细胞培养增殖情况的测定，主要用于不产生细胞病变，没有血凝性的病毒的测定和鉴定。

病毒之间产生干扰现象的原因：

1. 占据或破坏细胞受体　两种病毒感染同一细胞，需要细胞膜上相同的受体，先进入的病毒首先占据细胞受体或将受体破坏，使另一种病毒无法吸附和穿入易感细胞，增殖过程被阻断。这种情况常见于同种病毒或病毒的自身干扰。

2. 争夺酶系统、生物合成原料及场所　两种病毒可能利用不同的受体进入同一细胞，但它们在细胞中增殖所需的细胞的主要原料、关键性酶及合成场所是一致的，而且是有限的，因此，先入者为主，强者优先，一种病毒占据有利增殖条件而正常增殖，另一种病毒则受限，增殖受到抑制。

3. 干扰素的产生　病毒之间存在干扰现象的最主要原因是先进入的病毒可诱导细胞产生干扰素，抑制病毒的增殖。

（二）干扰素

干扰素是机体活细胞受病毒感染或干扰素诱生剂的刺激后产生的一种低分子质量的糖蛋白。干扰素在细胞中产生，可释放到细胞外，并可随血液循环至全身，被另外具有干扰素受体的细胞吸收后，细胞内将合成第二种物质，即抗病毒蛋白质，该抗病毒蛋白能抑制病毒蛋白的合成，从而抑制入侵病毒的增殖，起到保护细胞和机体的作用。细胞合成干扰素不是持续的，而是细胞对强烈刺激如病毒感染时的一过性的分泌物，于病毒感染后4h开始产生，病毒蛋白质合成速率达到最大时，干扰素产量达到最高峰，然后逐渐下降。

病毒是最好的干扰素诱生剂，一般认为，RNA病毒诱生干扰素产生的能力较DNA病毒强，RNA病毒中，正黏病毒（如流感病毒）诱生能力最强；DNA病毒中痘病毒诱生能力较强，带囊膜的病毒比无囊膜的病毒的诱生能力强。有的病毒的弱毒株比自然强毒株诱生能力强，如新城疫病毒的LaSota株和Mukteswar株比自然强毒株诱生能力强，但有的病毒诱生能力与毒力无明显关系，甚至有的恰好相反；有些灭活的病毒也可诱生干扰素，如新城疫病毒和禽流感病毒等。此外，细菌内毒素、其他微生物如李氏杆菌、布鲁氏菌、支原体、立克次氏体及某些合成的多聚物如硫酸葡萄糖等也属于干扰素诱生剂，这些与病毒一样均具有细胞毒性。

干扰素按照化学性质可分为α、β、γ三种类型，其中α干扰素主要由白细胞和其他多种细胞在受到病毒感染后产生的，人类的α干扰素至少有二十二个亚型，动物的较少；β干扰素由成纤维细胞和上皮细胞受到病毒感染时产生，只有一个亚型；而γ干扰素由T淋巴细胞和NK细胞在受到抗原或有丝分裂原的刺激产生，是一种免疫调节因子，主要作用于T、B淋巴细胞和NK细胞，增强这些细胞的活性，促进抗原的清除。所有哺乳动物都能产生干扰素，而禽类体内无γ干扰素。

干扰素对热稳定，60℃ 1h一般不能灭活，在pH3～10范围内稳定。但对胰蛋白酶和木瓜蛋白酶敏感。

干扰素的生物学活性有：

1. 抗病毒作用　干扰素具有广谱抗病毒作用，其作用是非特异性的，甚至对某

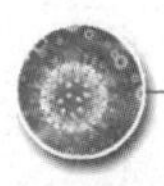

些细菌、立克次氏体等也有干扰作用。但干扰素的作用具有明显的动物种属特异性，原因是一种动物的细胞膜上只有本种动物干扰素受体，因此牛干扰素不能抑制人体内病毒的增殖，鼠干扰素不能抑制鸡体内病毒的增殖，这一点在干扰素的临床应用中受到限制。

2. 免疫调节作用 主要是γ干扰素的作用。γ干扰素可作用于T细胞、B细胞和NK细胞，增强它们的活性。

3. 抗肿瘤作用 干扰素不仅可抑制肿瘤病毒的增殖，而且能抑制肿瘤细胞的生长，同时，又能调节机体的免疫机能，如增强巨噬细胞的吞噬功能，加强NK细胞等细胞毒细胞的活性，加快对肿瘤细胞的清除。干扰素可以通过调节癌细胞基因的表达实现抗肿瘤的作用。

二、病毒的血凝现象

许多病毒表面有血凝素，能与鸡、豚鼠、人等红细胞表面受体（多数为糖蛋白）结合，从而出现红细胞凝集现象，称为病毒的血凝现象，简称病毒的血凝。这种血凝现象是非特异性的，当病毒与相应的抗病毒抗体结合后，能使红细胞的凝集现象受到抑制，称为病毒血凝抑制现象，简称病毒的血凝抑制。能阻止病毒凝集红细胞的抗体称为红细胞凝集抑制抗体，其特异性很高。生产中病毒的血凝和血凝抑制试验主要用于鸡新城疫、禽流感等病毒性传染病的诊断以及鸡新城疫、禽流感、EDS-76等病的免疫监测。

三、病毒的包含体

包含体是某些病毒在细胞内增殖后，在细胞内形成的一种用光学显微镜可以看到的特殊“斑块”。病毒不同，所形成包含体的形状、大小、数量、染色性（嗜酸性或嗜碱性），及存在哪种感染细胞和在细胞中的位置等均不相同，故可作为诊断某些病毒病的依据。如狂犬病病毒在神经细胞质内形成嗜酸性包含体，伪狂犬病病毒在神经细胞核内形成嗜酸性包含体。几种病毒感染细胞后形成的不同类型的包含体见图2-5。

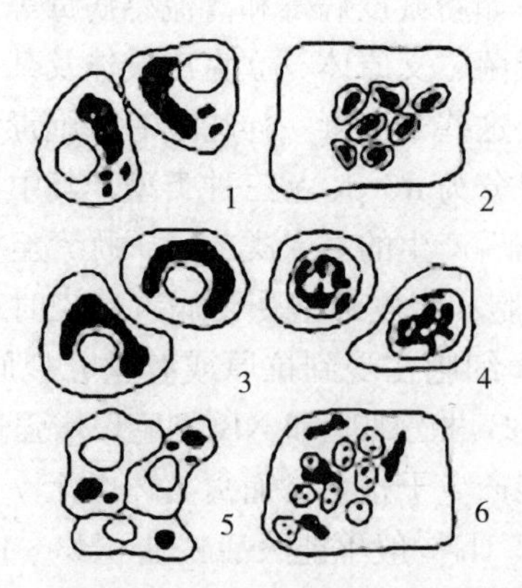

图2-5 病毒感染细胞后形成不同类型的包含体

1. 痘苗病毒 2. 单纯疱疹病毒 3. 呼肠孤病毒
4. 腺病毒 5. 狂犬病病毒 6. 麻疹病毒

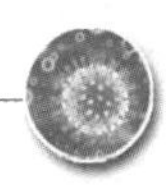

四、病毒的滤过特性

由于病毒细小，所以能通过孔径细小的细菌滤器，故人们曾称病毒为滤过性病毒。利用这一特性，可将材料中的病毒与细菌分开。但滤过性并非病毒独有的特性，有些支原体、衣原体、螺旋体也能够通过细菌滤器。生产中，人们可根据需要选择不同的滤器，并配以适合的滤膜，常用滤膜的孔径有 0.45μm 和 0.22μm 两种。

五、噬菌体

噬菌体是一些专门寄生于细菌、放线菌、真菌、支原体等细胞中的病毒，具有病毒的一般生物学特性。噬菌体在自然界分布很广，凡是有细菌和放线菌的地方，一般都有噬菌体的存在，所以污水、粪便、垃圾是分离噬菌体的好材料。噬菌体的形态有三种：蝌蚪形、微球形和纤丝形。大多数噬菌体呈蝌蚪形。

凡能引起宿主细胞迅速裂解的噬菌体，称为烈性噬菌体。有些噬菌体不裂解宿主细胞，而是将其 DNA 整合于宿主细胞的 DNA 中，并随宿主细胞分裂而传递，这种噬菌体称为温和性噬菌体。含有温和性噬菌体的细菌称为溶源性细菌。噬菌体裂解细菌的作用，具有"种"甚至"型"的特异性，即某一种或型的噬菌体只能裂解相应的种或型的细菌，而对其他的细菌则不起作用。因此，可用噬菌体防治疾病和鉴定细菌。实践中可用于葡萄球菌、炭疽杆菌、布鲁氏菌等的分型和鉴定，也可应用绿脓杆菌噬菌体治疗被绿脓杆菌感染的病人。

六、病毒的抵抗力

病毒对外界理化因素的抵抗力与细菌的繁殖体相似。研究病毒抵抗力的目的主要是：如何消灭它们或使其灭活；如何保存它们，使其抗原性、致病力等不改变。

（一）物理因素

病毒耐冷不耐热。通常温度越低，病毒生存时间越长。在−25℃下可保存病毒，−70℃以下更好。对高温敏感，多数病毒在 55℃经 30min 即被灭活，但猪瘟病毒能耐受更高的温度。病毒对干燥的抵抗力与干燥的快慢和病毒的种类有关。如水疱液中的口蹄疫病毒在室温中缓慢干燥，可生存 3～6 个月；若在 37℃下快速干燥迅即灭活。痂皮中的痘病毒在室温下保持毒力一年左右。冻干法是保存病毒的好方法。大量紫外线和长时间日光照射能杀灭病毒。

（二）化学因素

1. 甘油 50%甘油可抑制或杀灭大多数非芽孢细菌，但多数病毒对其有较强的抵抗力，因此常用 50%甘油缓冲生理盐水保存或寄送被检病毒材料。

2. 脂溶剂 脂溶剂能破坏病毒囊膜而使其灭活。常用乙醚或氯仿等脂溶剂处理病毒检查其有无囊膜。

3. pH 病毒一般能耐 pH5.0～9.0，通常将病毒保存于 pH7.0～7.2 的环境中。但病毒对酸碱的抵抗力差异很大，例如肠道病毒对酸的抵抗力很强，而口蹄疫病毒则很弱。

4. 化学消毒药 病毒对氧化剂、重金属盐类、碱类和与蛋白质结合的消毒药等都很敏感。实践中常用苛性钠、石炭酸和来苏儿等作环境消毒，实验室常用高锰酸钾、双氧水等消毒，对不耐酸的病毒可选用稀盐酸。甲醛能有效地降低病毒的致病力，而对其免疫原性影响不大，在制备灭活疫苗时，常作为灭活剂。

任务六　病毒致病作用的认知

病毒是严格细胞内寄生的微生物，其致病机制与细菌大不相同。病毒的致病作用比较复杂，病毒进入易感宿主体内后，可以通过其特定化学成分的直接毒性作用而致病，如腺病毒能产生一种称为五邻体蛋白的毒性物质，它可使宿主细胞缩成一团而死亡。流感患病动物的畏寒、高热、肌肉酸痛等全身症状可能与流感病毒产生毒素样物质有关。但病毒主要的致病机制是通过干扰宿主细胞的营养和代谢，引起宿主细胞水平和分子水平的病变，导致机体组织器官的损伤和功能改变，造成机体持续性感染。病毒感染免疫细胞导致免疫系统损伤，造成免疫抑制及免疫病理也是重要的致病机制之一。

一、病毒感染对宿主细胞的直接作用

（一）杀细胞效应

病毒在宿主细胞内复制完毕，可在很短时间内一次释放大量子代病毒，细胞被裂解死亡，此种情况称杀细胞性感染，主要见于无囊膜、杀伤性强的病毒，如脊髓灰质炎病毒、腺病毒等。此类病毒大多数能在被感染的细胞内产生由病毒核酸编码的早期蛋白，这种蛋白能阻断宿主细胞 RNA 和蛋白质的合成，继而影响 DNA 合成，使细胞的正常代谢功能紊乱，最终死亡。有的病毒可破坏宿主细胞的溶酶体，由溶酶体释放的酶引起细胞自溶。某些病毒的衣壳蛋白具有直接杀伤宿主细胞的作用，在病毒的大量复制过程中，细胞核、细胞膜、内质网、线粒体均被损伤，导致细胞裂解死亡。

细胞病变作用（CPE）　指在体外实验中，通过细胞培养和接种杀细胞性病毒，病毒在细胞培养中生长后，使细胞发生退行性变化，细胞由多角形皱缩为圆形，出现空泡、坏死，从瓶壁脱落等现象，最后引起细胞死亡。

病毒的杀细胞效应如发生在重要器官，如中枢神经系统，当达到一定程度可引起严重后果，甚至危及生命或造成严重后遗症。

（二）稳定状态感染

有些病毒在宿主细胞内增殖过程中，对细胞代谢、溶酶体膜影响不大，以出芽方式释放病毒，过程缓慢，病变较轻、细胞暂时也不会出现溶解和死亡。这些不具有杀细胞效应的病毒引起的感染称为稳定状态感染。常见于有囊膜病毒，如流感病毒、麻疹病毒、某些披膜病毒等。稳定状态感染后可引起宿主细胞发生多种变化，其中以细胞融合及细胞表面产生新抗原更具有重要意义。

1. 细胞融合　麻疹病毒和副流感病毒等能使感染的细胞膜发生改变，由于感染细胞所释放的溶酶体酶的作用，导致感染细胞与邻近未感染细胞发生融合。细胞融合是病毒扩散的方式之一。病毒借助于细胞融合，扩散到未受感染的细胞内。细胞融合的结果是形成多核巨细胞或合胞体等病理特征。

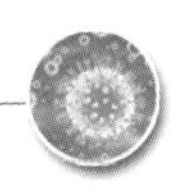

2. 细胞表面出现病毒基因编码的抗原　病毒感染细胞后，在复制的过程中，细胞膜上常出现由病毒基因编码的新抗原。如流感病毒、副黏病毒在细胞内组装成熟后，以出芽方式释放时，细胞表面形成血凝素，因而能吸附某些动物的红细胞。流感病毒感染时，细胞膜上出现病毒血凝素和神经氨酸酶，就使感染细胞成为免疫攻击的靶细胞。有的病毒导致细胞癌变后，因病毒核酸整合到细胞染色体上，细胞表面也表达病毒基因编码的特异性新抗原。

（三）包含体形成

包含体是某些细胞受病毒感染后出现的用普通光学显微镜可看到的、与正常细胞结构和着色不同的圆形或椭圆形斑块。不同病毒的包含体形态各异，单个或多个，或大或小，圆形、卵圆形或不规则形，位于胞质内（痘病毒）、胞核内（疱疹病毒）或两者都有（麻疹病毒），嗜酸性或嗜碱性。其本质是：①有些病毒的包含体就是病毒颗粒的聚集体，如狂犬病病毒产生的内基氏小体，是堆积的核衣壳；②有些是病毒增殖留下的痕迹，如痘病毒的病毒胞质或称病毒工厂；③有些是病毒感染引起的细胞反应物，如疱疹病毒感染所产生的“猫头鹰眼”，是感染细胞中心染色质浓缩形成的一个圈。根据病毒包含体的形态、染色特性及存在部位，对某些病毒病有一定的诊断价值。如从可疑为狂犬病的脑组织切片或涂片中发现胞质内有嗜酸性包含体，即内基氏小体，就可诊断为狂犬病。

（四）细胞凋亡

细胞凋亡是由宿主细胞基因控制的程序性细胞死亡，是一种正常的生物学现象。有些病毒感染细胞后，病毒可直接或由病毒编码蛋白间接作为诱导因子诱发细胞凋亡。当细胞受到诱导因子作用激发并将信号传导入细胞内部，细胞的凋亡基因即被激活；启动凋亡基因后，便会出现细胞膜鼓泡、核浓缩、染色体 DNA 降解等凋亡特征。已经证实，人类免疫缺陷病毒、腺病毒等可以直接由感染病毒本身引发细胞凋亡，也可以由病毒编码蛋白作为诱导因子间接地引发宿主细胞凋亡。

（五）基因整合与细胞转化

某些病毒的全部或部分核酸结合到宿主细胞染色体中称为基因整合。见于某些 DNA 病毒和反转录病毒，反转录 RNA 病毒是先以 RNA 为模板反转录合成 cDNA，再以 cDNA 为模板合成双链 DNA，然后将此双链 DNA 全部整合于细胞染色体 DNA 中的；DNA 病毒在复制中，偶尔将部分 DNA 片段随机整合于细胞染色体 DNA 中。整合后的病毒核酸随宿主细胞的分裂而传给子代，一般不复制出病毒颗粒，宿主细胞也不被破坏，但可造成染色体整合处基因失活、附近基因激活等现象。

基因整合可使细胞的遗传性发生改变，引起细胞转化。细胞转化除基因整合外，病毒蛋白诱导也可发生。转化细胞的主要变化是生长、分裂失控，在体外培养时失去单层细胞相互间的接触抑制，形成细胞间重叠生长，并在细胞表面出现新抗原等。

基因整合或其他机制引起的细胞转化与肿瘤形成密切相关。如与人类恶性肿瘤密切相关的病毒有：人乳头瘤病毒—宫颈癌，乙型肝炎病毒—肝细胞癌，EB 病毒（爱泼斯坦-巴尔病毒）—鼻咽癌、恶性淋巴瘤，人 T 细胞白血病病毒 I 型（HILV-I）—白血病等。但转化能力不等于致癌作用，即一个转化了的细胞并不一定是恶性细胞。例如腺病毒 C 组只能在体外转化地鼠细胞而在体内却不具有诱发肿瘤的能力。

二、病毒感染的免疫病理作用

病毒在感染宿主的过程中，通过与免疫系统相互作用，诱发免疫反应，导致组织器官损伤是重要的致病机制之一。目前仍有不少病毒病的致病作用及发病机制不明了，但越来越多发现免疫损伤在病毒感染性疾病中的作用，特别是持续性病毒感染及主要与病毒感染有关的自身免疫性疾病。免疫损伤机制可包括特异性体液免疫和特异性细胞免疫。一种病毒感染可能诱发一种发病机制，也可能两种机制并存，还可能存在非特异性免疫机制引起的损伤。其原因可能为：①病毒改变宿主细胞的膜抗原；②病毒抗原和宿主细胞的交叉反应；③淋巴细胞识别功能的改变；④抑制性T淋巴细胞过度减弱等。

（一）抗体介导的免疫病理作用

由于病毒感染，细胞表面出现了新抗原，与特异性抗体结合后，在补体参与下引起细胞破坏。在病毒感染中，病毒的囊膜蛋白、衣壳蛋白均为良好的抗原，能刺激机体产生相应抗体，抗体与抗原结合可阻止病毒扩散导致病毒被清除。然而许多病毒的抗原可出现于宿主细胞表面，与抗体结合后，激活补体，破坏宿主细胞，属Ⅱ型变态反应。

有些病毒抗原与相应抗体结合形成免疫复合物，可长期存在于血液中。当这种免疫复合物沉积在某些器官组织的膜表面时，激活补体引起Ⅲ型变态反应，造成局部损伤和炎症。免疫复合物易沉积于肾小球基底膜，引起蛋白尿、血尿等症状。沉积于关节滑膜则引起关节炎。若发生在肺部，引起细支气管炎和肺炎，如婴儿呼吸道合胞病毒感染。登革病毒抗原-抗体复合物可沉积于血管壁，激活补体引起血管通透性增高，导致出血和休克。

（二）细胞介导的免疫病理作用

特异性细胞毒性T细胞对感染细胞造成损伤，属Ⅳ型变态反应。特异性细胞免疫是宿主机体清除细胞内病毒的重要机制，细胞毒性T淋巴细胞（CTL）对靶细胞膜病毒抗原识别后引起的杀伤，能终止细胞内病毒复制，对感染的恢复起关键作用。但细胞免疫也能损伤宿主细胞，造成宿主功能紊乱，是病毒致病机制中的一个重要方面。

另外，有的学者对700种DNA病毒和RNA病毒蛋白的基因进行了序列分析以及单克隆抗体的研究，发现这些蛋白中与宿主组织蛋白存在的共同抗原决定簇达4%。慢性病毒性肝炎、麻疹病毒和腮腺炎病毒感染后脑炎等疾病的发病机制可能与针对自身抗原的细胞免疫有关。

（三）免疫抑制作用

禽白血病/肉瘤群病毒（ALV）感染细胞后，大多数情况下不会对细胞造成伤害，而是成为隐性感染。但某些情况下或某些种类的ALV感染会导致细胞转化或引起细胞病变，进而引起免疫机制。ALV引起免疫抑制的天然靶细胞是法氏囊B淋巴细胞，ALV感染后，可使B淋巴细胞发生转化，形成肿瘤细胞并不断增生，转化的B淋巴细胞失去了产生IgG的能力。J-ALV所喜好的是髓细胞，正常的骨髓干细胞在J-ALV作用下，不断增生恶变，形成骨髓瘤。淋巴器官及骨髓变性，导致功能性

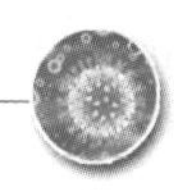

IL-2的合成受到干扰，影响到T、B淋巴细胞的成熟及分化，从而导致了免疫抑制。

传染性囊病毒感染鸡的法氏囊时，导致囊萎缩和严重的B淋巴细胞缺失，易发生马立克病毒、新城疫病毒、传染性支气管炎病毒的双重感染或多重感染。

许多病毒感染可引起机体免疫应答降低或暂时性免疫抑制。如：流感病毒、猪瘟病毒、牛病毒性腹泻病毒、犬瘟热病毒、猫和犬细小病毒感染都能暂时抑制宿主体液及细胞免疫应答。麻疹病毒感染能使病人结核菌素阳性转为阴性反应，持续1～2个月，以后逐渐恢复。

病毒感染所致的免疫抑制反过来可激活体内潜伏的病毒复制或促进某些肿瘤生长，使疾病复杂化，成为病毒持续性感染的原因之一。如当免疫系统被抑制时，潜在的疱疹病毒、腺病毒或乳头瘤病毒感染会被激活。

任务七　病毒病的实验室诊断

畜禽病毒性传染病是危害最严重的一类疫病，给畜牧业带来的经济损失最大。除少数病毒病如绵羊痘等可根据临床症状、流行病学、病变作出诊断外，大多数病毒性传染病的确诊，必须在临床诊断的基础上进行实验室诊断，以确定病毒的存在或检出特异性抗体。病毒病的实验室诊断和细菌病的实验室诊断一样，都需要在正确采集病料的基础上进行，常用的诊断方法有：包含体检查、病毒的分离培养、病毒的血清学试验、动物接种试验、分子生物学的方法等。

（一）病料的采集、保存和运送

病毒病病料采集的原则、方法以及保存运送的方法与细菌病病料的采集、保存和运送方法基本是一致的，不同的是病毒材料的保存除可冷冻外，还可放在50%甘油磷酸盐缓冲液中保存，液体病料采集后可直接加入一定量的青霉素、链霉素或其他抗生素以防细菌和霉菌的污染。

（二）包含体检查

有些病毒能在易感细胞中形成包含体。将被检材料直接制成涂片、组织切片或冰冻切片，经特殊染色后，用普通光学显微镜检查。这种方法对能形成包含体的病毒性传染病具有重要的诊断意义。但包含体的形成有个过程，出现率也不是100%，所以，在包含体检查时应注意。能出现包含体的重要畜禽病毒见表2-3。

表2-3　能产生包含体的畜禽常见病毒

病毒名称	感染范围	包含体类型及部位
痘病毒类	人、马、牛、羊、猪、鸡等	嗜酸性，细胞质内，见于皮肤的棘层细胞中
狂犬病病毒	狼、马、牛、猪、人、猫、羊、禽等	嗜酸性，细胞质内，见于神经元内及视网膜的神经节的细胞中
伪狂犬病病毒	犬、猫、猪、牛、羊等	嗜酸性，核内，见于脑、脊椎旁神经节的神经元中
副流感病毒Ⅲ型	牛、马、人	嗜酸性，细胞质及细胞核内均有，见于支气管炎、肺泡上皮细胞及肺的间隔细胞中

（续）

病毒名称	感染范围	包含体类型及部位
马鼻肺炎病毒	马属动物	嗜酸性，核内，见于支气管及肺泡上皮细胞、肺间隔细胞、肝细胞、淋巴结的网状细胞等
鸡新城疫病毒	鸡	嗜酸性，细胞质内，见于支气管上皮细胞中
传染性喉气管炎病毒	鸡	嗜酸性，核内，见于上呼吸道的上皮细胞中

（三）病毒的分离培养

将采集的病料接种动物、禽胚或组织细胞，可进行病毒的分离培养。供接种或培养的病料应作除菌处理。除菌方法有滤器除菌、高速离心除菌和用抗生素处理三种。如用口蹄疫的水疱皮病料进行病毒分离培养时，将送检的水疱皮置平皿内，以灭菌的 pH7.6 磷酸盐缓冲液洗涤数次，并用灭菌滤纸吸干、称重，剪碎、研磨制成 1∶5 悬液，为防止细菌污染，每毫升加青霉素1 000U，链霉素1 000μg，置 4～8℃冰箱内4～6h，然后用8 000～10 000r/min 速度离心沉淀 30min，吸取上清液备用。

被接种的动物、禽胚或细胞出现死亡或病变时（但有的病毒须盲目传代后才能检出），可应用血清学试验及相关的技术进一步鉴定病毒。

（四）动物接种试验

病毒病的诊断也可应用动物接种试验来进行。取病料或分离到的病毒处理后接种实验动物，通过观察记录动物的发病时间、临床症状及病变甚至死亡的情况，也可借助一些实验室的方法来判断病毒的存在。此方法尤其在病毒毒力测定上应用广泛。

（五）病毒的血清学试验

血清学试验在病毒性传染病的诊断中占有重要地位。常用的方法有：中和试验、补体结合试验、血凝和血凝抑制试验、免疫扩散试验、免疫标记技术等。血清学试验的详细内容及操作见项目五。

（六）分子生物学方法

分子生物学诊断又称基因诊断。主要是针对不同病原微生物所具有的特异性核酸序列和结构进行测定。其特点是反应的灵敏度高，特异性强，检出率高，是目前最先进的诊断技术之一。主要方法有核酸探针、PCR 技术和 DNA 芯片技术。

1. PCR 诊断技术 PCR 技术又称聚合酶链式反应（polymerase chain reaction），是 20 世纪 80 年代中期发展起来的一项极有应用价值的技术。PCR 技术就是根据已知病原微生物特异性核酸序列（目前可以在因特网 Gen Bank 中检索到大部分病原微生物的特异性核酸序列），设计合成与其 5′端同源、3′端互补的二条引物。在体外反应管中加入待检的病原微生物核酸（称为模板 DNA）、引物、dNTP 和具有热稳定性的 DNA Taq 聚合酶，在适当条件下（镁离子、pH 等），置于 PCR 仪，经过变性、复性、延伸，三种反应温度为一个循环，进行 20～30 次循环。如果待检的病原微生物核酸与引物上的碱基匹配，合成的核酸产物就会以 $2n$（n 为循环次数）呈递数递增。产物经琼脂糖凝胶电泳，可见到预期大小的 DNA 条带出现，就可做出确诊。

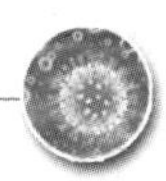

此技术具有特异性强、灵敏度高、操作简便、快速、重复性好和对原材料要求较低等特点。PCR 的高度敏感性使该技术在病原体诊断过程中极易出现假阳性，避免污染是提高 PCR 诊断准确性的关键环节。

常用检测病原体的 PCR 技术有反转录 PCR（RT-PCR）、免疫-PCR 等。

（1）RT-PCR，是先将 mRNA 在反转录酶的作用下，反转录为 cDNA（互补 DNA），然后以 cDNA 为模板进行 PCR 扩增，通过对扩增产物的鉴定，检测 mRNA 相应的病原体。

（2）免疫-PCR，是将一段已知序列的质粒 DNA 片段连接到特异性的抗体（多为单克隆抗体）上，从而检测未知抗原的一种方法。它是集抗原-抗体反应的特异性和 PCR 扩增反应的极高灵敏性于一体。该技术的关键是连接已知抗体与 DNA 之间的连接分子，此分子具有两个结合位点，一个位点与抗体结合，另一个位点与质粒 DNA 结合。当抗体与特异性抗原结合，形成抗原抗体-连接分子-DNA 复合物，再用 PCR 扩增仪扩增连接的 DNA 分子，如存在 DNA 产物即表明 DNA 分子上连接的抗体已经与抗原发生结合，因为抗体是已知的，从而检出被检抗原。

2. 核酸杂交技术　核酸杂交技术是利用核酸碱基互补的理论，将标记过的特异性核酸探针同经过处理、固定在滤膜上的 DNA 进行杂交，以鉴定样品中未知的 DNA。由于每一种病原体都有其独特的核苷酸序列，所以应用一种已知的特异性核酸探针，就能准确地鉴定样品中存在的是何种病原体，进而做出疾病诊断。核酸杂交技术敏感、快速、特异性强，特别是结合应用 PCR 技术之后，对靶核酸检测量已减少到皮克（pg）水平。例如检测牛白血病病毒，只要取 1～2 个感染细胞或 $10^{-5}\mu g$ 的宿主 DNA，经 PCR 扩增后，进行斑点杂交试验，即可得出阳性结果。PCR 技术为检测那些生长条件苛刻、培养困难的病原体，潜伏感染或整合感染动物的检疫提供了极为有用的手段。

3. 核酸分析技术　核酸分析技术包括核酸电泳、核酸酶切电泳、寡核苷酸指纹图谱和核苷酸序列分析等技术，它们都已开始用于病原体的鉴定。例如，一些 RNA 病毒如轮状病毒、流感病毒，由于其核酸具多片段性，故通过聚丙烯酰胺凝胶电泳分析其基因组型，便可做出快速诊断。又如，DNA 病毒如疱疹病毒等，在限制性内切酶切割后电泳，根据呈现的酶切图谱可鉴定出所检病毒的类型。

PCR—病料处理

PCR—核酸提取

PCR 技术—反转录

PCR 技术—PCR 扩增

PCR 技术—核酸电泳

PCR 技术—凝胶成像

病毒的鸡胚接种

操作与体验

技能一　病毒的鸡胚接种技术

【目的要求】 掌握鸡胚培养病毒的接毒和收毒方法，明确鸡胚培养病毒的应用。

【仪器及材料】 受精卵、恒温箱、照蛋器、超净工作台、蛋架、一次性注射器（1～5mL）、中号镊子、眼科剪和镊子、毛细吸管、橡皮乳头、灭菌平皿、试管、吸管、酒精灯、试管架、胶布、蜡、锥子、锉、煮沸消毒器、消毒剂（5%碘酊棉、75%酒精棉、5%石炭酸或3%来苏儿）、新城疫Ⅰ系或Ⅳ系疫苗。

【方法与步骤】

（一）鸡胚的选择和和孵化

应选择健康无病鸡群或SPF鸡群的新鲜受精蛋。为便于照蛋观察，以来航鸡蛋或其他白壳蛋为好。用孵化箱孵化，要注意温度、湿度和翻蛋。孵化最低温度为36℃，一般为37.5℃，相对湿度为60%。每日最少翻蛋3次。

发育正常的鸡胚照蛋时可见清晰的血管及鸡胚的活动。不同的接种材料需不同的接种途径（图2-4），不同的接种途径需选用不同日龄的鸡胚：卵黄囊接种，用6～8日龄鸡胚；绒毛尿囊膜接种，用9～13日龄的鸡胚；绒毛尿囊腔接种，用9～12日龄的鸡胚；血管注射，用12～13日龄的鸡胚；羊膜腔和脑内注射，用10日龄的鸡胚。

（二）接种前的准备

1. 病毒材料的处理　怀疑污染细菌的液体材料，加抗生素（青霉素1 000U和链霉素1 000μg/mL）置室温1h或4℃冰箱4～6h，高速离心，取上清液，或经细菌滤器滤过除菌。如为患病动物组织，应剪碎、匀浆、离心后取上清液，必要时加抗生素处理或过滤除菌。若用新城疫Ⅰ系或Ⅳ系疫苗，则无菌操作用生理盐水将其稀释100倍。

2. 照蛋　以铅笔划出气室、胚胎位置及接种的位置，标明胚龄及日期，气室朝上立于蛋架上。尿囊腔接种选9～12日龄的鸡胚，接种部位可选择在气室中心或远离胚胎侧气室边缘，避开大血管。

（三）鸡胚的接种（以新城疫病毒的绒毛尿囊腔接种为例）

在接种部位先后用5%碘酊棉及75%酒精棉消毒，然后用灭菌锥子打一小孔，用一次性1mL注射器吸取新城疫病毒液垂直或稍斜插入气室，刺入尿囊，向尿囊腔内注入0.1～0.3mL。注射后，用熔化的蜡封孔，置温箱中直立孵化3～7d。孵化期间，每6h照蛋一次，观察胚胎存活情况。弃去接种后24h内死亡的鸡胚，24h以后死亡的鸡胚应置0～4℃冰箱中冷藏4h或过夜（气室朝上直立），一定时间内不能致死的鸡胚也放冰箱冻死。

（四）鸡胚材料的收获

原则上接种什么部位，收获什么部位。

绒毛尿囊腔接种新城疫病毒时，一般收获尿囊液和羊水。将鸡胚取出，用5%碘

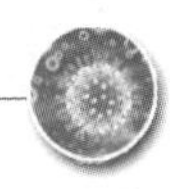

酊棉及75%酒精棉消毒，无菌操作轻轻敲打并揭去气室顶部蛋壳及壳膜，形成直径1.5～2.0cm的开口。用灭菌镊子夹起并撕开或用眼科剪剪开气室中央的绒毛尿囊膜，用灭菌镊子将胚体向一侧轻压（要防止卵黄破裂），然后用灭菌吸管吸取尿囊液，注入灭菌容器内。然后破羊膜收获羊水，收获的尿囊液和羊水应清亮，混浊说明有细菌污染。收获的病毒经无菌检验合格者冷冻保存。用具消毒处理，鸡胚置消毒液中浸泡过夜或高压灭菌，然后弃掉。

【注意事项】 鸡胚接种需严格的无菌操作，以减少污染。操作时应细心，以免引起鸡胚的损伤。病毒培养时应保持恒定的适宜条件，收毒结束，注意用具、环境的消毒处理。

复习与思考

1. 病毒的鸡胚接种途径有哪些？分别选用多大日龄的鸡胚？
2. 收集病毒时，为什么要弃掉24h以内死亡的鸡胚？

技能二 病毒的血凝与血凝抑制试验（微量法）

病毒的血凝试验

【目的要求】 熟练掌握病毒的血凝及血凝抑制试验（微量法）的操作方法及结果判定，明确其应用价值。

【仪器及材料】 pH7.2磷酸盐缓冲液（PBS）、生理盐水、3.8%枸橼酸钠、标准新城疫病毒抗原、离心机、天平、烧杯、1%鸡红细胞悬液、新城疫病毒液、新城疫待检血清、新城疫标准阳性血清、新城疫标准阴性血清、96孔V型血凝反应板、微量移液器、吸头、微型振荡器、温箱、注射器等。

【方法与步骤】

（一）病毒的血凝试验（HA）

1. pH7.2磷酸盐缓冲液（PBS）配制

氯化钠（NaCl）	8.0g
氯化钾（KCl）	0.2g
磷酸氢二钠（Na_2HPO_4）	1.44g
磷酸二氢钠（NaH_2PO_4）	0.24g

加蒸馏水至1 000mL，将上述成分依次溶解，用盐酸（HCl）调pH至7.2，分装，121.3℃、15min高压灭菌。

2. 1%鸡红细胞悬液（RBC）的制备 采集至少3只SPF公鸡或无禽流感和新城疫抗体的非免疫鸡的抗凝血液（含有抗凝剂3.8%枸橼酸钠），放入离心管中，加入3～4倍体积的PBS（pH7.2）混匀，以2 000r/min离心5～10min，去掉血浆和白细胞层，重复以上过程，反复洗涤三次（洗净血浆和白细胞），最后吸取压积红细胞用PBS稀释成体积分数为1%的悬液，于4℃保存备用。

鸡的心脏采血

3. 操作术式 见表2-4。

（1）取96孔V型血凝反应板，用微量移液器在1～12孔每孔加入25μL PBS。

（2）换一吸头吸取 25μL 病毒液加入第 1 孔的 PBS 中，并用移液器吹打 3～5 次使液体充分均匀，然后从第 1 孔取 25μL 混匀后的病毒液加入第 2 孔，混匀后取 25μL 加入第 3 孔，依次倍比稀释到第 11 孔，最后从第 11 孔吸取 25μL 弃去。设第 12 孔为 PBS 对照。

（3）换一吸头，每孔再加入 25μL PBS。

（4）换一吸头在 1～12 孔每孔加入 25μL 1%鸡红细胞悬液。

（5）加样完毕，将反应板置于微型振荡器上振荡 1min，室温（20～25℃）下静置 40min 后观察结果。若环境温度太高，放 4℃静置 60min。PBS 对照孔的红细胞成明显纽扣状沉到孔底时判定结果。

表 2-4　病毒血凝试验操作术式（以新城疫病毒为例）

单位：μL

孔号	1	2	3	4	5	6	7	8	9	10	11	12
PBS	25	25	25	25	25	25	25	25	25	25	25	25
新城疫病毒液	25 ↘	25 ↘	25 ↘	25 ↘	25 ↘	25 ↘	25 ↘	25 ↘	25 ↘	25 ↘	25 ↘	— 弃 25
PBS	25	25	25	25	25	25	25	25	25	25	25	25
病毒稀释倍数	2^1	2^2	2^3	2^4	2^5	2^6	2^7	2^8	2^9	2^{10}	2^{11}	对照
1%鸡 RBC 悬液	25	25	25	25	25	25	25	25	25	25	25	25
振荡混匀，室温 20～25℃下静置 40min 后观察结果。若环境温度太高，放 4℃静置 60min。PBS 对照孔的红细胞成明显纽扣状沉到孔底时判定结果												
结果举例	+	+	+	+	+	+	+	±	±	−	−	−

4. 结果判定和记录　在生理盐水对照孔出现正确结果的情况下（生理盐水对照孔的红细胞成明显的纽扣状沉到孔底），将反应板倾斜，正确判读 HA 效价，以 $n$log2 方式报告结果，并填写结果报告单。

以完全凝集的病毒最大稀释度为该抗原的血凝滴度。完全凝集的病毒最高稀释倍数为 1 个血凝单位（HAU）。

新城疫病毒液能凝集鸡的红细胞，但随着病毒液被稀释，其凝集红细胞的作用逐渐变弱。稀释到一定倍数时，就不能使红细胞出现明显的凝集，从而出现可疑或阴性结果。

血凝抑制试验

（二）病毒的血凝抑制试验（HI）

1. 4 个血凝单位病毒液的制备　根据血凝试验测定的病毒的血凝滴度，用 PBS 稀释病毒，使之含 4 个血凝单位的病毒。稀释倍数按下式计算：

$$4\text{个血凝单位病毒的稀释倍数}=\frac{\text{病毒的血凝滴度}}{4}$$

如表 2-4 中病毒液的血凝滴度为 1∶128（2^7），则 4HAU 病毒的稀释倍数为 32（128 除以 4）倍，稀释时，将 1mL 病毒液加入 31mLPBS 中即为 4HAU 病毒。

2. 被检血清的制备　静脉或心脏采血（不加抗凝剂），注入塑料离心管或青霉素小瓶中，血液凝固后自然析出或离心得到的淡黄色液体即为被检血清。

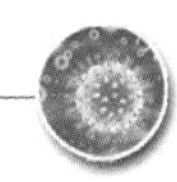

3. 操作术式（表 2-5）

（1）用微量移液器吸取 PBS，加入 1～11 孔中，每孔 25μL。第 12 孔加 50μL。

鸡的翅静脉采血

（2）换吸头，吸取待检血清25μL 置于第1孔的 PBS 中，吹打 3～5 次混匀，吸出 25μL 放入第 2 孔中，混匀后从第二孔中吸取 25μL 置于第 3 孔中，然后依次倍比稀释至第 10 孔，并将第 10 孔的液体混匀后吸取 25μL 弃掉。第 11、12 孔不加待检血清，分别作为病毒对照和 PBS 对照。

（3）换吸头，以同样方法稀释标准阳性血清和标准阴性血清。

（4）换吸头，用微量移液器吸取稀释好的 4 个血凝单位的病毒液，加入 1～11 孔中，每孔 25μL。

被检血清的分离

轻叩反应板使反应物混合均匀，室温即 20～25℃下静置不少于 30min，4℃静置不少于 60min。

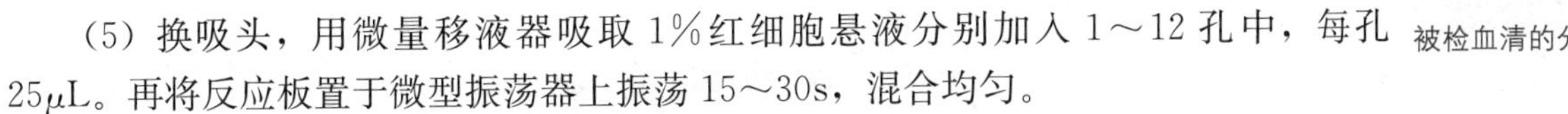

（5）换吸头，用微量移液器吸取 1%红细胞悬液分别加入 1～12 孔中，每孔 25μL。再将反应板置于微型振荡器上振荡 15～30s，混合均匀。

振荡混匀，室温即 20～25℃下静置 40min 后观察结果。若环境温度太高，放 4℃静置 60min。生理盐水对照孔红细胞成明显纽扣状沉到孔底时判定结果。

表 2-5　病毒血凝抑制试验操作术式

单位：μL

孔号	1	2	3	4	5	6	7	8	9	10	11	12
PBS	25	25	25	25	25	25	25	25	25	25	25	50
被检血清	25	25	25	25	25	25	25	25	25	25	—	—
											弃 25	
4HAU 病毒	25	25	25	25	25	25	25	25	25	25	25	—
血清稀释倍数	2^1	2^2	2^3	2^4	2^5	2^6	2^7	2^8	2^9	2^{10}	阳性对照	PBS 对照
轻叩反应板使反应物混合均匀，室温 20～25℃下静置不少于 30min，4℃静置不少于 60min												
1%鸡 RBC 悬液	25	25	25	25	25	25	25	25	25	25	25	25
振荡混匀，室温 20～25℃下静置 40min 后观察结果。若环境温度太高，放 4℃静置 60min。当 PBS 对照孔红细胞成明显纽扣状沉到孔底时判定结果												
结果举例	－	－	－	－	－	－	±	±	±	＋	＋	＋

4. 结果判断和记录　在生理盐水对照孔出现正确结果（红细胞完全流下）的情况下，将反应板倾斜，从背侧观察，正确判读被检血清、标准阳性血清和标准阴性血清的 HI 效价，以 $n$log2 方式报告结果，并填写结果报告单。

只有当阴性血清与标准抗原对照的 HI 滴度不大于 2log2，阳性血清与标准抗原对照的 HI 滴度与已知滴度相差在 1 个稀释度范围内，并且所用阴、阳性血清都不发生自凝的情况下，HI 试验结果方判定有效。

能完全抑制红细胞凝集的血清最大稀释倍数称为血清的血凝抑制滴度或血清的血凝抑制效价，如表 2-5 所表示的血清血凝抑制效价为 6log2。

病毒的HA-HI试验，可用已知血清来鉴定未知病毒，也可用已知病毒来检测血清中的抗体效价，在某些病毒病（如鸡新城疫、禽流感等）的诊断及免疫监测中应用广泛。

知识拓展　常见的动物病毒

病毒性传染病对畜牧业生产的危害极大，例如口蹄疫、猪瘟、鸡新城疫、禽流感、鸡马立克氏病等。下面将介绍12种常见的动物病毒。

口蹄疫病毒

口蹄疫病毒是牛、猪等动物口蹄疫的病原体，人类偶能感染。本病毒能使患畜的口、鼻、蹄、乳房等部位发生特征性的水疱，有时甚至引起死亡。本病流行广、传播迅速，能给畜牧生产带来巨大的损失，是各国最关注的传染病之一。

（一）生物学特性

口蹄疫病毒是单股RNA病毒，属于微核糖核酸病毒科、口蹄疫病毒属，无囊膜，二十面体立体对称，近似球形，直径20～25nm，衣壳上有32个壳粒。在细胞质内复制，用感染细胞做超薄切片，在电子显微镜下可看到细胞质内呈晶格状排列的口蹄疫病毒。

口蹄疫病毒有7个不同的血清型：A、O、C、南非（SAT）1、南非（SAT）2、南非（SAT）3及亚洲1型，各型之间无交互免疫保护作用，每一血清型又有若干个亚型。各亚型之间的免疫性也有不同程度的差异，这给疫苗的制备及免疫防制带来了很多困难。全世界目前亚型的编号已达65个，每年还会有新的亚型出现。

直射日光能迅速使口蹄疫病毒灭活，但污染物品，如饲草、被毛和木器上的病毒却可存活几周之久。厩舍墙壁和地板上的干燥分泌物中的病毒至少可以存活1个月（夏季）至2个月（冬季）。病毒经70℃ 10min、80℃ 1min、1%氢氧化钠1min即被灭活，在pH3的环境中可失去感染性。最常用的消毒液是1%氢氧化钠。

（二）致病性

在自然条件下，牛、猪、山羊和绵羊等偶蹄动物对口蹄疫病毒易感，水牛、骆驼、鹿等偶蹄动物也能感染，而马和禽类不感染。实验动物中豚鼠最易感，但大部分可耐过，因此常常用其做病毒的定型试验。乳鼠对本病毒亦很易感，可用以检出组织中的微量病毒。皮下注射7～10日龄乳鼠，数日后出现后肢痉挛性麻痹，最后死亡，其敏感性比豚鼠足掌注射高10～100倍，甚至比牛舌下接种更敏感。其他动物如猫、犬、仓鼠、野鼠、大鼠、小鼠、家兔等均可人工感染。小鼠化和兔化的口蹄疫病毒对牛毒力显著减弱，可用于制备弱毒疫苗。

人类偶能感染，多发生于与患畜密切接触人员或实验室工作人员，且多为亚临床

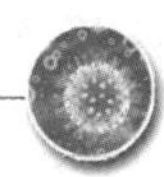

感染，也可发热、食欲差及口、手、脚产生水疱。

(三) 微生物学诊断

OIE 把口蹄疫列为 A 类疫病，我国也把口蹄疫定为 17 个一类疫病之一。诊断必须在指定的实验室进行。送检的样品包括水疱液、剥落的水疱、抗凝血或血清等。死亡动物则可采淋巴结、扁桃体和心。样品应冷冻保存，或置于 pH7.6 的甘油缓冲液中。

口蹄疫的检测有多种方法，世界动物卫生组织（OIE）推荐使用商品化及标准化的 ELISA 试剂盒诊断，如果样品中病毒的滴度较低，可用 BHK-21 细胞培养分离病毒，然后通过 ELISA 或中和试验加以鉴定。

对口蹄疫的诊断必须确定其血清型，这对本病的防制是极为重要的，只有同型免疫才能起到良好的保护作用。

(四) 防制

本病康复后获得坚强的免疫力，能抵抗同型强毒的攻击，免疫期至少一年，但可被异型病毒感染。

由于病毒高度的传染力，防制措施必须非常严密。严格检疫，严禁从疫区调入牲畜，一旦发病，立即严格封锁现场，焚毁病畜，周边地区畜群紧急免疫接种疫苗，建立免疫防护带。

人工主动免疫可用弱毒苗或灭活苗。弱毒苗有兔化口蹄疫疫苗、鼠化口蹄疫疫苗、鸡胚苗及细胞苗。灭活苗有氢氧化铝甲醛苗和结晶紫甘油疫苗。但是弱毒苗有可能散毒，并对其他动物不安全，例如用于牛的弱毒疫苗对猪有致病力，且弱毒疫苗中的活病毒可能在畜体和肉中长期存在，构成疫病散播的潜在威胁，而病毒在多次通过易感动物后可能出现毒力返祖，更是一个不可忽视的问题。推荐使用浓缩的灭活疫苗进行免疫。

狂犬病病毒

狂犬病病毒能引起人和各种温血动物的狂犬病，感染的人和动物一旦发病，几乎都难免死亡。

(一) 生物学特性

狂犬病病毒是单股 RNA 病毒，属于弹状病毒科、狂犬病病毒属。病毒一端圆而细，另一端粗而平截，外形像子弹，故称弹状病毒。衣壳呈螺旋对称，有囊膜，在细胞质内复制。56℃经 30min 即可灭活病毒。0.1%升汞、1%来苏儿等均可迅速使其灭活。在自然条件下，能使动物感染的强毒株称野毒或街毒。街毒对兔的毒力较弱，如用脑内接种，连续传代后，对兔的毒力增强，而对人及其他动物的毒力降低，称为固定毒。街毒可在小鼠、豚鼠、家兔脑内繁殖，但有时需盲目传代 2～3 代。感染街毒的动物在脑组织神经细胞可形成细胞质包含体（即内基氏小体）。内基氏小体的直径平均为 3～10μm，位于神经细胞的原生质中，呈圆形、椭圆形或菱形。

(二) 致病性

各种哺乳动物对狂犬病病毒都有易感性，常因被疯犬、健康带毒犬或其他狂犬病患畜咬伤而发病。病毒通过伤口侵入机体，在伤口附近的肌细胞内复制，而后通过感觉或运动神经末梢及神经轴索上行至中枢神经系统，在脑的边缘系统大量复制，导致脑损伤，行为失控出现兴奋继而麻痹的神经症状。病毒存在于神经系统和唾液腺中，经咬伤而传染。本病的病死率几乎100%。

实验动物中，家兔、小鼠、大鼠均可用人工接种而感染。人也有易感性。鸽及鹅对狂犬病有天然免疫性。

（三）微生物学诊断

在大多数国家仅限于获得认可的实验室及具有确认资格的人员才能作出狂犬病的实验室诊断。常用的方法如下：

1. 包含体检查 取脑组织（海马角、小脑和延脑等）作触片或组织切片，染色检查。约有90%的病犬可检出细胞质包含体，牛、羊的出现率较低。

2. 动物接种 将脑组织磨碎，用生理盐水制成10%悬液，低速离心15～30min。取上清液（如已污染，可按每毫升加入青霉素1 000U、链霉素1 000μg 处理 1h），给9～10 只小鼠脑内注射，剂量为0.01mL。一般在注射后第9至第11d死亡。为了及早诊断，可于接种后第5天起，每天或隔天杀死一只小鼠，检查其脑内的包含体。

3. 荧光抗体检查 采取病死动物的脑组织做成触片或切片，进行荧光抗体染色检查。

4. 病毒分离 取脑或唾液腺等材料用缓冲盐水或含10%灭活豚鼠血清的生理盐水研磨成10%乳剂，脑内接种5～7日龄乳鼠，每只乳鼠注射0.03mL，每份病料接种4～6只乳鼠。唾液或脊髓液则在离心沉淀和用抗生素处理后，直接接种。乳鼠在接种后继续由母鼠同窝哺养，3～4h后如发现哺乳力减弱、痉挛、麻痹死亡，即可取脑检查包含体，并制成抗原，作病毒鉴定。如经7d仍不发病，可致死其中两只，剖取鼠脑做成悬液，如上传代。如第二代仍不发病，可再传代，连续盲传三代，第一、二、三代总计观察4周仍不发病者，诊断为阴性。

（四）防制

由于狂犬病的病死率高，人和动物又日渐亲近，所以对狂犬病的控制是保护人类健康的重要任务。目前各国采取的控制措施大致为几个方面：扑杀狂犬病患畜、对家养犬、猫定期免疫接种、检疫控制输入犬、捕杀流浪犬，这些措施大大降低了人和动物狂犬病的发病率。

狂犬病的疫苗接种分为两种：对犬等动物，主要是作预防性接种；对人，则是在被病犬或其他可疑动物咬伤后作紧急接种。对经常接触犬、猫等动物的兽医或其他人员，也应考虑进行预防性接种。注意监测带毒的野生动物。发达国家对狐和狼的狂犬病防控方法是投放含弱毒疫苗的食饵，对臭鼬等野生动物使用基因工程重组疫苗。

痘 病 毒

痘病毒可引起各种动物的急性和热性传染病，其特征是皮肤和黏膜发生特殊的丘疹和疱疹，通常呈良性经过。各种动物的痘病中以绵羊痘和鸡痘最为严重，病死率较高。

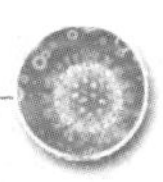

（一）生物学特性

引起各种动物痘病的痘病毒分属于痘病毒科、脊椎动物痘病毒亚科的正痘病毒属、山羊痘病毒属、猪痘病毒属和鸡痘病毒属，均为双股DNA病毒。有囊膜，呈砖形或卵圆形。砖形者其大小约为250nm×250nm×200nm，卵圆形者为(250～300) nm×(160～190) nm。

多数痘病毒在其感染的细胞内形成细胞质包含体，包含体内含有病毒粒子，又称原生小体。大多数的痘病毒易在鸡胚绒毛尿囊膜上生长，并产生溃烂的病灶、痘斑或结节性病灶。痘斑的形态和大小随病毒种类或毒株而不同。

痘病毒对热的抵抗力不强。55℃ 20min或37℃ 24h，均可使病毒丧失感染力。对冷及干燥的抵抗力较强，冻干至少可以保存三年以上。在干燥的痂皮中可存活几个月。将痘苗病毒置于50%甘油中，在-10～-15℃环境条件下，可保存3～4年。在pH3的环境下，病毒可逐渐地丧失感染能力。紫外线或直射阳光可将病毒迅速杀死。0.5%福尔马林、3%石炭酸、0.01%碘溶液、3%硫酸、3%盐酸可在数分钟内使其丧失感染力。常用的碱溶液或酒精10min也可以使其灭活。

（二）致病性

痘病毒能使多种动物发病。动物的种类不同，所表现的症状也不同。如绵羊和猪引起全身痘疹，鸡引起局部皮肤痘疹，鼠痘（即小鼠脱脚病）则表现为肢体坏死，而兔黏液瘤病毒，则引起一种传染性的皮肤纤维瘤。痘病毒的寄主亲和性较强，通常不发生交互传染，但牛痘例外，可以传染给人，但症状很轻微，而且能使感染者获得对天花的免疫力。

（三）微生物学诊断

根据临床症状和发病情况，常可做出正确判断。应用组织学方法寻找感染上皮细胞内的大型嗜酸性包含体和原生小体，也有较大的诊断意义。

1. 涂片染色镜检　采取丘疹组织涂片，用莫洛佐夫镀银法染色，镜检，背景为淡黄色，细胞质内有深褐色的球菌样圆形小颗粒，单在、成双或成堆，即为原生小体。

2. 病毒分离　取经研磨和抗菌处理的病料用生理盐水制成乳剂，接种鸡胚或实验动物，适当培养后，观察鸡胚绒毛尿囊膜的痘斑或动物皮肤上出现的特异性痘疹，进一步检查感染细胞细胞质中的原生小体进行判断。

此外，可用琼脂扩散试验、荧光抗体等血清学试验诊断。

（四）防制

主要采用疫苗的免疫接种，效果良好。鸡痘：鸡胚培养鸽痘疫苗或鸡胚细胞传代的弱毒疫苗，皮下刺种，免疫期半年；绵羊痘：羊痘氢氧化铝苗皮下注射0.5～1mL或用鸡胚化羊痘弱毒疫苗皮内注射0.5～1mL，免疫期均为1年；山羊痘：氢氧化铝甲醛灭活疫苗，皮下注射0.5～1mL免疫期1年。目前有人用羔羊肾细胞培养致弱病毒试制弱毒疫苗。

猪瘟病毒

猪瘟病毒只侵害猪，使之发病，发病率、死亡率均很高，对养猪业危害很大。

(一) 生物学特性

猪瘟病毒是单股 RNA 病毒，属于黄病毒科、瘟病毒属。病毒呈球形，直径约 38～44nm，核衣壳为二十面体，有囊膜，在细胞质内繁殖，以出芽方式释放。

本病毒只在猪的细胞（如猪肾、睾丸和白细胞等）中增殖，但不引起细胞病变。用人工方法可使病毒适应于兔，获得弱毒兔化毒。

猪瘟病毒对理化因素的抵抗力较强。血液中的病毒 56℃ 60min 或 60℃ 10min 才能被灭活，室温能存活 2～5 个月。1%～2%氢氧化钠或 10%～20%石灰水 15～60min 才能杀灭病毒，对紫外线和 0.5%石炭酸溶液抵抗力较强。

猪瘟病毒没有型的区别，只有毒力强弱之分。目前仍然认为本病毒为单一的血清型，但毒力具有很大的差异，在强毒株和弱毒株或几乎无毒力的毒株之间，有各种逐渐过渡的毒株。近年来已经证实猪瘟病毒与牛病毒性腹泻病病毒群有共同抗原性，既有血清学交叉，又有交叉保护作用。

(二) 致病性

猪瘟病毒只能感染猪，各种年龄、性别及品种的猪均可感染。野猪也有易感性。人工接种后，除马、猫、鸽等动物表现感染（及临床症状）外，其他动物均不表现感染。

(三) 微生物学诊断

应在国家认可的实验室进行。病料可取胰、淋巴结、扁桃体、脾及血液。用荧光抗体染色法、免疫酶组化染色法或抗原捕捉 ELISA 法、琼脂扩散试验等可快速检出组织中的病毒抗原。细胞培养可分离病毒，但因为不产生细胞病变，需用免疫学方法进一步检出病毒。

(四) 防制

我国研制的猪瘟兔化弱毒疫苗是国际公认的有效疫苗，得到广泛应用。猪瘟兔化弱毒苗有许多优点：对强毒有干扰作用，接种后不久，即有保护力；接种后 4～6d 产生较强的免疫力，维持时间可达 18 个月，但乳猪产生的免疫力较弱，可维持 6 个月；接种后无不良反应，妊娠母猪接种后没有发现胎儿异常的现象；制法简单，效力可靠。

发达国家控制猪瘟的有效措施是“检测加屠宰”：通过有效的疫苗接种，将需淘汰的猪降到最低数量，以减少经济损失；用适当的诊断技术对猪群进行检测；将检出阳性的猪全群扑杀。同时，尽可能地消除持续感染猪不断排毒的危险性。猪瘟的消灭需要政府部门及各级人员高度负责。

犬瘟热病毒

犬瘟热病毒是引起犬瘟热的病原体。本病是犬、水貂及其他皮毛动物的高度接触性急性传染病。以双相热型、鼻炎、支气管炎、卡他性肺炎以及严重的胃肠炎和神经症状为特征。

(一) 生物学特性

本病毒为单负股 RNA 病毒，属副黏病毒科的副黏病毒亚科、麻疹病毒属，病毒

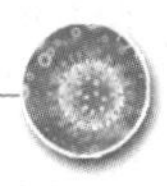

粒子多数呈球形，有时为不规则形态。直径为70～160nm，核衣壳呈螺旋对称排列。也有人认为病毒颗粒直径为150～300nm。

犬瘟热病毒对理化因素抵抗力较强。病犬脾组织内的病毒于−70℃可存活一年以上，病毒冻干可以长期保存，而在4℃只能存活7～8d，在55℃可存活30min，在100℃ 1min灭活。2%氢氧化钠30min失去活性，在3%氢氧化钠中立即死亡；在1%来苏儿溶液中数小时不灭活；在3%甲醛和5%石炭酸溶液中均能死亡。最适pH为7～8，在pH4.4～10.4条件下可存活24h。

（二）致病性

本病主要侵害幼犬，但狼、狐、豺、鼬鼠、熊猫、浣熊、山犬、野犬、狸和水貂等动物也易感。貂人工感染也可以发病。雪貂对犬瘟热病毒特别易感，自然发病的死亡率高达100%，因此，常用雪貂作为本病的实验动物。人和其他家畜无易感性。

（三）微生物学诊断

1. 病毒分离　从自然感染病例分离病毒比较困难。通常用易感的犬或雪貂分离病毒，也可以用犬肾原代细胞、鸡胚成纤维细胞及犬肺巨噬细胞进行分离。

2. 包含体检查　包含体主要存在于病犬的膀胱、胆管、胆囊、肾盂的上皮细胞内。有人认为在病犬的舌和眼结膜上皮细胞内也有包含体，并建议用涂片法诊断犬瘟热。

取玻片，滴加生理盐水，用解剖刀在膀胱刮取黏膜，轻轻地将细胞在生理盐水中洗涤，并作涂片。在空气中自然干燥，放于甲醇溶液中固定3min，晾干后，姬姆萨染色镜检。结果细胞核染成淡蓝色，细胞质染成淡玫瑰红色，包含体染成红色。通常包含体在细胞质内，呈圆形或椭圆形（1～2μm），一个细胞内可发现1～10个包含体。

3. 血清学检查　免疫组化技术可用于检测临死前动物外周血淋巴细胞或剖检动物的肺、胃、肠及膀胱组织中的病毒抗原。

（四）防制

检疫、卫生及免疫是控制本病的关键措施。耐过犬瘟热的动物可以获得坚强的甚至终生的免疫力。幼犬免疫接种的日龄取决于母源抗体的滴度。亦可在6周龄时用弱毒疫苗免疫，每隔2～4周再次接种，直至16周龄。治疗可用高免血清或纯化的免疫球蛋白。

兔出血症病毒

兔出血症病毒是兔出血性败血症的病原体。本病以呼吸系统出血、实质器官水肿、瘀血及出血性变化为特征。本病于1984年初首先在我国江苏等地暴发，随即蔓延到全国多数地区。此后，世界上许多国家和地区也报道了本病。

（一）生物学特性

兔出血症病毒是嵌杯病毒科、兔嵌杯状病毒属的成员。病毒粒子呈球形，直径32～36nm，二十面体对称，无囊膜，嵌杯状的结构不典型，核心直径为17～23nm。对乙醚、氯仿和pH3有抵抗力，能够耐受50℃1h。

该病毒具有血凝性，能凝集人的各型红细胞，肝病料中的病毒血凝价可达10×220，平均为10×214。该病毒也可凝集绵羊、鸡、鹅的红细胞，但凝集能力较弱，不凝集其他动物的红细胞。红细胞凝集试验（HA）在pH4.5～7.8的范围内稳定，最适pH为6.0～7.2；如pH低于4.4，则会导致溶血；pH高于8.5，吸附在红细胞上的病毒将被释放。只有一种血清型。欧洲野兔综合征病毒与兔出血症病毒抗原性相关，但血清型不同。

（二）致病性

引进的纯种兔和杂交兔比我国本地兔对该病毒易感，毛用兔比肉用兔易感。在自然条件下，只感染年龄较大的家兔，2月龄以下的仔兔自然感染时一般不发病，人工感染3～5日龄初生兔，即使大剂量攻毒亦不发病。未发现野兔自然感染造成的大批死亡，人工感染野兔不发病，但可产生低滴度的特异性血凝抑制抗体（1∶15～1∶140）。其他动物均无易感性。

（三）微生物学诊断

兔出血性败血症大多数为最急性或急性型，根据临床症状和病理变化可做出初步诊断，确诊则需经实验室检查。常用的方法为血凝（HA）和血凝抑制（HI）试验，也可用其他方法如ELISA等诊断。

1. 病毒抗原检测 无菌采取病兔的肝、脾、肾及淋巴结等，磨碎后加生理盐水制成1∶10悬液，冻融3次，3 000r/min离心30min，取上清液作血凝试验。把待检的上清液连续2倍稀释，然后加入1%人O型红细胞，在37℃作用60min观察结果。也可用荧光抗体试验、琼脂扩散试验或斑点酶联免疫吸附试验检测病料中的病毒抗原。

2. 血清抗体检测 多用于本病的流行病学调查和疫苗免疫效果的检测，常用的方法是血凝抑制试验。待检血清56℃30min灭活。以能完全抑制红细胞凝集的血清最高稀释度为该血清的血凝抑制效价。也可用间接血凝试验检测血清抗体。

（四）防制

本病的防制除采取严格的隔离消毒措施外，用组织灭活疫苗对兔群进行免疫接种是行之有效的措施。高免血清的使用也有较好的预防和治疗效果。

▶▶新城疫病毒◀◀

新城疫病毒能使鸡和火鸡发生新城疫，又称亚洲鸡瘟或伪鸡瘟。此病具有高度传染性，死亡率在90%以上，对养鸡业危害极大。

（一）生物学特性

新城疫病毒（NDV）是RNA病毒，属于副黏病毒科、副黏病毒亚科、腮腺炎病毒属。病毒呈球形，直径140～170nm，能凝集鸡、鸭、鸽、火鸡、人、豚鼠、小鼠等的红细胞，这种血凝性能被特异的抗血清所抑制，多用鸡胚或鸡胚细胞培养来分离病毒。病毒易被日光及各种消毒剂灭活。

新城疫病毒只有一个血清型，但不同毒株的毒力有较大差异，根据毒力的差异可将NDV分成三个类型，强毒型、中毒型和弱毒型。区分的依据为如下致病指数，即

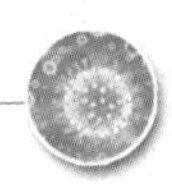

病毒对1日龄雏鸡脑内接种的致病指数（ICPI）、42日龄鸡静脉接种的致病指数（IVPI）、最小致死量致死鸡胚的平均死亡时间（MDT）。一般认为，MDT在68h以上、ICPI≤0.25者为弱毒株；MDT在44～70h、ICPI=0.6～1.8为中毒株；MDT在40～70h、ICPI>2.0为强毒株。IVPI作为参考，强毒株IVPI常大于2.0。

（二）致病性

新城疫病毒对鸡有很强的致病力，使之发生新城疫，而对水禽、野禽的致病力较差。强毒株可引起火鸡感染但症状轻。哺乳动物中牛及猫也有感染死亡的病例。绵羊、猪、猴、小鼠及地鼠可用人工方法感染。人也可感染，引起结膜炎、流感样症状及耳下腺炎等。病毒主要通过饲料、饮水传播，也可由呼吸道或皮肤外伤而使鸡感染。

（三）微生物学诊断

必须作病毒分离及血清学诊断，并在国家认可的实验室进行。应采取病鸡脑、肺、脾、肝和血液等作为备检病料。

取上述病料制成的匀浆液，通过鸡胚尿囊腔接种9～11日龄鸡胚分离病毒，若病毒能凝集鸡、人及小鼠的红细胞，再作血凝抑制试验进行鉴别。分离株有必要进一步测定其毒力。检测鸡群的血凝抑制抗体可作为辅助诊断方法。在慢性新城疫流行区，可用血凝抑制试验作为监测手段。近些年，一些单位研究的ELISA快速诊断方法及分子生物学的PCR技术，在新城疫的诊断及进出口检疫中也被广泛应用。

（四）防制

新城疫是OIE规定的A类疫病，许多国家都有相应的立法。防制须采取综合性措施，包括卫生、消毒、检疫和免疫等。由于NDV只有一个血清型，所以疫苗免疫效果良好。通常采用由天然弱毒株筛选制备的活疫苗及强度株制备的油乳剂灭活苗。

目前我国常用的生产弱毒疫苗的毒株有Mukte-swar系（又称印度系）、B1系、F系以及LaSota系四种，制备的疫苗分别称为Ⅰ、Ⅱ、Ⅲ、Ⅳ系疫苗。其中Ⅰ系苗为中毒型，适用于已经新城疫弱毒苗（如Ⅱ、Ⅲ、Ⅳ系）免疫过的2月龄以上的鸡，不得用于雏鸡。常用方法是皮下刺种和肌内注射。Ⅱ、Ⅲ、Ⅳ系疫苗毒力较弱，适用于所有年龄的鸡，可作滴鼻、点眼、饮水、气雾免疫等。

新城疫的免疫接种除使用弱毒疫苗外，近10年新城疫油佐剂灭活苗的应用也很广泛，灭活苗对于各种日龄鸡的免疫均可使用，免疫方法为皮下或肌内注射。

免疫接种时，必须根据疫病的流行情况、鸡的品种、日龄、疫苗的种类等制定好免疫程序，并按程序进行免疫。由于鸡在免疫接种后15d仍能排出疫苗毒，因此有些国家规定鸡在免疫接种21d后才可调运。

禽流感病毒

禽流感病毒能使家禽发生禽流感，又称欧洲鸡瘟或真性鸡瘟。高致病性禽流感（HPAI）已经被OIE定为A类传染病，并被列入国际生物武器公约动物类传染病名单。我国把高致病性禽流感列为一类动物疫病。

（一）生物学特性

禽流感病毒（AIV）属于正黏病毒科、甲型流感病毒属。典型病毒粒子呈球形，也有的呈杆状或丝状，直径80～120nm。含单股RNA，核衣壳呈螺旋对称。外有囊膜，囊膜表面有许多放射状排列的纤突。纤突有两类，一类是血凝素（H）纤突，现已发现16种，分别以H1～H16命名；另一类是神经氨酸酶（N）纤突，已发现有10种，分别以N1～N10命名。H和N是流感病毒两个最为重要的分类指标，二者又以不同的组合，产生多种不同亚型的毒株，不同的H抗原或N抗原之间无交互免疫力。H5N1、H5N2、H7N1、H7N7及H9N2是引起鸡禽流感的主要亚型。不同亚型的毒力相差很大，高致病力的毒株主要是H5和H7的某些亚型毒株。禽流感病毒能凝集鸡、牛、马、猪和猴的红细胞。

AIV能在鸡胚、鸡胚成纤维细胞中增殖，病毒通过尿囊腔接种鸡胚后，经36～72h，病毒量可达最高峰，导致鸡胚死亡，并使胚体的皮肤、肌肉充血和出血。高致病力的毒株20h即可致死鸡胚。大多数毒株能在鸡胚成纤维细胞培养形成蚀斑。

该病毒55℃ 60min或60℃ 10min即可失去活力。对紫外线以及大多数消毒药和防腐剂敏感。在干燥的尘埃中能存活14d。

（二）致病性

AIV除感染鸡和火鸡外，也可感染鸭、鸽、鹅和鹌鹑、麻雀等，脑内接种小鼠可使其发病，并可形成包含体。禽流感发病急，致死率高达40%～100%。血及组织液中病毒滴度高，直接接触或间接接触均可传染。高致病力的AIV可引起禽类的大批死亡而造成极大的经济损失，历史上造成高致病性禽流感大暴发的毒株都属于H5或H7亚型毒株。有些毒株感染虽然发病率高，但死亡率较低。主要引起呼吸道感染、产蛋下降或呈隐性感染，只引起少量死亡或不死亡。

（三）微生物学诊断

禽流感病毒的分离和鉴定应在指定的实验室进行。病毒的分离对病毒的鉴定和毒力测定均为必需。

分离病毒时可用棉拭子从病禽（或尸体）气管及泄殖腔采取分泌物，接种于9～11日龄SPF鸡胚尿囊腔，0.1mL/只，采取尿囊液，做HA-HI或ELISA等试验，对该病毒进行诊断检测。毒力测定可将分离病毒株接种鸡，或用分离株做空斑试验。

另外，直接荧光法和间接荧光法等，均可有效地检测出AIV。PCR是近几年发展成熟起来的一种体外基因扩增技术，能有效地用于多种病毒的基因检测和分子流行病学调查等。

OIE规定的高致病力标准：将含病毒的鸡胚尿囊液用灭菌生理盐水作1∶10稀释，静脉接种4～8周龄SPF鸡8只，每只0.2mL，隔离饲养观察10d，死亡≥6只者，判定为高致病力禽流感病毒。

（四）防制

预防措施应包括在国际、国内及局部养禽场三个不同水平。高致病力禽流感被OIE列为A类疫病，一旦发生应立即上报。国内措施主要为防止病毒传入及蔓延。养禽场还应侧重防止病毒由野禽传给家禽，要有隔离设施阻挡野禽。一旦发生高致病力禽流感，应采取断然措施防止扩散。灭活疫苗可用作预防之用，但接种疫苗能否防

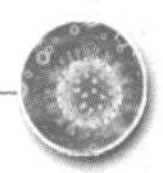

止带毒禽经粪便排毒，能否防止病毒的抗原性变异，均有待研究。

马立克病病毒

马立克病病毒（MDV）是引起鸡马立克病的病原体。此病主要特征是病鸡外周神经、性腺、肌肉、各种脏器和皮肤的单核细胞浸润或形成肿瘤。常使病鸡发生急性死亡、消瘦或肢体麻痹。

（一）生物学特性

MDV是双股DNA病毒，属于疱疹病毒科疱疹病毒甲亚科的成员，又称禽疱疹病毒2型，病毒近似球形，为二十面体对称。在机体组织内病毒有两种存在形式：一种是病毒颗粒外面无囊膜的裸体病毒，存在于肿瘤组织中，是一种严格的细胞结合型病毒；另一种为有囊膜的完整病毒，存在于羽毛囊上皮细胞中，属非细胞结合型。裸体病毒直径约为80～170nm；完整病毒直径为275～400nm。在细胞内常可看到核内包涵体。

本病毒可分为3个血清型。一般所说的马立克病病毒是指血清1型，为致瘤性MDV，血清2型为非致瘤性MDV，血清3型为火鸡疱疹病毒（HVT），对火鸡可致产卵下降，对鸡无致病性。

有囊膜的病毒有较大的抵抗力。在垫草中经44～112d，在鸡粪中经16周仍有活力。在无细胞滤液中，经－65℃冻结后，210d后其滴度未见下降。病毒于4℃两周，22～25℃ 4d、37℃ 18h、56℃ 30min、60℃ 10min即被灭活。

（二）致病性

MDV主要侵害雏鸡和火鸡，1日龄雏鸡的敏感性比14日龄鸡高1 000多倍。野鸡、鹌鹑和鹧鸪也可感染。发病后引起大量死亡，耐过的鸡生长不良，是一种免疫抑制性疾病，对养鸡业危害很大。病情复杂，可分为四种类型：内脏型（急性型）、神经型（古典型）、眼型和皮肤型。致病的严重程度与病毒毒株的毒力、鸡的日龄和品种、免疫状况、性别等有很大关系。隐性感染鸡可终生带毒并排毒，其羽毛囊角化层的上皮细胞含有病毒，易感鸡通过吸入此种毛屑感染。病毒不经卵传递。一般认为哺乳动物对本病毒无易感性。

（三）微生物学诊断

诊断该病的简易方法是琼脂扩散试验，中间孔加阳性血清，周围插入被检鸡羽毛囊，出现沉淀线为阳性。免疫荧光试验等血清学方法可检出病毒。病毒分离可接种4日龄鸡胚卵黄囊或绒毛尿囊膜，再作荧光抗体染色或电镜检查作出诊断。禽白血病病毒往往与本病毒同时存在，要注意鉴别。

（四）防制

由于雏鸡对MDV的易感性高，尤其是1日龄雏鸡易感性最高，所以防制本病的关键在于搞好育雏室的卫生消毒工作，防止早期感染，同时作好1日龄雏鸡的免疫接种工作，加强检疫，发现病鸡立即淘汰。

目前免疫接种常用疫苗有四类：即强毒致弱MDV疫苗（如荷兰CVI988疫苗）、天然无致病力MDV疫苗（如SB-1、Z_4苗）、火鸡疱疹病毒疫苗（HVT苗）和双价苗（血清Ⅰ型+Ⅲ型、血清Ⅱ型+Ⅲ型）及三价苗（血清Ⅰ型+Ⅱ型+Ⅲ型）。疫苗的使用方法是1日龄雏鸡颈部皮下注射。

生产中应用的MD疫苗除HVT苗以外均为细胞结合性疫苗，尚不能冻干，必须液氮保存，故运输、保存和使用均应注意。

传染性法氏囊病病毒

传染性法氏囊病病毒（IBDV）是引起鸡传染性法氏囊病的病原体。传染性法氏囊病是鸡的一种以淋巴组织坏死为主要特征的急性病毒性传染病，是一种免疫抑制性疾病。

（一）生物学特性

IBDV属双股RNA病毒科、禽双RNA病毒属。病毒粒子直径55～60nm，由32个壳粒组成，正20面体对称，无囊膜。

该病毒有两个血清型，二者有较低的交叉保护，仅1型对鸡有致病性，火鸡和鸭为亚临床感染。2型未发现有致病性。毒株的毒力有变强的趋势。

病毒对理化因素的抵抗力较强，耐热56℃ 5～6h，60℃ 30～90min仍有活力。但70℃加热30min即被灭活。病毒在−20℃贮存三年后对鸡仍有传染性。在−58℃保存18个月后对鸡的感染滴度不下降。能耐反复冻融和超声波处理。在pH2环境中60min不灭活。对乙醚、氯仿、吐温和胰蛋白酶有一定抵抗力。在3%来苏儿、3%石炭酸和0.1%升汞液中经30min可以灭活。但对紫外线有较强的抵抗力。

（二）致病性

IBDV的天然宿主只限于鸡。2～15周龄鸡较易感，尤其是3～5周龄鸡最易感。在法氏囊已退化的成年鸡呈现隐性感染。鸭、鹅和鸽不易感。鹌鹑和麻雀偶尔也感染发病。火鸡只发生亚临床感染。

IBDV使鸡发生传染性法氏囊病，不仅能导致一部分鸡死亡，造成直接的经济损失，而且还可导致免疫抑制，从而诱发其他病原体的潜在感染或导致其他病的免疫失败，目前认为该病毒可以降低鸡新城疫、鸡传染性鼻炎、鸡传染性支气管炎、鸡马立克氏病和鸡传染性喉气管炎等各种疫苗的免疫效果，使鸡对这些病的敏感性增加。

（三）微生物学诊断

1. 病毒学检查 分离病毒常用鸡胚接种或雏鸡接种。9～11日龄SPF鸡胚绒毛尿囊膜接种，常于接种后3～5d死亡，病变表现为体表出血、肝肿大、坏死，肾充血、有坏死灶，肺极度充血，脾呈灰白色，有时有坏死灶。雏鸡接种通常用3～7周龄鸡经口接种，4d后扑杀，可见法氏囊肿大、水肿出血。

2. 血清学检查 常用的方法有中和试验、琼脂扩散试验、免疫荧光技术、酶联免疫吸附试验等。

（四）防制

平时加强对鸡群的饲养管理和卫生消毒工作，定期进行疫苗免疫接种，是控制本病的有效措施。高免卵黄抗体的使用在本病的早期治疗中有较好的效果。

目前常用的疫苗有活毒疫苗和灭活疫苗两大类。活毒疫苗有两种类型，一是弱毒

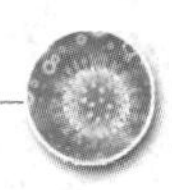

力苗，接种后对法氏囊无损伤，但抗体产生较迟，效价较低，在遇到较强毒力的IBDV侵害时，保护率较低；二是中等毒力疫苗，用后对雏鸡法氏囊有轻度损伤作用，但对强毒的IBDV侵害的保护率较好。两种活毒疫苗的接种途径为点眼、滴鼻、肌内注射或饮水免疫。灭活疫苗有鸡胚细胞毒、鸡胚毒或病变法氏囊组织制备的灭活疫苗，此类疫苗的免疫效果较好，但必须经皮下或肌内注射。

鸭瘟病毒

鸭瘟病毒可使鸭发生鸭瘟，偶尔也能使鹅发病。病毒主要侵害鸭的循环系统、消化系统、淋巴样器官和实质器官，引起头、颈部皮下胶冻样水肿，消化道黏膜发生损伤、出血、坏死，形成伪膜，肝有特征性的出血和坏死。

(一) 生物学特性

鸭瘟病毒为双股DNA病毒，属疱疹病毒科、疱疹病毒甲亚科，又名鸭疱疹病毒1型。病毒呈球形，直径为80～120nm，呈20面体对称，有囊膜。病毒颗粒除了DNA以外，还含有一种必要的脂类。鸭瘟病毒不能凝集动物红细胞，也无红细胞吸附作用。

病毒可在8～14日龄鸭胚中增殖和继代，接种后多在3～6d死亡。人工接种也可使1日龄小鸡感染。病毒也能在鸭胚细胞或鸡胚细胞培养物中增殖和继代，引起细胞病变，形成空斑和核内包含体。

本病毒对外界因素的抵抗力不强。56℃ 10min即被灭活，50℃ 90～120min也能被灭活，22℃ 30d后失去感染能力。含有病毒的肝组织，在－20～－10℃低温中，经347d对鸭仍有致病力。在－7～－5℃环境中，经3个月毒力不减。但反复冻融，则容易使之丧失毒力。在pH7～9的环境中稳定，但pH3或11可迅速灭活病毒。70％酒精5～30min、0.5％漂白粉和5％石灰水30min即被杀死。病毒对乙醚和氯仿敏感。

(二) 致病性

在自然情况下，鸭瘟病毒主要侵害家鸭。各种年龄和品种的鸭均可感染，但番鸭、麻鸭和绵鸭易感性最高，北京鸭次之。在自然流行中，成年鸭和产蛋母鸭发病和死亡较严重，1月龄以下的雏鸭发病较少。但人工感染时，雏鸭较成年鸭易感，而且死亡率也高。在自然情况下，鹅和病鸭密切接触，也能感染发病，但通常很少形成广泛流行。人工感染雏鹅，尤为敏感，死亡率也很高。野鸭和雁对人工感染也有易感性。鸡对鸭瘟病毒的抵抗力较强，但两周龄的雏鸡，可以人工感染发病。

(三) 微生物学诊断

一般根据临床症状和病理变化进行初步诊断，实验室诊断可采取肝、脾或脑等病料作组织切片荧光抗体染色，或检查包含体。必要时做病毒分离，用分离病毒作中和试验，即可确诊。

(四) 防制

病愈鸭和人工免疫鸭均可获得坚强的免疫力。目前使用的鸭瘟疫苗有：鸭瘟鸭胚化弱毒疫苗和鸭瘟鸡胚化弱毒疫苗两种。另外，免疫母鸭可以将免疫力通过鸭蛋传给小鸭，形成天然被动免疫。但免疫力一般不够坚强、持久，不足以抵抗强毒鸭瘟病毒的攻击。

▶▶马传染性贫血病毒◀◀

马传染性贫血病毒是马传染性贫血的病原体。本病在临床上表现为高热稽留或间歇热，发热期间症状明显，病马呈现贫血、出血、黄疸、心脏衰弱、浮肿和消瘦等变化。无热期症状减轻或暂时消失。此外，肝、脾、淋巴结等网状内皮细胞的变性、增生也是本病的特征。

（一）生物学特性

马传染性贫血病毒为RNA病毒，属于反转录病毒科、慢病毒属的成员。近似球形，有囊膜。一般提纯的病毒其直径90～140nm，在感染细胞内呈球形，直径80～135nm，中间有一个大小40～60nm的类核体，外围有一层致密的囊膜，厚5～12nm。

本病毒对外界的抵抗力较强，在粪尿中约能生存两个半月，但将粪尿堆积发酵时，经30d即可死亡。在0～2℃环境中，可保持毒力达6个月至2年之久。日光照射经1～4h死亡。2%～4%氢氧化钠溶液和甲醛溶液，均能在5～10min内杀死。病毒对热的抵抗力较弱，煮沸立即死亡。血清中的病毒经56℃ 30min处理后，大部分被灭活，经56～60℃ 60min处理，可完全失去感染性。因此，在发生马传染性贫血的地区，用马制备的各种免疫血清，必须加热至58～59℃，维持1h，以消灭可能含有的马传染性贫血病毒。

（二）致病性

在动物中目前只有马、骡、驴对此病毒有易感性。在自然条件下，以马的易感性最强，骡、驴次之。病毒主要通过吸血昆虫的叮咬经皮肤侵入。因此，本病以夏秋季节8～9月发病较多。此外经器械也可散播病毒，也能经消化道传染。流行开始常呈急性暴发，死亡率高。以后转为亚急性和慢性。常发地以慢性病马为多，死亡率也逐渐降低。

（三）微生物学诊断

1. 补体结合试验 补反抗体最早出现时间在感染后第6天，多数病马出现在20～60d。抗体持续时间为2～3个月到6～7个月，最长可达9年以上。但也有波动，抗体时隐时现。补反有高度特异性，检出率可达80.6%左右。但少数病马血清中可出现一种特殊的没有补反活性的免疫球蛋白IgG（T），干扰有补反活性的IgG的作用，呈现与抗原结合性的竞争，因此可造成补反假阴性。

2. 琼脂扩散试验 病马在人工感染后18d就可产生沉淀抗体。这种抗体在体内持续时间很长，约为三年或更久，本试验特异性强，与其他病毒无交叉反应，方法简便，其检出率可达95%以上。此法是国际通用方法。

3. 动物接种 动物接种是将可疑马的血液、血清或其滤液，给健康马驹进行接种，根据接种马驹在一定时间内所表现的一系列临床—血液学变化，进行确诊。因此，本法是诊断马传染性贫血最可靠的方法。但是在应用时，如不加强防疫措施，则易散播病毒。因此，动物接种只有在非安全地区，并且具有一定设备条件的单位才可

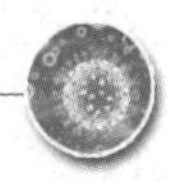

以进行。

（四）防制

沈荣显院士等研制的驴细胞弱毒疫苗非常成功，马接种后产生良好的免疫力。已有效控制本病在我国的流行。国外一般采取检测加淘汰的手段。

综合实训　鸡新城疫抗体测定

【实训目标】　鸡新城疫抗体测定实训项目是以鸡场新城疫抗体测定为工作任务，将鸡的采血、被检血清制备、病毒的血凝和血凝抑制试验等多个单一的试验整合而成的实践性、应用性很强的综合实训项目，训练内容和要求与实际工作岗位接轨。通过试验方案设计、试验前准备、试验操作、试验结果分析等多个方面的系统训练，明确鸡新城疫抗体测定的目的、意义和方法，达到会设计、会准备、会操作、会分析、会应用的试验目标，达到实训内容和岗位任务的完全一致。

【试验方案】

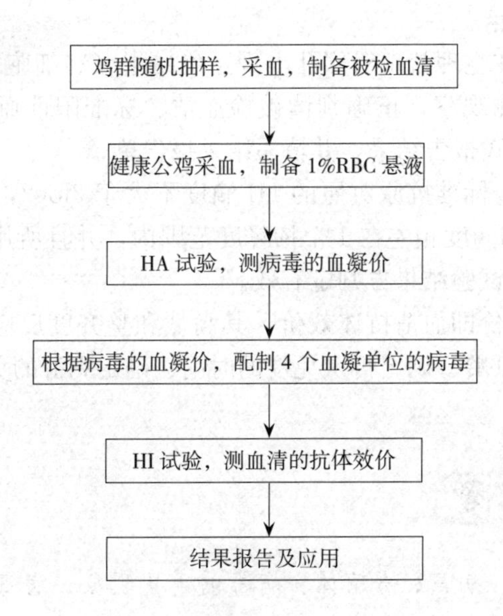

【仪器及材料】

1. 器材　普通托盘天平、微型振荡器、普通离心机、微量移液器、吸头、微量移液器吸头盒、板式微量移液器架、96孔V型血凝反应板、禽用采血器、细记号笔、烧杯、试管架、具盖塑料离心管、温箱、标签纸、试验报告单。

2. 试剂　pH7.2磷酸盐缓冲液（PBS）或生理盐水、3.8%枸橼酸钠、1%RBC悬液、标准新城疫病毒抗原、新城疫被检血清、新城疫标准阳性血清、新城疫标准阴性血清。

【方法与步骤】

1. 制备被检血清　鸡群随机抽样，静脉或心脏采血（不加抗凝剂），将血液注入塑料离心管中并做好记录，血液凝固后自然析出或离心得到的淡黄色液体即为被检血清。

2. 制备1%RBC悬液（鸡红细胞悬液） 采集至少3只SPF公鸡或无禽流感和新城疫抗体的非免疫鸡的抗凝血液（含有抗凝剂3.8%枸橼酸钠），放入离心管中，加入3～4倍体积的pH7.2、PBS混匀，以2 000r/min离心5～10min，去掉血浆和白细胞层，重复以上过程，反复洗涤三次（洗净血浆和白细胞），最后吸取压积红细胞用PBS稀释成体积分数为1%的悬液，于4℃保存备用。

3. 血凝试验 用微量移液器吸取PBS、标准新城疫病毒抗原、1%RBC悬液加入96孔V型血凝反应板中进行微量法病毒血凝试验，测病毒的血凝价，具体操作及结果判定方法详见项目二的技能二。

4. 制备4个血凝单位的病毒液 根据血凝试验测定的病毒的血凝滴度（血凝价），用PBS稀释病毒，使之含4个血凝单位的病毒。具体操作及结果判定方法详见项目二的技能二。

5. 血凝抑制试验 用微量移液器吸取PBS、被检血清、4个血凝单位的病毒、1%RBC悬液加入96孔V型血凝反应板中进行微量法病毒血凝抑制试验，测血清的血凝抑制价，具体操作及结果判定方法详见项目二的技能二。

6. 结果报告及应用

（1）结果报告。在生理盐水对照孔出现正确结果（红细胞完全流下）的情况下，将反应板倾斜，从背侧观察，正确判读被检血清、标准阳性血清和标准阴性血清的HI效价，以$n\log2$方式报告结果，并填写结果报告单。

只有当阴性血清与标准抗原对照的HI滴度不大于2log2，阳性血清与标准抗原对照的HI滴度与已知滴度相差在1个稀释度范围内，并且所用阴、阳性血清都不发生自凝的情况下，HI试验结果方判定有效。

（2）应用。HI效价即血清抗体效价，其高低和整齐度反应鸡群的免疫状态，可用于确定鸡群的首免日龄、确定再次免疫的时间、确定鸡群的免疫效果、进行疑似新城疫的辅助诊断。

复习与思考

1. 解释下列名词：病毒、噬菌体、病毒的干扰现象、病毒的血凝现象、病毒的血凝抑制现象、包含体。

2. 说出病毒的基本特征。

3. 谈谈病毒的干扰现象和血凝现象在生产实践中的应用。

4. 说出病毒病实验室诊断的方法。

5. 口蹄疫病毒有几个血清型？各型之间是否有相同的抗原性？在疫苗免疫时应注意什么？

6. 病毒的血凝滴度是怎样规定的？

7. 血清的血凝抑制滴度是怎样规定的？

8. 试述HA-HI在畜牧生产中有何应用。

9. HI是不是一种特异的抗原抗体反应？为什么？

项目三　消毒与灭菌

项目指南

消毒与灭菌是畜牧业生产和微生物学实践中十分重要的基本操作技术。由于微生物广泛存在于自然界的各种环境中，其中有些又是病原微生物，因此，本项目的主要内容是了解微生物在自然界中的分布规律；掌握消毒、灭菌、无菌、无菌法、防腐、滤过除菌、共生、寄生、拮抗等基本概念；掌握物理因素、化学因素及生物因素对微生物的影响及应用；明确药敏试验在实际生产中的应用；明确水中细菌学检验的公共卫生学意义，然后能够根据不同的对象，正确地进行消毒与灭菌；能通过药敏试验选择敏感药物；能够进行水的细菌学检验并对检验结果进行分析评价；能够进行实验动物的接种与剖检。本项目重点是掌握物理因素和化学因素对微生物的影响及及其在生产中的应用，难点是化学消毒剂的作用原理、影响消毒剂作用的因素；水的细菌学检验结果判定；实验动物的正确接种与剖检。

通过本项目的学习，畜牧兽医工作人员必须牢固树立无菌观念和严格执行无菌操作。例如细菌鉴定所用的器材、培养基、手术器械、注射器、无菌室等均需要进行严格的消毒或灭菌。为防止疾病传播，对于传染病畜禽尸体、排泄物、周围环境以及实验室废弃的培养物也要进行消毒或灭菌处理。在实际生产中，应根据不同的使用要求和条件选用合适的消毒灭菌方法。

认知与解读

任务一　微生物在自然界分布的认知

微生物与外界环境的关系极为密切。微生物个体微小，种类多，代谢类型多样，繁殖快，适应环境的能力强，因此，它们广泛分布在自然界中，无论在土壤、水、空气、饲料、物体的表面、动物的体表和某些与外界相通的腔道，甚至在其他生物不能生存的极端的环境（如冰川、温泉、火山口等）中都有微生物存在。一方面，外界环境中的多种因素影响着微生物的生命活动；另一方面，微生物也可通过其新陈代谢活动对外界环境产生影响。了解微生物在自然界中的分布，对于畜禽流行病学的调查、诊断和畜禽传染病的防治都具有重要意义，也为消毒、灭菌等工作的实施提供重要的理论依据。

一、土壤中的微生物

土壤是微生物的天然培养基。因为土壤具备着大多数微生物生长繁殖所需要的营养、水分、温度、酸碱度、渗透压和气体环境等条件，并能防止日光直射的杀伤作用。所以，土壤是多种微生物生活的良好环境。

土壤中微生物的种类很多，有细菌、真菌、放线菌、螺旋体和噬菌体等，其中以细菌最多，占土壤微生物总数的70%～90%。微生物在土壤中的分布也有特点，其种类和数量随着土层深度、有机物质的含量、湿度、温度、酸碱度以及土壤的类型不同而异。表层土壤由于受日光的照射、雨水的冲刷及干燥的影响，微生物数量较少；在离地面10～20cm深的土层中微生物的数量最多，每克肥沃的土壤中微生物数以亿计；而越往土壤深处则微生物越少，在数米深的土层处几乎无菌。土壤是微生物在自然界中最大的贮藏所，是一切自然环境微生物的主要来源地，是人类利用微生物资源的最丰富的“菌种资源库”。

土壤中的微生物大多是有益的，如根瘤菌、自生的固氮菌等，可制备各种细菌肥料，以提高土壤肥力，促进饲料作物增产。但还有一些随着动、植物尸体及人、畜禽排泄物、分泌物、污水、垃圾等废弃物一起进入土壤的病原微生物。虽然土壤不适合大多数病原微生物的生长繁殖，但少数抵抗力强的芽孢菌，如炭疽杆菌、破伤风梭菌、气肿疽梭菌、腐败梭菌、产气荚膜梭菌等的芽孢能在土壤中生存数年甚至几十年，在一定条件下，感染人和畜禽，导致相应传染病的发生。而且还有一些抵抗力较强的无芽孢病原菌也能生存较长的时间（表3-1）。

表3-1　几种非芽孢病原菌在土壤中的存活时间

病原菌名称	存活时间
化脓链球菌	2个月
伤寒沙门氏菌	3个月
结核分枝杆菌	5～24个月
布鲁氏菌	100d
猪丹毒杆菌	166d（土壤中的尸体内）

一般来说，在潮湿、低温、有机物质丰富（尤其含粪便、痰、脓等营养物质）和理化条件适宜的土壤中，有利于病原微生物的存活，这些污染的土壤是传播疫病的重要来源。因此，为了防止经“土壤感染”的传染病发生，要设法避免病原微生物污染土壤。不许随地吐痰；对病畜禽的粪便、垫草应堆积发酵；对可能被病原微生物污染的物品，必须进行严格的消毒处理；对于患传染病死亡的畜禽尸体，要进行焚烧或深埋地下2m深处，并作无害化处理，以免传播传染病。

二、水中的微生物

水是仅次于土壤的微生物第二天然培养基，在各种水域中都生存着细菌和其他微生物。由于不同水域中的有机物和无机物种类和含量、光照度、酸碱度、渗透压、温

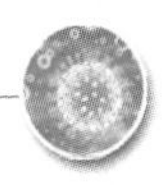

度、含氧量、污染程度的轻重以及水中微生物的拮抗作用等差异很大，因而使各种水域中的微生物种类和数量呈现明显差异。特别是在含有大量的有机物质的污水中，更适合于微生物的生存并且大量繁殖。水中的微生物主要为腐生性细菌，其次还有噬菌体、真菌、螺旋体等。此外，还有很多非水生性的微生物，常随着土壤、尘埃、人畜的排泄物、分泌物、动植物残体、垃圾、污水和雨水等汇集于水中。一般地面水比地下水含菌种类多，数量大；雨水和雪水含菌数量少，特别是在乡村和高山区的雨水和雪水。在地面水的表面，由于受到日光的直射，细菌数量少；在距水面 5～20m 的水层中，含菌数最多；20m 以下，含菌数量将随深度的增加而减少，但由于水的底层富含有机物质，菌数又有所增加。

自然界中的水都有自净作用。这是由于微生物大量繁殖不断分解水中的有机物、清洁支流的冲淡、日光照射的杀菌作用、水中原生动物的吞噬和微生物间的拮抗作用、水流振动、机械沉淀等因素导致水中微生物含量大量地减少，使水逐渐净化变清的结果。河水的自净作用在水的卫生学上有一定意义。但一般的江河水，源远流长，各有不同程度的污染，需经净化、消毒处理，使其符合卫生标准，才能供作饮用。

水中病原微生物主要来源于患传染病的人和动物的排泄物、分泌物、血液、内脏、尸体，故以传染病医院、兽医院、屠宰场、皮毛加工厂等排出的污水和垃圾而造成的水源污染危害性最大。水中常见的病原微生物有：炭疽杆菌、大肠杆菌、沙门氏菌、布鲁氏菌、巴氏杆菌、猪丹毒杆菌、钩端螺旋体、猪瘟病毒和口蹄疫病毒等，它们在水中可存活一定的时间（表 3-2）。被病原微生物污染的水体，是传染病发生和流行的重要传播媒介。因此，对动物尸体及排泄物、污水等应进行无害处理，以免水源被病原微生物污染。

表 3-2　几种病原菌在水中的生存时间

病原菌名称	水的性质	生存时间
大肠杆菌	蒸馏水	24～72d
布鲁氏菌	无菌水和饮用水	72d
结核分枝杆菌	河水	5 个月
伤寒沙门氏菌	蒸馏水	3～81d
钩端螺旋体	河水	150d 以内
坏死杆菌	河水	4～183d
马腺疫链球菌	蒸馏水和自来水	9d
口蹄疫病毒	污水	103d

检查水中微生物的含量和病原微生物的存在，对人、畜卫生有着十分重要的意义。由于水中病原微生物数量很少，不易直接检出，国家对饮用水实行法定的公共卫生学标准，通过微生物学指标如菌落总数和总大肠菌群数来判定水的污染程度。总大肠菌群数是指100mL 水中所含大肠菌群的最近似值（MPN）。我国饮用水的卫生标准是：每毫升水中细菌总数不超过 100 个，每100mL 水中总大肠菌群数不得检出。

三、空气中的微生物

由于空气中缺乏微生物生长繁殖所必需的营养物质和足够的水分，加上干燥、阳光直射及空气流动等因素的影响，均不利于微生物的生命活动，故空气并不是微生物生长繁殖的适宜环境。只有少数对干燥和阳光直射抵抗力较强的球菌、放线菌、细菌的芽孢、真菌的孢子等能在空气中存活较长时间，所以空气中微生物的种类和数量都较少。空气中微生物的主要来源是人、动植物及土壤中的微生物通过水滴、尘埃、飞沫或喷嚏等微粒一并散布进入，以气溶胶的形式存在。霉菌的孢子则能被气流直接吹入空气中。

空气中微生物的分布受多种因素影响，离地面越高的空气中，含菌量愈少；尘埃越多的空气，微生物数量越多；室内空气的含菌量比室外大；人畜密集、密闭、通风不良的场所含菌量大；在畜舍内进行饲喂干草、清扫地面、刷拭皮肤等操作时，空气中的尘埃和微生物的数量剧增，这些被扬起的灰尘和微生物，经 30min～1h 才能沉落下来，因此在奶牛挤乳前1～2h，就应停止那些容易扬起灰尘的操作，以免污染牛乳。一般在医院、畜舍、宿舍、公共场所、城市街道等地空气中含微生物量较高，而在空气流通的房舍、乡村、草原、森林、海洋、高山或极地上空的空气中，微生物的含量就明显减少（表 3-3）。

表 3-3　不同地区空气中菌落总数

地　区	菌落总数（个）
畜舍	1 000 000～2 000 000
宿舍	20 000
城市街道	5000
市区公园	200
海洋上空	1～2
北极	0～1

空气中一般没有病原微生物存在，只有在病人、病畜禽的附近、医院、动物医院及畜禽厩舍附近，当病人、病畜禽咳嗽、喷嚏时，往往会喷出含有病原体的微细飞沫以气溶胶的形式飞散到空气中，或带有病原体的分泌物和排泄物干燥后随尘埃进入空气中，健康人或动物因吸入而感染，分别称为飞沫传播和尘埃传播，总称为空气传播。一般的病原微生物在空气中存活时间较短，如某些病毒和支原体等在空气中仅生存数小时。只有一些抵抗力较强的病原微生物，如化脓性葡萄球菌、链球菌、肺炎链球菌、结核分枝杆菌、炭疽杆菌、破伤风梭菌、腐败梭菌、气肿疽梭菌、肺炎链球菌、绿脓杆菌、流感病毒及烟曲霉等，可以在空气中存活一段时间，容易引起传染病的流行。尤其畜禽舍中的微生物既能造成畜禽大面积的传染病暴发，也能使舍内不间断地零星发生慢性病。此外，空气中的一些非病原微生物，也可污染培养基或引起生物制品、药物制剂和食品变质、新鲜创面发生化脓性感染。所以，为了防止空气传染，在微生物接种、制备生物制剂和药剂以及进行注射、外科手术时，必须进行无菌

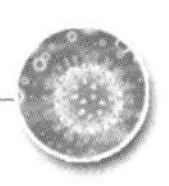

操作。另外，还应该注意畜禽舍的清洁、通风换气、空气消毒以及对病畜禽的及时隔离。

检测空气中微生物常用的方法主要有滤过法和沉降法两种。滤过法的原理是使一定体积的空气通过一定体积的某种无菌吸附剂（通常为无菌水），然后用平板培养吸附其中的微生物，以平板上出现的菌落数推算空气中的微生物数；沉降法的原理是将盛有营养琼脂培养基的平板置空气中暴露一定时间，经过培养后统计菌落数来推算空气中的微生物数。

四、正常动物体的微生物

（一）正常菌群

在正常动物的体表或与外界相通的腔道，如口腔、鼻咽腔、消化道和泌尿生殖道等黏膜中经常有一些微生物存在，它们对宿主不但无害，而且对维持宿主生长和健康是有益和必需的，这些微生物称为正常微生物群或正常菌群（彩图 19～彩图 23）。

在生物长期进化的过程中，微生物通过适应和自然选择的作用，微生物与微生物之间，微生物与其宿主之间，以及微生物、宿主和环境之间形成了一个相互依赖、相互制约并呈现动态平衡的生态系。保持这种动态平衡是维持宿主健康状态和发挥正常生产性能的必要条件。

正常菌群对动物机体的作用是多方面的，以消化道正常菌群为例，其对动物的重要作用主要体现在以下几个方面。

1. 营养作用 消化道的正常菌群在消化道获取营养的同时，通过对日粮特别是蛋白质、糖类、脂肪等的消化和代谢，合成有利于动物吸收和利用的养分，促进动物生长。例如肠道细菌能合成 B 族维生素和维生素 K，并参与脂肪的代谢，有的能利用简单的含氮物合成蛋白质；胃肠道细菌产生的纤维素酶能分解纤维素，产生的消化酶降解蛋白质等其他物质。另外，消化道中的正常菌群还有助于破坏饲料中某些有害物质并阻止其吸收。

2. 免疫作用 正常菌群对宿主的免疫功能影响较大。当动物的正常菌群失去平衡，其细胞免疫和体液免疫功能降低，例如无菌动物的免疫功能显著低于普通动物。这是因为没有正常菌群抗原的刺激，机体的免疫系统不能正常发育和维持正常的功能。

3. 生物拮抗 消化道中的正常菌群对入侵的非正常菌群（包括病原菌）具有很强的拮抗作用。正常菌群中厌氧菌的活动、细菌素的产生、免疫作用及特殊的生理生化环境等都会对非正常菌群的入侵起拮抗作用。如嗜酸乳酸杆菌、乳酸链球菌和双歧杆菌等发酵糖类，产生乳酸和短链脂肪酸等，使肠道内的 pH 降低（低于 6.0），具有抗菌作用。如果利用肠道中这些固有的有益菌，制成菌剂饲喂给畜禽，则可以抑制腐败菌及肠道致病菌，有利于防治消化道疾病。给小鼠服用肠炎沙门氏菌，在肠道菌群正常时，小鼠无发病和死亡；若先服用链霉素和红霉素，则小鼠全部死亡。

（二）正常动物体的微生物

1. 体表的微生物 动物皮毛上常见的微生物以球菌为主，如葡萄球菌、链球菌、双球菌等；杆菌中主要有大肠杆菌、绿脓杆菌等。这些细菌主要来源于土壤、粪便的污染及空气中的尘埃。动物体表的金黄色葡萄球菌、白色葡萄球菌和化脓链球菌等是引起皮肤外伤化脓的主要病原。患有传染病的动物体表常有该种传染病的病原，如口蹄疫病毒、痘病毒、炭疽杆菌芽孢、布鲁氏菌、结核分枝杆菌等，在处理皮毛、皮革或进行接种、外科手术时，应注意皮肤消毒工作，防止通过皮毛而传播。

2. 消化道中的微生物 正常畜禽的胚胎和初生动物的消化道是无菌的，出生后伴随着吮吸、采食等过程，在其消化道中即出现了微生物。但不同部位其微生物的种类和数量有显著差异。

口腔内因有大量的食物残渣及适宜的温湿度等环境，故微生物很多，其中主要有乳酸杆菌、棒状杆菌、链球菌、葡萄球菌、放线菌、螺旋体等。

食道中没有食物残留，因此微生物很少。但禽类的嗉囊中则有很多随食物进入的微生物，另外还有一类乳酸杆菌，是正常栖居菌，对抑制大肠杆菌和某些腐败菌起着重要的作用。

胃肠道中微生物的组成很复杂，它们的种类和数量因畜禽种类、年龄和饲料而不同，即使是在同一动物不同胃肠道部位也存在差异。单胃动物的胃内受胃酸的限制，主要有乳酸杆菌、幽门螺杆菌和胃八叠球菌等少量耐酸的细菌。反刍动物瘤胃中的微生物却很多，主要包括细菌、厌氧性真菌、原虫，对饲料的消化起着重要作用。其中分解纤维素的细菌有产琥珀酸纤维菌（也称产琥珀酸拟杆菌）、黄色瘤胃球菌、白色瘤胃球菌、溶纤维丁酸弧菌、小生纤维梭菌和小瘤胃杆菌；发酵淀粉和糖类的细菌主要有牛链球菌、反刍兽半月形单胞菌、丁酸梭菌等。合成蛋白质的细菌有淀粉球菌、淀粉八叠球菌和淀粉螺旋菌等；合成维生素的主要有瘤胃黄杆菌、丁酸梭菌等。瘤胃厌氧真菌具有降解纤维素和半纤维素的能力，有的还具有降解蛋白质和淀粉的能力；瘤胃中的原虫虽然数量比细菌和真菌少得多，但因其体积大，其总体积可与细菌相当。一般每克瘤胃内容物含细菌 10^9～10^{10}个，原虫 10^5～10^6 个，真菌 10^5 个菌体形成单位。瘤胃微生物能将饲料中 70%～80%的可消化物质、50%的粗纤维进行消化和转化，供动物吸收利用。

在小肠部位，特别是十二指肠因胆汁等消化液的杀菌作用，微生物很少，肠道后段微生物逐渐增多，大肠和直肠中细菌最多，这是由于大量的残余食物的滞留而消化液的杀菌作用减弱或消失的缘故。在正常情况下，普通动物肠道内大约有 200 种正常菌群，其中主要是非致病的厌氧菌，如双歧杆菌、真杆菌、拟杆菌等，占总数的 90%～99%，其次是肠球菌、大肠杆菌、乳杆菌和其他菌等。这些微生物中有的有利，是动物消化代谢的重要组成部分，有的则是有害的，具体作用主要有粗纤维及其他有机物的发酵作用、有机物的合成作用和肠道内的腐败作用。

宿主受到日粮突然改变、环境变化、患病、手术等应激，或是在滥用抗菌药物等情况下，正常菌群中的微生物种类、数量发生改变，菌群平衡受到破坏，称为菌群失调。因为消化道正常菌群失去平衡，使某些潜在的致病菌能够迅速繁殖而引起的疾病称为菌群失调症。

在实际生产中，诱发这种疾病的主要原因是消化道正常菌群平衡的破坏。常见的原因一是反刍动物在采食含糖类或蛋白质过多的饲料，或突然改变饲料后，常常使瘤胃正常菌群失调，引起严重的消化机能紊乱，导致前胃疾病；二是畜禽长期连

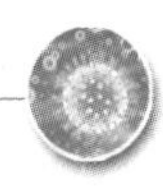

续或大量服用广谱抗菌药物，可引起胃肠道正常菌群失调，导致消化道疾病，临床表现为肠炎和维生素缺乏症。因此为避免菌群失调症，应注意科学喂养和不滥用抗菌药物。

3. 其他器官系统中的微生物 健康动物的上呼吸道，特别是鼻腔内微生物最多，其中主要是葡萄球菌，它们一般随空气进入。上呼吸道黏膜，主要是扁桃体黏膜上常栖居着一些微生物，有葡萄球菌、链球菌、肺炎链球菌、巴氏杆菌等，通常呈无害状态，但当动物机体抵抗力减弱时，这些微生物趁机大量繁殖，引起原发、并发或继发感染。支气管末梢和肺泡内一般无细菌，只有在宿主患病时才有微生物存在。

在正常情况下，泌尿系统中的肾、输尿管、睾丸、卵巢、子宫、输卵管、输精管等是无菌的，只是在泌尿生殖道口是有菌的。母畜阴道中主要有乳杆菌，其次是葡萄球菌、链球菌、抗酸杆菌、大肠杆菌等；尿道中一般可检测到葡萄球菌、棒状杆菌等，偶有肠球菌和支原体。尿道口常栖居着一些革兰氏阴性或阳性球菌，以及若干不知名的杆菌。如发生上行性感染，细菌如大肠杆菌等可在膀胱、肾检出。

动物其他的组织器官内在一般情况下是无菌的，只是在术后、某些传染病的隐性传染过程中等特殊情况下才会带菌或带病毒。有的细菌能从肠道经过门静脉侵入肝，或由淋巴管侵入淋巴结，特别是在动物临死前，抵抗力极度衰退，细菌可由这些途径侵入体内，这些侵入的细菌常会造成细菌学检查的误诊。

任务二 外界环境因素对微生物影响的认知

微生物与外界环境因素的关系十分密切。在适宜的环境条件下，能够促进微生物的新陈代谢及生长繁殖；当外界环境条件不适宜或发生显著变化时，可以抑制微生物的生长，甚至会导致微生物死亡。

了解外界环境因素对微生物的影响，以便控制外界因素，有利于我们充分利用有益的微生物，控制和消灭有害的微生物，对畜牧业生产和科研有着重要的意义。

本任务着重介绍物理、化学、生物学因素对微生物的抑制或杀灭作用以及消毒灭菌的方法，在具体介绍这些内容之前，首先介绍几个基本概念：

消毒（disinfection）：指利用理化方法杀灭物体或一定空间范围内的病原微生物的方法。消毒只要求达到无传染性的目的，对非病原微生物及其芽孢、孢子并不严格要求全部杀死。用于消毒的化学药品称为消毒剂或杀菌剂。

灭菌（sterilization）：指利用理化方法杀灭物体或一定空间范围内的所有微生物（包括病原微生物、非病原微生物及其芽孢、霉菌孢子等）的方法。

无菌（asepsis）：指环境或物品中没有活的微生物存在的状态。

无菌操作（asepsis operate）：指在实际操作过程中，采取防止或杜绝任何微生物进入机体或其他物品的操作方法（技术），又称无菌技术或无菌法。

防腐（antisepsis）：防止或抑制微生物生长繁殖的方法称为防腐或抑菌。用于防腐的化学药物称为防腐剂或抑菌剂。

外界环境因素对微生物的影响，可分为物理因素、化学因素和生物因素。

一、物理因素对微生物的影响

影响微生物的物理因素很多，主要有温度、干燥、光线和射线、超声波、渗透压、过滤除菌等因素。

（一）温度

温度是影响微生物生长繁殖的重要因素，不同的温度对微生物的生命活动呈现不同的作用。在适当的温度范围内，微生物的生命活动才能正常进行。根据各种微生物适应的温度范围，将其分为嗜冷菌、嗜温菌、嗜热菌三大类。在每一类中，根据微生物对温度的适应性，将温度范围划分为3个温度基点：生长最低温度、最适温度、最高温度。各类群微生物生长温度范围见项目一中表1-1。

微生物生长繁殖最快、最盛，并能将其生活机能充分地表现出来的温度称为最适温度；能够生长的最高或最低温度，分别称为最高温度和最低温度。低于最低温度，微生物停止生长；超过最高温度基点越高，微生物死亡越快。

1. 高温对微生物的影响 高温是指比微生物生长的最高温度还要高的温度。高温对微生物有明显的致死作用，其原理是高温能使菌体蛋白质变性或凝固，酶失去活性而导致微生物死亡。根据此原理，在实践中常用高温进行消毒和灭菌。高温灭菌法主要有干热灭菌法和湿热灭菌法两大类。在同一温度下，后者效力比前者为大，这是因为：①湿热中菌体蛋白吸收水分，较易凝固，蛋白质含水量越高，凝固所需的温度越低；②湿热穿透力强，传导快；③蒸汽具有潜热，当蒸汽与被灭菌的物品接触时，可凝结成水而放出潜热，使湿度迅速升高，加强灭菌效果。

（1）干热灭菌法。干热是指相对湿度在20%以下的高热。干热消毒灭菌是由空气导热，传热效果较慢。包括火焰灭菌法与热空气灭菌法。

①火焰灭菌法。以火焰直接灼烧杀死物体中的全部微生物的方法。分为灼烧和焚烧两种，灼烧常用于耐烧的物品，如接种环、试管口、玻璃片、外科金属器具（应注意将器械擦拭干净，其缺点是易对器械造成损坏）等的灭菌。

焚烧常用于烧毁的物品，直接点燃或在焚烧炉内焚烧，如传染病畜禽及实验感染动物的尸体、病畜禽的垫料及其他污染的废弃物的灭菌。

②热空气灭菌法。利用干热灭菌器，以干热空气进行灭菌的方法。适用于包装好的各种玻璃器皿、瓷器、金属器械等高温下不损坏、不变质、不蒸发的物品的灭菌。在干热的情况下，由于热空气的穿透力较低，因此干热灭菌需要160℃维持2h，才能达到杀死所有微生物及其芽孢、孢子的目的。

（2）湿热灭菌法。湿热灭菌是由空气和水蒸气导热，传热快，穿透力强。此法杀菌效力强，使用范围广，常用的有以下几种：

①煮沸灭菌法。将被消毒物品放在水中煮沸，10～20min可杀死所有细菌的繁殖体，多数芽孢需煮沸1～2h才被杀死，炭疽杆菌及肉毒梭菌的芽孢可耐受数小时的煮沸。若在水中加入2%～5%石炭酸，可以提高水的沸点，增强杀菌力，经15min的煮沸可杀死炭疽的芽孢；若在水中加入1%～2%碳酸钠，可使溶液pH偏碱性，也增强杀菌力，加速芽孢的死亡，杀菌效果更好，同时还具有减缓金属氧化的防锈作用。在高原地区气压低、沸点低的情况下，要延长消毒时间（海拔每增高300m，需

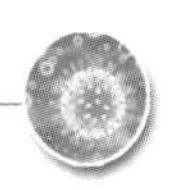

延长消毒时间 2min)。外科手术器械、注射器、针头以及食具等多用此法灭菌。

②流通蒸汽灭菌法。是利用蒸汽在流通蒸汽灭菌器或蒸笼内进行灭菌的方法。一般 100℃的蒸汽维持 30min，可以杀死细菌的繁殖体，但不能杀死细菌的芽孢和霉菌的孢子。要达到灭菌目的，可进行间歇灭菌，方法是在第一次 100℃蒸汽消毒 30min 后，将被消毒物品放于 37℃温箱或在常温下过夜，使芽孢萌发，第二天和第三天以同样方法各进行一次灭菌和保温过夜，最终达到完全灭菌的目的。如将物品在 70～80℃加热 1h，间歇连续 6 次，也可以达到灭菌目的，且不破坏其中的营养。此法常用于某些不耐高温的培养基，如含糖、鸡蛋、牛乳、血清等培养基的灭菌。应用间歇灭菌法时，可根据灭菌对象不同，加热温度、加热时间、连续次数，均可做适当增减。

③巴氏消毒法。是以较低的温度杀灭液态食品中的病原菌或特定的微生物，而又不至严重损害其营养成分和风味的消毒方法。由巴斯德首创，目前常用于鲜牛乳和葡萄酒、啤酒、果酒等食品的消毒。具体方法可分为三类：第一类为低温维持巴氏消毒法（LTH)，在63～65℃维持 30min；第二类为高温瞬时巴氏消毒法（HTST)，在 71～72℃保持 15～30s；第三类为超高温巴氏消毒法（UHT)，在 132℃保持 1～2s，加热消毒后将食品迅速冷却至 10℃以下（又称冷击法)，这样可进一步促使细菌死亡，也有利于鲜乳等食品马上转入冷藏保存。经超高温巴氏消毒的鲜乳在常温下，保存期可长达半年或更长，而且鲜乳成分，尤其是维生素 A 与维生素 C 破坏更少。

④高压蒸汽灭菌法。用高压蒸汽灭菌器进行灭菌的方法，是应用最广、最有效的灭菌方法。在标准大气压下，蒸汽的温度只能达到 100℃，当在一个密闭的耐高压高温的金属容器内，持续加热，由于不断产生蒸汽而加压，随压力的增高其沸点也升至 100℃以上，以此提高灭菌的效果。高压蒸汽灭菌器就是根据这一原理而设计的。通常用 0.105MPa（旧称 15 磅/英寸^2）的压力，在 121.3℃温度下维持 15～30min，即可杀死包括细菌芽孢在内的所有微生物，达到完全灭菌的目的。凡耐高温、不怕潮湿的物品，如普通培养基、溶液、金属器械、玻璃器皿、敷料、橡皮手套、工作服和小实验动物尸体等均可用这种方法灭菌。所需温度与时间根据灭菌材料的性质和要求决定。

应用此法灭菌时，一定要先排净灭菌器内原有的冷空气，才能使温度与蒸汽的压力相符，同时还要注意灭菌物品不要相互挤压过紧，以保证蒸汽通畅，使所有物品的温度均匀上升，才能达到彻底灭菌的目的。若冷空气排不净，压力虽然达到规定的数字，但其内温度达不到所需要的温度，会影响灭菌效果。

2. 低温对微生物的影响　大多数微生物对低温具有很强的抵抗力。当微生物处在其最低生长温度以下时，其新陈代谢活动降低到最低水平，生长繁殖停止，但仍可较长时间保持活力；当温度上升到该微生物生长的最适温度时，它们又可以开始正常的生长繁殖。因此常用低温保存菌种、毒种、血清、疫苗、食品和某些药物等。但少数病原微生物，如脑膜炎双球菌、多杀性巴氏杆菌等对低温特别敏感，在低温中保存比在室温中死亡更快。一般细菌、酵母菌、霉菌的斜面培养物保存于 0～4℃，有些细菌和病毒保存于－20～－70℃。最好在－196℃液氮中保存，可长期保持活力。

低温冷冻真空干燥（冻干）法是保存菌种、毒种、疫苗、补体、血清等制品的良好方法，可保存微生物及生物制剂数月至数年而不丧失其活力。冻干法是采用迅速冷冻和抽真空除水的原理，将保存的物品置于玻璃容器内，在低温下迅速冷冻，使溶液中和菌体内的水分不形成冰晶，然后用抽气机抽去容器内的空气，使冷冻物品中的水分在真空下因升华作用而逐渐干燥，最后在抽真空状态下严封瓶口保存。

为了减少细菌在冷冻时死亡，可于菌液内加入10%左右的甘油、蔗糖或脱脂乳，或5%的二甲基亚砜作为保护剂。保存菌种时应尽量避免反复冷冻与融化，以免加速微生物死亡。

（二）干燥

水分是微生物新陈代谢过程中不可缺少的成分。在干燥的环境中，微生物的新陈代谢发生障碍，甚至引起菌体蛋白质变性和由于盐类浓度增高而逐渐导致死亡。各种微生物对干燥的抵抗力差异很大。如淋球菌、巴氏杆菌和鼻疽杆菌在干燥的环境中仅能存活几天；结核分枝杆菌在痰、血液、组织块中能耐受干燥90d以上；细菌的芽孢对干燥有很强的抵抗力，如炭疽杆菌和破伤风梭菌的芽孢，在干燥环境中可存活几年甚至数十年；霉菌的孢子对干燥也有强大的抵抗力。

微生物对干燥的抵抗力虽然很强，但它们不能在干燥的环境中生长繁殖，而且许多微生物在干燥的环境中会逐渐死亡。因此在生活和畜牧业生产中常用干燥方法保存食物、药物、饲料、草料、皮张等。家畜饲养上青干草的保存就是利用干燥的作用。但应注意的是，在干燥的物品上仍能保留着生长和代谢处于抑制状态的微生物，如遇潮湿环境，又可重新生长繁殖起来。

（三）光线和射线

1. 可见光线 是指在红外线和紫外线之间的肉眼可见的光线，其波长为400～800nm。可见光线对微生物一般影响不大，但长时间暴露于光线中，也会妨碍其新陈代谢，因此培养细菌和保存菌种，均应置于阴暗处，常用箱内无光线的恒温箱培养微生物，用冰箱保存菌种。

可见光线具有微弱的杀菌作用，如果将某些染料（如结晶紫、美蓝、红汞、伊红等）加入培养基中或涂在外伤表面，能增强可见光的杀菌作用，这种现象称为光感作用。

2. 日光 直射日光由于其热、干燥和紫外线作用具有很强的杀菌作用，是天然的杀菌因素。许多微生物在直射日光的照射下，数分钟到数小时就被杀死。细菌芽孢对日光的抵抗力较繁殖体强，许多芽孢在日光下照射20h才发生死亡。但日光的杀菌效力也因地、因时、微生物种类及其所处的环境不同而异。烟尘严重污染的空气、玻璃、有机物的存在都能减弱日光的杀菌力。此外，空气中水分的多少，温度的高低以及微生物本身的抵抗力强弱等均影响日光杀菌作用。如将结核分枝杆菌涂在纸片上，经日光照射后很快被杀死，但在痰中的结核分枝杆菌，则由于蛋白质、黏液等的保护作用不易被杀死，此种干燥的含有结核分枝杆菌的痰附着于尘土，飞扬在空气中可保持传染力8～10d。在实际工作中将病人的衣物、病畜（禽）的饲具和其他用具洗涤后，在直射日光下暴晒数小时，可以杀死大部分病原微生物。另外，日光在江河水的自净作用、表层土壤的消毒等方面亦有重要意义。

日光依光谱分为可见光和看不见的紫外线（136～400nm）与红外线（800～

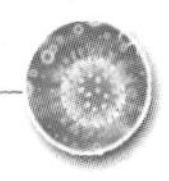

400 000nm)，各具有不同的杀菌力，其中紫外线是日光杀菌作用的主要因素，红外线则因产生高热而发挥杀菌作用。

3. 紫外线　紫外线中波长200～300nm部分具有杀菌作用，其中以265～266nm杀菌力最强。其杀菌作用机理主要有两个方面，即诱发微生物的致死性突变和强烈的氧化杀菌作用。致死性突变是因为细菌DNA链经紫外线照射后，同一链中的相邻两个胸腺嘧啶形成二聚体，DNA分子不能完成正常的碱基配对而死亡。另外，紫外线能使空气中的分子氧变为臭氧，臭氧放出氧化能力极强的原子氧，也具有杀菌作用。

细菌受到致死量的紫外线照射后，3h以内若再用可见光照射，则部分细菌又能恢复其活力，这种现象称为光复活现象。因此，在实际工作中应注意避免光复活现象的出现。

实验室通常使用的紫外线杀菌灯，其紫外线波长为253.7nm，杀菌力强而稳定。紫外线的穿透力弱，不能透过玻璃（所以紫外线灯管要用石英玻璃）、尘埃、纸张和固体物质；透过空气能力较强，透过液体能力很弱。因此，它的作用仅限于消毒室内空气和物体的表面，常用于手术室、无菌室、病房、种蛋室及微生物实验室等的空气消毒，也可用于不耐高温或化学药品消毒的器械、物体表面，如高速离心机的胶质沉淀管的消毒。紫外线等的消毒效果与照射时间、距离和强度有关，一般灯管距离地面约2m，照射1～2h。紫外线对眼睛和皮肤有损伤作用，长期的高强度紫外线照射可诱发皮肤癌变，一般不能在紫外线照射下工作，故使用紫外线消毒时应注意防护。

若紫外线照射量不足以致死细菌等微生物，则可引起蛋白或核酸的部分改变，促使其发生突变，所以，紫外线照射也常用于微生物的诱变。

4. 电离辐射　放射性同位素的射线（即α、β、γ射线）和X射线以及高能质子、中子等可将被照射物质原子核周围的电子击出，引起电离，故称为电离辐射。

在实际工作中用于消毒灭菌的射线主要是穿透力强的X射线、γ射线和β射线。一般认为X射线的波长越短杀菌力越强，X射线可使补体、溶血素、酶、噬菌体及某些病毒失去活性；α与β射线的电离辐射作用较强，具有抑菌或杀菌作用；而γ射线的电离辐射作用较弱，仅有抑菌和微弱的杀菌作用。α射线、高能质子、中子等因缺乏穿透力而不实用。各种射线常用于不耐热物品的消毒，如塑料制品（注射器、吸管、试管）、医疗设备、药品和食品的灭菌。现在已有专门用于不耐热的大体积物品消毒的γ射线装置。目前，对于射线处理的食品对人类的安全性问题正在进行深入研究。

（四）超声波的影响

频率在20 000～200 000Hz的声波称为超声波。超声波能裂解多数细菌和酵母菌细胞，但不同细菌对超声波的敏感程度不一致，球菌比杆菌的抗性强，细菌的芽孢抵抗力比繁殖体强。超声波主要通过四方面的作用达到杀菌目的：一是使微生物细胞内含物受到强烈的震荡而被破坏；二是氧化杀菌，因在水溶液中超声波能产生过氧化氢；三是产生热效应，破坏细胞的酶系统；四是在细菌悬液中产生的空（腔）化作用，即在液体中形成许多真空状态的小空腔，逐渐增大，最后空腔崩破产生的巨大压力使菌细胞裂解。

超声波可以用来灭菌保藏食品，如80kHz的超声波可杀灭酵母菌；鲜牛乳经超声波15～60s消毒后可以保存5d不酸败。虽然超声波处理后能促使菌体裂解死亡，但往往有残存菌体，而且超声波费用较高，故超声波在微生物消毒灭菌上的应用受到了一定的限制。目前主要用于粉碎细胞，提取细胞组分（细胞内的酶、免疫物质、DNA），供生化实验、血清学实验研究和微生物遗传及分子生物学实验研究用。

（五）渗透压

渗透压与微生物生命活动的关系极为密切。若环境中的渗透压与微生物细胞的渗透压相等时，细胞可保持原形，有利于微生物的生长繁殖。若环境中的渗透压在一定范围逐渐改变，因微生物细胞质内含有调整菌体渗透压作用的物质，如谷氨酸、钾离子、脯氨酸等，微生物也有一定的适应能力，对其生命活力影响不大。若环境中的渗透压发生突然改变或超过一定限度的变化时，则将抑制微生物的生长繁殖甚至导致其死亡。将微生物置于高渗溶液（如浓糖水、浓盐水）中，则菌体内的水分向外渗出，细胞质因高度脱水而出现“质壁分离”现象，导致微生物生长被抑制甚至死亡。所以在生产实践中常用10%～15%浓度的盐腌、50%～70%浓度的糖渍等方法保存食品或果品。但是有些嗜高渗菌（嗜盐菌、嗜糖菌）能在高浓度的溶液（如20%的盐水、糖水）中生长繁殖。若将微生物置于低渗溶液（如蒸馏水）中，则因水分大量渗入菌体而膨胀，甚至菌体细胞破裂而出现“胞浆压出”现象。因此常在细菌人工培养基中或制备细菌悬液时加入适量氯化钠，以保持渗透压的相对平衡。比较而言，细菌等微生物细胞对低渗不敏感。

（六）过滤除菌

过滤除菌法是通过机械阻留作用将液体或空气中的细菌等微生物除去的方法。但过滤除菌常不能除去病毒、支原体以及细菌L型等小颗粒。

滤菌装置中的滤膜含有微细小孔，只允许气体和液体通过，细菌等不能通过，借以获得无菌液体。细菌滤器种类繁多，常用的有薄膜滤器、石棉滤器、玻璃滤器、空气滤器等。主要用于一些不耐高温灭菌的糖培养液、各种特殊培养基、血清、毒素、抗毒素、抗生素、维生素、酶及药液等物质的除菌。将需要灭菌的物质溶液通过滤菌装置，机械地阻止细菌通过滤器的微孔而达到除去液体中细菌等微生物的目的。还可以用于病毒的分离培养。空气过滤器则常用于超净工作台、无菌隔离器、无菌操作室、实验动物室以及疫苗、药品、食品等生产中洁净厂房的空气过滤除菌。

二、化学因素对微生物的影响

微生物的形态、化学组成及新陈代谢等又与一定的外界化学因素密切相关。各种化学物质对微生物的影响是不相同的，有的可促进微生物的生长繁殖，有的阻碍微生物新陈代谢的某些环节而呈现抑菌作用，有的使菌体蛋白质变性或凝固而呈现杀菌作用，有的还能引起微生物的变异。许多化学药物能够抑制或杀死微生物，已广泛应用于防腐、消毒及治疗疾病。用于抑制微生物生长繁殖的化学药物称为防腐剂或抑菌剂；用于杀灭动物体外病原微生物的化学制剂称为消毒剂；用于消灭宿主体内病原微生物的化学制剂称为化学治疗剂。本任务重点介绍消毒剂。各种消毒剂根据其对微生物的杀灭能力可分为三大类：①高效消毒剂，可以杀灭一切微生物，包括细菌繁殖体、细菌芽孢、真菌和病毒等，这类消毒剂又称灭菌剂，常用的有甲醛、戊二醛、过

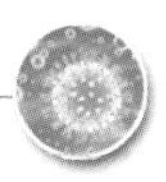

氧乙酸和环氧乙烷等；②中效消毒剂，除细菌芽孢外，可杀灭各种微生物，常用的有酒精、酚、含氯消毒剂和碘消毒剂；③低效消毒剂，可杀灭细菌繁殖体、真菌和有囊膜病毒，但不能杀灭细菌芽孢、结核分枝杆菌和无囊膜病毒，常用的有新洁尔灭、洗必泰等。

（一）消毒剂的作用原理

消毒剂的种类不同，其杀菌作用的原理也不尽相同，具体有如下几种：

1. 使菌体蛋白质变性、凝固及水解　重金属盐类对细菌都有毒性，因重金属离子带正电荷，容易和带负电荷的细菌结合，使其变性或沉淀。酸和碱可水解蛋白质，中和蛋白质的电荷，破坏其胶体稳定性而沉淀。乙醇能使菌体蛋白质变性或凝固，以70%～75%乙醇的效果最好，浓度过高可使菌体表面蛋白质迅速凝固，反而妨碍其继续渗入菌体细胞内，影响杀菌力。醛类能与菌体蛋白质的氨基结合，使蛋白质变性，杀菌作用大于醇类。

2. 破坏核酸的结构　一些染料如龙胆紫等可嵌入细菌细胞双股 DNA 邻近碱基对中，改变 DNA 分子结构，使细菌生长繁殖受到抑制或死亡。

3. 破坏菌体的酶系统　如过氧化氢、高锰酸钾、漂白粉、碘酊等氧化剂及重金属离子（汞、银）可与菌体蛋白中的一些—SH 基作用，氧化成为二硫键，从而使酶失去活性，导致细菌代谢机能发生障碍而死亡。

4. 改变细菌细胞壁或细胞质膜的通透性　新洁尔灭等表面活性剂能损伤微生物细胞的胞壁及胞膜，破坏其表面结构，使菌体细胞质内成分漏出细胞外，以致菌体死亡。又如石炭酸、来苏儿等酚类化合物，低浓度时能破坏细胞质膜的通透性，导致细菌内物质外渗，呈现抑菌或杀菌作用。高浓度时，则使菌体蛋白质凝固，导致菌体死亡。

实际上，消毒剂和防腐剂之间并没有严格的界限。消毒剂在低浓度时只能呈现抑菌作用（如0.5%石炭酸），而防腐剂在高浓度时也能杀菌（如5%石炭酸）。因此，一般统称为防腐消毒剂。消毒剂与化学治疗剂（如抗生素、磺胺等）不同，消毒剂的杀菌作用一般无选择性，在杀死病原微生物的同时，对人和动物机体组织细胞也有损害作用，所以它只能外用，其中少数不能被吸收的化学消毒剂也可用于消化道的消毒。消毒剂主要用于体表（皮肤、黏膜、伤口等）、器械、排泄物和周围环境的消毒。最理想的消毒剂应是杀菌力强，穿透力强，价格低，无腐蚀性，不易燃、易爆，能长期保存，对人、畜无毒性或毒性较小，易溶解，无残留或对环境无污染的化学药品。

（二）影响化学消毒剂作用的因素

影响消毒剂作用的因素很多，认识这些因素，对在消毒工作中正确使用消毒剂及采用合理的消毒方法具有重要意义。影响消毒剂作用效果的因素主要有以下几个方面：

1. 消毒剂的性质、浓度与作用时间　不同消毒剂的理化性质不同，其灭菌机理也不同。化学药品与细菌接触后，有的作用于细胞质膜，破坏其通透性，使其不能摄取营养，有的渗透至细胞内，使原生质遭受破坏。因此，只有在水中溶解的化学药品，杀菌作用才显著。不同消毒剂的灭菌机理不同，其杀菌力和杀菌谱的大小均有较大的差异。实际工作中，应根据消毒对象和消毒目的，选择合适的消毒剂。一般情况下，消毒剂的灭菌效果与浓度成正比，即随着消毒剂浓度的提高，消毒作用随之加强

（酒精除外）。在一定浓度下，其消毒效果与消毒作用时间成正比。微生物死亡数随作用时间延长而增加，因此，消毒必须有足够的时间，才能达到消毒目的。

2. 温度与酸碱度的影响 一般消毒剂的温度愈高，杀菌效果愈好。当温度每增高10℃，金属盐类的杀菌作用提高2～5倍，石炭酸的杀菌作用提高5～8倍。pH通过影响微生物菌体的带电性和消毒剂的电离度而影响消毒剂的作用效果。消毒剂酸碱度的改变可使细菌表面的电荷发生改变，在碱性溶液中，细菌表面带的负电荷较多，所以阳离子去污剂的作用较强，而在酸性溶液中，细菌表面负电荷减少，阴离子去污剂的杀菌作用较强。一般来说，未电离的分子较易通过细菌的细胞膜，杀菌效果较好。例如，新洁尔灭的杀菌作用是pH越低所需杀菌浓度越高，在pH＝3时，其所需杀菌浓度较pH＝9时要高10倍左右。

3. 微生物的种类与数量 微生物的种类不同，如细菌、真菌、支原体、病毒等微生物由于结构的差异，所处于生长阶段不同，对各种消毒剂的敏感度不同，杀菌效果不同（表3-4）。其一般规律是：革兰氏阴性菌的抵抗力较革兰氏阳性菌强，老龄菌较幼龄菌抵抗力强，细菌芽孢的抵抗力较繁殖体强。例如，一般消毒剂对结核分枝杆菌的作用要比对其他细菌繁殖体的效果差。75％的酒精可杀死细菌的繁殖体，但不能杀死细菌的芽孢。因此，消毒时必须根据消毒对象选择合适的消毒剂。另外，还要考虑材料或环境被微生物污染程度的轻重，污染越重，微生物数量越多，消毒所需的消毒剂剂量越大，消毒所需时间也越长。

表3-4 不同微生物对各类消毒剂的敏感性

消毒剂种类	革兰氏阳性菌	革兰氏阴性菌	抗酸菌	有囊膜病毒	无囊膜病毒	真菌	细菌芽孢
季铵盐类	＋＋＋＋	＋＋＋	—	＋＋	—		
洗必泰	＋＋＋＋	＋＋＋	—	＋＋	—		—
醇类	＋＋＋＋	＋＋＋＋	＋＋	＋＋	—		—
酚类	＋＋＋＋	＋＋＋＋	＋＋	＋＋	—	＋	—
含氯类	＋＋＋＋	＋＋＋＋	＋＋	＋＋	＋＋	＋＋＋	—
碘伏	＋＋＋＋	＋＋＋＋	＋＋	＋＋	＋＋	＋＋	＋＋
过氧化物类	＋＋＋＋	＋＋＋＋	＋＋	＋＋	＋＋	＋＋	＋＋
环氧乙烷	＋＋＋＋	＋＋＋＋	＋＋	＋＋	＋＋	＋＋＋	＋＋
醛类	＋＋＋＋	＋＋＋＋	＋＋＋	＋＋	＋＋＋	＋	＋＋

注：＋＋＋＋表示高度敏感；＋＋＋表示中度敏感；＋＋表示敏感；＋表示抑制或杀灭；—表示抵抗。

4. 环境中有机物的存在 当消毒环境中有粪便、痰、脓汁、血液、脏器及培养基等有机物存在时，消毒剂首先与这些有机物（尤其是蛋白质）结合，会严重降低消毒剂的杀菌效果。同时有机物还能在微生物表面形成一层保护层，阻止消毒剂与微生物接触，对微生物具有机械保护作用。如血清等有机物质能降低季铵盐类的杀菌浓度，严重者可降低其浓度95％以上。因此，消毒前应去除物品上附着的有机物质。故对皮肤及伤口消毒时，要先清创再消毒；对畜禽舍等应用消毒剂进行消毒前，应事先对被消毒物或环境进行机械清除或清洗，提高消毒剂的浓度，延长消毒时间，方能达到消毒的目的。

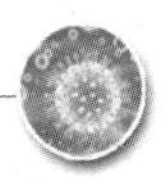

5. 消毒剂的相互拮抗　不同消毒剂的理化性质不同，两种或多种消毒剂合用时，可能产生相互拮抗，使药效降低。如阳离子表面活性剂苯扎溴铵和阴离子清洁剂肥皂合用时，可发生化学反应而使消毒效果减弱，甚至完全消失。

（三）常用消毒剂的种类、使用方法及常用浓度

消毒剂的种类很多，其杀菌作用亦不相同，要达到理想的消毒效果，必须根据消毒对象、病原菌的种类、消毒剂的特点等因素，选择适当的消毒剂进行消毒。下面介绍常用的一些消毒剂（表 3-5）：

1. 酸类　酸类主要以 H^+ 显示其杀菌和抑菌作用。无机酸的杀菌作用与电离度有关，即与溶液中 H^+ 浓度成正比。H^+ 可以影响细菌表面两性物质的电离程度，这种电离程度的改变直接影响着细菌的吸收、排泄和代谢的正常进行。高浓度的 H^+ 可以引起微生物蛋白质和核酸的水解，并使酶类失去活性。一些有机酸通过氧化作用杀灭细菌。强酸杀菌力虽强，因腐蚀性太大，不作消毒剂使用。一些有机酸有较强的杀菌作用，常用作消毒剂。

2. 碱类　碱类的杀菌能力决定于 OH^- 的浓度，浓度越高，杀菌力越强。氢氧化钾的电离度最大，杀菌力最强，氢氧化铵的电离度小，杀菌力也弱。OH^- 在室温下可水解蛋白质和核酸，使细菌的结构和酶受到损害，同时还可以分解菌体中的糖类。碱类对病毒、革兰氏阴性菌较对革兰氏阳性菌和芽孢杆菌敏感。因此，在生产中对于病毒的消毒常应用各种碱类消毒剂。

3. 醇类　酒精是临床及实验室常用的消毒剂，其杀菌作用主要是由于它的脱水作用，使菌体蛋白质凝固和变性。常用于皮肤、温度计、医疗器械等的消毒。酒精的最有效杀菌浓度是 70%～75%，过高或过低杀菌效果均不佳，浓度超过 80%，因渗透性下降杀菌力快速下降。

4. 酚类　酚类消毒剂是常用的中效消毒剂，主要通过破坏蛋白质结构，引起菌体蛋白和酶蛋白变性失活，导致菌体生长抑制或死亡。5%石炭酸溶液于数小时内能杀死细菌的芽孢。真菌和病毒对石炭酸不太敏感。

5. 重金属盐类　大多数重金属盐类对细菌都有毒性，其中汞盐是应用最为广泛的消毒剂。它们能与细菌酶蛋白的—SH 基结合，使其失去活性，使菌体蛋白变性或沉淀。升汞对金属有腐蚀作用，对动物和人有剧毒。在实验室，仅用 0.1%升汞消毒非金属器皿。

6. 氧化剂　氧化剂（如过氧化氢、高锰酸钾等）的杀菌能力，主要是由于氧化作用。过氧乙酸无毒、易溶于水，属高效广谱消毒剂，能迅速杀死细菌、酵母菌、霉菌及病毒。但过氧乙酸有较强的腐蚀性和刺激性，3%～10%水溶液喷雾或熏蒸，可用于畜禽舍空气及环境消毒，也可用于塑料、玻璃制品、果蔬、蛋等的消毒。

7. 卤族元素及其化合物　即氯和碘及其化合物，均有较强的氧化杀菌作用，这些元素易渗透到细胞内，杀菌力较强。漂白粉的化学成分为次氯酸钙。碘酊是碘的酒精溶液，碘具有很强的穿透力，杀菌效力很高，对许多细菌及芽孢、霉菌、病毒均有较强的杀灭作用。2%～3%碘酊用于手术部位和注射部位皮肤及伤口的消毒，兽医临床常用 5%碘酊作为消毒剂。碘酊不能与红汞同时使用。碘伏是碘与表面活性剂的混合物，具有杀菌谱广、无刺激性的特点。临床上广泛应用于皮肤及黏膜的消毒。络合碘是指碘的有机络合物，具有刺激性小、杀菌浓度低、杀菌力强、消毒效果好等优点，是目前发展比较快的消毒剂品种。络合碘可广泛应用于动物的皮肤、黏膜消毒，各种医疗器械、运输工具、畜禽舍等消毒。目前使用的主要有季铵盐络合碘、双季铵盐络合碘、聚维酮碘等产品。

8. 醛类 甲醛是高效消毒剂，易溶于水。市售甲醛水溶液又名福尔马林，是含甲醛38%～40%的水溶液。甲醛的杀菌力强，10%甲醛溶液可以消毒金属器械、排泄物等，浸泡作用30min可杀灭所有细菌的繁殖体、霉菌及病毒；20%作用6h以上，可杀死细菌的芽孢。福尔马林中加入高锰酸钾，利用高锰酸钾的氧化作用，使甲醛汽化，按2∶1的用量，也可用于用于皮毛、畜禽舍熏蒸消毒。也可用5%的甲醛溶液加热熏蒸消毒。

甲醛作用于细菌外毒素可使其脱毒，并保留其抗原性，用于类毒素的制备。甲醛对病毒的灭活作用，可用于病毒抗原及灭活苗的制备。甲醛的刺激性和毒性较强，通常用于环境消毒。甲醛溶液还是动物组织的固定液，组织和病理实验室常用。

9. 染料 许多染料都有抑菌或杀菌作用，通常碱性染料的杀菌力比酸性染料强。2%～4%龙胆紫水溶液常用于浅表创伤消毒。

10. 表面活性剂 表面活性剂又称为去污剂或清洁剂。此类化合物能吸附于菌体表面，改变细胞膜的通透性，使菌体细胞内容物如酶、辅酶和代谢中间产物逸出而杀菌。表面活性剂分为三类：即阳离子表面活性剂、阴离子表面活性剂和不解离的表面活性剂。阳离子表面活性剂的杀菌谱广，作用快，对组织无刺激性，能杀死多种革兰氏阳性菌和革兰氏阴性菌；但对绿脓杆菌和细菌芽孢的作用弱，其水溶液不能杀死结核分枝杆菌；对多种真菌和病毒也有作用。用于消毒的季铵盐类多为阳离子表面活性剂，其效力可被有机物及阴离子表面活性剂（如肥皂）所降低。阴离子表面活性剂仅能杀死革兰氏阳性菌。不解离的表面活性剂无杀菌作用。

11. 胆汁和胆酸盐 它们对某些细菌有裂解作用，因而可用于鉴别细菌。如胆汁和胆酸盐能溶解肺炎链球菌，而链球菌则不受影响。胆酸盐的溶菌作用，还可用于提取菌体中的DNA或其他成分。

胆汁被广泛用作选择培养基的成分，它能抑制革兰氏阳性菌的生长，而用于肠道菌的分离，如麦康凯琼脂、煌绿乳糖胆汁肉汤和脱氧胆汁琼脂等。

表3-5 常用的化学消毒剂和防腐剂

类别	作用原理	消毒剂名称	使用方法与浓度
酸类	以H^+的解离作用妨碍菌体代谢，杀菌力与浓度成正比	醋酸	5～10mL/m³加等量水蒸发，空间消毒
		乳酸	10%溶液蒸汽熏蒸或用2%溶液喷雾，用于空气消毒
碱类	以OH^-的解离作用妨碍菌体代谢，杀菌力与浓度成正比	氢氧化钠	用2%～5%的氢氧化钠（60～70℃）消毒厩舍、饲槽、用具、车辆等
		生石灰	用10%～20%乳剂消毒厩舍、运动场等
		草木灰	用10%草木灰水煮沸2h，过滤，再加2～4倍水，消毒厩舍、运动场等

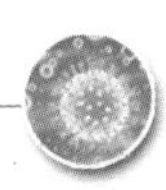

（续）

类别	作用原理	消毒剂名称	使用方法与浓度
醇类	使菌体蛋白变性沉淀	乙醇	70%～75%的乙醇作皮肤消毒，也可用于体温计、器械等消毒
酚类	使菌体蛋白变性或凝固	石炭酸	0.5%的石炭酸用作生物制品的防腐剂；3%～5%的石炭酸用于器械、排泄物消毒
		来苏儿	3%～5%的来苏儿用于器械、排泄物消毒
重金属盐类	能与菌体蛋白质（酶）的—SH基结合，使其失去活性；重金属离子易使菌体蛋白变性	升汞	0.01%的水溶液用于消毒手和皮肤；0.05%～0.1%用于非金属器皿消毒
		硫柳汞	0.1%的溶液可作皮肤消毒；0.01%适于作生物制品的防腐剂
氧化剂	使菌体酶类发生氧化而失去活性	过氧化氢	3%溶液用于创口消毒
		过氧乙酸	用3%～10%溶液熏蒸或喷雾，一般按0.25～0.5mL/m^{2}用量，适于畜禽舍空气消毒
		高锰酸钾	0.1%溶液用于冲洗创口、皮肤
卤族元素	以氯化作用、氧化作用破坏—SH基，使酶活性受到抑制产生杀菌效果	漂白粉	用5%～20%的混悬液消毒畜禽舍、饲槽、车辆等；以0.3～0.4g/kg的剂量消毒饮用水
		碘酊	2%～5%的碘酊用于手术部位、注射部位的消毒
醛类	能与菌体蛋白的氨基酸结合，起到还原作用	甲醛	1%～5%甲醛溶液或福尔马林气体熏蒸法消毒畜禽舍、孵化器等用具和皮毛等
染料	溶于酒精，有抑菌作用，特别对葡萄球菌作用较强	龙胆紫	2%～4%溶液用于浅表创伤消毒
表面活性剂	阳离子表面活性剂能改变细菌细胞质膜的通透性，甚至使其崩解，使菌体内的物质外渗而产生杀菌作用；或以其薄层包围细胞质膜，干扰其吸收作用	新洁尔灭（苯扎溴铵）	0.5%的水溶液用于皮肤和手的消毒；0.1%用于玻璃器皿、手术器械、橡胶用品的消毒；0.15%～2%用于禽舍空间喷雾消毒；0.1%可用于种蛋消毒（40～43℃ 3min）
		度米芬（消毒宁）	对污染的表面用0.1%～0.5%喷洒，作用10～60min；浸泡金属器械可在其中加入0.5%亚硝酸钠溶液防锈；0.05%溶液可用于食品厂、奶牛场的设备、用具消毒
		洗必泰（双氯苯双胍己烷）	0.02%水溶液可消毒手；0.05%溶液可冲洗创面，也可消毒禽舍、手术室、用具等；0.1%用于手术器械、食品厂器具、设备的消毒
		消毒净	0.05%～0.01%水溶液用于皮肤和手的消毒，也可用于玻璃器皿、手术器械、橡胶用品等的消毒，一般浸泡10min即可

（四）消毒剂的选用及注意事项

1. 消毒剂的选用原则

（1）消毒剂应具有强大的穿透力和杀菌力，杀菌速度快。

（2）性能稳定，易溶于水，不易氧化分解、不易燃易爆，便于贮存。

(3) 对人和动物机体应无毒性或毒性较小。对衣物、用具、金属制品（如铁丝笼、仪器设备、器械等）无腐蚀性。无残留，对环境无污染。

(4) 杀菌力不受或少受脓汁、血液、坏死组织、粪便、痰液等有机物的存在的影响。

(5) 使用方便，价格低廉。

2. 使用消毒剂应注意的几个问题

(1) 消毒操作人员防护用品应齐全。腐蚀性或有毒的消毒剂一旦洒在皮肤或眼睛时，应立即用凉水冲洗并及时治疗。

(2) 应事先对被消毒物或环境进行清洗或打扫，以保证消毒效果。

(3) 参考消毒剂的使用说明书，根据不同对象采用适当的浓度和消毒时间。

(4) 防止病原微生物对消毒剂产生抗药性，可用两种或多种消毒剂配合使用。

(5) 消毒剂最好现用现配。

三、生物因素对微生物的影响

在自然界中，能影响微生物生命活动的因素很多。在各种微生物之间，微生物与高等动植物之间，经常存在着相互影响、相互作用，如共生、寄生、协同、拮抗等现象。

(一) 共生

两种或多种生物共同生活在一起时，彼此并不相互损害而是互为有利的现象，称为共生。如豆科植物与根瘤菌之间的关系；反刍动物瘤胃内微生物与动物机体之间的关系，真菌和藻类共生形成地衣等都是共生的例子。

(二) 寄生

一种生物从另一种生物获取其所需要的营养，赖以为生，并往往对后者呈现伤害作用的现象，称为寄生。前者称为寄生物，后者称为寄主。如病原菌寄生于动植物体引起病害，噬菌体寄生于细菌引起细菌菌体裂解等，均属于寄生现象。

(三) 协同

两种或多种生物在同一生活环境中，互相协助，共同完成或加强某种作用，而其中任何一种生物不能单独达到目的，称为协同。如猪流行性感冒病毒致猪流感时，一般表现为体温升高、食欲不振、精神委顿、呼吸急促、咳嗽等症状，多数猪可在5～10d康复，若有副嗜血杆菌、巴氏杆菌、肺炎链球菌及沙门氏菌等继发感染时，往往病情变复杂严重，常发生出血性肺炎或肠炎而死亡。

(四) 拮抗

一种生物在生长发育过程中，能产生某些对他种微生物呈现毒害作用的物质，从而抑制或杀死他种微生物的现象，称为拮抗。例如，微生物产生抗生素、细菌素就是典型的例子；噬菌体则可杀灭细菌等活的微生物；某些微生物的代谢产物能改变环境的氢离子浓度、渗透压等，可造成对另一些微生物生长繁殖不利的因素，也是一种拮抗作用。如在酸菜、泡菜和青贮饲料的制造过程中，由于乳酸细菌的大量繁殖产生了大量乳酸，降低了pH，使大多数不耐酸的腐败细菌死亡，故上述制品可保存较长时间；酵母菌进行酒精发酵而产生酒精，酒精的积累也能抑制其他杂菌的生长。

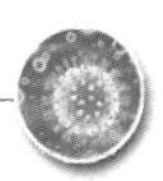

动物机体和植物细胞也能产生对微生物，特别是对病原微生物有拮抗作用的物质。如人和动物的眼泪、唾液、腹水、血清、乳汁以及在鸡蛋白、各种鱼卵中均含有溶菌酶；细菌在病毒或干扰素诱导剂作用下产生的干扰素；很多种中草药具有良好的抗菌作用和有一定的抗病毒作用。

1. 抗生素　是某些微生物在代谢过程中产生的一类能抑制或杀死另一些微生物的物质。它们主要来源于放线菌（如链霉素），少数来源于某些真菌（如青霉素）和细菌（如多黏菌素），有些抗生素也能用化学方法合成或半合成。到目前为止，已发现的抗生素达8 000多种，从稀有放线菌中发现了2 500多种抗生素，但其大多数对人和动物有毒性，临床上最常用的只有几十种。抗生素作为微生物感染的治疗剂，已广泛应用于临床。临床上要合理使用抗生素，滥用抗生素将导致细菌耐药性的产生，对畜牧业生产及公共安全构成威胁。

抗生素的抗菌作用主要是干扰细菌的代谢过程，达到抑制其生长繁殖或直接杀灭的目的。抗生素的作用原理可概括为四种类型：干扰细菌细胞壁的合成、损伤细胞膜而影响其通透性、影响菌体蛋白质的合成、影响核酸的合成。

2. 细菌素　是指某些细菌产生的一种具有杀菌作用的蛋白质。各种细菌素杀菌范围窄，但抗菌针对性强，在抗菌类新药领域有广泛开发前景。只能作用于与它同种不同株的细菌以及亲缘关系相近的细菌。如大肠杆菌产生的大肠菌素，它除了作用于某些型别的大肠杆菌外，还能作用于与它亲缘关系相近的沙门氏菌、志贺氏菌、克雷伯氏菌、巴氏杆菌等。细菌素可分为三类：第一类是多肽细菌素，第二类是蛋白质细菌素，第三类是颗粒细菌素。

细菌素需吸附在敏感菌株的菌体表面的受体上，才能发挥杀菌作用。细菌素并不破坏菌体结构，而是通过抑制细菌蛋白质的合成代谢而杀菌。细菌素的产生受菌体内的质粒控制，如大肠杆菌素的产生由菌体内的 Coli 质粒控制。由于细菌素的作用有一定特异性，在细菌的分型和流行病学的调查方面也有一定的意义。

3. 植物杀菌素　是某些植物中存在杀菌、抗病毒物质。中草药如黄连、黄芩、黄柏、金银花、连翘、鱼腥草、板蓝根、大蒜、马齿苋、穿心莲等都含有杀菌力较强的植物杀菌物质。其中一些中药的提取物，如黄连素、鱼腥草、大蒜素、板蓝根等，已经制成注射剂、预混剂、口服液及饮水剂等剂型，广泛应用于临床治疗和动物保健。

任务三　微生物变异的认知

遗传和变异是生物的基本特征之一，也是微生物的基本特征之一。所谓遗传，是指亲代和子代性状的相似性，它是物种存在的基础；所谓变异，是指亲代与子代以及子代之间性状的不相似性，它是物种发展的基础。生物离开遗传和变异就没有进化。微生物发生变异，可以自发地产生，也可以人为地使之发生。由于微生物体内遗传物质改变引起的，可以遗传给后代的变异，称为遗传性变异（基因型变异），是真正的变异，一般又包括基因突变和基因转移两个方面；由于环境条件的改变引起的暂时性表型性状改变，基因型未发生改变，一般不遗传给后代的变异，称为非遗传性变异

（表型变异），当环境条件恢复正常时，又可恢复原来的性状。

一、常见的微生物变异现象

（一）形态变异

微生物在异常条件下生长发育时，可以发生形态的改变，如细菌的外形可变为多形性、衰老型和由杆状变为圆球形等。如正常的猪丹毒杆菌为纤细的小杆菌，而在慢性猪丹毒病猪心脏病变部的猪丹毒杆菌呈弯曲的长丝状；从炭疽病猪咽喉部分离到的炭疽杆菌，多不呈典型的竹节状排列，而是细长弯曲如丝状且粗细不均，都是细菌形态变异的实例。在实验室保存菌种，如不定期移植和通过易感动物接种，形态也会发生变异。

（二）结构与抗原性变异

1. 荚膜变异 有荚膜的细菌，在特定的条件下，可能丧失其形成荚膜的能力，如炭疽杆菌在动物体内和特殊的培养基上能形成荚膜，而在普通培养基上则不形成荚膜，当将其通过易感动物体时，便可完全地或部分地恢复形成荚膜的能力。由于荚膜是致病菌的毒力因素之一，又是一种抗原物质，所以荚膜的丧失，必然导致病原菌毒力和抗原性的改变。

2. 鞭毛变异 有鞭毛的细菌在某种条件下，可以失去鞭毛。如将有鞭毛的沙门氏菌、变形杆菌等培养于含0.075%～0.1%石炭酸的琼脂培养基上，可失去形成鞭毛的能力，称为H→O变异。细菌失去了鞭毛，亦就丧失了运动力和鞭毛抗原性。

3. 芽孢变异 能形成芽孢的细菌，在一定的条件下可丧失形成芽孢的能力。如巴斯德培养强毒炭疽杆菌于43℃条件下，结果育成了毒力减弱且不形成芽孢的菌株。

（三）菌落特征变异

细菌的菌落最常见的有两种类型，即光滑型（S型）和粗糙型（R型）。S型菌落一般表面光滑、湿润，边缘整齐；R型菌落则表面粗糙、干燥而有皱纹，边缘不整齐。在一定条件下，光滑型菌落变为粗糙型时，称S→R变异；从粗糙型变为光滑型时，称R→S变异，但较少出现。细菌的菌落型发生变异，其他一些性状，包括细菌的毒力、生化反应、抗原性、物理特性、形态、结构、抵抗吞噬的能力等也随之改变。如多数病原菌S型菌落的毒力都强，变成R型菌落时毒力变弱；但少数病原菌，如炭疽杆菌，其毒力情况则相反。

（四）毒力变异

病原微生物的毒力可以由强变弱或由弱变强。这些变异，在自然情况下和人工诱变中都可以发生。

1. 增强毒力的方法 在自然条件下，回归易感动物是增强微生物毒力的最佳方法。易感动物既可以是本动物，也可以是实验动物。特别是回归易感实验动物增强病原微生物的毒力，已被广泛应用。如多杀性巴氏杆菌通过小鼠、猪丹毒杆菌通过鸽子等都可增强其毒力。有的细菌与其他微生物共生或被温和性噬菌体感染也可增强毒力，如产气荚膜梭菌与八叠球菌共生时毒力增强，白喉杆菌只有被温和噬菌体感染时才能产生毒素而成为有毒细菌。实验室为了保持所藏菌种或毒种的毒力，除改善保存方法（如冻干保存）外，可适时将其通过易感动物。

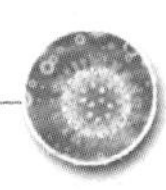

2. 减弱毒力的方法　病原微生物的毒力可自发地或人为地减弱。人工减弱病原微生物的毒力，在疫苗生产上有重要意义。常用的方法有：①长时间在体外连续培养传代，如病原菌在体外人工培养基上连续多次传代后，毒力一般都逐渐减弱乃至失去毒力；②在高于最适生长温度条件下培养，如炭疽Ⅱ号疫苗是将炭疽杆菌强毒株在42～43℃培养传代育成；③在含有特殊化学物质的培养基中培养，如卡介苗是将牛型分枝杆菌在含有胆汁的马铃薯培养基上每15天传1代，持续传代13年后育成；④在特殊气体条件下培养，如无荚膜炭疽芽孢苗是在含50%二氧化碳的条件下选育的；⑤通过非易感动物，如猪丹毒弱毒苗是将强致病菌株通过豚鼠370代后，又通过鸡42代选育而成；⑥通过基因工程的方法，如去除毒力基因或用点突变的方法使毒力基因失活，可获得无毒力菌株或弱毒菌株。此外，在含有抗血清、特异噬菌体或抗生素的培养基中培养，也都能使病原微生物的毒力减弱。

（五）耐药性变异

耐药性变异是指细菌对某种抗菌药物由敏感到产生抵抗力的变异，有时甚至产生只有该药物存在时才能生长的赖药性。如对青霉素敏感的金黄色葡萄球菌发生耐药性变异后，成为对青霉素有耐受性的菌株。细菌的耐药性大多是由于细菌的基因自发突变，属于遗传性变异，它与该药物的存在无关；也有的是由于诱导而产生了耐药性，属于非遗传性变异。如大肠杆菌、枯草杆菌或蜡样芽孢杆菌培养于含少量青霉素G的培养基中时，可诱导这些细菌产生青霉素酶以破坏青霉素。

二、微生物变异现象的应用

微生物的变异在传染病的诊断与防治方面具有重要意义。

（一）传染病诊断方面

在临床微生物学检查过程中，要作出正确的诊断，不但要熟悉微生物的典型特征，还要了解微生物的变异现象。微生物在异常条件下生长发育时，可以发生形态、结构、菌落特征的变异，在对临床分离菌的鉴定与传染病的诊断中应注意防止误诊。

（二）传染病防治方面

利用人工诱导变异方法，获得抗原性好、毒力减弱的毒株或菌株，制成疫苗，有较好的免疫效果。在传染病的流行中，要注意变异株的出现，并采取相应的预防措施。使用抗菌药物预防和治疗细菌病时，要注意耐药菌株的不断出现，合理使用抗菌药物，必要时可先做药敏试验，选择敏感的抗菌药物，并防止耐药菌株的扩散。

操作与体验

技能一　细菌的药物敏感性试验

细菌的药敏试验

各种病原菌对不同的抗菌药物的敏感性不同，同种细菌的不同菌株对同一药物的敏感性也有差异，测定细菌对不同抗菌药物的敏感性，可筛选最有效的药物，或测定某种药物的抑菌（或杀菌）浓度，为临床用药控制细菌性疾病或为新的抗菌药物的筛选提供依据。药敏试验的方法很多，普遍使用的是圆纸片扩散法。

【目的要求】掌握圆纸片扩散法测定细菌对抗生素等药物的敏感性试验的操作方法和结果判定，明确药敏试验在实际生产中的应用。

【仪器及材料】接种环或无菌棉拭子、酒精灯、试管架、眼科镊子、温箱、普通营养琼脂平板、抗菌药物纸片、大肠杆菌和金黄色葡萄球菌的肉汤培养物等。

干燥抗菌纸片的制备：取直径 6mm 的无菌滤纸片，浸于一定浓度的抗菌药液中，一般每毫升抗菌药液中，装滤纸片 100 片，浸泡 1～2h 后，37℃干燥或真空干燥，密封冷藏备用，药剂可维持 1～2 月有效。

【方法与步骤】

（1）无菌操作，取细菌培养物，在普通营养琼脂平板上密集均匀划线（可重复来回划线）。

（2）待平板上的水分被琼脂完全吸收后再贴纸片。用无菌镊子取各种抗菌药物圆纸片（一般在试纸片上标记有药物名称或代号），分别紧贴在已接种细菌的琼脂培养基表面，一次放好，不得移动，每板 4～6 个，各纸片间距不少于 24mm，纸片中心距平皿边缘不少于 15mm（图 3-1）。

（3）平皿倒置，35℃±2℃温箱中培养 16～18h，观察结果。

（4）结果观察。在涂有细菌的琼脂平板上，抗菌药物在琼脂内向四周扩散，其浓度呈梯度递减，因此在纸片周围一定距离内的细菌生长受到抑制。过夜培养后形成一个抑菌圈，抑菌圈越大，说明该菌对此药敏感性越大，反之越小，若无抑菌圈，则说明该菌对此药具有耐药性。其直径大小与药物浓度、划线细菌浓度有直接关系。

（5）结果判定。根据药物纸片周围有无抑菌圈及其直径大小，作为判定各种细菌对各种抗生素等药物敏感度高低的标准。用毫米尺测量抑菌圈直径，参照表 3-6 的标准判读结果（彩图 9、彩图 10）。

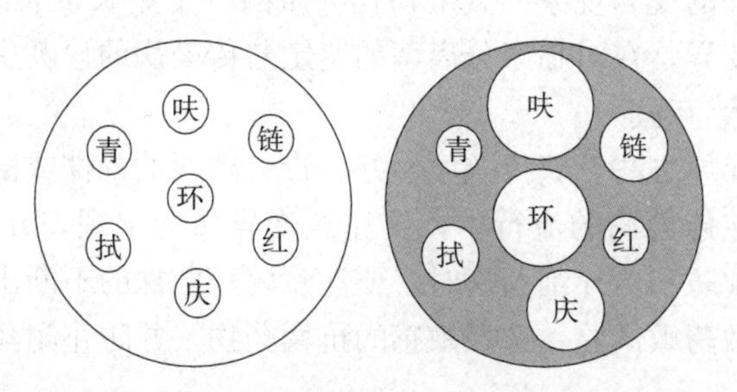

图 3-1　药物敏感试验纸片的贴法及抑菌圈示意

表 3-6　细菌对不同抗菌药物敏感度标准（NCCLS 手册 2005 版）

药物名称	纸片含药量（μg）	抑菌圈直径（mm）			
		耐药	中度敏感	敏感	不敏感
丁胺卡那霉素	30	≤14	15～16	≥17	无抑菌圈
卡那霉素	30	≤13	14～17	≥18	无抑菌圈
头孢唑啉	30	≤14	15～17	≥18	无抑菌圈
头孢噻肟	30	≤14	15～22	≥23	无抑菌圈

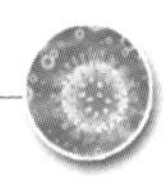

（续）

药物名称	纸片含药量（μg）	抑菌圈直径（mm）			
		耐药	中度敏感	敏感	不敏感
庆大霉素	10	≤12	13～14	≥15	无抑菌圈
红霉素	15	≤13	14～22	≥23	无抑菌圈
氯霉素	30	≤12	13～17	≥18	无抑菌圈
链霉素	10	≤11	12～14	≥15	无抑菌圈
环丙沙星	5	≤15	16～20	≥21	无抑菌圈
磺胺药	250 或 300	≤12	13～16	≥17	无抑菌圈

【注意事项】

（1）严格执行无菌操作规程，如药物的稀释液选择、药敏纸片的保管和使用方法、培养基的制作过程等。

（2）磺胺类药物用无胨琼脂培养基，因蛋白胨会使磺胺失去作用。

技能二 实验动物的接种与剖检

实验动物的接种是微生物实验室常用的技术之一，其主要用途有：进行病原体的分离与鉴定、确定病原体的致病力、恢复或增强病原体的毒力、测定某些细菌的外毒素、制备疫苗或诊断用抗原、制备作诊断或治疗用的免疫血清以及用于检验药物的治疗效果及毒性等。

【目的要求】 了解动物实验的意义，掌握实验动物常用的接种方法与剖检技术，掌握对实验动物的尸体进行细菌学检验方法。

【仪器及材料】 实验动物、细菌培养物或病料、注射器、头皮针、解剖盘及解剖刀剪、碘酊及酒精棉球、滴管、接种环、酒精灯、常用培养基、载玻片、显微镜、染色液、消毒设备等。

【方法与步骤】

（一）实验动物的接种方法

若检查某种病料，常采用病料乳剂（尿液、脑脊液、血液、分泌物、脏器组织悬液等）或病料培养物（肉汤培养物或细菌悬液）接种的实验动物，用以分离病原体和测定该病原体的致病力。常用的实验动物有家兔、豚鼠（也称荷兰猪、天竺鼠）、大鼠、小鼠、绵羊、鸡和鸽子等。在实际工作中，可以根据病料的检验目的和对病料中病原的预测，选择最易感的健康无病实验动物或 SPF 动物进行接种试验。

实验动物常用的接种方法有下列几种：

1. 皮内注射 家兔、小鼠及豚鼠皮内注射时，均需助手保定动物。由助手把动物伏卧或仰卧保定，接种者以左手拇指及食指夹起皮肤，右手持注射器，用细针头插入拇指及食指之间的皮肤内，针头插入不宜过深，同时插入角度要小，注入时感到有阻力且注射完毕后皮肤上有硬的隆起即为注入皮内。拔出针头，用消毒棉球按住针眼并稍加按摩。皮内接种要慢，以防使皮肤胀裂或自针孔流出注射物而散播传染。

鸡的皮内注射：由助手提鸡，注射者左手捏住鸡冠或肉髯，消毒，在鸡冠或肉髯皮内注射 0.1～0.2mL，注射后处理同小鼠接种法。

2. 皮下注射　家兔及豚鼠的皮下注射与皮内注射法同样保定动物，于动物背侧或腹侧皮下结缔组织疏松部位剪毛消毒，接种者右手持注射器，以左手拇指、食指和中指捏起皮肤使其成一个三角形皱褶，或用镊子夹起皮肤，于其底部进针。感到针头可以随意拨动或当推入注射物时感到流利畅通即表示插入皮下。注射后处理同皮内接种法。

鸡的皮下注射可在颈部、背部皮下注射。小鼠的皮下注射部位选在小鼠背部（背中线一侧），注射量一般为 0.2～0.5mL。

3. 肌内注射　肌内注射部位在禽类为胸肌，其他动物为后肢股部肌肉丰满部位，术部消毒后，将针头刺入肌肉内，注射感染材料，注射量一般为 0.1～0.5mL。

4. 腹腔注射　家兔、豚鼠、小鼠做腹腔注射时，宜采用仰卧保定，接种时稍抬高后躯，头部略有下垂，使其内脏倾向前腔。小鼠腹腔接种时，用右手提起鼠尾，左手拇指和食指捏头背部皮肤，翻转鼠体使腹部向上，把鼠尾和后腿夹于术者掌心和小指之间，右手持注射器，将针头平行刺入皮下，然后向下斜行，通过腹部肌肉进入腹腔（图 3-2），注射量为 0.5～1.0mL。在家兔和豚鼠，先在腹股沟处刺入皮下，前进少许，再刺入腹腔，注射量为 0.5～5.0mL。操作时应将针头缓慢刺入，防止刺伤内脏器官。注射时应无阻力，皮肤也无隆起即表示刺入腹腔。

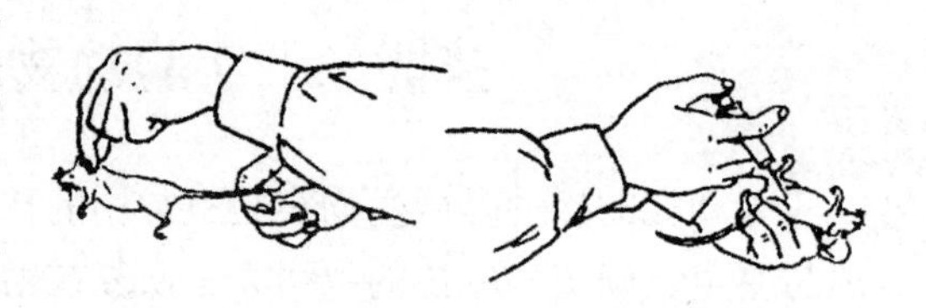

图 3-2　小鼠的捕捉保定和腹腔注射

5. 静脉注射　此法主要适用于家兔和豚鼠。将家兔放入保定器内或由助手把握住其前、后躯保定，选一侧耳边缘静脉，剃去缘毛，用 75%酒精涂擦兔耳或以手指轻弹耳朵，使静脉怒张。注射时，用左手拇指和食指拉紧兔耳，右手持注射器，使针头与静脉平行，向心脏方向刺入静脉内，注射时无阻力且有血向前流动即表示注入静脉，缓缓注入接种物。若注射正确，注射后耳部应无肿胀。注射完毕，用消毒棉球紧压针眼，以免流血和注射物溢出。一般注射 0.2～1.0mL。

豚鼠常用抓握保定，耳背侧或股内侧剪毛、消毒，用头皮针刺入耳大静脉或股内侧静脉内，注射 0.2～0.5mL。若注射正确，注射后静脉周围应无肿胀。

鸡、鸽可由翅下静脉注射；小鼠自尾静脉注射。

6. 脑内注射　做病毒学实验研究时，有时用脑内接种法，通常多用小鼠，特别是 1～3 日龄的乳鼠，注射部位在两耳根连线的中点略偏左（或右）处。接种时用乙醚使动物（除乳鼠外）轻度麻醉，术部用碘酊、酒精棉球消毒，用最小号针头经皮肤和颅骨稍向后下刺入脑内进行注射，完后用棉球按压针眼片刻。乳鼠接种时一般不麻醉，用碘酒消毒。家兔和豚鼠的颅骨较硬厚，最好事先用短锥钻孔，然后再注射，深度宜浅，以免伤及脑组织，接种完毕应使用碘仿火棉胶涂封钻孔。

注射量：一般家兔为 0.2mL，豚鼠 0.15mL，小鼠 0.03mL。一般认为，注射后 1h 内出现神经症状的，是接种时脑创伤所致，此动物应作废。

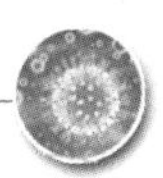

(二) 实验动物的剖检技术

实验动物经接种后，要隔离控制，严格消毒，由专人负责饲养管理，做好标记，并作详细记载。根据试验要求，对动物要定时测温及应注意观察食欲、发病情况等。死亡或予以扑杀后，对其尸体要立即剖检，以观察其病变情况，否则肠道的细菌可通过肠壁、胆管而侵入其他器官，使尸体腐败，影响检验结果。

尸体剖检的目的除观察发病情况外，更重要的是实施进一步的微生物学检查。也可采取病料保存做微生物学、病理学、寄生虫学、毒物学等的检查。

1. 一般剖检程序

(1) 先用肉眼观察动物体表的情况。

(2) 将动物尸体仰卧固定于解剖板上，充分暴露胸腹部。

(3) 用3%来苏儿或其他消毒液浸擦尸体的颈、胸、腹部的皮毛。

(4) 用无菌剪刀和镊子自其颈部至耻骨部切开皮肤，并将四肢腋窝处皮肤剪开，剥离胸腹部皮肤使其尽量翻向外侧，注意注射部位有无炎症、脓肿、坏死等病变表现，观察皮下组织及腋下、腹股沟淋巴结有无病变。必要时，做涂片和培养检查。

(5) 用无菌的毛细管或注射器穿过腹壁吸取腹腔渗出液供直接培养及涂片检查。

(6) 另换一套灭菌剪刀剪开腹膜，观察肝、脾、肾及肠系膜等有无变化，无菌采取肝、脾、肾等实质脏器各一小块放在灭菌平皿内，以备进行培养及直接涂片检查。然后剪开胸腔，检查胸腔内有无渗出液及心、肺有无病变，可无菌采取渗出液、心血及心肺组织进行培养及直接涂片。

(7) 必要时破颅取脑组织做进一步检查。

(8) 如欲做组织切片检查，将各种组织小块置于10%甲醛中固定。

(9) 剖检完毕后应妥善处理动物尸体，焚化、深埋或高压灭菌后掩埋，以免病原散播。若是小鼠尸体可浸泡于3%来苏儿液中消毒，而后倒入深坑中，令其自然腐败。解剖器械也须煮沸消毒或高压灭菌处理，用具用3%来苏儿浸泡消毒，然后洗刷。

(10) 认真做好详细解剖记录。

2. 注意事项

(1) 为了检查和分离病原体，尸体剖检后应先取病料进行病原分离培养和标本片制作，然后再进行详细病理变化的观察及病料的采取，以防污染。

(2) 取病料时应无菌操作。

知识拓展　无菌动物和无特定病原体动物

无菌（GF）动物和无特定病原体（SPF）动物是为了科学研究和生产需要而人工培育的。

无菌动物是指不携带任何微生物的动物。其获得方法是用无菌操作方法从母体取出正常健康的胎儿，在无菌环境（隔离罩或隔离室）中，采用一切杜绝外界微生物传入的手段进行饲养培育而成的。实际上某些内源性病毒很难去除，因此无菌动物事实上是一个相对的概念。动物生活过程中的饮水、饲料和空气，均须经过严格的灭菌处理；与动物接触的人员、器具，亦要经过消毒和灭菌。需要特殊的仪器设备和精湛的技术条件作保证。这种动物可用于研究消化道微生物与动物营养的关系、免疫、肿瘤、病理及传染病等方面的问题。

无特定病原体动物是指不存在某些特定的具有病原性或潜在病原性的微生物及其抗体或寄生虫的动物（或禽胚胎）。无特定病原体动物是在胎儿取出的最初两周，饲养方法同无菌动物，以后饲养于有屏障系统的室内，严格防止特定病原体的感染，但可能自然感染除特定病原体以外的一般微生物。各个国家根据控制疫病规定的标准对无特定病原体动物有不同的要求。培育无特定病原体动物是为生产和实验提供没有特定病原体抗体的健康动物，如培育成的 SPF 鸡胚已大量应用于疫苗的制造和病毒的分离鉴定。

在反刍家畜瘤胃发酵及功能的研究过程中，通常将反刍家畜进行灭原虫处理（如降低瘤胃内 pH 或在其出生后与其他动物隔离等措施），以除去动物体内原虫，这类动物称灭绝原虫反刍动物。在这种情况下的原虫是指正常反刍家畜瘤胃内固有的、正常的，对反刍家畜有益的原虫，因此与无特定病原体动物不同。这些灭绝原虫反刍动物可以用来选择性地接种原虫，研究特殊原虫对反刍家畜的瘤胃发酵、养分的消化、代谢和吸收的影响。

综合实训一　水中菌落总数的测定

【实训目标】能进行生活饮用水和水源水菌落总数的测定，会判定水被细菌污染的程度和水的卫生质量。

【试验方案】菌落总数是指水样在营养琼脂上，有氧条件下，37℃培养 48h 后，所得 1mL 水样所含细菌菌落的总数。具体测定方案如下：

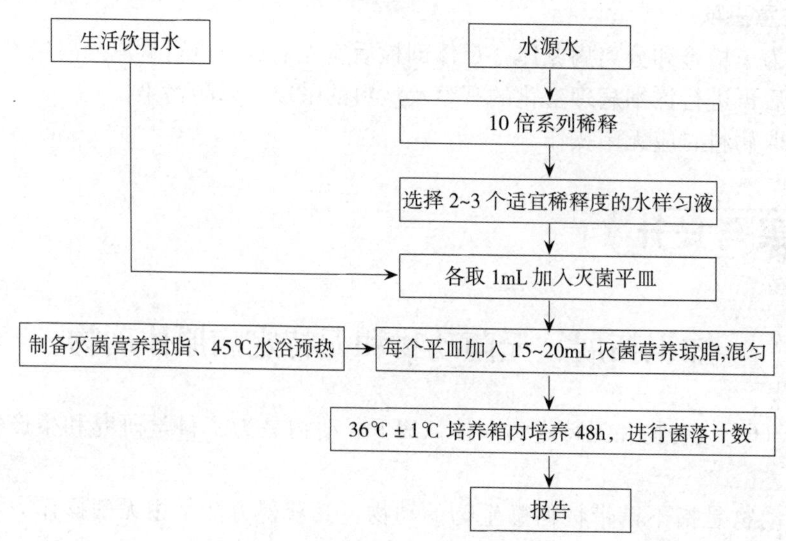

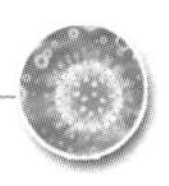

【仪器及材料】 超净工作台、高压蒸汽灭菌器、干热灭菌箱、恒温培养箱、电热恒温水浴箱、冰箱、天平、电炉、放大镜或菌落计数器、灭菌试管、平皿（直径9cm）、刻度吸管、采样瓶、酒精灯、试管架、被检水样等。

【方法与步骤】

（一）制备灭菌的营养琼脂培养基

具体方法详见项目一技能五，将装有灭菌培养基的锥形瓶从高压锅内取出后，放入45℃左右的电热恒温水浴箱内加热。

（二）样品的稀释与接种

1. 生活饮用水　以无菌操作方法用灭菌吸管吸取1mL充分混匀的水样，注入灭菌平皿中，倾注约15mL已融化并冷却到45℃左右的营养琼脂培养基，并立即旋摇平皿，使水样与培养基充分混匀。每次检验时应做一平行接种，同时用另一个平皿只倾注营养琼脂培养基作为空白对照。

待冷却凝固后，翻转平皿，使底面向上，置于36℃±1℃培养箱内培养48h，进行菌落计数，即为水样1mL中的菌落总数。

2. 水源水　以无菌操作方法吸取1mL充分混匀的水样，注入盛有9mL灭菌生理盐水的试管中，混匀制成1∶10稀释液。

吸取1∶10的稀释液1mL注入盛有9mL灭菌生理盐水的试管中，混匀制成1∶100稀释液。按同法依次稀释成1∶1 000、1∶10 000稀释液等备用。如此递增稀释一次，必须更换一支1mL灭菌吸管。

用灭菌吸管取未稀释的水样和2～3个适宜稀释度的水样1mL，分别注入灭菌平皿内，以下操作同生活饮用水的检验步骤。

（三）菌落计数及报告方法

作平皿菌落计数时，可用眼睛直接观察，必要时用放大镜检查，以防遗漏。在记下各平皿的菌落数后，应求出同稀释度的平均菌落数，供下一步计算。在求同稀释度的平均数时，若其中一个平皿有较大片状菌落生长时，则不宜采用，而应以无片状菌落生长的平皿作为该稀释度的平均菌落数。若片状菌落不到平皿的一半，而其余一半中菌落数分布又很均匀，则可将此半皿计数后乘2以代表全皿菌落数。然后再求该稀释度的平均菌落数。

（四）不同稀释度的选择及报告方法

首先选择平均菌落数在30～300者进行计算，若只有一个稀释度的平均菌落数符合此范围时，则将该菌落数乘以稀释倍数报告之（表3-7中实例1）。

若有两个稀释度，其生长的菌落数均在30～300，则视二者之比值来决定，若其比值小于2应报告两者的平均数（表3-7中实例2）；若大于2则报告其中稀释度较小的菌落总数（表3-7中实例3）；若等于2亦报告其中稀释度较小的菌落数（表3-7中实例4）。

若所有稀释度的平均菌落数均大于300，则应按稀释度最高的平均菌落数乘以稀释倍数报告之（表3-7中实例5）。

若所有稀释度的平均菌落数均小于30，则应按稀释度最低的平均菌落数乘以稀释倍数报告之（表3-7中实例6）。

若所有稀释度的平均菌落数均不在30～300，则应以最接近30或300的平均菌落数乘以稀释倍数报告之（表3-7中实例7）。

若所有稀释度的平板上均无菌落生长，则以未检出报告之。

如果所有平板上都菌落密布，不要用“多不可计”报告，而应在稀释度最大的平板上，任意数其中2个平板1cm^{2}中的菌落数，除2求出每平方厘米内平均菌落数，乘以皿底面积63.6cm^2，再乘其稀释倍数作报告。

菌落计数的报告：菌落数在100以内时按实有数报告，大于100时，采用两位有效数字，在两位有效数字后面的数值，以四舍五入方法计算，为了缩短数字后面的零数也可用10的指数来表示（表3-7“报告方式”栏）。

表3-7　稀释度选择及菌落总数报告方式

实例	不同稀释度的平均菌落数			两个稀释度菌落数之比	菌落总数（CFU/mL）	报告方式（CFU/mL）
	10^{-1}	10^{-2}	10^{-3}			
1	1 365	164	20	—	16 400	16 000
2	2 760	295	46	1.6	37 750	38 000
3	2 890	271	60	2.2	27 100	27 000
4	150	30	8	2	1 500	1 500
5	多不可计	1 650	513	—	513 000	510 000
6	27	11	5	—	270	270
7	多不可计	305	12	—	30 500	31 000

综合实训二　水中总大肠菌群的测定

【实训目标】会利用发酵法测定生活饮用水和水源水的总大肠菌群，能判定水被大肠菌群污染的程度和水的卫生质量。

【试验方案】总大肠菌群指一群在37℃培养24h，能发酵乳糖、产酸产气、需氧和兼性厌氧的革兰氏阴性无芽孢杆菌。具体测定方案如下：

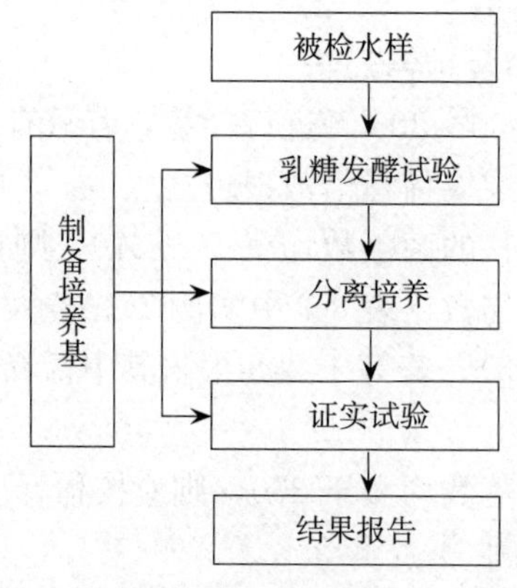

【仪器及材料】超净工作台、高压蒸汽灭菌器、恒温培养箱、冰箱、酒精灯、天平、电炉、载玻片、显微镜、玻璃蜡笔、平皿（直径9cm）、刻度吸管、采样瓶、杜氏

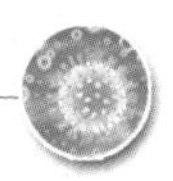

管、试管、试管架、乳糖蛋白胨培养液、伊红美蓝培养基、草酸铵结晶紫染色液、革兰氏碘液、95%乙醇、石炭酸复红染色液、75%酒精棉球、无菌生理盐水、被检水样等。

【方法与步骤】

（一）制备培养基

本实训所用培养基类型及制备方法如下：

1. 单料乳糖蛋白胨培养液

（1）成分。

蛋白胨	10g
牛肉膏	3g
乳糖	5g
氯化钠	5g
溴甲酚紫乙醇溶液（16g/L）	1mL
蒸馏水	1 000mL

（2）制法。将蛋白胨、牛肉膏、乳糖及氯化钠溶于蒸馏水中，调整 pH 为 7.2～7.4，再加入 1mL 溴甲酚紫乙醇溶液（16g/L），充分混匀，分装于装有倒管的试管中，115℃ 高压灭菌 20min，贮存于冷暗处备用。

2. 双料乳糖蛋白胨培养液　按上述单料乳糖蛋白胨培养液制备，除蒸馏水外，其他成分量加倍。

3. 伊红美蓝琼脂平板　用于分离培养试验，具体制备方法详见项目一技能五。

（二）检验步骤

1. 乳糖发酵试验　取 10mL 水样接种到 10mL 双料乳糖蛋白胨培养液中，取 1mL 水样接种到 10mL 单料乳糖蛋白胨培养液中，另取 1mL 水样注入 9mL 灭菌生理盐水中，混匀后吸取 1mL（即 0.1mL 水样）注入 10mL 单料乳糖蛋白胨培养液中，每一稀释度接种5 管。

对已处理过的出厂自来水，需经常检验或每天检验一次的，可直接接种 5 份 10mL 水样双料培养基，每份接种 10mL 水样。

检验水源水时，如污染较严重，应加大稀释度，可接种 1、0.1、0.01mL 甚至 0.1、0.01、0.001mL，每个稀释度接种 5 管，每个水样共接种 15 管。接种 1mL 以下水样时，必须作 10 倍递增稀释后，取 1mL 接种。每递增稀释一次，换用 1 支 1mL 灭菌刻度吸管。

将接种管置 36℃±1℃ 培养箱内，培养 24h±2h，如所有乳糖蛋白胨培养管都不产气产酸，则可报告为总大肠菌群阴性，如有产酸产气者，则按下列步骤进行。

2. 分离培养　将产酸产气的发酵管分别转种在伊红美蓝琼脂平板上，于 36℃ ±1℃ 培养箱内培养 18～24h，观察菌落形态，挑取符合下列特征的菌落作革兰氏染色、镜检和证实试验：①深紫黑色、具有金属光泽的菌落；②紫黑色、不带或略带金属光泽的菌落；③淡紫红色、中心较深的菌落。

3. 证实试验　经上述染色镜检为革兰氏阴性无芽孢杆菌，同时接种乳糖蛋白胨培养液，置 36℃±1℃培养箱中培养 24h±2h，有产酸产气者，即证实有总大肠菌群存在。

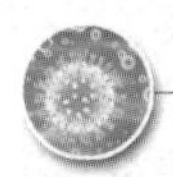

4. 结果报告 根据证实为总大肠菌群阳性的管数，查 MPN（most Probable number，最可能数）检索表，报告每 100mL 水样中的总大肠菌群最可能数（MPN）。5 管法结果见表 3-8，15 管法结果见表 3-9。稀释样品查表后所得结果应乘稀释倍数。如所有乳糖发酵管均阴性时，可报告总大肠菌群未检出。

表 3-8 用 5 份 10mL 水样时各种阳性和阴性结果组合时的最可能数（MPN）

5 个 10mL 管中阳性管数	最可能数（MPN）
0	<2.2
1	2.2
2	5.1
3	9.2
4	16.0
5	>16

表 3-9 总大肠菌群 MPN 检索表

（总接种量 55.5mL，其中 5 份 10mL 水样，5 份 1mL 水样，5 份 0.1mL 水样）

接种量（mL）			总大肠菌群（MPN/100mL）	接种量（mL）			总大肠菌群（MPN/100mL）
10mL 管	1mL 管	0.1mL 管		10mL 管	1mL 管	0.1mL 管	
0	0	0	<2	1	0	0	2
0	0	1	2	1	0	1	4
0	0	2	4	1	0	2	6
0	0	3	5	1	0	3	8
0	0	4	7	1	0	4	10
0	0	5	9	1	0	5	12
0	1	0	2	1	1	0	4
0	1	1	4	1	1	1	6
0	1	2	6	1	1	2	8
0	1	3	7	1	1	3	10
0	1	4	9	1	1	4	12
0	1	5	11	1	1	5	14
0	2	0	4	1	2	0	6
0	2	1	6	1	2	1	8
0	2	2	7	1	2	2	10
0	2	3	9	1	2	3	12
0	2	4	11	1	2	4	15
0	2	5	13	1	2	5	17
0	3	0	6	1	3	0	8
0	3	1	7	1	3	1	10
0	3	2	9	1	3	2	12
0	3	3	11	1	3	3	15
0	3	4	13	1	3	4	17
0	3	5	15	1	3	5	19

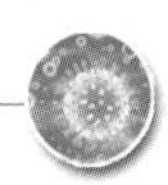

（续）

接种量（mL）			总大肠菌群（MPN/100mL）	接种量（mL）			总大肠菌群（MPN/100mL）
10mL 管	1mL 管	0.1mL 管		10mL 管	1mL 管	0.1mL 管	
0	4	0	8	1	4	0	11
0	4	1	9	1	4	1	13
0	4	2	11	1	4	2	15
0	4	3	13	1	4	3	17
0	4	4	15	1	4	4	19
0	4	5	17	1	4	5	22
0	5	0	9	1	5	0	13
0	5	1	11	1	5	1	15
0	5	2	13	1	5	2	17
0	5	3	15	1	5	3	19
0	5	4	17	1	5	4	22
0	5	5	19	1	5	5	24
2	0	0	5	3	0	0	8
2	0	1	7	3	0	1	11
2	0	2	9	3	0	2	13
2	0	3	12	3	0	3	16
2	0	4	14	3	0	4	20
2	0	5	16	3	0	5	23
2	1	0	7	3	1	0	11
2	1	1	9	3	1	1	14
2	1	2	12	3	1	2	17
2	1	3	14	3	1	3	20
2	1	4	17	3	1	4	23
2	1	5	19	3	1	5	27
2	2	0	9	3	2	0	14
2	2	1	12	3	2	1	17
2	2	2	14	3	2	2	20
2	2	3	17	3	2	3	24
2	2	4	19	3	2	4	27
2	2	5	22	3	2	5	31
2	3	0	12	3	3	0	17
2	3	1	14	3	3	1	21
2	3	2	17	3	3	2	24
2	3	3	20	3	3	3	28
2	3	4	22	3	3	4	32
2	3	5	25	3	3	5	36

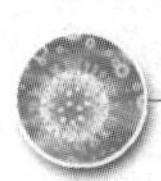

（续）

接种量（mL）			总大肠菌群（MPN/100mL）	接种量（mL）			总大肠菌群（MPN/100mL）
10mL 管	1mL 管	0.1mL 管		10mL 管	1mL 管	0.1mL 管	
2	4	0	15	3	4	0	21
2	4	1	17	3	4	1	24
2	4	2	20	3	4	2	28
2	4	3	23	3	4	3	32
2	4	4	25	3	4	4	36
2	4	5	28	3	4	5	40
2	5	0	17	3	5	0	25
2	5	1	20	3	5	1	29
2	5	2	23	3	5	2	32
2	5	3	26	3	5	3	37
2	5	4	29	3	5	4	41
2	5	5	32	3	5	5	45
4	0	0	13	5	0	0	23
4	0	1	17	5	0	1	31
4	0	2	21	5	0	2	43
4	0	3	25	5	0	3	58
4	0	4	30	5	0	4	76
4	0	5	36	5	0	5	95
4	1	0	17	5	1	0	33
4	1	1	21	5	1	1	46
4	1	2	26	5	1	2	63
4	1	3	31	5	1	3	84
4	1	4	36	5	1	4	110
4	1	5	42	5	1	5	130
4	2	0	22	5	2	0	49
4	2	1	26	5	2	1	70
4	2	2	32	5	2	2	94
4	2	3	38	5	2	3	120
4	2	4	44	5	2	4	150
4	2	5	50	5	2	5	180
4	3	0	27	5	3	0	79
4	3	1	33	5	3	1	110
4	3	2	39	5	3	2	140
4	3	3	45	5	3	3	180
4	3	4	52	5	3	4	210
4	3	5	59	5	3	5	250

（续）

接种量（mL）			总大肠菌群（MPN/100mL）	接种量（mL）			总大肠菌群（MPN/100mL）
10mL管	1mL管	0.1mL管		10mL管	1mL管	0.1mL管	
4	4	0	34	5	4	0	130
4	4	1	40	5	4	1	170
4	4	2	47	5	4	2	220
4	4	3	54	5	4	3	280
4	4	4	62	5	4	4	350
4	4	5	69	5	4	5	430
4	5	0	41	5	5	0	240
4	5	1	48	5	5	1	350
4	5	2	56	5	5	2	540
4	5	3	64	5	5	3	920
4	5	4	72	5	5	4	1 600
4	5	5	81	5	5	5	>1 600

复习与思考

1. 解释下列名词：消毒、灭菌、防腐、无菌、无菌操作、巴氏消毒法、飞沫传播、尘埃传播、空气传播、正常菌群、菌群失调、寄生、共生、拮抗。

2. 临床上在治疗被泥土污染的创伤时，为什么要特别注意破伤风等病的发生？

3. 在微生物接种、制备生物制剂和药剂以及进行注射、外科手术时，为什么必须进行无菌操作？

4. 什么是正常菌群？什么是菌群失调症？结合畜牧业生产实际，简述消化道菌群失调症发生的原因。

5. 温度对微生物有何影响？谈谈此影响在生产实践中的应用。

6. 试述将污染的解剖器械利用高压蒸汽灭菌法进行灭菌的操作方法。在操作过程中应注意哪些事项？

7. 试述将洗涤干净的玻璃器皿利用热空气灭菌法进行灭菌的操作方法。在操作过程中应注意哪些事项？

8. 试述影响化学消毒剂作用效果的因素。

9. 某些传染病通过接种疫苗基本得到控制，但近几年使用同样的疫苗预防效果却不佳，分析可能的原因有哪些。

10. 以某鸡场的大肠杆菌病为例，试述药敏试验的操作方法和结果判定。并分析该试验菌对不同抗生素敏感性差异的原因。

11. 以当地自来水的细菌学检测为例，从细菌总数和大肠菌群数的结果来判定，是否合乎饮用水的标准，并分析原因。

12. 以诊断大肠杆菌、巴氏杆菌等病原菌为例，给动物注射传染性材料，应注意哪些环节？实验动物尸体剖检后可进行哪些检验工作？

项目四　免疫防治理论

项目指南

在养殖生产中，畜禽经常会受到病原微生物的侵袭，动物能否被感染，取决于病原微生物的致病力与机体免疫力之间相互作用。如果动物机体的免疫力强于病原微生物的致病力，动物则不会被感染，传染病也就不会发生，反之动物就会被感染。因此，如何使动物获得坚强的免疫机能，以抵御传染病的发生是我们学习该项目的主要目的。本项目中主要介绍免疫学的基本理论知识，内容包括：传染与免疫的概念及相互关系、特异性免疫的获得途径、免疫系统的组成及其功能、抗原物质的特性、免疫应答的过程及特点、体液免疫的概念及应答过程、细胞免疫的概念及应答过程、非特异性免疫应答、抗细菌感染免疫以及抗病毒感染免疫等。

重点内容包括传染的概念及发生条件、免疫的概念及免疫的功能、特异性免疫的获得途径、抗原的概念及构成抗原的条件、机体免疫系统的组成及其功能、抗体产生的一般规律。难点是理解抗原与机体免疫机能之间复杂的分子生物学关系和机体免疫系统各组成成分之间相互依存、相互作用又互相制约的关系。通过对免疫学基本理论知识的学习，进一步理解机体免疫机能的获得途径及影响因素，以此来指导畜禽养殖生产中传染病的免疫防控工作，使动物机体获得强大的免疫力，减少传染病给畜牧业带来的经济损失。

认知与解读

任务一　传染与免疫的认知

一、传染的概念

传染也称为感染，是指病原微生物侵入动物机体，并在一定的部位定居、生长繁殖，从而引起机体一系列病理反应的过程。在传染过程中，病原微生物的侵入、生长繁殖以及产生的有毒物质对动物机体正常的生理机能造成一定程度的损害；机体为了保护自身的正常生理机能不被破坏，对病原微生物表现出一系列的防卫反应。因此，传染是病原微生物的致病作用与动物机体抗感染作用之间的相互作用、相互斗争的一种复杂的生物学过程。

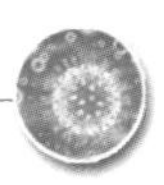

二、传染发生的条件

传染的发生需要具备一定的条件，其中病原微生物是引起传染发生的首要条件，动物的易感性和环境因素是传染发生的必要条件。

1. 病原微生物　病原微生物必须具有一定的毒力、达到足够的数量并且经适宜的途径，才能突破机体的防御机能侵入机体。一般来说病原微生物毒力越强，引起传染所需要的数量就越少。例如毒力较强的鼠疫耶尔森氏菌在机体无特异性免疫力的情况下，数个细菌侵入就可引起感染，引起食物中毒的毒力较弱的沙门氏菌需数亿个才能引起急性胃肠炎。对大多数病原菌而言，需要一定的数量侵入机体才能引起感染，少量侵入易被机体的防御机能所清除。

病原微生物侵入机体的途径也很重要，某些病原微生物只有经过特定的侵入途径，并在特定部位定居繁殖，才能引发感染。如破伤风梭菌侵入深部创伤才可能引起感染，流感病毒经呼吸道引起感染，乙型脑炎病毒以蚊子为媒介叮咬皮肤后经血液传染。有些病原微生物可以通过多种途径引起感染，例如结核分枝杆菌可以经呼吸道或消化道感染，炭疽杆菌经消化道、呼吸道和皮肤创伤等途径都可以引起感染。各种病原微生物之所以选择不同的侵入途径，与病原微生物的特性及宿主机体不同组织器官的感受性有关。

2. 易感动物　对某种病原微生物具有感受性的动物称为该病原微生物的易感动物。动物对某种病原微生物先天所具有的感受性是动物“种”的特性，是物种进化过程中病原微生物寄生与机体免疫系统抗寄生相互作用、相互适应的结果。因此，动物的种属特性决定了对某种病原微生物的感受性不同，例如，猪是猪瘟病毒的易感动物，而牛、羊则是非易感动物。某些动物的不同品种对病原微生物的感受性也有差异，如肉鸡对马立克氏病的易感性高于蛋鸡。也有多种动物和人对同一种病原微生物（如口蹄疫病毒、结核分枝杆菌等）易感。

另外，动物的易感性还受年龄、性别、营养状况以及免疫等因素影响。一般情况下，幼龄和老龄动物更容易被感染，某些病原微生物对特定年龄及性别的动物易感，如布鲁氏菌对性成熟以后的动物易感，特别是母畜更易感。维生素（尤其是维生素A、维生素B族、维生素D、维生素E）及氨基酸的缺乏会使机体的免疫功能下降，易感性增强。对某种病原微生物具有易感性的动物通过接种疫苗或注射免疫血清可以使其在一定时间内获得对该病原微生物的抵抗力。

3. 外界环境因素　气候、温度、湿度、地理环境、生物因素（传播媒介、贮存宿主）、饲养管理及使役情况等，对传染的发生起着不可忽视的作用。环境因素不仅影响病原微生物的生长、繁殖和传播，同时也影响动物机体的感受性。如夏季气温高，病原微生物易于生长繁殖，因此易发生消化道传染病；而寒冷的冬季能降低易感动物呼吸道黏膜抵抗力，易发生呼吸道传染病。另外，某些特定环境条件下，存在着一些传染病的传播媒介，影响着传染病的发生和传播。如有些传染病以昆虫为媒介，故在昆虫盛繁的夏季和秋季容易发生和传播。在集约化养殖模式下，如果饲养管理水平落后，动物的易感性则会增强。

三、免疫的概念

免疫学是伴随抗感染的研究而发展起来的一门科学。很早以前人们就发现，患某种传染病的康复者会产生对该病原微生物的不感染能力，即免除感染，并称此为免疫。然而，许多免疫现象已远远超出抗病原微生物感染这一范畴，如过敏反应、不同血型的输血反应、组织移植排斥反应等与抗感染无关。因此，现代免疫学认为，免疫是机体对自身与非自身物质的识别，并清除非自身的大分子物质，从而维持机体内外环境平衡的生理学反应。免疫是一种复杂的生物学过程，也是动物正常的生理功能。免疫是动物在长期进化过程中形成的防御功能。

四、免疫的基本功能

1. 免疫防御 是指动物机体排斥外源性抗原异物的功能。这种能力包括两个方面：一是抗感染作用，即机体抵御病原微生物的感染；二是免疫排斥作用，即排斥异种或同种异体的细胞、组织及器官，这是在输血、组织器官移植时需要克服的障碍。免疫防御机能异常亢进时，则会造成超敏反应，导致机体组织损伤和功能障碍；这种机能低下或免疫缺陷时，易引起机体的反复感染。

2. 自身稳定 又称免疫稳定。这一功能在于维持体内细胞的均一性，清除衰老、受损伤的自身细胞，以维持机体的生理平衡。如果这种功能失调，就会造成自身免疫性疾病的发生。

3. 免疫监视 机体的正常细胞常因物理、化学和病毒等因素的作用突变为肿瘤细胞。当动物机体的免疫机能正常时即可对这些肿瘤细胞加以识别，然后调动一切免疫因素将肿瘤细胞清除，若此功能低下或失调，则可导致肿瘤的发生。

五、免疫的类型

1. 非特异性免疫 又称先天性免疫或固有免疫。是动物在长期进化过程中形成的天然防御功能，出生后就有，具有遗传性。非特异性免疫对外来异物的侵入起第一防线的作用，是机体实现特异性免疫的基础和条件。非特异性免疫的作用范围广泛，对各种病原微生物都有一定的防御作用。但是对异物缺乏特异性区别作用，没有针对性。因此要特异性清除病原体，需要在非特异性免疫的基础上，发挥特异性免疫的作用。

2. 特异性免疫 又称获得性免疫或适应性免疫。是动物在病原微生物或者其代谢产物的刺激下产生的，以及机体直接接受某种特异性抗体而获得的。例如，猪接种猪瘟疫苗以后所获得的针对猪瘟病毒的免疫力。特异性免疫具有严格的特异性和针对性，并具有免疫记忆的特点，在抗微生物感染中起关键作用，特异性免疫的机理及特点是生产中疫苗免疫的理论依据。

六、传染与免疫的关系

从抗传染免疫这一角度来看，免疫是针对传染而产生的，没有传染就无所谓免疫。传染是由病原微生物入侵而引起的，免疫则是机体针对入侵的病原微生物形成的防御机能。多数情况下，传染激发免疫，又由免疫终止传染，但是，有时传染可以抑

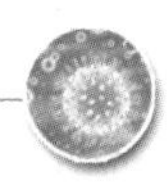

制免疫，导致继发性传染的发生，例如鸡感染传染性法氏囊病毒后，会造成严重的免疫缺陷或免疫抑制，临床上表现为对多种传染病的抵抗力都下降，并严重影响某些疫苗的免疫效果；有时免疫不是终止传染，而是造成自身组织的损伤，例如，马传染性贫血和水貂阿留申病等。

七、特异性免疫的获得途径

机体特异性免疫机能的建立有主动免疫和被动免疫两大途径（图 4-1），主动免疫是机体受到抗原物质刺激后，免疫细胞发生增殖与分化产生免疫效应物质而获得的；而被动免疫是机体通过接受其他个体产生的抗体或细胞因子而获得的免疫力。主动免疫和被动免疫都可以通过天然和人工两种方式获得。因此特异性免疫的获得又可分为天然主动免疫、人工主动免疫、天然被动免疫和人工被动免疫四种方式。

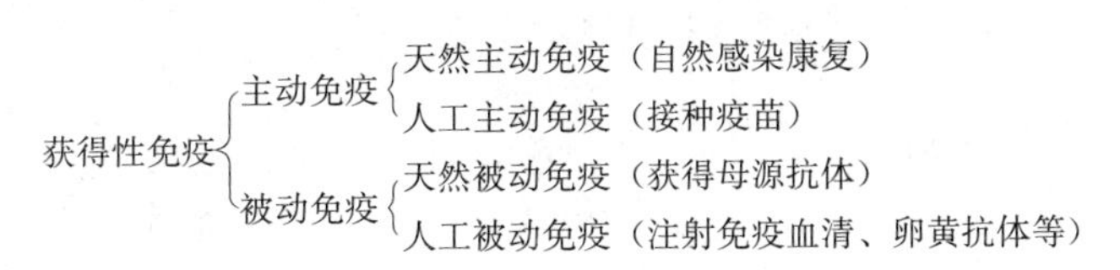

图 4-1 获得性免疫途径

1. 天然主动免疫 动物感染某种病原微生物耐过后产生的对该病原体再次侵入所具有的特异性免疫力称为天然主动免疫。天然主动免疫的免疫期可持续数月、数年或终生免疫。免疫有效期的长短主要与微生物的种类有关。

2. 人工主动免疫 给动物接种疫苗、菌苗、类毒素等生物制剂，刺激机体免疫系统发生免疫应答而产生的特异性免疫力称为人工主动免疫。通过人工主动免疫所获得的免疫力持续时间较长，可达数月甚至数年，某些疫苗免疫后，可产生终生免疫力。免疫力产生的快慢以及维持时间的长短与疫苗的种类、接种途径以及接种次数有关。一般病毒抗原需 3～4d，细菌抗原需 5～7d，毒素抗原需 2～3 周产生免疫力。生产中人工主动免疫是预防和控制传染病的行之有效的措施之一。尤其是在病毒性疾病的防制中，由于没有有效的药物进行治疗与预防，因而免疫预防显得更为重要。

3. 天然被动免疫 初生仔畜通过母体胎盘或初乳、雏禽通过卵黄从母体获得母源抗体从而获得对某种病原体的免疫力称为天然被动免疫。天然被动免疫在临床上应用广泛。由于动物在生长发育的早期，免疫机能还不够健全，对病原体的抵抗力较弱，此期可以通过获得母源抗体增强免疫力，以保证畜禽早期的生长发育。如用小鹅瘟疫苗免疫母鹅以预防雏鹅患小鹅瘟，母猪产前免疫接种大肠杆菌 K88 疫苗，可使新生哺乳仔猪抵御仔猪黄痢的发生等。天然被动免疫持续时间短，只有数周至几个月，但对保护胎儿和幼龄动物免于感染，特别是对于预防某些幼龄动物特有的传染病具有重要的意义。然而母源抗体可干扰弱毒疫苗对幼龄动物的免疫效果，因此，畜禽初次免疫的时间要根据其母源抗体的水平来定。

4. 人工被动免疫 机体通过注射免疫血清或细胞因子等制剂而获得的对某种病原体的免疫力称为人工被动免疫。其特点是见效快，抗体进入体内以后立即发挥免疫效应，但是免疫有效期短，一般可维持 1～4 周。另外，血清制剂成本比较高。因此，人工被动免疫主要用于经济价值较高的动物的紧急预防接种和某些传染病的早期治疗，例如破伤风抗毒素血清可用于破伤风患畜的早期治疗。目前，养禽生产中有时用卵黄抗体代替免疫血清预防和治疗一些病毒性传染病，如鸡传染性法氏囊病、新城疫等，效果较好，但是，卵黄抗体仍存在一些问题有待解决，因此种禽禁止使用。目前细胞因子已用于一些畜禽传染病的防治，效果十分显著。

任务二 免疫系统的认知

免疫系统是动物机体执行免疫功能的组织机构，是产生免疫应答的物质基础。免疫系统由免疫器官、免疫细胞和免疫分子组成（图 4-2）。

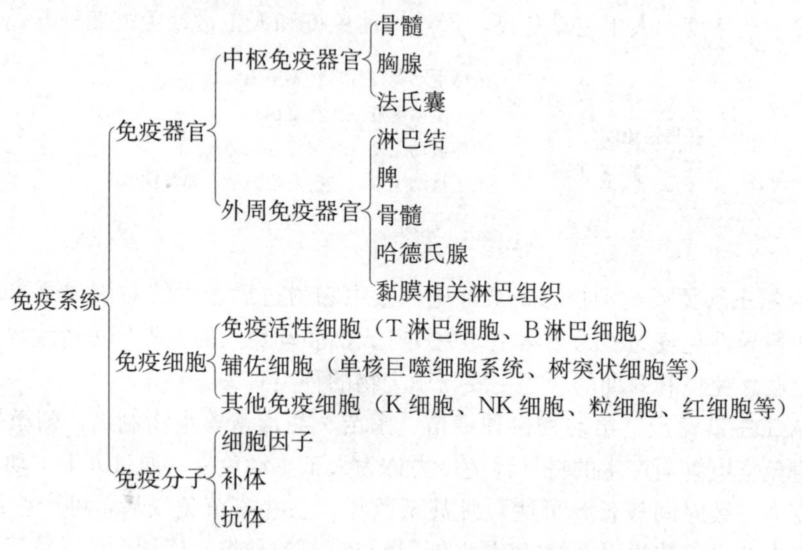

图 4-2 动物免疫系统的组成

一、免疫器官

免疫器官是免疫细胞发生、分化成熟、定居和增殖以及产生免疫应答的场所（图 4-3）。根据其功能不同分为中枢免疫器官和外周免疫器官。

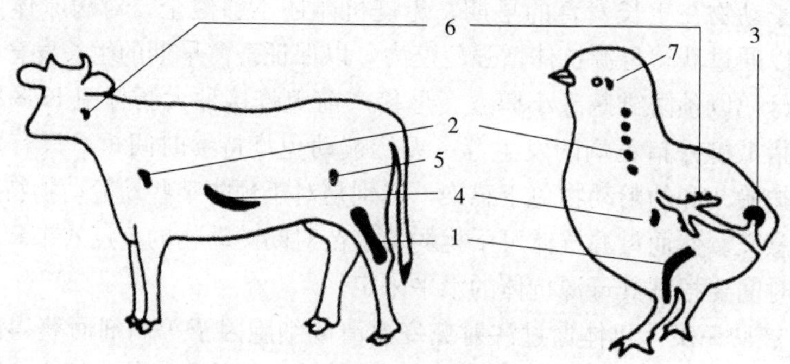

图 4-3 畜禽的免疫器官分布示意

1. 骨髓 2. 胸腺 3. 法氏囊 4. 脾 5. 淋巴结 6. 扁桃体 7. 哈德尔氏腺

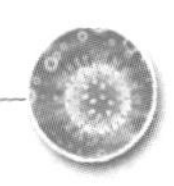

(一)中枢免疫器官

中枢免疫器官又称初级免疫器官，是免疫细胞发生、分化及成熟的场所（图 4-4），对机体的免疫机能起调控作用。中枢免疫器官包括骨髓、胸腺和法氏囊。

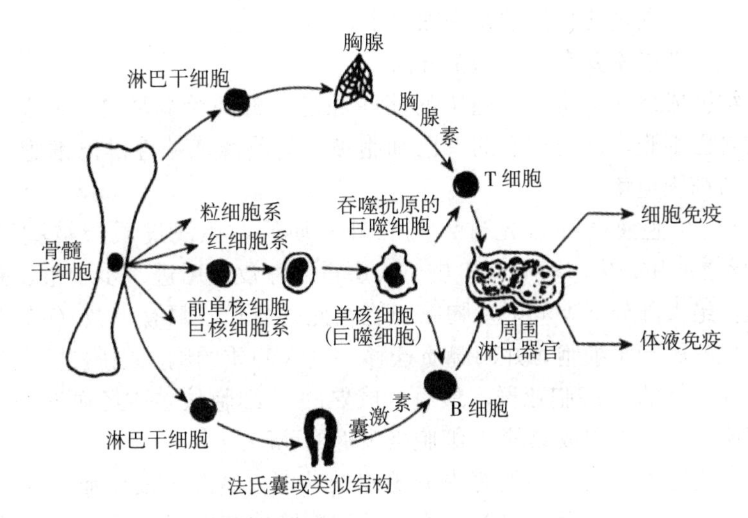

图 4-4 免疫细胞的来源、分化及迁移

1. 骨髓 是动物体最重要的造血器官。动物出生后一切血细胞均来源于骨髓，同时骨髓也是各种免疫细胞发生和分化的场所。骨髓中的多能干细胞首先分化成髓样干细胞和淋巴干细胞，前者进一步分化成红细胞系、单核细胞系、巨核细胞系和粒细胞系等；后者则发育成各种淋巴细胞的前体细胞。

骨髓功能缺陷时，不仅严重损害造血功能，也将导致免疫缺陷症的发生。

2. 胸腺 哺乳动物的胸腺位于胸腔前部纵隔内，由两叶组成（图 4-5）。猪、马、牛、犬、鼠等动物的胸腺可伸展至颈部直达甲状腺。鸟类的胸腺沿颈部在颈静脉一侧

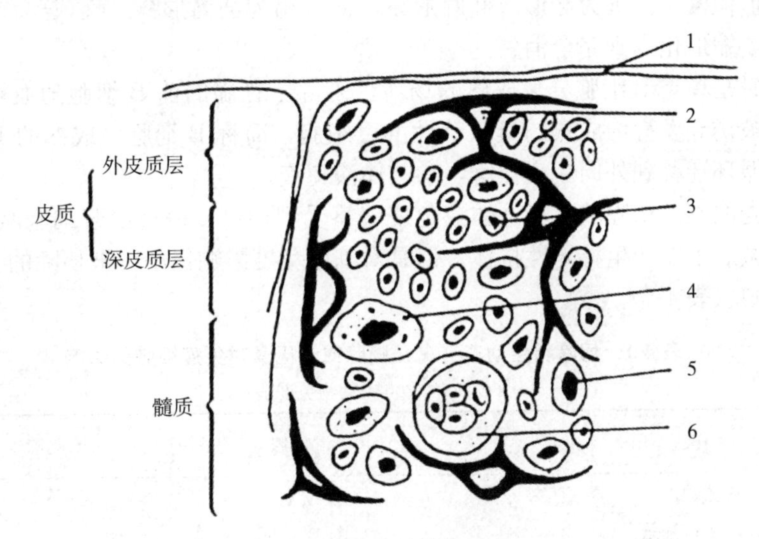

图 4-5 胸腺小叶结构示意

（杨汉春．2003．动物免疫学）

1. 被膜 2. 胸腺哺育细胞 3. 皮质淋巴细胞 4. 巨噬细胞 5. 髓质淋巴细胞 6. 胸腺小体

呈多叶排列。胸腺的大小随年龄不同而异，就胸腺与体重的相对大小而言，在初生时最大，绝对大小则在青春期最大。青春期之后，胸腺的实质开始萎缩，皮质为脂肪组织所取代。胸腺除了随年龄增长而逐渐退化外，动物处于应激状态时，其胸腺也可较快地萎缩。因此，久病死亡的动物胸腺较小。

胸腺的免疫功能主要有以下两个方面：

（1）T 细胞成熟的场所。骨髓中的前 T 细胞，经血液循环进入胸腺，被诱导分化为成熟的淋巴细胞，这类成熟的淋巴细胞被称为胸腺依赖性淋巴细胞，简称 T 细胞，主要参与细胞免疫。

前 T 细胞经血液循环首先进入胸腺外皮质层，在浅皮质层被胸腺哺育细胞（TNC）诱导增殖和分化，随后移出皮质浅层进入深皮质层进一步增殖，并发生选择性分化过程，绝大部分（>95%）胸腺细胞在此处死亡，只有少数（<5%）能继续分化发育为成熟的胸腺细胞，并向髓质迁移。进入髓质的胸腺细胞进一步分化成熟，成为具有不同功能的 T 细胞亚群，最后，成熟的 T 细胞从髓质经血液循环输送至全身，参与细胞免疫，外周成熟的 T 细胞极少返回胸腺。

（2）产生胸腺素。胸腺还具有内分泌腺的功能，胸腺上皮细胞产生多种胸腺激素，如胸腺素、胸腺生成素、胸腺血清因子和胸腺体液因子等，他们对诱导 T 细胞成熟起重要作用，同时胸腺激素对外周成熟的 T 细胞也有一定调节作用。

如果小鼠在新生期被摘除胸腺，在成年后外周血和淋巴器官中的淋巴细胞显著减少，不能排斥异体移植皮肤，对抗体生成反应也有严重影响。如果动物在出生后数周摘除胸腺，则不易发现明显的免疫功能受损，这是因为在新生期前后已有大量成熟的 T 细胞从胸腺输送到外周免疫器官，建立了细胞免疫。所以，切除成年动物的胸腺后果不那么严重。

3. 法氏囊 又称腔上囊，是鸟类特有的淋巴器官。位于泄殖腔背侧，以短管与其相连。形似樱桃，鸡为球形或椭圆形囊，鹅、鸭为圆筒形囊。性成熟前达到最大，以后逐渐萎缩退化直到完全消失。

法氏囊是鸟类 B 细胞分化成熟的场所。来源于骨髓的前 B 细胞随血液循环进入法氏囊，被诱导发育为成熟的囊依赖性淋巴细胞，简称 B 细胞，成熟的 B 细胞经淋巴和血液循环迁移到外周免疫器官，参与体液免疫。

刚出壳的雏禽切除腔上囊，体液免疫应答受到抑制，表现出浆细胞减少或消失，在抗原刺激后不能产生特异性抗体；但是对细胞免疫影响很小，被切除的雏鸡仍能排斥皮肤移植（表 4-1）。

表 4-1 切除新生幼畜（禽）胸腺或法氏囊对免疫细胞的影响

（杨汉春．2003．动物免疫学）

作　用	切除胸腺	切除法氏囊
循环中淋巴细胞数	↓↓↓	—
胸腺依赖区的淋巴细胞	↓↓↓	—
移植物排斥反应	↓↓↓	—
非胸腺依赖区的淋巴细胞和生发中心	↓	↓↓↓

（续）

作　用	切除胸腺	切除法氏囊
浆细胞	↓	↓↓↓
血清免疫球蛋白	↓	↓↓↓
抗体生成	↓	↓↓↓

注：↓↓↓表示大量降低；↓表示降低；—表示没有变化。

某些病毒（如传染性法氏囊病病毒）感染或者某些化学药物（如睾酮）均能使法氏囊萎缩。如果鸡群感染了传染性法氏囊病毒，易导致免疫失败。

（二）外周免疫器官

外周免疫器官又称次级或二级免疫器官，是成熟的T细胞和B细胞定居、增殖和对抗原刺激进行免疫应答的场所。它包括淋巴结、脾和存在于消化道、呼吸道和泌尿生殖道的淋巴小结等。这类器官或组织富含捕捉和处理抗原的巨噬细胞、树突状细胞和朗汉斯巨细胞，它们能迅速捕获抗原，并将处理后的抗原信息传递给免疫活性细胞。二级免疫器官持续地存在于整个成年期，切除部分二级免疫器官一般不影响免疫功能。

1. 淋巴结　呈圆形或豆状，遍布于淋巴循环路径的各个部位，以便捕获从躯体外部进入血液—淋巴液的抗原。它由网状组织构成支架，外有结缔组织包膜，其内充满淋巴细胞、巨噬细胞和树突状细胞。淋巴结分皮质和髓质两部分，皮质又分皮质浅区和和皮质深区（又称副皮质区）；髓质由髓索和髓窦组成。皮质浅区和髓索为B淋巴细胞的分布区域（非胸腺依赖区），皮质深区为T淋巴细胞分布的区域（胸腺依赖区）。淋巴结中T淋巴细胞较多，占75%，B淋巴细胞仅占25%（图4-6）。猪淋巴结的结构与其他哺乳动物的淋巴结不同，淋巴小结在淋巴结的中央，相当于髓质的部分在淋巴结外层。鸡没有淋巴结，但淋巴样组织广泛分布于体内，有的呈弥散性，如消化道管壁中的淋巴组织；有的呈淋巴集结，如盲肠扁桃体，它们在抗原刺激后都能形成生发中心。鸭和鹅等水禽类，只有两对淋巴结，即颈胸淋巴结和腰淋巴结。

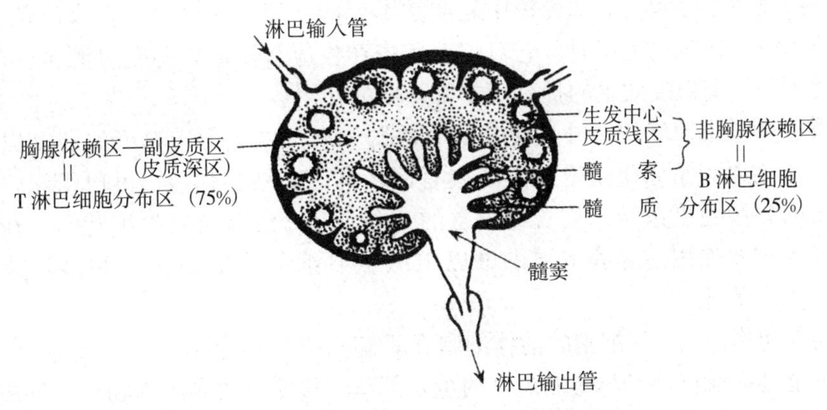

图4-6　淋巴结中T细胞、B细胞的分布

淋巴结的功能主要有以下两个方面：

（1）过滤和清除异物。侵入体内的致病菌、毒素或其他有害异物随淋巴液进入淋巴结内，淋巴窦中的巨噬细胞能有效地吞噬和清除细菌等异物，但对病毒和癌细胞的清除能力低。

（2）免疫应答的场所。淋巴结的实质部分中的巨噬细胞和树突状细胞能捕获和处理外来异物性抗原，并将抗原递呈给T细胞和B细胞，使其活化增殖，形成致敏T细胞和浆细胞，使生发中心增大。因此，细菌等异物侵入机体后，引致淋巴结肿大，与淋巴细胞受抗原刺激后大量增殖有关，是产生免疫应答的表现。

2. 脾　是血液通路上最大的过滤器管，具有造血、贮血和免疫双重功能。脾外部包有被膜，内部的实质分两部分：一部分称为红髓，主要功能是生成红细胞、贮存红细胞和捕获抗原；另一部分称为白髓，是产生免疫应答的部位。禽类的脾较小，白髓和红髓的界限不明显，主要参与免疫，贮血作用很小。脾中的淋巴细胞，35%～50%为T淋巴细胞，50%～65%为B淋巴细胞。

脾的免疫功能主要表现在以下四个方面：

（1）滤过血液。循环血液通过脾时，脾中的巨噬细胞可吞噬和清除侵入血液中的细菌等异物以及自身衰老和凋亡的血细胞等废物。

（2）滞留淋巴细胞。在正常情况下，淋巴细胞经血液循环进入并自由通过脾或淋巴结，但是当抗原进入脾或淋巴结以后，就会引起淋巴细胞在这些器官中的滞留，使抗原敏感细胞集中到抗原集聚的部位附近，增强免疫应答的效应。许多免疫佐剂能触发这种滞留，所以滞留作用可能是佐剂作用的原理之一。

（3）免疫应答的重要场所。脾中定居着大量淋巴细胞和其他免疫细胞，抗原一旦进入脾即可诱导T细胞和B细胞的活化和增殖，产生致敏T细胞和浆细胞进行免疫应答。脾是体内产生抗体的主要器官。

（4）产生吞噬细胞增强激素。脾中有一种含苏-赖-脯-精氨酸的四肽激酶，称为特夫素，该物质由美国Tuft大学发现而定名tuftsin，它能增强巨噬细胞及中性粒细胞的吞噬作用。

3. 哈德氏腺　是禽类眼窝内腺体之一，又称瞬膜腺或副泪腺。能接受抗原刺激，分泌特异性抗体，通过泪液进入上呼吸道黏膜分泌物内，成为口腔、上呼吸道的抗体来源之一，故在上呼吸道局部免疫中起非常重要的作用。还可影响全身的免疫系统，协调体液免疫。在雏鸡免疫时，它对疫苗免疫产生应答反应，不受母源抗体的干扰，因此，对禽类早期免疫效果的提高起非常重要的作用。

4. 黏膜相关淋巴组织　外周免疫器官除脾和淋巴结等形态典型的器官以外，在呼吸道、消化道和泌尿生殖道黏膜下层有许多淋巴小结和弥散性淋巴组织，构成了机体重要的黏膜免疫系统。均含有丰富的T细胞、B细胞及巨噬细胞等，在抗感染免疫中发挥重要作用。黏膜下层的淋巴组织中B细胞数量较T细胞多，并且产生的抗体以IgA为主。

在哺乳动物体内，B细胞的前体细胞在骨髓内进一步分化发育为成熟的B细胞。因此骨髓也是形成抗体参与体液免疫的重要部位。抗原再次刺激动物后，外周免疫器官产生抗体的持续时间短，而骨髓可缓慢、持久地大量产生抗体，所以骨髓是血清抗体的主要来源，也是重要的外周免疫器官。对某些抗原的应答，骨髓所产生的抗体可

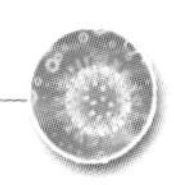

占抗体总量的70%。

二、免疫细胞

体内所有参与免疫应答或与免疫应答有关的细胞统称为免疫细胞。它们种类繁多，功能不同，但彼此之间又相互作用，相互依存。根据他们在免疫应答中的功能及作用机理分为免疫活性细胞、免疫辅佐细胞及其他与免疫相关的细胞等三大类。

（一）免疫活性细胞（ICC）

在免疫细胞中，受抗原物质刺激后能分化增殖，并产生特异性免疫应答的细胞为免疫活性细胞，也称为抗原特异性淋巴细胞，主要指T细胞和B细胞，在免疫应答中起核心作用。

1. T、B细胞的来源与分布 T细胞和B细胞均来源于骨髓的多能干细胞。骨髓的多能干细胞中的淋巴干细胞分化为前T细胞和前B细胞。前T细胞进入胸腺发育为成熟的T细胞，经血液循环分布到外周免疫器官的胸腺依赖区定居和增殖，并且可以经血液循环和淋巴循环巡游于全身各处。这些成熟的T细胞受到抗原刺激后活化、增殖、分化成为效应T细胞，发挥细胞免疫的功能。绝大部分效应T细胞只能存活4～6d，只有一小部分转化为长寿的免疫记忆细胞，进入淋巴细胞再循环，可存活数月到数年。

前B细胞在哺乳动物的骨髓或鸟类的法氏囊分化发育为成熟的B细胞，成熟的B细胞分布在外周免疫器官的非胸腺依赖区定居和增殖。B细胞受到抗原刺激后活化、增殖、分化为浆细胞，浆细胞产生特异性抗体，发挥体液免疫的功能。浆细胞一般只能存活2d。在分化过程中一部分B细胞转化为免疫记忆细胞，参与淋巴细胞再循环，它们是长寿的B细胞，可存活100d以上。

2. T、B细胞的表面标志 淋巴细胞表面存在着大量不同种类的蛋白质分子，这些表面分子又称为表面标志。根据功能的不同T细胞和B细胞的表面标志分为表面受体和表面抗原，可用于鉴别T细胞和B细胞及其亚群。

表面受体是淋巴细胞表面上能与相应配体（特异性抗原、绵羊红细胞和补体等）发生特异性结合的分子结构。

表面抗原是指在淋巴细胞或其亚群细胞表面上能被特异性抗体（如单克隆抗体）所识别的表面分子。由于表面抗原是在淋巴细胞分化过程中产生的，故又称为分化抗原。

（1）T细胞的表面标志。

①T细胞抗原受体（T cell antigen receptor，TCR）。T细胞表面具有识别和结合特异性抗原的分子结构，称为T细胞抗原受体。在同一个体内，可能有数百万种T细胞克隆及其特异性的TCR，故能识别许多种抗原。TCR与细胞膜上的CD3抗原通常紧密结合在一起形成TCR复合体。

TCR识别和结合抗原是有条件的，只有当抗原片段或决定簇与抗原递呈细胞上的MHC分子结合在一起时，T细胞的TCR才能识别或结合MHCⅡ类分子（或Ⅰ类分子）——抗原片段复合物中的抗原部分。所以TCR不能识别和结合单独存在的抗原片段或抗原决定簇。

②CD2 抗原。曾称为红细胞受体或 E 受体，是 T 细胞的重要表面标志，B 细胞无此抗原。一些动物或人的 T 细胞在体外能与绵羊红细胞结合，形成红细胞花环（图 4-7），这一试验可以鉴别 T 细胞及检测外周血中的 T 细胞的比例及数目，但它并不能反应细胞免疫功能状态。

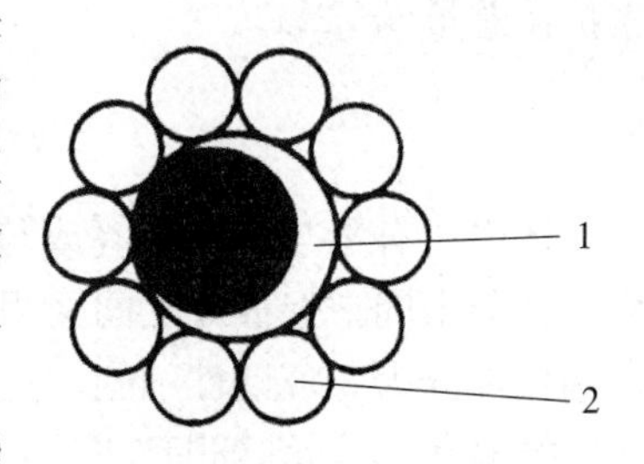

图 4-7　E 玫瑰花环
1. T 淋巴细胞　2. 绵羊红细胞

③CD3 抗原。仅存在于 T 细胞的表面，CD3 能够把 TCR 与外来结合的抗原信息传递到细胞内，启动细胞内的活化过程，在 T 细胞被抗原激活的早期起重要作用。CD3 也常用于检测外周血 T 细胞总数。

④CD4 和 CD8。分别称为 MHCⅡ类分子和Ⅰ类分子的受体。CD4 和 CD8 分别出现在具有不同功能亚群的 T 细胞表面，在同一 T 细胞表面只表达其中一种，据此，T 细胞可分成两大亚群：$CD4^+$ T 细胞和 $CD8^+$ T 细胞。前者具有辅助性 T 细胞（T_h）功能，后者具有抑制性 T 细胞（Ts）和细胞毒性 T 细胞（Tc/CTL）的效应。$CD4^+$ 与 $CD8^+$ 的比值是一重要的评估机体免疫状态的依据，在正常情况下此比值应为 2∶1。如这一比值偏离正常值，甚至出现比值倒置，则说明机体免疫机能失调。

此外，在 T 细胞表面还有丝裂原受体、IgG 或 IgM 的 Fc 受体、白细胞介素受体以及各种激素和介质如肾上腺素、皮质激素、组胺等的受体。

（2）B 细胞的表面标志。

① B 细胞抗原受体（BCR）。B 细胞表面的抗原受体是 B 细胞表面的免疫球蛋白（SmIg），这种 SmIg 的分子结构与血清中的 Ig 相同。每一个 B 细胞表面有 10^4～10^5 个免疫球蛋白分子。SmIg 是鉴别 B 细胞的主要依据，常用荧光素或铁蛋白标记的抗体免疫球蛋白来鉴别 B 细胞。只有 SmIg 与抗原发生结合后，B 细胞才发生免疫应答。

②Fc 受体。此受体能与免疫球蛋白的 Fc 片段结合，有利于 B 细胞对抗原的捕获和结合以及 B 细胞的激活和抗体的产生。

③补体受体。大多数 B 细胞表面存在能与补体结合的受体，有利于 B 细胞捕捉与补体结合的抗原-抗体复合物，促使 B 细胞的活化。此外，B 细胞表面还有丝裂原受体、白细胞介素受体以及其他的一些表面分子等。

3. T、B 淋巴细胞亚群及其功能

（1）T 细胞的亚群及其功能。根据 T 细胞在免疫应答中的功能不同，将 T 细胞分为以下不同亚群：

①辅助性 T 细胞（T_h）。是体内免疫应答所不可缺少的亚群，其主要功能是协助其他细胞发挥免疫作用。通过分泌细胞因子促进 B 细胞、Tc 和 TDTH 的活化以及协助巨噬细胞增强迟发型变态反应的强度。T_h 细胞占外周血液 T 细胞的 50%～75%。

②诱导性 T 细胞（T_I）。诱导 T_h 和 Ts 细胞的成熟。

③迟发型变态反应性 T 细胞（T_DTDTH）。在免疫应答的效应阶段和Ⅳ型变态反应中能释放多种淋巴因子导致炎症反应，发挥排除抗原的功能。

④抑制性 T 细胞（T_s）。能抑制 B 细胞产生抗体和其他 T 细胞的分化增殖，从而

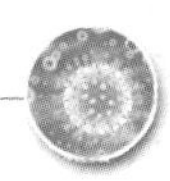

调节体液免疫和细胞免疫。Ts 细胞占外周血液 T 细胞的 10%～20%。

⑤细胞毒性 T 细胞（T_c）。又称为杀伤性 T 细胞（T_k），活化后称为细胞毒性 T 淋巴细胞（CTL）。在免疫效应阶段，CTL 对靶细胞（如被病毒感染的细胞或癌细胞等）发挥杀伤作用。CTL 能连续杀伤多个靶细胞。T_c 细胞具有记忆性能和高度的特异性。它占外周血液 T 细胞的 5%～10%。

（2）B 细胞的亚群及功能。根据 B 细胞产生抗体时是否需要 T_h 细胞的协助，可将 B 细胞分为 B1 和 B2 两个亚群：

①B1 为 T 细胞非依赖性细胞，在接受非胸腺依赖性抗原刺激后活化增殖，不需 T_h 细胞的协助，只产生 IgM，不表现再次应答，易形成耐受现象。

②B2 为 T 细胞依赖性细胞，这类细胞在接受胸腺依赖性抗原刺激后发生免疫应答，必须有 TH 细胞的协助，有再次应答，不易形成耐受，可产生 IgM 和 IgG 抗体。

（二）辅佐细胞

单核吞噬细胞和树突状细胞，在免疫应答中协助 T 细胞和 B 细胞对抗原进行捕捉、加工和处理，称为免疫辅佐细胞。由于 A 细胞在免疫应答中能将抗原递呈给免疫活性细胞，因此，又称抗原递呈细胞（antigen presenting cell，APC）。

1. 单核巨噬细胞系统　包括血液中的单核细胞和组织中的巨噬细胞，单核细胞在骨髓分化成熟后进入血液，在血液中停留数小时至数月后，经血液循环分布到全身多种组织器官中，分化成熟为巨噬细胞。巨噬细胞寿命较长，具有较强的吞噬功能。定居在不同组织器官的巨噬细胞有不同的名称（表 4-2）。

表 4-2　正常组织中的单核吞噬细胞

（杨汉春 . 2003. 动物免疫学）

细胞名称	存在部位
多能干细胞	骨髓
单核细胞	骨髓和血液
巨噬细胞	淋巴结、脾、腹水
组织细胞	结缔组织
枯否（Kupffer）氏细胞	肝
肺泡巨噬细胞	肺
破骨细胞	骨
小胶质细胞	神经细胞
组织细胞及朗汉斯巨细胞	皮肤
滑膜 A 型细胞	关节

组织中的巨噬细胞比血液中的单核细胞含有更多的溶酶体和线粒体，因此，具有更强大的吞噬功能。单核巨噬细胞表面具有多种受体，例如 IgG 的 Fc 受体、补体受体、各种淋巴因子受体等，有助于吞噬功能的进一步发挥。巨噬细胞表面有较多的 MHCⅡ类分子及 MHCⅠ类分子，与抗原递呈有关。

单核巨噬细胞系统的免疫功能主要表现在以下几个方面：

（1）吞噬和杀伤作用。组织中的巨噬细胞可吞噬和杀灭多种微生物和处理衰老损伤的细胞，是机体非特异性免疫的重要因素。特别是结合有抗体（IgG）和补体的抗原性物质更易被吞噬。细胞因子如 IFN-γ 激活的巨噬细胞能够更加有效地杀伤细胞内寄生菌和肿瘤细胞。

（2）递呈抗原作用。在免疫应答中，巨噬细胞是重要的抗原递呈细胞。外源性抗原物质被巨噬细胞捕获，经过胞内酶的降解形成许多暴露着抗原表位的小肽片段，随后这些抗原片段与 MHCⅡ类分子结合形成抗原肽-MHCⅡ类复合物，并移向细胞表面，供具有相应抗原受体的 T 细胞和 B 细胞识别。因此，巨噬细胞是免疫应答中不可缺少的“桥梁”细胞。

（3）合成和分泌各种活性因子。活化的巨噬细胞可以合成 50 多种生物活性物质，如许多酶类（中性蛋白酶、酸性水解酶、溶菌酶）、白细胞介素（IL-1、IL-6）、干扰素、肿瘤坏死因子和前列腺素；血浆蛋白和各种补体成分等。这些活性物质的产生具有调节免疫反应的功能。

2. 树突状细胞 来源于骨髓和脾的红髓，成熟后主要分布在脾和淋巴结中，结缔组织中也广泛存在。D 细胞表面伸出许多树突状突起，胞内无溶酶体及吞噬体，无吞噬能力。大多数 D 细胞有较多的 MHCⅠ类和 MHCⅡ类分子，少数 D 细胞表面有 Fc 受体和补体受体，其主要功能是处理与递呈不需细胞处理的抗原，尤其是可溶性抗原，D 细胞能够将病毒抗原、细菌内毒素抗原等递呈给免疫活性细胞。研究证明：D 细胞是体内递呈抗原功能最强的专职 APC。

此外，B 细胞、红细胞、朗汉斯巨细胞也具有抗原递呈作用。

（三）其他免疫细胞

1. 杀伤细胞 简称 K 细胞，是一种直接来源于骨髓的淋巴细胞，主要存在于腹腔渗出液、血液和脾中，其主要特点是细胞表面具有 IgG 的 Fc 受体。当靶细胞与相应的 IgG 结合，K 细胞可与结合在靶细胞上的 IgG 的 Fc 片段结合，从而使自身活化，释放细胞毒，裂解靶细胞，这种作用称为抗体依赖性细胞介导的细胞毒作用（ADCC）（图 4-8）。K 细胞在抗肿瘤免疫、抗感染免疫和移植物排斥反应以及清除自身的衰老细胞等方面有一定的意义。

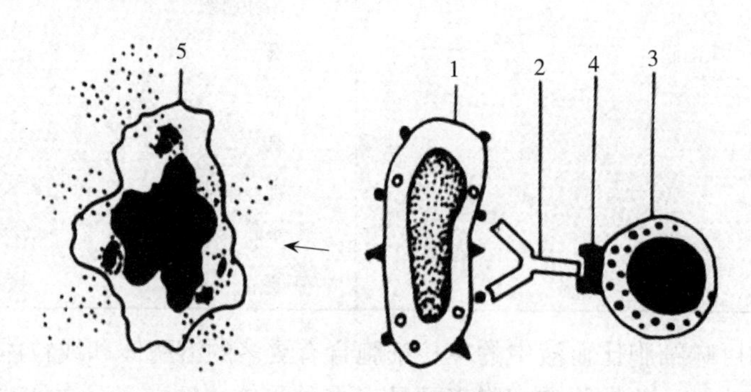

图 4-8 K 细胞破坏靶细胞示意

1. 靶细胞 2. 特异性抗体（IgG） 3. K 细胞 4. K 细胞上的 IgG 受体 5. 靶细胞被破坏

（葛兆宏. 2001. 动物微生物）

2. 自然杀伤细胞 简称为 NK 细胞，是一群既不依赖抗体参与，也不需要抗原刺激和致敏就能非特异地杀伤靶细胞的淋巴细胞，NK 细胞在杀伤肿瘤细胞、抵抗微

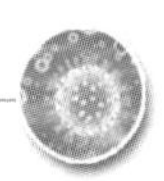

生物感染及排斥骨髓细胞的移植等方面起作用，同时也具有免疫调节作用。NK 细胞主要存在于外周血和脾中，淋巴结和骨髓中很少，胸腺中不存在。

3. 粒细胞　包括中性粒细胞、嗜酸性粒细胞、嗜碱性粒细胞等。中性粒细胞是血液中的主要吞噬细胞，具有高度的移动性和吞噬能力，细胞表面有 Fc 及补体受体，它在抗感染中起重要作用，并可分泌炎症因子，促进炎症反应，还可以处理颗粒性抗原并提供给巨噬细胞。嗜碱性粒细胞内含有大小不等的嗜碱性颗粒，颗粒内含有组胺、白三烯、肝素等参与Ⅰ型过敏反应的介质，细胞表面有 IgE 的 Fc 受体，当嗜碱性粒细胞与 IgE 结合后就会引起细胞脱粒，释放组胺等介质，引起过敏反应。嗜酸性粒细胞细胞质内含有许多嗜酸性颗粒，颗粒内含有许多种酶类，如组胺酶、磷脂酶、过氧化物酶等，可分别作用于组胺、血小板活化因子，在Ⅰ型过敏反应中发挥负反馈调节作用，嗜酸性粒细胞还具有趋化作用、吞噬作用和杀菌作用，特别是抗蠕虫感染作用。

4. 红细胞　红细胞的免疫功能表现为识别抗原、清除体内免疫复合物、增强吞噬细胞的吞噬功能、递呈抗原信息及免疫调节作用等。

三、免疫效应分子

免疫效应分子包括抗体、细胞因子和补体。抗体、细胞因子的有关内容将在体液免疫应答和细胞免疫应答中讲述，补体的内容将在非特异性免疫应答中讲述。

任务三　抗原的认知

一、抗原与免疫原的概念

1. 抗原（Ag）　凡是能刺激机体产生抗体和效应性淋巴细胞并能与之结合引起特异性免疫反应的物质称为抗原。抗原物质具有抗原性，抗原性包括免疫原性和反应原性。

免疫原性是指抗原刺激机体产生抗体和致敏淋巴细胞的特性。

反应原性是指抗原与相应的抗体或效应淋巴细胞发生特异性结合的特性。

2. 免疫原　在具有免疫应答能力的机体中，能够使机体产生免疫应答的物质称为免疫原。因此，既具有免疫原性同时又具有反应原性的抗原物质可以称为免疫原。

二、构成抗原的条件

（一）异源性

异源性又称异物性，某种物质的化学结构与宿主自身成分相异或机体的免疫细胞从未与它接触过，这样的物质就称为异物。在正常情况下机体的免疫系统能识别自身物质与非自身物质（即异物），只有非自身物质进入机体才能具有免疫原性。异物性包括以下几种情况：

1. 异种物质　如异种动物的组织、细胞及蛋白质等都是良好的抗原。从生物进化角度来看，动物之间的亲缘关系越远异源性越强，免疫原性也就越好。比如，用牛的血清蛋白注射家兔，就会产生强烈的免疫应答，而注射山羊时免疫原性就要比注射家兔时要弱，因为山羊与牛的种属关系更接近。

2. 同种异体物质 同种动物不同个体之间由于遗传基因的不同，某些组织成分的化学结构也有差异，因此也具有一定的抗原性，如血型抗原、组织相容性抗原等。

3. 自身的异物 动物自身的组织正常情况下不具有免疫原性，但在下列异常情况时，自身成分也可成为抗原：

（1）自身组织蛋白的结构发生改变，如遭受烧伤、感染及电离辐射等作用，使原有的结构发生改变而具有抗原性。

（2）机体的免疫识别功能紊乱，将自身组织视为异物，导致自身免疫病。如初生幼畜溶血症、系统性红斑狼疮、风湿性关节炎等。

（3）某些隐蔽的自身组织成分，如眼球晶状体蛋白、精子蛋白、甲状腺球蛋白等因外伤或感染而进入血液循环系统，机体将其视为异物而引起免疫反应。

（二）分子大小与结构的复杂性

抗原物质的免疫原性与其分子大小有着直接的关系。免疫原性好的抗原物质相对分子质量都在10 000以上，相对分子质量小于5 000的物质其免疫原性较弱，相对分子质量在1 000以下的物质没有免疫原性，相对分子质量越大抗原性越强。蛋白质因其相对分子质量较大，多是良好的抗原，如细菌、病毒、外毒素、异种动物的血清等都是抗原性很强的物质。

抗原物质的分子不仅要达到一定的质量，还需要具备分子结构与立体构象的复杂性，一般情况下分子结构和空间构象越复杂免疫原性越强。如明胶相对分子质量在10 万以上，但由于肽链分子只有直链氨基酸，缺少苯环结构，易被水解所以抗原性很弱。疫苗通过口服接种，易被消化道酶降解，而降低免疫原性。

（三）物理状态

不同物理状态的抗原物质其免疫原性也有差异。一般情况下，呈聚合状态的抗原较单体抗原的免疫原性强，颗粒性抗原的免疫原性比可溶性抗原强。可溶性抗原聚合后或吸附在颗粒的表面可增强其免疫原性。例如，常将甲状腺球蛋白与聚丙酰胺凝胶颗粒结合后，免疫家兔可使 IgM 的效价提高 20 倍。因此，在疫苗生产中，常将某些免疫原性弱的物质，使其聚合或吸附在氢氧化铝胶、脂质体等大分子颗粒上，以增强其抗原性。

三、抗原表位

抗原分子表面具有特殊立体构型和免疫活性的基团称为抗原决定簇，因抗原决定簇通常位于抗原分子表面故又称为抗原表位。抗原表位决定着抗原的特异性，即决定着抗原与抗体发生特异性结合的能力。蛋白质抗原的每个表位由 5～7 个氨基酸残基组成，多糖抗原由5～6 个单糖残基组成，核酸抗原的表位由 5～8 个核苷酸残基组成。抗原分子中抗原表位的数目称为抗原价。只有一个抗原表位的抗原称为单价抗原，含有多个抗原表位的抗原称为多价抗原，大部分抗原为多价抗原。根据表位特异性的不同，将抗原表位分为单特异性表位（图 4-9）和多特异性表位（图 4-10），前者只有一种特异性表位，后者则含有两种以上不同特异性的表位。天然抗原一般都是多价和多特异性抗原。

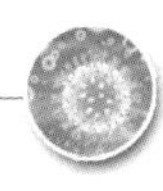

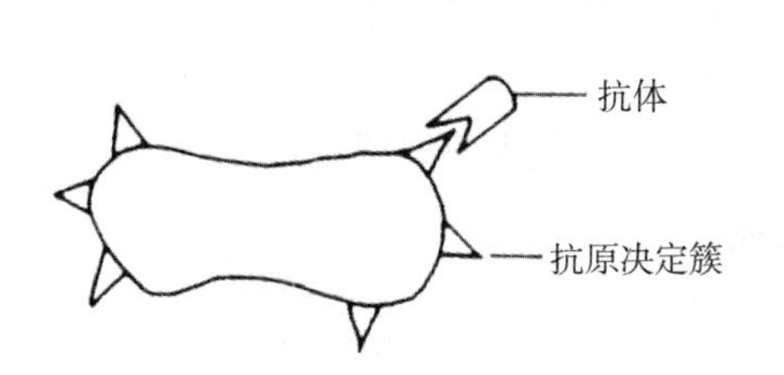

图 4-9　单特异性表位多价抗原
（杨汉春 . 2003. 动物免疫学）

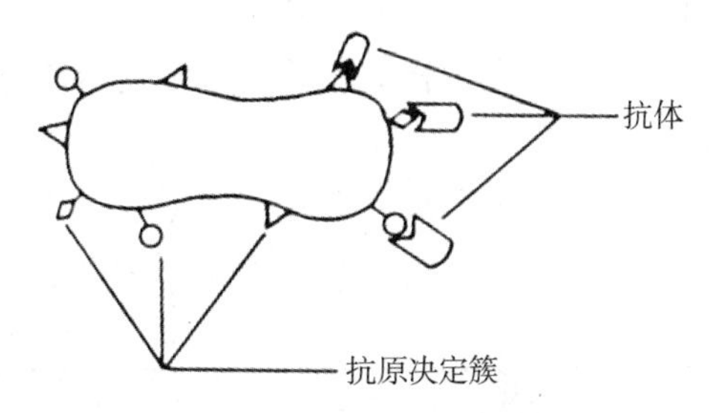

图 4-10　多特异性表位多价抗原
（杨汉春 . 2003. 动物免疫学）

四、抗原的分类

（一）根据抗原的性质分类

1. 完全抗原　既具有免疫原性又具有反应原性的物质称为完全抗原。如大多数蛋白质、细菌、病毒、细菌外毒素、血清和疫苗等。

2. 不完全抗原　只有反应原性而缺乏免疫原性的物质称为不完全抗原也称半抗原，如多糖、类脂和某些化学药物。不完全抗原与大分子的蛋白质载体结合以后则具有免疫原性。

任何一个完全抗原都可以看作是半抗原与载体的复合物，在免疫应答中 T 细胞识别载体，B 细胞识别半抗原，因此载体在免疫反应中起很重要的作用。

（二）根据对胸腺（T 细胞）的依赖性分类

1. 胸腺依赖性抗原（TD 抗原）　这类抗原在刺激 B 细胞分化和产生抗体的过程中，需要巨噬细胞等抗原递呈细胞和辅助性 T 细胞的协助。多数抗原属于 TD 抗原，如异种动物的组织与细胞、血清蛋白、微生物及人工复合抗原等。TD 抗原刺激机体产生的抗体主要是 IgG，易引起细胞免疫和免疫记忆。

2. 非胸腺依赖性抗原（TI 抗原）　这类抗原直接刺激 B 细胞产生抗体，不需要 T 细胞的协助，此类抗原相对分子质量小，抗原表位单一，如大肠杆菌脂多糖和肺炎链球菌的荚膜多糖属于 TI 抗原。TI 抗原刺激机体仅产生 IgM 抗体，不易产生细胞免疫，无免疫记忆。

（三）根据抗原的来源分类

1. 外源性抗原　泛指由抗原递呈细胞从外部摄取的蛋白质抗原、多糖抗原和糖脂类抗原等。此类抗原由抗原递呈细胞吞噬、捕获、加工为抗原表位，再由 MHC-Ⅱ类分子将其转运至细胞表面，供 $CD4^+$ T 细胞的 TCR 识别。

2. 内源性抗原　在抗原递呈细胞内合成的抗原为内源性抗原，如胞内菌或病毒感染细胞所合成的细菌抗原、病毒抗原，肿瘤细胞合成的肿瘤抗原。此类抗原在抗原递呈细胞内被加工成抗原肽，然后与 MHC-Ⅰ类分子结合成复合物，被转运至细胞表面，供 $CD8^+$ T 细胞的 TCR 识别。

3. 异嗜性抗原　是指一类与种属特异性无关的，存在于人、动物和微生物之间的共同抗原。异嗜性抗原是引起某些免疫病理现象的物质基础，例如，溶血性链球菌的某些抗原成分与人和动物的肾小球基底膜和心肌组织有共同抗原，当机体感染该类细菌后，产生的相应抗体可以损伤肾小球基底膜和心肌组织，引起急性肾炎和风湿性心脏病。

另外，根据抗原的化学性质又可以分为以下几类，具体见表4-3。

表4-3　抗原按化学性质分类

（杨汉春．2003．动物免疫学）

抗原的化学性质	天然抗原
蛋白质	血清蛋白、酶、细菌外毒素、病毒结构蛋白等
脂蛋白	血清α，β脂蛋白
糖蛋白	血型物质、组织相容性抗原等
脂质	结核分枝杆菌的磷脂质和糖脂质等
多糖	肺炎链球菌的荚膜多糖
脂多糖	革兰氏阴性菌的细胞壁
核酸	核蛋白等

五、重要的微生物抗原

细菌、病毒、真菌等微生物都具有较强的抗原性，一般情况下都可以刺激机体产生免疫反应。因微生物的组成成分比较复杂，每一种微生物都可能含有多种结构不同的蛋白质及其复合物，每一种成分都可能刺激机体产生相应的抗体和效应淋巴细胞。因此每一种微生物都含有多种抗原。

（一）细菌抗原

细菌的抗原结构比较复杂，细菌的不同结构都有多种抗原成分，因此细菌是由多种抗原成分构成的复合体。细菌抗原主要包括菌体抗原、鞭毛抗原、荚膜抗原和菌毛抗原等。

1. 菌体抗原（O抗原）　主要指革兰氏阴性菌细胞壁的脂多糖（LPS）抗原。菌体抗原比较耐热，不易被乙醇破坏，一般认为与毒力有关。

2. 鞭毛抗原（H抗原）　主要指构成鞭毛的蛋白质抗原，鞭毛抗原不耐热，易被乙醇破坏，与毒力无关。因鞭毛抗原的特异性较强，用其制备抗鞭毛因子血清，可用于沙门氏菌和大肠杆菌的免疫诊断。

3. 荚膜抗原（K抗原）　是有荚膜细菌主要的表面抗原。大部分细菌为荚膜多糖，少数细菌为荚膜多肽。各种细菌的荚膜多糖都有差异，同种不同型之间多糖侧链也有差异。

4. 菌毛抗原　许多革兰氏阴性菌和少数革兰氏阳性菌具有菌毛抗原，菌毛由菌毛素组成，有很强的抗原性。

（二）病毒抗原

各种病毒结构不一，其抗原成分也各异，主要有囊膜抗原、衣壳抗原、核蛋白抗原等。

1. 囊膜抗原（V抗原）　有囊膜的病毒其抗原特异性主要是由囊膜上的纤突决

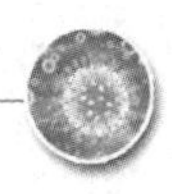

定的。V 抗原具有型和亚型的特异性。如流感病毒囊膜上的血凝素（HA）和神经氨酸酶（NA）都是 V 抗原，具有很高的特异性，是流感病毒亚型的分类基础。

2. 衣壳抗原（VC 抗原） 无囊膜的病毒，其抗原特异性决定于颗粒表面的衣壳结构蛋白。如口蹄疫病毒的结构蛋白 VP1、VP2、VP3 和 VP4 等。

3. 可溶性抗原 通常在病毒感染的早期出现，不具有致病性，但是能引起免疫应答。

（三）毒素抗原

细菌外毒素由糖蛋白或蛋白质构成，具有很强的抗原性，毒素抗原可刺激机体产生抗体，即抗毒素。

（四）真菌抗原

真菌的细胞壁抗原主要由壳多糖和脂多糖等成分组成。感染浅部真菌后一般无显著的免疫性，深部真菌感染可能产生一定程度的免疫性。

（五）寄生虫抗原

寄生虫抗原的化学成分包括多肽、蛋白质、糖蛋白、脂蛋白及多糖。在同一虫种的不同发育时期，可存在共同抗原和期特异性抗原，在不同虫种之间以及寄生虫与宿主之间也可能存在共同抗原，因此，一般很少用抗原性进行分类鉴定。

（六）保护性抗原

微生物具有多种抗原成分，但其中只有 1～2 种抗原成分能刺激机体产生抗体，具有免疫保护作用，因此将这些抗原称为保护性抗原或功能性抗原。如口蹄疫病毒 VP1 抗原、肠致病性大肠杆菌的抗原（如 K88、K99 等）和肠毒素抗原（如 ST、LT 等）。

任务四 免疫应答的认知

（一）免疫应答概述

免疫应答是指动物机体的免疫系统受到抗原物质刺激后，免疫细胞对抗原分子的识别并产生一系列复杂的免疫连锁反应和表现出特定生物学效应的过程。其表现形式为体液免疫和细胞免疫，产生部位在外周免疫器官及淋巴组织中，其中淋巴结和脾是免疫应答的主要场所。抗原进入机体后，一般先通过淋巴循环进入淋巴结，进入血液的抗原则在脾滞留，随后被淋巴结和脾中的抗原递呈细胞捕获、加工和处理后表达于抗原递呈细胞表面。与此同时，血液循环中成熟的 T 细胞和 B 细胞经淋巴组织中的毛细血管后静脉进入淋巴器官，与抗原递呈细胞表面的抗原接触后，滞留于该淋巴器官内并被活化、增殖和分化为效应细胞。由于淋巴细胞的滞留、增殖以及血管扩张所致体液成分增加等因素，出现局部淋巴结肿大，待免疫应答减退后逐渐恢复到原来的大小。

（二）免疫应答的基本过程

免疫应答是一个十分复杂的生物学过程，除了由单核巨噬细胞系统和淋巴细胞系统协同完成外，还有许多细胞因子发挥辅助效应，是一个连续不可分割的过程。为便于理解，可人为地划分为以下三个阶段（图 4-11）：

第一阶段为致敏阶段，又称感应阶段，是指抗原物质进入体内，抗原递呈细胞对

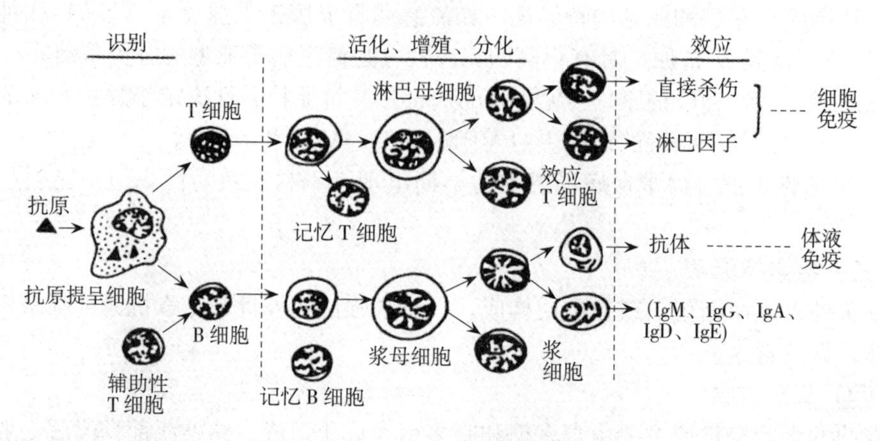

图 4-11　免疫应答基本过程示意

其识别、捕获、加工处理和递呈，以及 T 细胞和 B 细胞对抗原的识别。

第二阶段为反应阶段，又称增殖和分化阶段，此阶段是 T 细胞和 B 细胞识别抗原后活化、增殖与分化，以及产生效应性淋巴细胞和效应分子的过程。其中 T 细胞增殖分化为淋巴母细胞，最终分化为具有多种免疫功能的效应 T 淋巴细胞，并产生多种细胞因子；B 细胞增殖分化为浆母细胞，最终分化为浆细胞合成并分泌抗体。一部分 T、B 淋巴细胞在分化过程中变为长寿的记忆细胞（Tm 和 Bm）。

第三阶段称为效应阶段，由活化的效应性细胞——细胞毒性 T 细胞（CTL）与迟发型变态反应性 T 细胞（T_D）和效应分子（细胞因子与抗体）发挥细胞免疫与体液免疫效应的过程，这些效应细胞和效应分子共同作用清除抗原物质。

（三）免疫应答的参与细胞、表现形式与特点

参与机体免疫应答的核心细胞是 T 细胞和 B 细胞，巨噬细胞等是免疫应答的辅佐细胞，也是免疫应答不可缺少的细胞。免疫应答的表现形式为体液免疫和细胞免疫，分别由 B、T 细胞介导。免疫应答具有三大特点：一是特异性，即只针对某种特异性抗原物质；二是具有一定的免疫期，这与抗原的性质、刺激强度、免疫次数和机体反应性有关；三是具有免疫记忆。通过免疫应答，动物机体可建立对抗原物质（如病原微生物）的特异性抵抗力，即免疫力。

（四）免疫应答产生的场所

淋巴结和脾是免疫应答的主要场所。抗原进入机体后一般先通过淋巴循环进入淋巴结，进入血流的抗原则滞留于脾和全身各淋巴组织，随后被淋巴结和脾中的抗原递呈细胞捕获、加工和处理，而后表达于抗原递呈细胞表面。与此同时，血液循环中成熟的 T 细胞和 B 细胞，经淋巴组织中的毛细血管后静脉进入淋巴器官，与表达于抗原递呈细胞表面的抗原接触而被活化、增殖和分化为效应细胞，并滞留于该淋巴器官内。由于正常淋巴细胞的滞留，特异性增殖，以及因血管扩张所致体液成分增加等因素，引起淋巴器官的迅速增长，待免疫应答减退后才逐渐恢复到原来的大小。

（五）抗原的引入与分布

抗原的引入包括皮内、皮下、肌肉和静脉注射等多种途径。皮内注射可为抗原提供进入淋巴循环的快速入口；皮下注射为一种简便的途径，抗原可被缓慢吸收；肌内

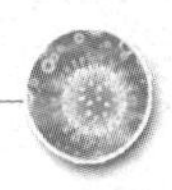

注射可使抗原快速进入血液和淋巴循环；而经静脉注射进入的抗原可很快地接触到淋巴细胞。抗原物质无论以何种途径进入机体，均由淋巴管和血管迅速运至全身，其中大部分被吞噬细胞降解清除，只有少部分滞留于淋巴组织中诱导免疫应答。皮下注射的抗原一般局限于局部淋巴结中；静脉注入的抗原局限在骨髓、肝和脾。在淋巴结中，抗原主要滞留于髓质和淋巴滤泡，髓质内的抗原很快被降解和消化，而皮质内的抗原可滞留较长时间。在脾中的抗原一部分在红髓被吞噬和消化，多数长时间滞留于白髓的淋巴滤泡中。

抗原在体内滞留时间的长短与抗原的种类、物理状态、体内是否有特异性抗体存在、免疫途径等因素有关。

任务五　体液免疫应答的认知

一、体液免疫应答的概念及过程

由B细胞介导的免疫应答称为体液免疫应答。体液免疫效应是由B细胞通过对抗原的识别、活化、增殖，最后分化为浆细胞合成并分泌抗体来实现的，因此，抗体是介导体液免疫的效应分子。体液免疫在清除细胞外病原体方面是十分有效的免疫机制。

B细胞是体液免疫应答的核心细胞，一个B细胞表面有10^4～10^5个抗原受体，可以和大量的抗原分子相结合而被选择性地激活。

B细胞对抗原的识别视抗原不同而异。由T_I抗原引起的体液免疫不需要抗原递呈细胞和T_h细胞的协助，抗原能直接与B细胞表面的抗原受体特异性结合，引起B细胞活化。而由T_D抗原引起的体液免疫，抗原必须经过抗原递呈细胞的捕捉、吞噬、处理，然后把含有抗原决定簇的片段呈送到抗原递呈细胞表面，只有T_h细胞识别带有抗原决定簇的抗原递呈细胞后，B细胞才能与抗原结合被激活。

B细胞被激活后，代谢增强，体积增大，处于母细胞化，然后增殖、分化为浆母细胞（体积较小，胞体为球形），进一步分化为成熟的浆细胞（卵圆形或圆形，胞核偏于一侧），由浆细胞合成并分泌抗体球蛋白（浆细胞寿命一般只有2d，每秒钟可合成300个抗体球蛋白）。在正常情况下，抗体产生后很快排出细胞外，进入血液，并在全身发挥免疫效应。

由T_D抗原激活的B细胞，一小部分在分化过程中停留下来不再继续分化，成为记忆性B细胞。当记忆性B细胞再次遇到同种抗原时，可迅速分裂，形成众多的浆细胞，表现快速免疫应答。而由TI抗原活化的B细胞，不能形成记忆细胞，并且只产生IgM抗体，不产生IgG。

二、体液免疫的效应物质——抗体

（一）抗体的概念

抗体（Ab）是机体受到抗原物质刺激后，由B淋巴细胞转化为浆细胞产生的，能与相应抗原发生特异性结合反应的免疫球蛋白（Ig）。

抗体的化学本质是免疫球蛋白，它是机体对抗原物质产生免疫应答的重要产物，具有各种免疫功能。根据免疫球蛋白的化学结构和抗原性不同可分为 IgG、IgM、IgA、IgE、IgD 五种，家畜主要以前四种为主。机体产生的抗体主要存在于血液（血清）、淋巴液、组织液和其他外分泌液中，因此将抗体介导的免疫称为体液免疫。含有免疫球蛋白的血清称免疫血清或抗血清。有的抗体可与细胞结合，如 IgG 可与 T、B 淋巴细胞、K 细胞、巨噬细胞等结合，IgE 可与肥大细胞、嗜碱性粒细胞结合，这类抗体称为亲细胞性抗体。

免疫球蛋白是蛋白质，因此一种动物的免疫球蛋白对另一种动物而言是良好的抗原，能刺激机体产生抗这种免疫球蛋白的抗体，即抗抗体。

（二）免疫球蛋白（Ig）的分子结构

所有种类免疫球蛋白的单体分子结构都是相似的，IgG、血清型 IgA、IgE、IgD 均是以单体分子形式存在的，IgM 是以五个单体分子构成的五聚体，分泌型的 IgA 是以两个单体分子构成的二聚体。每个单体 Ig 分子均是由四条多肽链组成，其中两条较大的相同分子质量的肽链称为重链（H 链），两条较小的相同分子质量的肽链称为轻链（L 链），肽链间靠二硫键连接构成“Y”字形分子（图 4-12）。轻链由 213～214 个氨基酸组成，相对分子质量约为22 500，重链约含 420～440 个氨基酸，为轻链的 2 倍，相对分子质量为55 000～75 000。

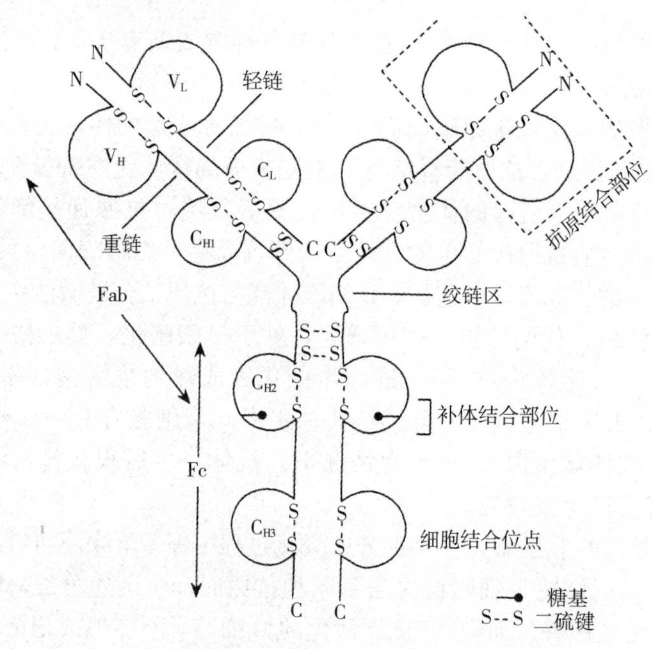

图 4-12　免疫球蛋白分子的基本机构示意

V_H. 重链可变区　V_L. 轻链可变区　C_H. 重链恒定区

C_L. 轻链恒定区　C. 羧基末端　N. 氨基末端

四条多肽链的氨基和羧基方向具有一致性，由氨基端（N 端）指向羧基端（C 端）。从 N 端开始，轻链最初是 109 个氨基酸，重链是 110 个氨基酸，其排列顺序及结构随抗体分子的特异性不同而有所变化，这一区域称为可变区（V 区），其余的氨基酸比较稳定，称为恒定区（C 区）。V 区是与抗原特异性结合的部位。在轻链可变

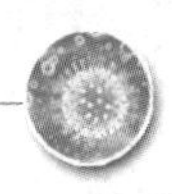

区（V_L）、重链可变区（V_H）的某些局部区域中，氨基酸的组成和排列顺序具有更高的变化程度，称为高变区；其余氨基酸变化较小的区域，称为骨架区。V_L 中的高变区有三个，通常分别位于第 26～32、48～55、90～95 位氨基酸；V_H 中高变区有四个，通常分别位于第 31～37、51～58、84～91、101～110 位氨基酸。高变区也是 Ig 分子独特型决定簇主要存在的部位。

Ig 的多肽链分子可折叠形成几个由链内二硫键连接的环状球形结构，称为免疫球蛋白的功能区。IgG、IgA、IgD 的重链有四个功能区，分别称 V_H、C_{H1}、C_{H2}、C_{H3}，IgM、IgE 有五个功能区，多了一个 C_{H4}。轻链有两个功能区，即 V_L、C_L（图 4-12）。

在重链 C_{H1} 和 C_{H2} 之间有一个铰链区，能使 Ig 分子活动自如，呈“T”字形或“Y”字形。当 Ig 分子与抗原决定簇发生结合时，可由“T”字形变成“Y”字形，暴露了 Ig 分子上的补体结合点，由此结合并激活补体，从而发挥多种生物学效应。

一个 Ig 单体分子具有两个抗原结合位点，分泌型 IgA 是 Ig 单体分子的二聚体，具有四个抗原结合位点，IgM 是 Ig 单体分子的五聚体，有十个抗原结合位点。

IgG 分子用木瓜蛋白酶在链区重链间的二硫键近氨基端切断，可水解成大小相似的三个片段，其中两个相同片段，可与抗原决定簇结合，称抗原结合片段（Fab），另一个片段可形成结晶，称为可结晶片段（Fc）（图 4-13）。用胃蛋白酶在 IgG 分子铰链区重链间二硫键近羧基端切断，可水解成大小不同的两个片段，具有双价抗体活性大片段，称 F（ab′）$_2$ 片段，小片段类似 Fc 段，称为 pFc 片段，pFc 片段可继续被胃蛋白酶水解成更小的片段，无任何生物学活性。

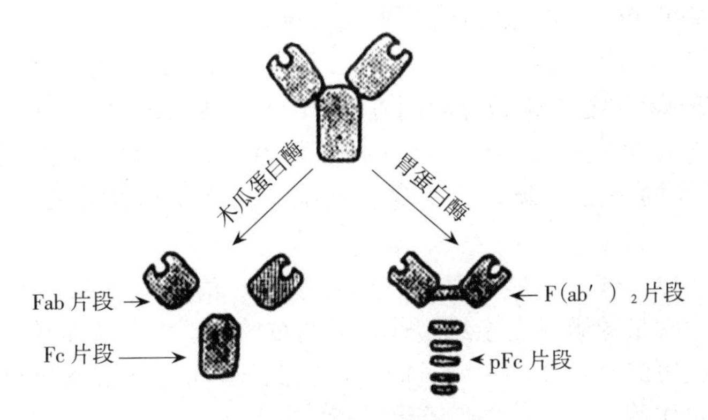

图 4-13　免疫球蛋白的酶消化片段

（三）各类免疫球蛋白的主要特性与功能

1. IgG　IgG 以单体形式存在，是人和动物血清中含量最高的免疫球蛋白，占血清免疫球蛋白总量的 75%～80%。主要由脾和淋巴结中的浆细胞产生，大部分存在于血浆中，其余存在于组织液和淋巴液中。IgG 是动物自然感染和人工主动免疫后，机体所产生的主要抗体，IgG 在动物体内不仅含量高，而且持续时间长，因此是动物机体抗感染免疫的主力，可发挥抗菌、抗病毒、抗毒素等免疫学效应，能调理、凝集和沉淀抗原。是唯一能通过人（和兔）胎盘的抗体，因此在新生儿的抗感染免疫中起十分重要的作用。也是血清学诊断和疫苗免疫后检测的主要抗体，此外，IgG 还是引起Ⅱ型、Ⅲ型变态反应及自身免疫病的抗体。

2. IgM IgM是一个五聚体（图4-14），是所有免疫球蛋白中分子质量最大的，又称为巨球蛋白，是动物机体初次体液免疫反应最早产生的免疫球蛋白。其含量仅占血清免疫球蛋白的10%左右，主要由脾和淋巴结中的B细胞产生，分布于血液中。虽然IgM在体内产生最早，但持续时间短，因此不是机体抗感染免疫的主力，但在抗感染免疫的早期起着重要作用，具有抗菌、抗病毒、中和毒素等免疫活性，是一种高效能的抗体。血清中IgM升高可作为传染病早期感染的依据之一。IgM也可引起Ⅱ型、Ⅲ型变态反应。

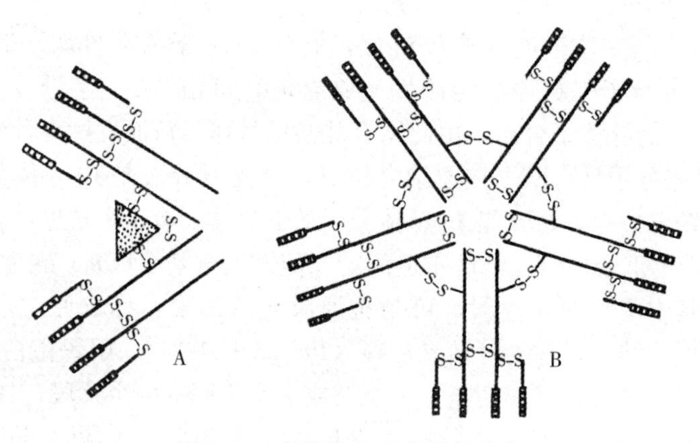

图4-14 多聚体免疫球蛋白示意
A. 分泌型IgA（二聚体） B. IgM（五聚体）

3. IgA IgA以单体和二聚体两种形式存在，单体存在于血清中，称为血清型IgA，占血清免疫球蛋白的10%～20%；二聚体（图4-14）为分泌型IgA，由呼吸道、消化道、泌尿生殖道等部位黏膜固有层中的浆细胞所产生，存在于相应黏膜部位的外分泌液以及初乳、唾液、泪液中，此外在脑脊液、羊水、腹水、胸膜液中也有，是机体黏膜免疫的一道屏障，经滴鼻、点眼、及喷雾途径免疫，均可产生分泌型IgA。

4. IgE IgE以单体分子形式存在，由呼吸道、消化道黏膜固有层中的浆细胞产生，在血清中含量甚微，有亲细胞性，易与皮肤组织、肥大细胞、嗜碱性粒细胞和血管内皮细胞等结合，介导Ⅰ型过敏反应。此外，IgE在抗寄生虫及某些真菌感染方面也起一定作用。

5. IgD IgD以单体形式存在，在血清中含量极低，不稳定，易被降解。IgD是B细胞的表面标志，主要作为成熟B细胞膜上的抗原特异性受体，而且与免疫记忆有关。有报道认为，IgD与某些过敏反应有关。

（四）抗体产生的一般规律

动物机体在初次和再次受到抗原的刺激后，产生抗体的种类和特点具有以下规律（图4-15）：

1. 初次应答 某种抗原首次进入体内，引起的抗体产生的过程，称为初次应答。抗原首次进入机体后，在一定时期内体内查不到抗体或抗体产生很少，这一时期称为潜伏期。潜伏期的长短视抗原的种类而言，如细菌抗原一般经5～7d血液中有抗体出

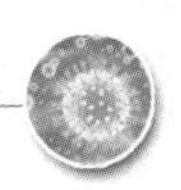

现，病毒抗原为3～4d，而类毒素抗原则需2～3周才出现抗体。潜伏期之后抗体含量直线上升，一般要经过7～10d抗体才能达到高峰，然后为高峰持续期，此期抗体产生和排出相对平衡，最后为下降期。

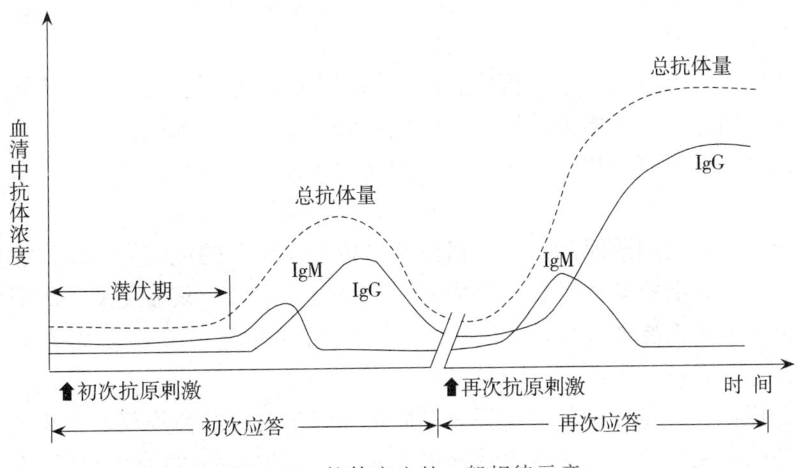

图4-15　抗体产生的一般规律示意

初次应答最早产生的抗体是IgM，可在几天内达到高峰，然后开始下降，接着才产生IgG，如果抗原剂量少，可能只产生IgM，IgA产生最迟。初次应答产生的抗体总量低，维持时间也较短。

2. 再次应答　动物机体再次接触相同的抗原物质引起的抗体产生的过程，称为再次应答。特点是潜伏期显著缩短，期初原有抗体水平略有下降，接着便很快升高，3～5d抗体水平即可达到高峰。而且抗体含量比初次应答高100～1 000倍，维持时间长。再次应答产生的抗体主要是IgG，IgM较少。再次应答与初次应答间隔的时间越长，机体越倾向于只产生IgG。动物首次免疫接种某种疫苗后，如果是以IgG抗体为主，说明动物可能已被感染过相应病原。

3. 回忆应答　某种抗原刺激机体产生的抗体经过一定时间后，在体内逐渐消失，此时机体若再次接触相同的抗原，可使已消失的抗体快速回升，称为回忆应答。再次应答和回忆应答取决于体内记忆性T细胞和B细胞的存在。记忆性T细胞保留了对抗原分子载体决定簇的记忆，在再次应答中，记忆性T细胞可被诱导很快增殖分化成TH细胞，对B细胞的增殖和产生抗体起辅助作用；记忆性B细胞为长寿细胞，可以再循环，并且分为IgG记忆细胞、IgM记忆细胞、IgA记忆细胞等。机体与抗原再次接触时，各类抗体的记忆细胞均可被激活，然后增殖分化成产生IgG、IgM的浆细胞。其中IgM的记忆细胞寿命较短，所以再次应答间隔时间越长，机体越倾向产生IgG，而不产生IgM。

抗体产生的动态规律表明，科学合理的免疫程序是提高免疫质量的重要因素之一。

（五）影响抗体产生的因素

抗体是机体免疫系统受抗原的刺激后产生的，因此影响抗体产生的因素就在于抗原和机体两个方面。

1. 抗原方面

（1）抗原的性质。由于抗原的物理性状、化学结构及毒力不同，产生的免疫效果也不一样。如给动物机体注射颗粒性抗原，只需2～5d血液中就有抗体出现，而注射可溶性抗原类毒素则需2～3周才出现抗毒素；活苗与死苗相比，活苗的免疫效果好，因为在活的微生物刺激下，机体产生抗体较快。

（2）抗原的用量。在一定限度内，抗体的产生随抗原用量的增加而增加，但当抗原用量过多，超过了一定限度，抗体的形成反而受到抑制，称此为免疫麻痹。而抗原用量过少，又不足以刺激机体产生抗体。因此，在预防接种时，疫苗的用量必须按规定使用，不得随意增减。一般活苗用量较小，灭活苗用量较大。

（3）免疫次数及间隔时间。为使机体获得较强而持久的免疫力，往往需要刺激机体产生再次应答。活疫苗因为在机体内有一定程度的增殖，只需免疫一次即可，而灭活苗和类毒素通常需要连续免疫2～3次，灭活疫苗间隔7～10d、类毒素需间隔6周左右。

（4）免疫途径。免疫途径的选择以刺激机体产生良好的免疫反应为原则，不一定是自然感染的侵入门户。由于抗原易被消化酶降解而失去免疫原性，所以多数疫苗采用非经口途径免疫，如皮内、皮下、肌内等注射途径以及滴鼻、点眼、气雾免疫等，只有少数弱毒疫苗，如传染性法氏囊病疫苗可经饮水免疫。

2. 机体方面 动物机体的年龄因素、遗传因素、营养状况、某些内分泌激素及疾病等均可影响抗体的产生。如初生或出生不久的动物，免疫应答能力较差。其原因主要是免疫系统发育尚未健全，其次是受母源抗体的影响。母源抗体是指动物机体通过胎盘、初乳、卵黄等途径从母体获得的抗体。母源抗体可保护幼畜禽免于感染，还能抑制或中和相应抗原。因此，给幼畜禽初次免疫时必须考虑到母源抗体的影响。另外，雏鸡感染传染性法氏囊病毒时，法氏囊受损会导致雏鸡体液免疫应答能力下降，影响抗体的产生。

（六）人工制备抗体的种类

1. 多克隆抗体 克隆是指一个细胞经无性增殖而形成的一个细胞群体，由一个B细胞增殖而来的B细胞群即B细胞克隆。一种天然抗原物质，是由多个抗原分子组成，即使是纯蛋白质抗原分子也含有多种抗原决定簇，将此种抗原经各种途径免疫动物，可激活机体多淋巴细胞克隆，由此产生的抗体是一种多克隆的混合抗体，即为多克隆抗体，也称第一代抗体。由于这种抗体是不均一的，无论是对抗体分子结构与功能的研究，还是临床应用都受到很大限制，因此，相比而言，单克隆抗体的研究及应用前景更加广阔。

2. 单克隆抗体 由一个B细胞克隆针对单一抗原决定簇产生的抗体，称单克隆抗体。但在实际工作中应用的单克隆抗体并非如此生产而成，因为B细胞在体外无限增殖培养很难完成。1975年Kohler和Milstein建立了体外淋巴细胞杂交瘤技术，用人工方法将产生特异性抗体的B细胞与能无限增殖的骨髓瘤细胞融合，形成B细胞杂交瘤，该杂交瘤细胞既能产生抗体，又能无限增殖，由这种克隆化B细胞杂交瘤产生的抗体即为生产中应用的单克隆抗体，也称第二代抗体。此抗体具有多克隆抗体无可比拟的优越性，有高纯度、高特异性、均质性好、重复性好、效价高、成本低

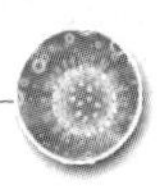

等特点，主要用于血清学技术、肿瘤免疫治疗、抗原纯化、抗独特型抗体疫苗的研制等方面。由于单克隆抗体的问世，推动了免疫学及相关学科的发展，使这两位科学家于1984年获得诺贝尔奖。

三、体液免疫效应

抗体作为体液免疫的效应分子，在体内可发挥多种免疫功能，由抗体介导的免疫应答，在多数情况下对机体是有利的，但有时也会对机体造成免疫损伤。抗体的免疫学功能有以下几个方面：

1. 中和作用　由病毒或毒素刺激机体产生的抗体，可以与病毒表面抗原发生特异性结合，使病毒失去对细胞的感染性，称为病毒的中和作用。毒素抗体与相应的毒素结合，一方面改变毒素分子的构型，使其失去毒性作用；另一方面毒素与相应抗体形成的复合物易被单核吞噬细胞吞噬，从而发挥中和作用。

2. 免疫溶解作用　一些革兰氏阴性菌（如霍乱弧菌）和某些原虫（如锥虫），与体内相应抗体结合后，可激活补体最终导致菌体或虫体溶解。

3. 免疫调理作用　对于一些毒力较强的细菌，特别是有荚膜的细菌，与相应抗体结合后，则易被单核-巨噬细胞吞噬，若再激活补体形成细菌-抗体-补体复合物，则更容易被吞噬。抗体的这种作用称为免疫调理作用。

4. 局部黏膜免疫作用　黏膜固有层中浆细胞产生的分泌型IgA是机体抵抗从呼吸道、消化道及泌尿生殖道感染的病原微生物的主要力量，可以阻止病原微生物吸附于黏膜上皮细胞。

5. 抗体依赖性细胞介导的细胞毒作用（ADCC作用）　一些效应性淋巴细胞（如K细胞），其表面具有抗体分子的Fc片段的受体，当抗体分子与相应的靶细胞（如肿瘤细胞）结合后，效应细胞就可借助于Fc受体与抗体的Fc片段结合，从而发挥其细胞毒作用，将靶细胞杀死。

6. 对病原微生物生长的抑制作用　一般而言，细菌的抗体与细菌结合后，不会影响其生长和代谢，仅表现为凝集与制动现象，只有支原体和钩端螺旋体与抗体结合后可表现出生长抑制作用。

7. 免疫损伤作用　抗体在体内引起的免疫损伤主要是介导Ⅰ型（IgE）、Ⅱ型和Ⅲ型（IgG和IgM）变态反应，以及一些自身免疫性疾病。

任务六　细胞免疫应答的认知

一、细胞免疫的概念及应答过程

细胞免疫（CMI）是指T细胞在抗原的刺激下，增殖分化为效应性T细胞并产生细胞因子，从而发挥免疫效应的过程。广义的细胞免疫还包括吞噬细胞的吞噬作用，K细胞、NK细胞等介导的细胞毒作用。

细胞免疫应答同体液免疫应答一样先要经过对抗原的识别，但T细胞一般只能结合肽类抗原，其他异物和细胞性抗原等需经抗原递呈细胞的吞噬，将其消化降解成抗原肽，再与MHC分子结合成复合物，然后表达于抗原递呈细胞表面，供T细胞识别。T细胞识别抗原信息后活化、增殖、分化出各种类型的效应性T细胞，并产生多种细胞因子，完成细胞免疫效应。

二、细胞免疫的效应细胞及细胞因子

在细胞免疫应答过程中最终发挥免疫效应的是效应性T细胞和细胞因子。效应性T细胞主要包括细胞毒性T细胞（Tc）和迟发型变态反应性T细胞（T_D）；细胞因子种类较多，并且分别发挥不同的生物学效应，协助免疫细胞将抗原物质清除。

（一）细胞毒性T细胞（Tc）与细胞毒效应

细胞毒性T细胞在动物体内以非活化的形式存在，当Tc与抗原结合并在活化的T_h产生的白细胞介素的作用下，Tc前体细胞活化、增殖、分化为具有杀伤能力的效应Tc。效应Tc通过释放穿孔素、粒酶和淋巴毒素将靶细胞（病毒感染细胞、肿瘤细胞、胞内感染细菌的细胞）溶解，杀伤靶细胞后的Tc细胞与裂解的靶细胞分离，继续攻击其他靶细胞。Tc在细胞免疫效应中主要表现为抗细胞内感染、抗肿瘤作用。

（二）迟发型变态反应性T细胞（T_D）与炎症反应

T_D在动物体内以非活化的前体细胞形式存在，当其表面抗原受体与靶细胞特异性结合，并在活化的T_h释放的IL-1、IL-4、IL-5、IL-6、IL-9等细胞因子的作用下，活化、增殖、分化成具有免疫效应的T_D细胞，T_D细胞通过释放多种可溶性淋巴因子而发挥作用。主要引起以单核细胞浸润为主的炎症反应。

（三）细胞因子及其生物学活性

细胞因子（CK）是指由免疫细胞（如单核-巨噬细胞、T细胞、B细胞、NK细胞等）和某些非免疫细胞受抗原或丝裂原刺激后合成和分泌的一类高活性多功能的蛋白质多肽分子。细胞因子作为细胞间信号传递分子，主要介导和调节免疫应答及炎症反应，刺激造血功能并参与组织修复等。

现已鉴定的细胞因子有近百种，功能又十分复杂，尚无统一的分类方法。就目前研究所知，与免疫学关系比较密切的细胞因子主要有四大类：

1. 白细胞介素（IL） 是由免疫系统分泌的主要在白细胞间发挥免疫调节作用的一类细胞因子，并按发现的先后顺序命名为IL-1、IL-2、IL-3等，至今已报道了23种IL。主要白细胞介素的来源及其功能见表4-4。

表4-4 白细胞介素的种类与功能

名称	主要产生细胞	主要生物学作用
IL-1	单核细胞、巨噬细胞、成纤维细胞等	促进T、B细胞增殖、分化和抗体生成；诱导IL-2、IL-6的产生；调节成纤维细胞增殖，有助于炎症局部组织的纤维化
IL-2	Th1细胞、Tc细胞、部分B细胞和NK细胞	诱导T、B细胞增殖、分化及效应物质生成；增强Tc和NK细胞活性，增强其杀伤效应；具有明显的抗肿瘤作用
IL-3	T细胞	促进早期造血干细胞生长
IL-4	Th2细胞、肥大细胞	促进B细胞增殖；诱导IgE产生；促进肥大细胞增殖；增强巨噬细胞活性
IL-5	Th2细胞、肥大细胞	诱导T、B细胞和嗜酸性粒细胞的增殖与分化

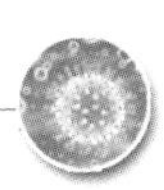

（续）

名称	主要产生细胞	主要生物学作用
IL-6	单核细胞、巨噬细胞、Th2 细胞、成纤维细胞	诱导 B 细胞终末分化，促进抗体合成；促进 T_C 细胞成熟；诱导肝细胞生成急性期蛋白等
IL-7	骨髓和胸腺基质细胞	促进前 B 细胞和活化的 T 细胞的增殖与分化
IL-8	单核细胞、巨噬细胞等	趋化作用与炎症反应；激活中性粒细胞
IL-9	活化的 T 细胞	协同 IL-3 和 IL-4 刺激肥大细胞生长
IL-10	巨噬细胞、Th2 细胞、B 细胞、$CD8^+$ T 细胞	抑制巨噬细胞；抑制 Th1 细胞分泌细胞因子；促进 B 细胞增殖和抗体生成
IL-11	基质细胞	单独或与其他因子协同刺激骨髓造血干细胞的增殖与分化
IL-12	B 细胞、巨噬细胞、Th1、Th2 细胞	促进 T_C、NK 细胞增殖、分化；增强其杀伤性
IL-13	活化 T 细胞	促进 B 细胞增殖和分化；促进 NK 细胞产生 IFN-γ，抑制单核细胞产生的炎性分子的分泌
IL-14	活化 T 细胞	诱导活化的 B 细胞增殖；抑制丝裂原诱生 Ig
IL-15	T 细胞等	诱导 T、B 细胞增殖、分化
IL-16	$CD8^+$ T 细胞	趋化 $CD4^+$ T 细胞；诱导 $CD4^+$ T 细胞活化
IL-17	$CD4^+$ T 细胞	诱导人成纤维细胞分泌 IL-6 和 IL-8
IL-18	枯否氏细胞等	促进 Th1 细胞增殖；增强 NK 细胞的杀伤作用
IL-19	单核细胞	抗原递呈细胞具有调节和促增殖作用
IL-20	小肠细胞	促进多形核细胞移动
IL-21	T 细胞	协同刺激 T、B 细胞和 NK 细胞增殖、分化
IL-22	活化的 T 细胞	活化多种细胞
IL-23	树突状细胞	促进 T 细胞增殖

2. 干扰素（IFN）　干扰素由多种细胞产生，根据其来源和理化性质分为Ⅰ型干扰素和Ⅱ型干扰素。Ⅰ型干扰素主要包括 IFN-α 和 IFN-β，前者来源于病毒感染的白细胞，后者由病毒感染的成纤维细胞产生。Ⅱ型干扰素即 IFN-γ，由抗原刺激 T 细胞和 NK 细胞产生。Ⅰ型干扰素具有很强的抗病毒和抗肿瘤作用，Ⅱ型干扰素主要发挥免疫调节作用。

3. 肿瘤坏死因子（TNF）　是一类能直接造成肿瘤细胞死亡的细胞因子，主要由活化的单核-巨噬细胞产生，也可由抗原刺激的 T 细胞、活化的 NK 细胞和肥大细胞产生。TNF 的主要功能是参与机体防御反应，是重要的促炎症因子和免疫调节因子，抗肿瘤作用只是其功能的一部分。

4. 集落刺激因子（CSF）　是一组促进造血细胞，尤其是造血干细胞增殖、分化和成熟的因子。

三、细胞免疫效应

机体的细胞免疫效应是由 CTL 和 T_D 细胞以及细胞因子体现的，主要表现为抗感染作用及抗肿瘤效应（表 4-5）。此外，细胞免疫也可引起机体的免疫损伤。

表 4-5 细胞免疫效应

细胞免疫效应	针对的对象	参与因素
抗感染作用	胞内细菌、结核分枝杆菌、布鲁氏菌等 病毒 真菌，如白色念珠菌等 寄生虫，如原虫	CTL、T_D、细胞因子
抗肿瘤作用	肿瘤细胞	CTL、肿瘤坏死因子、穿孔素、粒酶、Fas配体
免疫损伤作用	Ⅳ型变态反应细胞 移植排斥反应 自身免疫病	T_D与细胞因子 CTL与细胞因子 细胞因子

任务七　非特异性免疫应答的认知

抗感染免疫是动物机体抵抗病原体感染的能力，包括非特异性抗感染免疫应答和特异性抗感染免疫应答两个方面。特异性免疫是机体在非特异性免疫的基础上针对特异性的抗原物质而产生的，在抗病原体感染中起关键作用。特异性抗感染免疫通过体液免疫反应和细胞免疫反应发挥作用。在抗感染过程中由于病原体的不同以及同一种病原侵入部位的差异而表现出不同的免疫反应，通常情况下当病原体存在于体液中时以体液免疫反应为主，由抗体（主要包括 IgG、IgM 和 IgA）针对不同的病原体选择性地发挥中和作用、生长抑制作用、免疫溶解作用、免疫调理作用以及局部黏膜免疫作用（内容详见本项目任务五）去消灭抗原或阻止病原体继续向深部组织扩散；对于细胞内寄生的病原体则以细胞免疫反应为主，由效应性 T 细胞、细胞因子以及吞噬细胞和补体的共同协作将感染细胞裂解，杀死并分解病原体完成细胞免疫效应（内容详见本项目任务六）。抗体和细胞因子的产生还可以增强吞噬细胞及补体的免疫作用，其详细过程在免疫应答中已讲述，不再重复。本任务主要讲授非特异性免疫应答。

一、非特异性免疫应答的概念

非特异性免疫是动物在长期进化过程中形成的一系列天然防御功能，是个体生下来就有的，具有遗传性，又称先天性免疫。非特异性免疫对外来异物起着第一道防线的防御作用，是机体实现特异性免疫的基础和条件。非特异性免疫的作用范围相当广泛，对各种病原微生物都有防御作用。但它只能识别自身和非自身，对异物缺乏特异性区别作用，缺乏针对性。因此要特异性清除病原体，需在非特异性免疫的基础上，发挥特异性免疫的作用。

二、非特异性免疫的机理

非特异性免疫应答过程，主要包括机体的防御屏障、吞噬细胞的吞噬作用、组织和体液中的抗微生物物质、炎症反应和机体组织的不感受性等。

（一）防御屏障

防御屏障是动物在正常情况下普遍具有的组织机构，包括皮肤和黏膜屏障、血脑

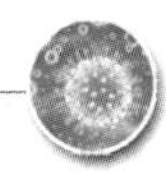

屏障和血胎屏障等。结构和功能完整的屏障机构能阻挡和排除绝大多数病原体的侵入。

1. 皮肤、黏膜屏障　是机体防御异物侵入的第一道防线，对病原体的侵入起机械阻挡作用。另外，体表上皮的脱落和更新，可清除大量黏附于其上的细菌；气管和支气管黏膜表面的纤毛不停地由下而上有节律地摆动，能把吸入的细菌和异物排至喉头，排出体外；眼、口腔、支气管、泌尿生殖道等部位的黏膜，分别受泪液、唾液、支气管分泌物或尿液的冲洗，从而可以阻止相应部位病原体的黏附和侵入，当分泌或排泄功能障碍或受阻时，易造成局部感染；皮肤皮脂腺分泌的不饱和脂肪酸、汗液中的乳酸、胃液中的胃酸都具有一定的杀菌作用，如胃液缺乏时，可增加对肠道致病菌的易感性；体表的正常菌群对病原体的入侵也起一定的屏障作用，长期大量使用抗生素，往往导致正常菌群失调，动物易感性增强。

2. 血脑屏障　血脑屏障由软脑膜、脑毛细血管壁和包在血管壁外的星状胶质细胞组成，能阻止病原体及其他大分子物质由血液进入脑组织和脑脊液，是中枢神经系统的重要防卫机构。血脑屏障是个体发育过程中逐步成熟的，幼龄动物血脑屏障尚未发育完善容易发生脑部感染，例如，新生仔猪易发生伪狂犬病，幼龄动物易发生流行性脑脊髓炎、乙型脑炎等神经系统疾病。在临床中，作用于中枢神经系统的药物必须通过血脑屏障才能发挥其治疗作用。

3. 胎盘屏障　是哺乳动物保护胎儿、防止母体内病原体通过胎盘进入胎儿体内的一种防卫结构。但是某些病原体可以突破胎盘屏障，如猪瘟病毒可经胎盘感染胎儿，布鲁氏菌引起胎盘发炎感染胎儿。

另外，机体还存在着肺的气血屏障（防止病原经肺泡进入血液）、睾丸中的血睾屏障（防止病原进入曲精细管）、血胸腺屏障等，都是保护机体正常生理活动的重要屏障机构。

（二）吞噬作用

吞噬作用是动物进化过程中建立起来的一种原始而有效的防御反应。单细胞生物即具有吞噬和消化异物的功能，而哺乳动物和禽类吞噬细胞的功能更加完善。病原及其他异物突破防御屏障进入机体后，将会遭到吞噬细胞的吞噬而被破坏。

但是，吞噬细胞在吞噬过程中能向细胞外释放溶酶体酶，因而过度的吞噬可能损伤周围健康组织。

1. 吞噬细胞　吞噬细胞是吞噬作用的基础。动物体内的吞噬细胞主要有两大类。一类以血液中的中性粒细胞为代表，具有高度移行性和非特异性吞噬功能，个体较小，属于小吞噬细胞。它们在血液中存活 12～48h，在组织中只存活 4～5d，能吞噬并破坏异物，还能吸引其他吞噬细胞向异物移动，增强吞噬效果。嗜酸性粒细胞具有类似的吞噬作用，还具有抗寄生虫感染的作用，但有时能损伤正常组织细胞而引起过敏反应。另一类吞噬细胞形体较大，为大吞噬细胞，能黏附于玻璃和塑料表面，故又称黏附细胞。他们属于单核-巨噬细胞系统，包括血液中的单核细胞，以及由单核细胞移行于各组织器官而形成的多种巨噬细胞。如肺中的尘细胞、肝中的枯否氏细胞、皮肤和结缔组织中的组织细胞、骨组织中的破骨细胞、神经组织中的小胶质细胞等。它们分布广泛，寿命长达数月至数年，不仅能分泌免疫活性分子，而且具有强大的吞

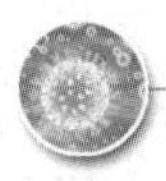

噬能力。

2. 吞噬的过程 吞噬细胞与病原菌或其他异物接触后，能伸出伪足将其包围，并吞入细胞质内形成吞噬体。接着，吞噬体逐渐向溶酶体靠近，并相互融合成吞噬溶酶体。在吞噬溶酶体内，溶酶体酶等物质释放出来，从而消化和破坏异物（图 4-16）。

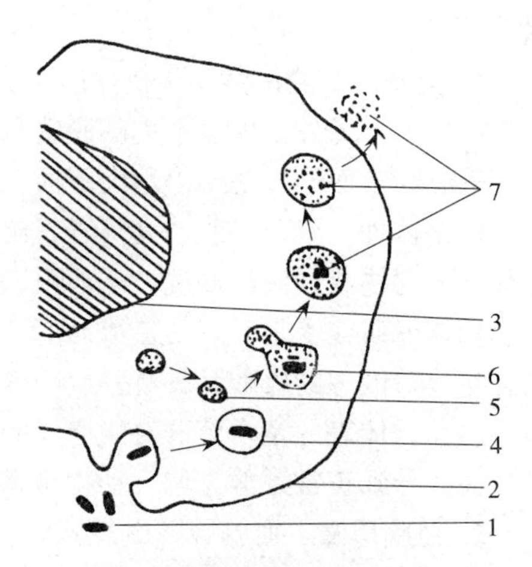

图 4-16 吞噬细胞的吞噬和消化过程
1. 细菌 2. 细胞膜 3. 细胞核 4. 吞噬体 5. 溶酶体 6. 吞噬溶酶体 7. 细菌残渣

3. 吞噬的结果 由于机体的抵抗力、病原菌的种类和致病力不同，吞噬发生后可能表现完全吞噬和不完全吞噬两种结果。

动物整体抵抗力和吞噬细胞的功能较强时，病原微生物在吞噬溶酶体中被杀灭、消化后，连同溶酶体内容物一起以残渣的形式排出细胞外，这种吞噬称为完全吞噬。相反，当某些细胞内寄生的细菌如结核分枝杆菌、布鲁氏菌，以及部分病毒被吞噬后，不能被吞噬细胞破坏并排到细胞外，称为不完全吞噬。不完全吞噬有利于细胞内病原逃避体内杀菌物质及药物的作用，甚至在吞噬细胞内生长、繁殖，或随吞噬细胞的游走而扩散，引起更大范围的感染。

吞噬细胞的吞噬作用是机体非特异性抗感染的重要因素，而在特异性免疫中，吞噬细胞会发挥更强大的清除异物的作用。因为吞噬细胞内不仅含有大量的溶酶体，表面还具有多种受体，其中包括 IgG Fc 受体和补体 C3b 受体，能分别与特异性抗体、补体 C3b 相结合，从而通过调理作用等促进病原体的清除。

（三）正常体液的抗微生物物质

动物机体中存在多种非特异性抗微生物物质，具有广泛的抑菌、杀菌及增强吞噬的作用。

1. 溶菌酶 是一种不耐热的碱性蛋白质，广泛分布于血清、唾液、泪液、乳汁、胃肠和呼吸道分泌液及吞噬细胞的溶酶体颗粒中。溶菌酶能分解革兰氏阳性细菌细胞壁中的肽聚糖，导致细菌崩解。若有补体和镁离子存在，溶菌酶能使革兰氏阴性细菌的脂多糖和脂蛋白受到破坏，从而破坏革兰氏阴性细菌的细胞。

2. 补体（complement）**及其作用** 补体是动物血清及组织液中的一组具有酶活性的球蛋白，包括近 30 多种不同的分子，故又称为补体系统，常用符号 C 表示，按被发现的先后顺序分别命名为 C1、C2、C3、…、C9。他们广泛存在于哺乳类、鸟类及部分水生动物体内，占血浆球蛋白总量的 10%～15%，含量保持相对稳定，与抗原刺激无关，不因免疫次数增加而增加。在血清学试验中常以豚鼠的血清作为补体的来源。

补体在−20℃可以长期保存，但对热、剧烈震荡、酸碱环境、蛋白酶等不稳定，经 56℃ 30min 即可失去活性。因而，血清及血清制品必须经过 56℃ 30min 加热处理，称为灭活。灭活后的血清不易引起溶血和溶细胞作用。

（1）补体的激活途径与激活过程。补体系统各组分以无活性的酶原状态存在于血

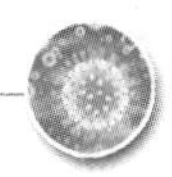

浆中，必须激活才能发挥作用。补体活化时，通常前一个组分的活化成分，成为后一组分的激活酶，补体成分按一定顺序被系列激活，从而发挥其相应的生物学作用。激活补体的途径主要有经典途径和旁路途径两种：

①经典途径。又称传统途径或C1激活途径，此途径的激活因子多为抗原-抗体复合物，依次激活C1、C4、C2、C3，形成C3与C5转化酶，这一激活途径是补体系统中最早发现的基联反应，因此称之为经典途径（图4-17）。

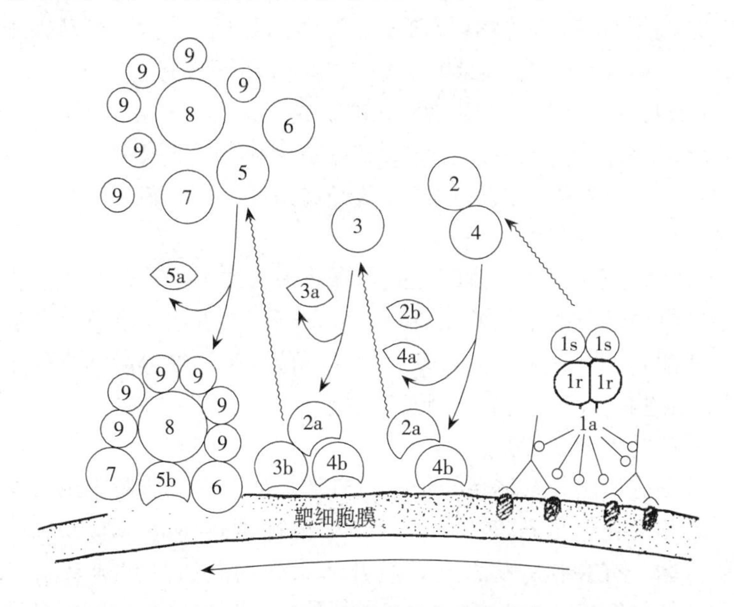

图4-17　补体激活的经典途径示意

C1～C9九种成分均参与经典途径的激活，当抗体和相应的抗原结合后，抗体构型发生改变，暴露补体结合位点，C1能识别此位点并与之结合，而被激活，激活的C1是C4的活化因子，活化的C1使C4断裂为两个片段：小片段的C4a，游离至血清中；另一大片段的C4b则迅速地结合到抗原物质表面。C4b是C2的活化因子，可使C2裂解为两个片段：C2b和C2a，C2b游离于血浆中；C2a与C4b结合形成具有酶活性的C4b2a，此复合物能裂解C3，称为C3转化酶。

C3是补体系统中含量较多的组分，可表现多方面的功能。C4b2a（C3转化酶）将其裂解为两个片段：很小的C3a和较大的C3b片段，C3a游离于血浆中，呈现过敏毒素和趋化因子的作用；C3b迅速与C4b2a结合成C4b2a3b复合物，此复合物即C5转化酶。

C5被C4b2a3b激活后，分解为C5a和C5b，C5a游离于血清中。C5之后的过程为单纯的自身聚合过程，C5b与C6非共价结合形成一个牢固的复合体，然后再与C7结合，形成稳定的C5b67复合物，并插入靶细胞双层脂质膜中。C5b67能与C8分子结合，形成C5b678分子复合物，此复合物具有穿透脂质双层膜的能力，最后C5b678再与多个C9分子结合，形成C5b6789复合物，即形成跨膜穿通管道，将细胞溶解破坏。此外，C5b～C9还具有与孔道无关的膜效应，它们与膜磷脂的结合，打乱了脂质分子之间的顺序，使脂质分子重排，出现膜结构缺陷，而失去通透屏障作用。

②旁路途径。旁路途径也称替代途径、C3激活途径、备解素途径。该途径不经过C1、C4、C2，而是从C3开始激活的。旁路途径的激活物除免疫复合物外，还有革兰氏阴性菌的脂多糖、酵母多糖、菊糖等，在IF、P因子、D因子等血清因子的参与下，完成C3～C9的激活。

IF（initiating factor，始动因子，血清中的一种球蛋白）在脂多糖等激活物质的作用下，成为活化的IF，它在另一种未知因子的协同下，激活备解素（P因子），激活的P因子在镁离子参与下，激活D因子，激活的D因子是C3激活因子前体的转化酶，可使B因子（C3激活因子前体）裂解为Ba和Bb两部分，Bb片段为C3激活因子，并与C3结合形成C3Bb，C3Bb使C3裂解成C3a和C3b，C3b再与Bb结合形成C3bBb，即C3转化酶，进一步对C3的裂解起放大作用；两个以上分子的C3b与Bb结合形成C5转化酶，C5以后的活化过程与经典途径一样，最后形成C5b6789，引起靶细胞的破坏。

机体由于有旁路途径激活补体的形式存在，大大增加了补体系统的作用，扩大了非特异性免疫和特异性免疫之间的联系。另外，还可以说明在抗感染免疫中，抗体未产生之前，机体即有一定的免疫力，其原因是细菌的脂多糖等激活物先于经典途径激活补体，杀死微生物，发挥抗感染免疫的功能。

（2）补体系统的生物学活性。

①溶菌、溶细胞作用。补体系统依次被激活，最后在细胞膜上形成穿孔复合物引起细胞膜不可逆的变化，导致细胞的破坏。可被补体破坏的细胞包括红细胞、血小板、革兰氏阴性菌、有囊膜的病毒等，故补体系统的激活可起到杀菌、溶细胞的作用。上述细胞对补体敏感，革兰氏阳性菌对补体不敏感，螺旋体则需补体和溶菌酶结合才能被杀灭，酵母菌、霉菌、癌细胞和植物细胞对补体不敏感。

②免疫黏附和免疫调理作用。免疫黏附是指抗原-抗体复合物结合C3后，能黏附到灵长类、兔、豚鼠、小鼠、大鼠、猫、犬和马等红细胞及血小板表面，然后被吞噬细胞吞噬。起黏附作用的主要是C3b和C4b。

补体的调理作用是通过C3b和C4b实现的。如C3b与免疫复合物及其他异物颗粒结合后，同时又以另一个结合部位与带有C3b受体的单核细胞、巨噬细胞或粒细胞结合，C3b成了免疫复合物与吞噬细胞之间的桥梁，使两者互相连接起来，有利于吞噬细胞对免疫复合物和靶细胞的吞噬和清除，此即调理作用。

③趋化作用。补体裂解成分中的C3a、C5a、C5b67能吸引中性粒细胞到炎症区域，促进吞噬并构成炎症发生的先决条件。

④过敏毒素作用。C3a、C5a等补体片段均能使肥大细胞和嗜碱性粒细胞释放组胺等血管活性物质，引起毛细血管扩张，渗出增强，平滑肌收缩，局部水肿，支气管痉挛。

⑤抗病毒作用。抗体与相应病毒结合后，在补体参与下，可以中和病毒的致病力。补体成分结合到致敏病毒颗粒后，可显著增强抗体对病毒的灭活作用。此外，补体系统激活后可溶解有囊膜的病毒。

（四）炎症反应

当病原微生物侵入机体时，被侵害局部往往汇集大量的吞噬细胞和体液杀菌物

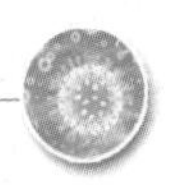

质，其他组织细胞还释放溶菌酶、白细胞介素等抗微生物物质。同时，炎症局部的糖酵解作用增强，产生大量的乳酸等有机酸。这些反应均有利于杀灭病原微生物。

（五）机体组织的不感受性

即某种动物或其组织对该种病原或其毒素没有反应性。例如，给龟皮下注射大量破伤风毒素而不发病，但几个月后取其血液注入小鼠体内，小鼠却死于破伤风。

三、影响非特异性免疫的因素

动物的种属特性、年龄及环境因素都能影响动物机体的非特异性免疫作用。

1. 种属因素 不同种属或不同品种的动物，对病原微生物的易感性和免疫反应性有差异，这些差异决定于动物的遗传因素。例如在正常情况下，草食动物对炭疽杆菌十分易感，而家禽却无感受性。

2. 年龄因素 不同年龄的动物对病原微生物的易感性和免疫反应性也不同。在自然条件下，某些传染病仅发生于幼龄动物，例如幼小动物易患大肠杆菌病，而布鲁氏菌病主要侵害性成熟的动物。老龄动物的器官组织功能及机体的防御能力趋于下降，因此容易发生肿瘤或反复感染。

3. 环境因素 环境因素如气候、温度、湿度的剧烈变化对机体免疫力有一定的影响。例如，寒冷能使呼吸道黏膜的抵抗力下降；营养极度不良，往往使机体的抵抗力及吞噬细胞的吞噬能力下降。因此，加强管理和改善营养状况，可以提高机体的非特异性免疫力。此外，剧痛、创伤、烧伤、缺氧、饥饿、疲劳等应激也能引起机体机能和代谢的改变，从而降低机体的免疫功能。

任务八 抗细菌感染免疫的认知

病原菌侵入动物机体后，首先遇到非特异性免疫机能的抵抗，其中以细胞吞噬和炎症反应为主，随后特异性免疫产生，两者协同，共同把病原菌消灭。

细菌为单细胞微生物，其主要结构抗原存在于细胞质和细胞壁，有些细菌还有荚膜、鞭毛、菌毛等抗原，有些细菌还能分泌多种有害物质如蛋白质、毒素和毒性酶等造成机体感染。致病性真菌主要是多细胞真菌，通过大量繁殖和产生毒素而致病。在细菌和真菌感染机体的同时，机体会通过多种方式产生抗细菌和抗真菌感染的免疫。目前，动物抗细菌感染免疫的机制较明了。

细菌感染的部位和致病力不同，引起机体发生疾病的性质也不同。第一类为细胞外寄生菌，如葡萄球菌、链球菌、沙门氏菌、巴氏杆菌、炭疽杆菌等，主要在吞噬细胞外繁殖，引起急性感染。它们大多具有能抵抗吞噬细胞的表面抗原结构和酶，如荚膜、溶血性链球菌的黏蛋白、伤寒杆菌的 Vi 抗原、金色葡萄球菌的凝血浆酶等。有的细胞外寄生菌侵袭力很弱，但能产生毒性很强的外毒素引起发病，如破伤风梭菌等。第二类为细胞内寄生菌，如结核分枝杆菌、布鲁氏菌、李氏杆菌、鼻疽杆菌等，被吞噬后能抵抗吞噬细胞的杀菌作用，并能在吞噬细胞内长期生存，甚至繁殖，不仅可以随吞噬细胞的移行扩散到其他部位，还可逃避体液因子和药物的作用。此类细菌多引起慢性感染。

细菌的种类不同，感染的部位不同，机体抗感染免疫的成分及作用方式就不同（表 4-6）。

表 4-6 抗细菌感染免疫

细菌抗原来源	免疫作用的成分	作用方式
细胞外寄生菌细胞壁、荚膜等	抗体、补体、溶菌酶共同作用 抗体、补体、吞噬细胞共同作用	溶菌或杀菌作用 调理作用，吞噬作用
细菌蛋白质、毒素、酶或菌体成分	抗体	中和作用
细胞内寄生菌宿主细胞的结构成分	巨噬细胞、巨噬细胞武装因子 IgG、K 细胞等	细胞内杀菌作用 ADCC 作用破坏靶细胞及细菌

一、抗细胞外寄生细菌感染

机体对细胞外寄生菌的抗感染作用主要依靠体液免疫，表现为杀菌及溶菌作用、调理吞噬作用、局部黏膜免疫作用等，细菌的外毒素则通过中和作用使其丧失致病作用。

1. 杀菌及溶菌作用 细胞外寄生菌通常被体液中的杀菌物质所杀灭。血清中参与杀菌的免疫活性物质主要有抗体、补体和溶菌酶。抗体与细菌表面抗原结合后，可以激活补体，引起细胞膜的损伤。对于大多数革兰氏阴性菌而言，补体被激活后，还要有溶菌酶的同时参与，才能破坏细菌表层的黏多糖，破坏细胞膜，最后使细胞溶解。

2. 调理吞噬作用 对已形成荚膜的细菌，抗体直接作用于荚膜抗原，使其失去抗吞噬能力，被吞噬细胞吞噬和消化。对无荚膜的细菌，抗体作用于 O 抗原，通过 IgG 的 Fc 段与巨噬细胞上的 Fc 受体结合，以促进吞噬活性。与细菌结合的抗体（IgG 和 IgM）又可激活补体，并通过活化的补体成分，与巨噬细胞表面的补体受体结合，也可增加其吞噬作用。

在调理吞噬作用中，IgM 的作用强于 IgG 500～1 000倍；在补体参与的溶菌作用中，IgM 的作用比 IgG 大 100 倍。因此，在初次免疫反应期间，体液中 IgM 含量虽然较少，但其免疫效率极高，是感染早期机体免疫保护的主要因素。

3. 中和作用 抗毒素能与细菌的外毒素特异性结合，使之失去活性。外毒素有两个亚单位 A 和 B，均有各自的抗原决定簇，而 A 亚单位的抗原决定簇位于深层，不易刺激机体产生抗体，只有 B 亚单位易于刺激机体产生抗体。B 亚单位的功能是与宿主细胞上相应受体结合，介导毒素 A 亚单位进入细胞并发挥毒性作用。因此，抗毒素的主要作用是与宿主细胞上 B 亚单位的受体竞争，与 B 亚单位结合，中和毒素的致病作用。但是，如果 B 亚单位已与细胞受体结合，则抗毒素的作用无法使其逆转。因此，抗毒素的应用时机和剂量对中和毒素的致病作用极其重要，在破伤风、肉毒毒素中毒等疾病治疗中及时使用足量抗毒素是十分有效的。

4. 局部黏膜免疫作用 黏膜表面的分泌型 IgA 能阻止细菌吸附于上皮细胞，在局部黏膜抗感染中起着重要作用。如抗大肠杆菌 K88 或 K99 抗体可阻止大肠杆菌菌毛与肠上皮微绒毛的黏附，从而保护动物免受感染。

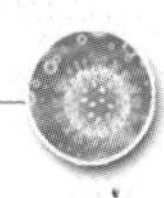

二、抗细胞内寄生细菌感染

动物抵抗细胞内寄生菌主要依靠细胞免疫，体液免疫的作用不大。常见的细胞内寄生菌有布鲁氏菌、结核分枝杆菌、李氏杆菌和鼻疽杆菌等。某些棒状杆菌和沙门氏菌亦为细胞内感染细菌。以此类病原体制备的死菌苗常不能引发机体产生足够的保护性免疫，被动输入抗血清也不能获得良好的保护力。这是因为只有当细胞内寄生菌释放到细胞外时，抗体和其他体液因子才能发挥作用。

当细胞内寄生菌初次感染未免疫动物时，其巨噬细胞不具有杀死此类病原的能力，在感染后10d左右动物的巨噬细胞才能获得此种能力。主要表现为巨噬细胞体积增大、代谢增强等一系列变化，这也标志着机体获得了细胞免疫功能。这是因为T细胞在接触细菌抗原刺激后被致敏，致敏T细胞分泌多种淋巴因子，其中淋巴细胞武装因子使巨噬细胞活化为武装巨噬细胞，从而有效杀灭细胞内寄生菌。武装巨噬细胞的杀灭作用是强大的，有时是非特异性的。例如李氏杆菌感染时，武装巨噬细胞能杀灭多种通常对巨噬细胞有抵抗力的细菌。因此，单核细胞增多性李氏杆菌病康复的动物往往对结核分枝杆菌的抵抗力也显著增强。

对结核分枝杆菌的免疫是抗细胞内寄生菌免疫的典型例子。结核分枝杆菌不产生毒素，但能在单核巨噬细胞中存活和增殖从而致病。例如，结核分枝杆菌侵入人体或牛体后，首先在局部繁殖和扩散，并在巨噬细胞内迅速繁殖，同时传播给其他巨噬细胞，还可经淋巴管或血流达到全身，这一时期机体尚未建立有效的免疫，称为无免疫期。感染后数周，机体T细胞被致敏活化，释放出大量淋巴因子，使正常巨噬细胞变为武装巨噬细胞，大量结核分枝杆菌被武装巨噬细胞杀死，感染被控制，这一时期被称为免疫溶解期。最后是稳定期，恒定数量的活菌存在于巨噬细胞内。巨噬细胞具有抑菌能力，可阻止细菌的细胞器生长，但不能彻底杀灭细菌，从而导致机体处于长期甚至终身感染状态。全身多处可能保留局部结核病灶。此期往往没有临床表现。但是，在机体免疫功能下降时，如妊娠期、激素治疗、患虚弱性疾病等，结核病灶中的结核分枝杆菌可重新活动起来。这种活动性结核可以抑制宿主的免疫系统，使结核病恶化。不过，卡介苗能激发动物体内细胞免疫机能，使淋巴因子和武装巨噬细胞数量增多，增强动物对结核病的特异性免疫力。如果对儿童应用卡介苗（BCG）适时进行免疫接种，能获得对结核分枝杆菌的终身免疫效果，这一技术在人类的广泛推广应用，成为预防细胞内寄生菌感染的成功范例。

任务九 抗病毒感染免疫的认知

病毒的致病机理比较复杂，机体抗病毒感染的机制也很复杂。当病毒侵入机体时，机体对病毒的抗感染作用包括非特异性抗感染免疫和特异性抗感染免疫效应。

一、非特异性免疫的抗病毒作用

机体的非特异性免疫机能首先通过先天的不感受性对病毒进行抵御，例如牛不感染马传染性贫血病毒。对于易感动物，天然屏障作用、吞噬细胞的吞噬作用以及干扰素和补体的抗病毒作用在病毒侵入时则会启动，发挥相应的阻挡、消化分解、干扰病毒的增殖等非特异性抗感染免疫作用。

二、特异性免疫的抗病毒作用

抗病毒的特异性免疫表现为以中和抗体为主的体液免疫和以T细胞及细胞因子为中心的细胞免疫。

1. 体液免疫的抗病毒作用 一般情况下，细胞外扩散的病毒，如口蹄疫病毒、猪水疱病病毒、脊髓灰质炎病毒等，其病毒抗原直接刺激机体的免疫细胞引发体液免疫，抗体是主要的抗感染因素，其中，分泌型IgA可防止病毒的局部入侵，IgG和IgM能有效地中和血液中的病毒，阻断已入侵的病毒通过血液循环扩散；抗体与病毒结合后还可以引起游离病毒丛集、凝聚，促进巨噬细胞的吞噬作用；K细胞发挥ADCC作用裂解靶细胞等。

2. 细胞免疫的抗病毒作用 病毒在感染细胞内或核内扩散时，例如疱疹病毒、痘病毒或肿瘤病毒，其抗原信息是通过宿主细胞膜来表达的，以细胞免疫为主。细胞毒性T细胞能够特异性地识别病毒和感染细胞表面的病毒抗原，杀死病毒或裂解感染细胞；致敏T细胞释放多种细胞因子，或直接破坏病毒，或增强巨噬细胞吞噬破坏病毒的活力，或分泌干扰素抑制病毒复制。

但是，有些病毒可以逃避宿主的免疫反应，呈持续感染状态。如牛白血病病毒能持续存在于循环中的淋巴细胞内，这类病毒感染细胞后，在感染细胞膜表面并不表达病毒抗原，病毒可以存在于细胞膜的内侧面，因而能逃避识别。某些病毒可直接在淋巴细胞（如白血病病毒）或巨噬细胞（如马传染性贫血病毒、猪繁殖与呼吸综合征病毒）中生长繁殖，直接破坏了机体的免疫功能。

在大多数情况下，机体抗病毒感染免疫需要干扰素、体液免疫和细胞免疫的共同参与，以阻止病毒复制，消除病毒感染。抗真菌免疫与抗寄生虫免疫见拓展与提升。

知识拓展一　MHC和MHC限制现象

一、主要组织性复合体及其产物

主要组织相容性复合体（major histocompatibility complex，MHC）是一个与机体的免疫反应密切相关的基因群。20世纪初，人们发现在不同种属或同种动物不同系别的个体间进行组织移植时会出现排斥反应，而且，这种移植排斥反应具有记忆性、特异性和可转移性。研究发现，这种排斥反应是一种典型的免疫现象，是由细胞表面的同种异型抗原诱导的，引起这种移植排斥反应的个体特异性抗原称为移植抗原（transplantation antigen）或称组织相容性抗原（histocompatibility antigen）。比如，一个品系的小鼠能否接受另一个品系小鼠的移植物，取决于供体与受体小鼠是否具有共同的组织相容性抗原。组织相容性抗原包括许多复杂的抗原，其中，能引起强烈而

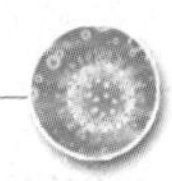

迅速的移植排斥反应的称主要组织相容性抗原，引起较弱移植排斥反应的称次要组织相容性抗原。主要组织相容性抗原是一个复杂的抗原系统，编码这一系统的基因集中分布于各种脊椎动物的某一条染色体上的特定区域，是一组紧密连锁的基因群，称为主要组织相容性复合体（MHC）。所有哺乳动物和鸟类都具有该基因群，但不同动物MHC的具体结构和表现不同，也分别具有不同的名称，如小鼠的MHC称H-2，人的MHC称HLA，鸡的MHC称B，猪的MHC称SLA，牛的MHC称BoLA。

MHC是目前发现的最具多态性的紧密连锁的基因群，有100多个基因位点。但是，在对组织移植的排斥反应中起决定作用的只有MHC中有限基因编码的分子，分别称之为Ⅰ类和Ⅱ类MHC分子。MHCⅠ类分子表达于所有有核的细胞表面，MHCⅡ类分子仅表达于部分细胞表面，如B细胞、抗原递呈细胞、活化的T细胞及部分内皮细胞等。两类MHC分子结构不同，结构的差异是分子多态性的分子基础，MHC分子的多态性不仅影响与抗原肽结合的特异性，也影响抗原肽-MHC复合物与T细胞结合的特异性。MHC的主要功能是将抗原肽递呈给T细胞受体，在免疫应答中起关键性作用。

二、免疫应答的MHC限制（约束）现象

免疫应答的发生，须有抗原的刺激和免疫细胞间的相互作用。在免疫应答发生的过程中，无论是T细胞和B细胞、T细胞和巨噬细胞、T细胞和T细胞间的相互作用，或者是T细胞对靶细胞的裂解作用，都需涉及一个重要的问题：即T细胞对细胞表面抗原的反应不仅是对抗原的特异性识别，而且也必须识别细胞上的自身抗原或MHC分子，否则反应即不会发生，可见反应的发生受限于MHC分子，此称为MHC限制（约束）现象（MHC restriction）。

实验证明，T细胞在和其他免疫细胞相互作用过程中，T细胞MHC单型和与之作用的细胞MHC单型必须一致。然而，MHC的一致性不仅意味着细胞双方所表达MHC基因产物的一致，并且包含着T细胞在识别抗原决定簇的同时，必须识别同一细胞所表达的MHC基因产物。或者说T细胞在识别抗原的同时，明显地受到与其相互作用细胞所表达MHC分子的限制。

知识拓展二　抗真菌感染免疫

与细菌、病毒相比，真菌的致病力一般较弱，但它们也能通过多个途径、多种机制使机体患病。由致病性真菌和条件致病性真菌引起的疾病统称真菌病。真菌产生的一些毒素进入人体还可导致全身或某些脏器的中毒症状，有的甚至可能致癌。此外，真菌感染还可能引发各类超敏反应。

机体的抗真菌感染免疫同其他抗病原微生物感染一样，也包括非特异性免疫和特异性免疫，两者互相补充，共同配合，缺一不可。

一、非特异性免疫

完整的皮肤黏膜屏障可有效阻挡真菌及其孢子的侵入。皮脂腺分泌的脂肪酸有杀

真菌的作用。儿童头皮脂肪酸分泌量比成人少，故易患头癣。手足汗较多而掌跖部缺乏皮脂腺的人，易患手足癣。正常菌群也有拮抗真菌的作用，如果滥用广谱抗生素引起菌群失调，内源性真菌就会大量生长而造成感染。

中性粒细胞具有吞噬和杀灭真菌的作用。体外实验表明，中性粒细胞可杀死白色念珠菌和烟曲霉，其杀伤机制是吞噬过程触发呼吸暴发，形成过氧化氢、次氯酸等活性氧物质，以及释放颗粒中的防御素等。中性粒细胞减少患者，易患播散性念珠菌病和侵袭性烟曲霉病。巨噬细胞在抗真菌感染中也有一定作用，但不如中性粒细胞。NK 细胞有抑制新生隐球菌和巴西副球孢子菌生长的作用。

二、特异性免疫

真菌感染可诱导机体产生特异性细胞免疫和体液免疫，其中又以细胞免疫为主。特异性抗体可阻止真菌与宿主细胞或组织的黏附，并提高吞噬细胞对真菌的吞噬率。特异性细胞免疫中 $CD4^{+}$ T 细胞产生并释放 IFN-γ 和 IL-2 等细胞因子，激活巨噬细胞、NK 细胞和 CTL 等，参与对真菌的杀灭。AIDS、肿瘤患者和长期使用免疫抑制剂者的细胞免疫功能低下，故易受播散性真菌感染。

知识拓展三　抗寄生虫感染免疫

寄生虫感染指动物感染原虫、蠕虫和体外寄生虫等。长期以来，寄生虫感染引起的疾病一直是危害人类及动物健康的重要疫病之一。这些寄生虫，有的感染人，有的感染动物，有的为人畜共同感染，它们或引起宿主的急性死亡，或在宿主体内长期处于亚临床感染状态，逐渐降低宿主的抵抗力。早期的研究者认为，寄生虫的免疫原性不良，抗原性弱。但是深入研究表明，多数寄生虫是具有充分抗原性的，只是在长期寄生过程中，它们发展了许多使其在免疫应答存在下得以生存的机制，即免疫逃避。比如某些寄生虫生活在与免疫系统相对隔离的组织中，或者不断改变自身表面抗原，或者模拟宿主抗原加以伪装等。而且，许多寄生虫还以不同的机制导致免疫抑制；同时，真核细胞的寄生虫的抗原性比微生物复杂得多。从这种意义上讲，人类在疾病的控制方面，对寄生虫病的防治比对传染病的防治要更艰难。

动物对寄生虫感染的免疫和其他病原体一样，也表现为体液免疫和细胞免疫，但寄生虫免疫还有其自身的特点：一是寄生虫的抗原性一般比较弱，且多表现为带虫免疫和不完全免疫；二是寄生虫虫体结构复杂，虫体抗原成分十分多样；三是寄生虫在宿主体内不同发育阶段，甚至同一发育阶段中会出现抗原的变异。寄生虫抗原的这些特点决定了机体对寄生虫免疫具有不同于微生物的特殊免疫现象，如带虫免疫、免疫逃避等，同样因为寄生虫抗原的特殊性决定了机体对寄生虫独特的免疫类型。

1. 消除性免疫　即免疫机体能够完全消除侵入体内的虫体。这种免疫在临床上很少见，如感染皮肤型利什曼病的人或犬，病愈后，对再次感染可产生完全的免疫力。接种泰勒虫苗的牛在一定时间内也可产生消除性的免疫力。提高人和动物产生抗寄生虫消除性免疫力是寄生虫工作者的主要目标。

2. 非消除性免疫　即带虫免疫，是寄生虫感染中常见的一种免疫状态。宿主不

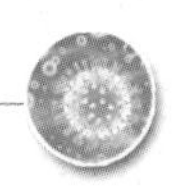

能完全消除侵入体内的虫体，少数留在体内的虫体不会对机体造成严重损害，但可以不断刺激机体产生对再感染的免疫力。

3. 缺少有效的获得性免疫　这一点在蠕虫感染中比较常见，一般宿主对消化道内的蠕虫的免疫反应都很有限，很难有效地清除虫体。另外，一些寄生在免疫细胞内的虫体（如利什曼原虫、弓形虫等）也能有效地逃避宿主的免疫清除。

一、对原虫的免疫

原虫是单细胞生物，其免疫原性的强弱取决于入侵宿主组织的程度。例如，寄生于肠道的痢疾阿米巴原虫，只有当它们侵入肠壁组织后才激发抗体的产生。与对微生物的免疫类似，机体对原虫的免疫防御，也是通过非特异性免疫和特异性免疫来实现的。

（一）非特异性免疫防御机制

抵抗原虫的非特异性免疫机制尚不十分清楚，但通常认为这种机制在性质上与在细菌病和病毒病中表现的机制相似，包括吞噬细胞的吞噬作用，炎症反应或由炎症反应包围寄生虫形成包囊。在动物体表现的抵抗寄生虫感染的非特异性免疫的免疫机制中，种的影响可能是最重要的因素。如路氏锥虫仅见于大鼠，而肌肉锥虫仅见于小鼠，两者都不引起疾病；布氏锥虫、刚果锥虫和活泼锥虫对东非野生偶蹄兽不致病，但对家养牛毒力很大。这种种属的差异可能与长期选择有关。

（二）特异性免疫防御机制

原虫刺激机体产生的特异性免疫包括体液免疫和细胞免疫。抗体通常作用于体液和组织液中游离生活的原虫，而细胞免疫则作用于细胞内寄生的原虫。

抗体对原虫的作用主要有以下几个方面：

（1）抗体与虫体结合限制其活动，并阻止其入侵易感细胞。

（2）有的抗体能抑制原虫的酶，从而抑制原虫的增殖。

（3）抗体与虫体结合后，激活补体，与吞噬细胞一起清除虫体。

（4）抗体与感染虫体的细胞结合后，可通过 ADCC 作用，杀死细胞内寄生的虫体。

（5）IgE 在抗生殖道滴虫感染中起重要作用。胎儿滴虫和组织滴虫，可刺激生殖道的局部抗体反应，尤以 IgE 的产生更为显著，IgE 不仅使局部发生 Ⅰ 型变态反应，不利于虫体生活，同时还使血管通透性增加，IgG 到达感染部位使虫体不能活动而被清除。

对细胞内寄生的原虫，如龚地弓形虫和小泰勒虫等，以细胞免疫为主清除，其机理与结核分枝杆菌引起的免疫应答相似。致敏 T 细胞接触弓形虫抗原是释放淋巴因子，作用于巨噬细胞，首先使它们能抵抗弓形虫的致死效应，其次是促进溶酶体-吞噬细胞的融合，使它们能杀死细胞内的原虫。

某些原虫病如球虫病，其保护性免疫机制尚不十分清楚。鸡感染肠道寄生的巨型艾美耳球虫产生对感染有保护作用的免疫力，这种免疫力能抑制侵袭期的滋养体在肠上皮细胞内的生长。免疫鸡血清中能检出巨型艾美耳球虫的抗体，免疫鸡的吞噬细胞对球虫孢子囊的吞噬能力增强。

二、对蠕虫的免疫

蠕虫是多细胞生物，同一蠕虫在不同的发育阶段，既可有共同抗原，也可有某一阶段的特异性抗原。高度适应的寄生蠕虫很少引起宿主强烈的免疫应答，他们很容易逃避宿主的免疫应答，这些寄生虫引起的疾病往往很轻微或不呈现临床症状。只有当它们侵入不能充分适应的宿主体内，或者有异常大量的蠕虫寄生时，才会引起急性病的发生。

（一）非特异性免疫防御机制

影响蠕虫感染的因素很多，不仅包括宿主方面的因素，而且也包括宿主体内其他蠕虫产生的因素。宿主方面影响蠕虫寄生的因素包括年龄、品种和性别等，性别和年龄对蠕虫寄生的影响与激素有很大关系，如动物的性周期有明显的季节性，而寄生虫的繁殖周期与宿主的繁殖周期往往相一致。体内已存在的蠕虫虫体在种内或种间对营养和寄生场所的竞争作用，对动物体内蠕虫群体的数量和组成起着重要作用。

（二）特异性免疫防御机制

蠕虫在宿主体内以两种形式存在，一种是以幼虫形式存在于组织中，另一种是以成虫形式寄生于胃肠道或呼吸道中。对蠕虫这两个发育阶段的免疫应答方式是大不相同的。

1. 体液免疫　对蠕虫的幼虫有重要作用。宿主对蠕虫抗原虽然也能产生 IgM、IgG 和 IgA 等常规抗体，但在抗蠕虫免疫中最重要的是 IgE。有蠕虫感染的个体，IgE 水平通常显著升高，常表现出Ⅰ型变态反应的特征性症状，如嗜酸性粒细胞增多、水肿、哮喘和荨麻疹性皮炎等。

IgE 的产生和由此引起的过敏反应在控制蠕虫感染中具有很大作用，自愈现象则主要是过敏反应的结果。寄生虫抗原刺激机体产生 IgE 抗体，被 IgE 致敏的肥大细胞再次接触抗原时，即可引起细胞脱颗粒，分泌血管活性物质。这些活性物质可刺激平滑肌收缩，毛细血管通透性增加，嗜酸性粒细胞浸润，从而激发局部Ⅰ型变态反应。由于肠肌的剧烈收缩和肠毛细血管通透性的增加，大量液体进入肠腔，使大部分肠道寄生虫无法定居而被排出体外。

在蠕虫感染的体液免疫中，除 IgE 外，其他抗体也有一定作用。他们可通过中和幼虫产生的穿透组织的酶、结合口孔或肛门口分泌物，来封闭口孔和肛门口、结合虫体外鞘抗原阻止其脱壳、切断成虫的某些酶的作用和抑制虫卵及虫体结构的发育等方式起到抗蠕虫的作用。

2. 细胞免疫　通常对高度适应的寄生蠕虫不引起强烈的排斥反应，但其作用也是不可忽视的，致敏 T 淋巴细胞以两种机制抑制蠕虫的活性：第一种，通过迟发型变态反应将单核细胞吸引到幼虫侵袭的部位，诱发局部炎症反应；第二种，通过细胞毒性淋巴细胞的作用杀伤幼虫，在组织切片中可以看到许多大淋巴细胞吸附在正在移动的线虫幼虫上。

总之，各种病原体进入动物机体后，机体将发动一切抗感染免疫机制，以抵抗病原的感染，最大限度地保护自身组织器官不受外来病原的破坏。

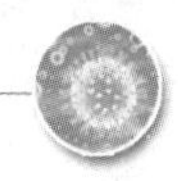

复习与思考

1. 解释下列名词：传染、免疫、非特异性免疫、特异性免疫、抗原、抗体、完全抗原、免疫应答体、液免疫应答、细胞免疫应答、补体。

2. 传染发生的必要条件是什么？

3. 免疫的基本功能是什么？

4. 试述动物机体特异性免疫的获得途径有哪些？

5. 动物机体的免疫系统是由哪些方面构成的，分别有什么功能？

6. 构成抗原的条件有哪些？

7. 重要的微生物抗原有哪些？

8. 抗体与免疫球蛋白有何区别？主要的免疫球蛋有哪些，分别有什么特点与功能？

9. 根据抗体产生的规律试分析在实际生产中进行预防接种，为什么常进行两次或两次以上的接种？

10. 简述体液免疫和细胞免疫的应答过程及其免疫效应。

11. 简述免疫应答的基本过程。

12. 试分析当病原微生物侵入机体时，机体会表现出什么样的免疫机能将病原微生物清除出体外？

项目五　免疫诊断

项目指南

血清学试验是在体外发生的抗原抗体结合反应，根据可见的反应现象判定试验结果。血清学试验具有高度的特异性、敏感性、精密的分辨能力以及简便快速的特点，在医学和兽医学领域被广泛应用，可直接或间接从传染病、寄生虫病、肿瘤、自身免疫病和变态反应性疾病的感染组织、血清、体液中检出相应的抗原或抗体，从而作出确切诊断。对传染病来说，可用抗原、抗体任何一方作为已知条件来检测另一方，几乎没有不能用血清学试验确诊的疾病。实验室只要备有各种诊断试剂盒和相应的设备，即可对多种疾病作出确切诊断。在动物疫病的群体检疫、疫苗免疫效果监测和流行病学调查中，也广泛应用血清学试验以检测抗原或抗体。

变态反应是一种病理性免疫应答，利用变态反应原理，通过已知微生物或寄生虫抗原在动物机体局部引发变态反应，能确定动物机体是否已被相应的微生物或寄生虫感染，并能分析动物的整体免疫功能。

本项目需要掌握的理论知识有血清学试验的概念、类型、特点及影响因素，凝集试验、沉淀试验、补体结合试验、中和试验、免疫标记技术的原理及实际应用，变态反应的概念、类型、防治及应用。技能点是凝集试验、沉淀试验和 ELISA 的操作。重点是血清学试验的概念、类型、特点及影响因素，凝集试验、沉淀试验、免疫标记技术的理论知识、技能操作及实际应用，Ⅳ型变态反应的临床应用。难点是血清学试验和变态反应的原理。

认知与解读

任务一　血清学试验诊断

一、血清学试验概述

（一）血清学试验的概念

抗原抗体反应是指抗原与相应的抗体之间发生的特异性结合反应。它既可以发生在体内，也可以发生在体外。在体内发生的抗原抗体结合反应是体液免疫应答的效应作用。体外发生的抗原抗体结合反应主要用于检测抗原或抗体，用于免疫学诊断，是

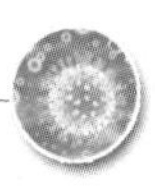

常用的诊断方法。因抗体主要存在于血清中，所以将体外发生的抗原抗体结合反应称为血清学反应或血清学试验。血清学试验具有高度的特异性和较高的敏感性，广泛应用于微生物的分类鉴定、传染病及寄生虫病的诊断和监测。

（二）血清学试验的特点

1. 特异性和交叉性　抗原抗体的特异性结合是指抗原分子上的抗原决定簇和抗体分子可变区结合，是由两者之间空间结构的互补性决定的。抗原与相应抗体的结合具有高度的特异性，只有抗原决定簇的立体构型和抗体分子的立体构型完全吻合，才能发生反应。如抗新城疫病毒的抗体只能与新城疫病毒结合，而不能与其他病毒结合。较大分子的蛋白质常含有多种抗原决定簇，如果两种不同的抗原之间含有部分共同的抗原决定簇，则发生交叉反应。如肠炎沙门氏菌的抗血清能凝集鼠伤寒沙门氏菌。一般来说亲缘关系越近，交叉反应的程度越高。根据抗原抗体反应高度特异性的特点，在疾病诊断中可用抗原、抗体任何一方作为已知条件来检测另一未知方。

2. 敏感性　抗原抗体的结合还具有高度敏感性，不仅可定性检测，还可以定量检测微量、极微量的抗原或抗体，其敏感度大大超过当前所应用的化学分析方法。血清学试验的敏感性视其种类而异（表 5-1）。

表 5-1　血清学试验敏感性比较

测定方法	敏感性（每升）
双向免疫扩散试验	<1mg
火箭电泳	<0.5mg
对流电泳	<0.1mg
免疫电泳	<5～10mg
凝集试验	1μg
血凝抑制试验	0.1μg
补体结合试验	0.1μg
放射免疫分析法	<1pg
酶联免疫吸附试验	<1ng
定量免疫荧光分析	<1ng

3. 可逆性　抗原抗体的结合为弱能量的非共价键结合，其结合力决定于抗原决定簇和抗体的抗原结合点之间所形成的非共价键的数量、性质、距离。非共价键的数量多，较高能的结合键比例高，分子间距离近，则结合力强，结合后不易离解，称为高亲和力。反之则离解力大于结合力，称为低亲和力。介于二者之间称为中亲和力。所以抗原与抗体分子结合是可逆的，结合条件为 0～40℃、pH4～9。如温度超过60℃或 pH 降到 3 以下，或加入解离剂（如硫氰化钾、尿素等）时，则抗原-抗体复合物又可重新解离，并且解离后抗原或抗体的性质仍不改变。免疫技术中的亲和层析法，常用改变 pH 和离子强度促使抗原-抗体复合物解离，从而纯化抗原或抗体。

4. 反应的二阶段性　第一阶段为抗原与抗体的特异性结合阶段，此阶段反应快，仅数秒至数分钟，但不出现可见反应。第二阶段为可见反应阶段，这一阶段抗原-抗体复合物在环境因素的影响下出现各种可见反应，如表现为凝集、沉淀、补体结合等。此阶段反应慢，需数分钟、数十分钟或更久。第二阶段受电解质、pH、温度、补体等因素的影响。

5. 最适比例与带现象 大多数抗体为二价，抗原为多价，因此只有两者比例合适时，才能形成彼此连接的大复合物，血清学试验才出现凝集、沉淀等可见的反应现象（图 5-1）。如果抗原过多或抗体过多，则抗原与抗体的结合不能形成大复合物，抑制可见反应的出现，称为带现象。当抗体过量时，称为前带现象；抗原过多时，称为后带现象（图 5-2）。为克服带现象，在进行血清学试验时，需将抗原或抗体作适当稀释，通常是固定一种成分，稀释另一种成分。

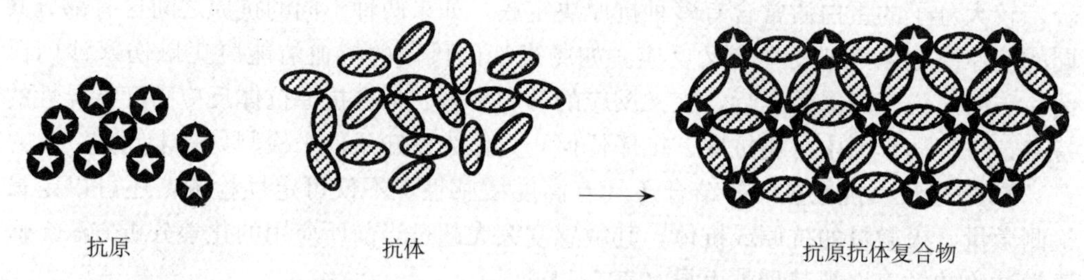

图 5-1 凝集试验中抗原抗体结合过程示意

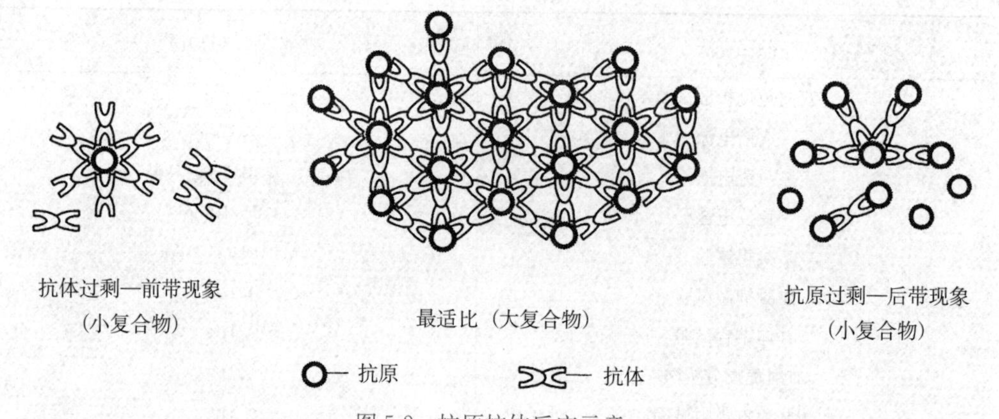

图 5-2 抗原抗体反应示意

6. 用已知测未知 所有的血清学试验都是用已知抗原测定未知抗体，或用已知抗体测定未知抗原。在反应中只能有一种材料是未知的，但可以用两种或两种以上的已知材料检测一种未知抗原或抗体。

（三）影响血清学试验的因素

1. 电解质 抗原与抗体发生结合后，由亲水胶体变为疏水胶体的过程中，须有电解质参与才能进一步使抗原-抗体复合物表面失去电荷，水化层破坏，复合物相互靠拢聚集形成大块的凝集或沉淀。若无电解质参加，则不出现可见反应。为了促使沉淀物或凝集物的形成，常用0.85%～0.9%（人、畜）或8%～10%（禽）的氯化钠或各种缓冲液（免疫标记技术）作为抗原和抗体的稀释液或反应液。但电解质的浓度不宜过高，否则会出现盐析现象。

2. 温度 在一定温度范围内，温度越高，抗原、抗体分子运动速度越快，这可以增加其碰撞的机会，加速抗原抗体结合和反应现象的出现。如凝集和沉淀反应通常

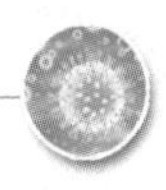

在37℃水浴感作（即将试验材料加盖保湿恒温作用）一定时间，以促进反应现象的出现，若用56℃水浴则反应更快。但有的抗原抗体结合反应则需长时间在低温下，才能使反应完成的比较充分、彻底，如补体结合试验在0～4℃时结合效果更好。

3. 酸碱度　血清学试验要求在一定的pH下进行，常用的pH为6～8，过高或过低，均可使已结合的抗原-抗体复合物重新解离。若pH降至抗原或抗体的等电点时，会发生非特异性的酸凝集，造成假象。

4. 振荡　适当的机械振荡能增加分子或颗粒间的相互碰撞，加速抗原抗体的结合反应，但强烈的振荡可使抗原-抗体复合物解离。

5. 杂质和异物　试验介质中如有与反应无关的杂质、异物（如蛋白质、类脂质、多糖等物质）存在时，会抑制反应的进行或引起非特异性反应，故每批血清学试验都应设阳性对照和阴性对照试验。

（四）血清学试验的应用及发展趋向

近年来，血清学试验由于与现代科学技术相结合，发展很快。加之半抗原连接技术的发展，几乎所有小分子活性物质均能制成人工复合抗原，以制备相应抗体，从而建立血清学检测技术，使血清学技术的应用范围越来越广，涉及生命科学的所有领域，成为生命科学进入分子水平不可缺少的检测手段。

1. 血清学试验的应用　血清学试验在医学和兽医学领域已广泛应用，可直接或间接从传染病、寄生虫病、肿瘤、自身免疫病和变态反应性疾病的感染组织、血清、体液中检出相应的抗原或抗体，从而作出确切诊断。对传染病来说，几乎没有不能用血清学试验确诊的疾病。实验室只要备有各种诊断试剂盒和相应的设备，即可对多种疾病作出确切诊断。在动物疫病的群体检疫、疫苗免疫效果监测和流行病学调查中，也已广泛应用了血清学试验以检测抗原或抗体。血清学试验还广泛应用于生物活性物质的超微定量、物种及微生物鉴定和分型等方面。此外，血清学试验也用于基因分离，克隆筛选，表达产物的定性、定量分析和纯化等，已经成为现代分子生物学研究的重要手段。

2. 血清学试验的发展趋向　随着免疫学技术的飞速发展，在原有经典免疫学实验方法的基础上，新的免疫学测定方法不断出现，在抗原抗体反应基础上发展起来的固相载体、免疫比浊、放射免疫、酶联免疫、荧光免疫、发光免疫及免疫学的生物传感技术和流式免疫微球分析都极大地推动了免疫学和生物化学的融合，促进了各种自动化免疫分析仪的推出和应用，如散射比浊、化学发光、电化学发光、酶免疫分析、荧光偏振、微粒子酶免疫分析、荧光酶标免疫分析等。使血清学试验具有了更高的特异性、敏感性、精密的分辨能力以及简便快速的特点。随着科技的不断进步，血清学试验的发展趋向应该是反应的微量化和自动化，方法的标准化和试剂的商品化，技术的敏感化、特异化和精密化，检测技术的系列化以及方法快速简易化和家庭化。

二、凝集试验

（一）凝集试验的概念

细菌、红细胞等颗粒性抗原，或吸附在红细胞、乳胶等颗粒性载体表面的可溶性抗原，与相应抗体结合后，在有适量电解质存在的条件下，经过一定时间，复合物互相凝聚形成肉眼可见的凝集团块，称为凝集试验（Agglutination test）。参与凝集试验的抗原称凝集原，抗体称凝集素。参与凝集试验的抗体主要为IgG和IgM。凝集试验可用于检测抗体或抗原，最突出的优点是操作简便，便于基层的诊断工作。

（二）凝集试验的类型

凝集试验根据抗原的性质、反应方式的不同，可分为直接凝集试验和间接凝集试验。

1. 直接凝集试验（Direct agglutination test） 颗粒性抗原与相应抗体直接结合并出现凝集现象的试验称直接凝集试验。按操作方法可分为玻片法和试管法两种。

（1）玻片法。为一种定性试验，在玻璃板或瓷片上进行。将含有已知抗体的诊断血清与待检抗原悬液各一滴在玻板上混合，数分钟后，如出现颗粒状或絮状凝集，即为阳性反应（图5-3）。此法简便快速，适用于新分离菌的鉴定或定型，如沙门氏菌、链球菌、血型的鉴定等多采用此法。也可用已知的诊断抗原悬液，检测待检血清中是否存在相应的抗体，如布鲁氏菌的玻板凝集试验和鸡白痢全血平板凝集试验等。

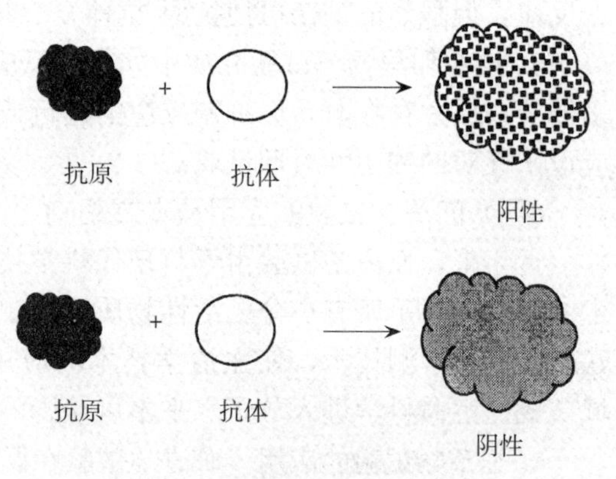

图5-3　平板凝集试验原理示意

（2）试管法。是一种定量试验，在试管中进行，用以检测待检血清中是否存在相应抗体和检测该抗体的效价（滴度），应用于临床诊断或流行病学调查。操作时，将待检血清用生理盐水作倍比稀释，然后加入等量一定浓度的抗原，混匀，37℃水浴或温箱数小时后观察。视不同凝集程度记录为＋＋＋＋（100%凝集）、＋＋＋（75%凝集）、＋＋（50%）、＋（25%凝集）和－（不凝集）。根据每管内细菌的凝集程度判定血清中抗体的含量。以出现50%凝集（＋＋）以上的血清最高稀释倍数为该血清的凝集价（或称效价、滴度）。生产中此法常用于布鲁氏菌病的诊断与检疫。

2. 间接凝集试验（Indirect agglutination test） 将可溶性抗原（或抗体）先吸附于一种与免疫无关、一定大小的不溶性颗粒的表面，然后与相应的抗体（或抗原）作用，在有电解质存在的适宜条件下，所发生的特异性凝集反应，称为间接凝集试验（图5-4）。用于吸附抗原（或抗体）的颗粒称为载体颗粒，常用的载体有红细胞、聚

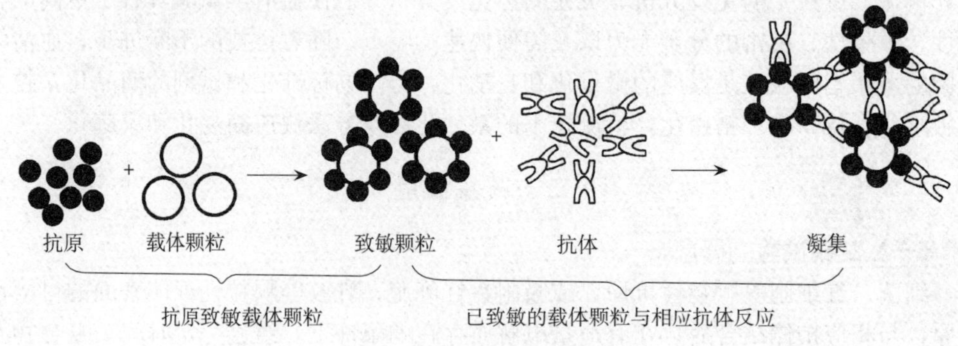

图5-4　间接凝集反应原理示意

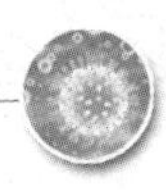

苯乙烯乳胶，其次是活性炭、白陶土、离子交换树脂等。将可溶性抗原吸附到载体颗粒表面的过程称为致敏。

将抗原吸附于载体颗粒，然后与相应的抗体反应产生的凝集现象，称为正向间接凝集反应，又称正向被动间接凝集反应。将特异性抗体吸附于载体颗粒表面，再与相应的可溶性抗原结合产生的凝集现象，称为反向间接凝集反应。

（1）间接血凝试验。间接血凝试验是以红细胞为载体的间接凝集试验。将可溶性抗原致敏于红细胞表面，再与相应抗体反应时出现肉眼可见的凝现象，称为正向间接血凝试验。如将已知抗体吸附于红细胞表面，用以检测样本中相应抗原，致敏红细胞在与相应抗原反应时发生凝集，称为反向间接血凝试验。由于红细胞几乎能吸附任何抗原，而红细胞是否凝集又容易观察。因此，利用红细胞作载体进行的间接血凝试验广泛应用于多种疫病的诊断和检疫，如病毒性传染病、支原体病、寄生虫病的诊断与检疫等。

（2）乳胶凝集试验。乳胶又称胶乳，是聚苯乙烯聚合的高分子乳状液，乳胶微球直径约 0.8μm，对蛋白质、核酸等大分子物质具有良好的吸附性能，用它作载体吸附抗原（或抗体），可用以检测相应的抗体（或抗原）。本法具有快速简便、保存方便、比较准确等优点。

（3）协同凝集试验。该试验中的载体是一种金黄色葡萄球菌，此菌的细胞壁上含有葡萄球菌 A 蛋白（SPA），SPA 能与人和大多数哺乳动物血清中 IgG 分子的 Fc 片段发生结合，并将 IgG 分子的 Fab 段暴露于葡萄球菌的表面，并保持其活性。当结合于葡萄球菌表面的抗体与相应抗原结合时，形成肉眼可见的小凝集块，该方法称为协同凝集试验（图 5-5）。此法已广泛应用于多种细菌病和某些病毒病的快速诊断。

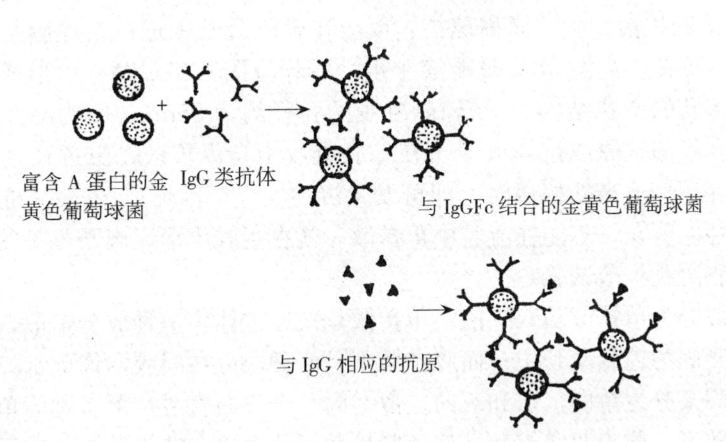

图 5-5　协同凝集反应

三、沉淀试验

（一）沉淀试验的概念

可溶性抗原（如细菌的外毒素、内毒素、菌体裂解液，病毒的可溶性抗原、血清、组织浸出液等）与相应的抗体结合，在适量电解质存在下，经过一定时间，形成肉眼可见的白色沉淀，称为沉淀试验。参与沉淀试验的抗原称沉淀原，抗体称沉淀素。

(二) 沉淀试验的类型

沉淀试验可分为液相沉淀试验和固相沉淀试验，液相沉淀试验有环状沉淀试验和絮状沉淀试验，前者应用较多；固相沉淀试验有琼脂凝胶扩散试验和免疫电泳技术。

1. 环状沉淀试验 是在两种液体界面上进行的试验，是最简单、最古老的一种沉淀试验，目前仍广泛应用。方法为在小口径试管中加入已知沉淀素血清，然后小心沿管壁加入等量待检抗原于血清表面，使之成为分界清晰的两层。数分钟后，两层液面交界处出现白色环状沉淀，即为阳性反应（图 5-6）。试验中要设阴性、阳性对照。本法主要用于抗原的定性试验，如诊断炭疽的 Ascoli 试验、链球菌的血清型鉴定、血迹鉴定等。

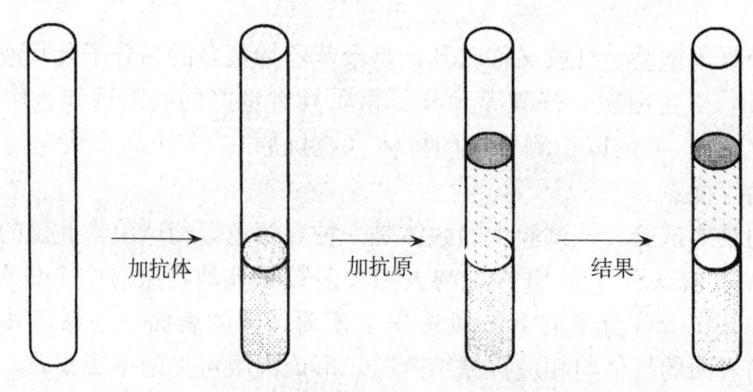

图 5-6 环状沉淀反应原理示意

2. 琼脂凝胶扩散试验 简称琼扩，反应在琼脂凝胶中进行。琼脂是一种含有硫酸基的酸性多糖体，高温 98℃时能溶于水，冷却凝固（45℃时）后形成凝胶，琼脂凝胶是一种多孔的网状结构。1%琼脂凝胶的孔径约为 85nm，因为凝胶网孔中充满水分，小于孔径的抗原或抗体分子可在琼脂凝胶中自由扩散，由近及远形成浓度梯度，当二者在比例适当处相遇时，即可发生沉淀反应，因形成的抗原-抗体复合物为大于凝胶孔径的颗粒，不能在凝胶中再扩散，就在凝胶中形成肉眼可见的沉淀带，称此试验为琼脂凝胶扩散试验。

琼脂扩散分为单扩散和双扩散。单扩散是抗原抗体中一种成分扩散，另一种成分均匀分布于凝固的琼脂凝胶中；而双扩散则是两种成分在凝胶内彼此都扩散。根据扩散的方向不同又分为单向扩散和双向扩散。向一个方向直线扩散者称为单向扩散，向四周辐射扩散者，称为双向扩散。故琼脂扩散可分为单向单扩散、单向双扩散、双向单扩散和双向双扩散四种类型。其中以双向双扩散应用最广泛。

(1) 双向单扩散。又称辐射扩散，试验在玻璃板或平皿上进行，用 1.6%～2.0%琼脂加一定浓度的等量抗血清浇成琼脂凝胶板，厚度为 2～3mm，在其上打直径为 2mm 的小孔，孔内滴加相应抗原液，放入密闭湿盒中扩散 24～48h。抗原在孔内向四周辐射扩散，在比例适当处与凝胶中的抗体结合形成白色沉淀环。此白色沉淀环的大小随扩散时间的延长而增大，直至平衡为止。沉淀环面积与抗原浓度成正比，因此可用已知浓度抗原制成标准曲线，即可用以测定抗原的量。

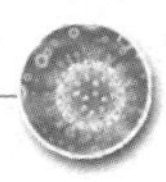

此法在兽医临床已广泛用于传染病的诊断，如鸡马立克氏病的诊断。即将马立克氏病高免血清浇成血清琼脂平板，拔取病鸡新换的羽毛数根，自毛根尖端 1cm 处剪下插入琼脂凝胶板上，阳性者毛囊中病毒抗原向周围扩散，形成白色沉淀环。

（2）双向双扩散。此法以 1%琼脂浇成厚 2～3mm 的凝胶板，在其上按设计图形打圆孔或长方形槽，封底后在相邻孔（槽）内滴加抗原和抗体，饱和湿度下扩散24～96h，观察沉淀带。抗原抗体在琼脂凝胶中相向扩散，在两孔间比例最适的位置上形成沉淀带，如抗原抗体的浓度基本平衡时，沉淀带的位置主要决定于两者的扩散系数。但若抗原过多，则沉淀带向抗体孔增厚或偏移；若抗体过多，则沉淀带向抗原孔偏移。

双扩散主要用于抗原的比较和鉴定，两个相邻的抗原孔（槽）与其相对的抗体孔之间，各自形成自己的沉淀带。此沉淀带一经形成，就像一道特异性屏障一样，继续扩散而来的相同抗原抗体，只能使沉淀带加浓加厚，而不能再向外扩散，但对其他抗原抗体系统则无屏障作用，它们可以继续扩散。沉淀带的基本形式有以下三种：两相邻孔为同一抗原时，两条沉淀带完全融合，如二者在分子结构上有部分相同抗原决定簇，则两条沉淀带不完全融合并出现一个叉角；两种完全不同的抗原，则形成两条交叉的沉淀带；不同分子的抗原抗体系统可各自形成两条或更多的沉淀带（图 5-7）。

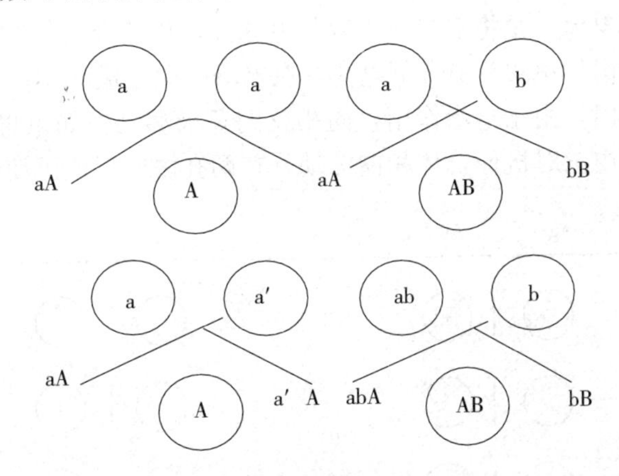

图 5-7　琼脂扩散的基本类型
a、b. 单一抗原　ab. 同一分子的 2 个抗原决定族
A、B. 抗 a、抗 b 抗体　a′. 与 a 部分相同的抗原

双扩散也可用于抗体的检测，测抗体时，加待检血清的相邻孔应加入标准阳性血清作为对照，以资比较。测定抗体效价时可倍比稀释血清，以出现沉淀带的血清最大稀释度为抗体效价（图 5-8）。

目前此法在兽医临床上广泛用于细菌、病毒的鉴定和传染病的诊断。如检测马传染性贫血、口蹄疫、禽白血病、马立克氏病、禽流感、传染性法氏囊病的琼脂扩散方法，已列入国家的检疫规程，成为上述几种疾病的重要检疫方法之一。

3. 免疫电泳　免疫电泳技术是把凝胶扩散试验与电泳技术相结合的免疫检测技术。即将琼脂扩散置于直流电场中进行，让电流来加速抗原与抗体的扩散并规定其扩散方向，在比例合适处形成可见的沉淀带。此技术在琼脂扩散的基础上，提高了反应速度、反应灵敏度和分辨率。在临床上应用比较广泛的有对流免疫电泳和火箭免疫电泳等。

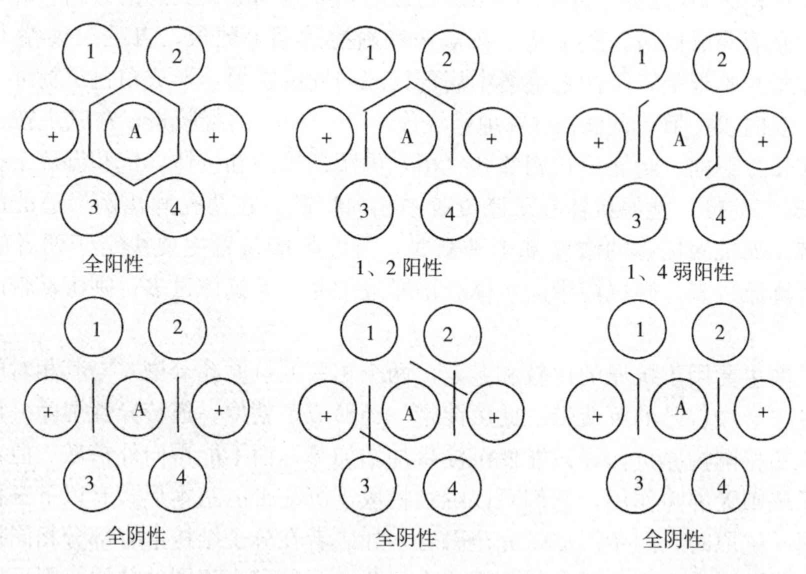

图 5-8　双向双扩散用于检测抗体结果判定

A. 抗原　+. 阳性血清　1、2、3、4. 被检血清

(1) 对流免疫电泳。是将双向双扩散与电泳技术相结合的免疫检测技术。大部分抗原在碱性溶液（pH＞8.2）中带负电荷，在电场中向正极移动；而抗体球蛋白带电荷弱，在琼脂电泳时，由于电渗作用，向相反的负极移动。如果将抗体置于正极端，抗原置负极端，则电泳时抗原抗体相向泳动，在两孔之间形成沉淀带（图 5-9）。

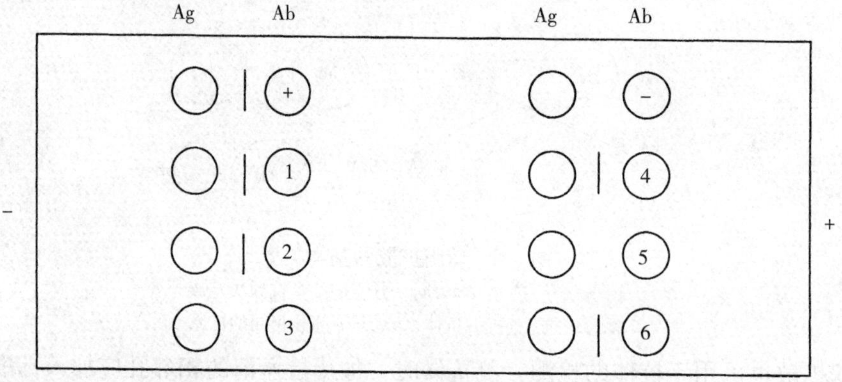

图 5-9　对流免疫电泳示意

Ag. 抗原　Ab. 抗体

1. 阳性血清　4. 阴性血清　2、3、5、6. 待检血清

试验时，首先制备琼脂凝胶板（免疫电泳需选用优质琼脂或琼脂糖），以 pH8.2～8.6 的巴比妥缓冲液制备 1%～2%琼脂，浇注凝胶板，厚约 4mm，待其凝固后，在琼脂凝胶板上打孔，挑去孔内琼脂后，将抗原置负极一侧孔内，抗血清置正极一侧孔内。加样后电泳30～90min，观察结果。沉淀带出现的位置与抗原抗体含量和泳动速度相关。如果抗原抗体含量相当，沉淀带在两孔间呈一条直线；若二者含量和泳动速度差异较大，沉淀带出现在对应孔附近，呈月牙形；如果抗原或

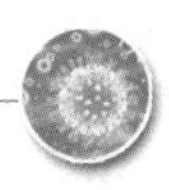

抗体含量过高，可使沉淀带溶解。有时抗原量极微，沉淀带不明显，在这种情况下，可将其在37℃中保温数小时，以增加清晰度。

对流免疫电泳比双向双扩散敏感10～16倍，并大大缩短了沉淀带出现的时间，简易快速，现已用于多种传染病的快速诊断，如口蹄疫、猪传染性水疱病等病毒病的诊断等。

（2）火箭免疫电泳。是将辐射扩散与电泳技术相结合的一项检测技术，简称火箭电泳。将pH8.2～8.6的巴比妥缓冲液琼脂融化后，冷至56℃左右，加入一定量的已知抗血清，浇成含有抗体的琼脂凝胶板。在板的负极端打一列孔，孔径3mm，孔距8mm，滴加待检抗原和已知抗原，电泳2～10h。电泳时，抗原在含抗血清的凝胶板中向正极迁移，其前锋与抗体接触，形成火箭状沉淀弧，随抗原继续向前移动，此火箭状锋亦不断向前推移，原来的沉淀弧由于抗原过量而重新溶解。最后抗原抗体达到平衡时，即形成稳定的火箭状沉淀弧（图5-10）。在试验中由于抗体浓度保持不变，因而火箭沉淀弧的高度与抗原浓度呈正比，本法多用于检测抗原的量（用已知浓度抗原作对比）。

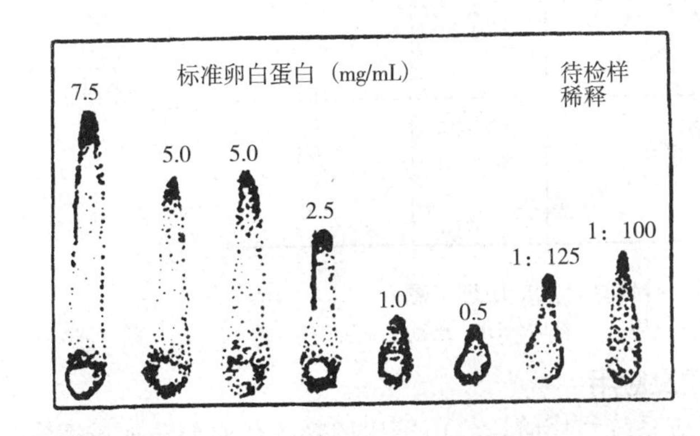

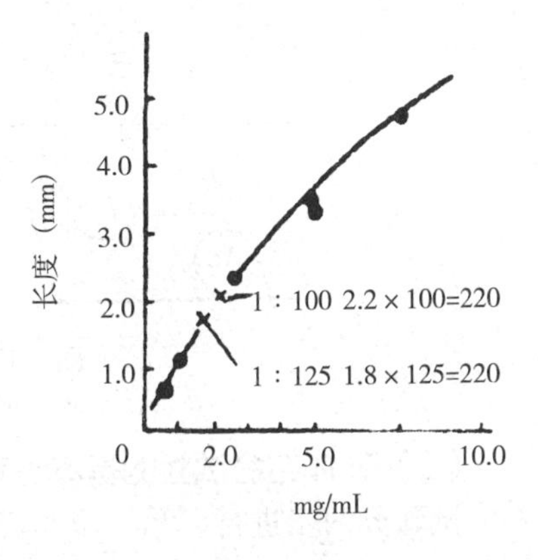

图5-10　火箭免疫电泳示意

四、补体结合试验

将可溶性抗原（如蛋白质、多糖、类脂、病毒等）与相应抗体结合，其抗原-抗体复合物虽然可以结合补体，但这一反应肉眼不能察觉，在加入致敏红细胞（溶血系统或称指示系统）后，根据是否出现溶血反应，即可判定反应系统中是否存在相应的抗原和抗体。参与补体结合试验的抗体称为补体结合抗体。补体结合抗体主要为IgG和IgM，IgE和IgA通常不能结合补体。补体结合试验通常是利用已知抗原检测未知抗体。

（一）基本原理

本试验包括两个系统共五种成分：一个为检测系统（溶菌系统），即已知的抗原（或抗体）、被检的抗体（或抗原）和补体；另一个为指示系统（溶血系统），包括绵羊红细胞、溶血素和补体。抗原与血清混合后，如果两者是对应的，则发生特异性结合，成为抗原-抗体复合物，这时如果加入补体，由于补体能与各种抗原-抗体复合物结合（但不能单独和抗原或抗体结合）而被固定，不再游离存在。如果抗原-抗体不对应或没有抗体存在，则不能形成抗原-抗体复合物，加入补体后，补体不被固定，依然游离存在。

由于许多抗原是非细胞性的，而且抗原、抗体和补体都是用缓冲液稀释的比较透明的液体，补体是否与抗原-抗体复合物结合，肉眼看不到，所以还要加入溶血系统。如果不发生溶血现象，就说明补体不游离存在，表示溶菌系统中的抗原和抗体是对应的，它们所组成的复合物把补体结合了。如果发生了溶血现象，则表明补体依然游离存在，也就表示溶菌系统中的抗原和抗体不相对应，或者两者缺一，不能结合补体（图 5-11）。

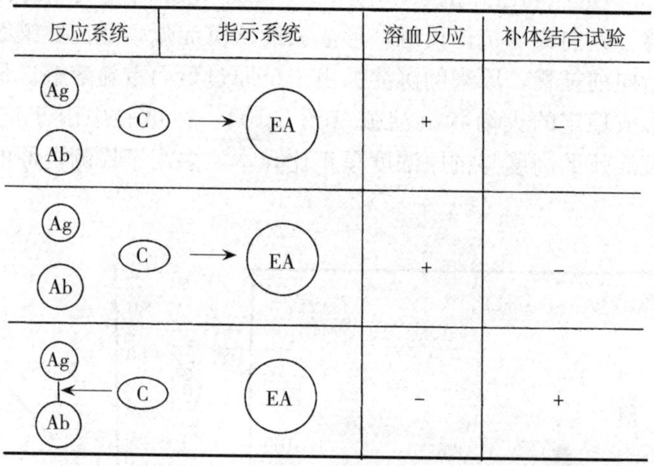

反应系统	指示系统	溶血反应	补体结合试验
Ag Ab C →	EA	+	–
Ag Ab C →	EA	+	–
Ag–Ab ← C	EA	–	+

图 5-11　补体结合反应原理示意
Ag. 抗原　Ab. 抗体　C. 补体　EA. 致敏红细胞

（二）补体结合试验的基本过程及应用

试验分两步进行。第一步为反应系统作用阶段，由倍比稀释的待检血清加最适浓度的抗原和补体。混合后 37℃水浴作用 30～90min 或 4℃冰箱过夜。第二步是溶血系统作用阶段，在上述管中加入致敏红细胞，置 37℃水浴作用 30～60min，观察是否有溶血现象。若最终表现是不溶血，说明待检的抗体与相应的抗原结合了，反应结果是阳性；若最终表现是溶血，则说明待检的抗体不存在或与抗原不相对应，反应结果是阴性。

补体结合反应操作繁杂，且需十分细致，参与反应的各个因子的量必须有恰当的比例。特别是补体和溶血素的用量。补体的用量必须恰如其分，例如，抗原抗体呈特异性结合，吸附补体，不应溶血，但因补体过多，多余部分转向溶血系统，发生溶血现象。又如抗原抗体为非特异性，抗原抗体不结合，不吸附补体，补体转向溶血系统，应完全溶血，但由于补体过少，不能全溶，影响结果判定。此外，溶血素的量也有一定影响，例如阴性血清应完全溶血，但溶血素量少，溶血不全，可被误以为弱阳性。而且这些因子的量又与其活性有关：活性强，用量少；活性弱，用量多。故在正式试验前，必须准确测定溶血素效价、溶血系统补体价、溶菌系统补体价等，测定活性以确定其用量。

补体结合试验具有高度的特异性和一定的敏感性，是诊断人畜传染病常用的血清

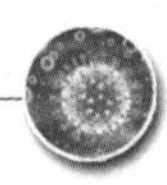

学诊断方法之一。不仅可用于诊断传染病，如结核、副结核、鼻疽、牛肺疫、马传染性贫血、乙型脑炎、布鲁氏菌病、钩端螺旋体病、锥虫病等，也可用于鉴定病原体，如对流行性乙型脑炎病毒的鉴定和口蹄疫病毒的定型等。

五、中和试验

根据抗体能否中和病毒的感染性而建立的免疫学试验，称中和试验（Neutralization test）。中和试验极为特异和敏感，既能定性又能定量，主要用于病毒感染的血清学诊断、病毒分离株的鉴定、病毒抗原性的分析、疫苗免疫原性的评价、血清抗体效价的检测等。中和试验可在体内进行也可在体外进行。

体内中和试验也称保护试验，试验时先对实验动物接种疫苗或抗血清，间隔一定时间后，再用一定量病毒攻击，最后根据动物是否得到保护来判定结果。常用于疫苗免疫原性的评价和抗血清的质量评价。

体外中和试验是将抗血清与病毒混合，在适当条件下作用一定时间后，接种于敏感细胞、鸡胚或动物，以检测混合液中病毒的感染力。根据保护效果的差异，判断该病毒是否已被中和，并可计算中和指数，即中和抗体的效价。根据测定方法不同，中和试验有终点法中和试验和空斑减数法中和试验等。

毒素和抗毒素也可进行中和试验。其方法与病毒的中和试验基本相同。

（一）终点法中和试验

终点法中和试验是通过滴定使病毒感染力减少至50%时，血清的中和效价或中和指数。有固定病毒稀释血清和固定血清稀释病毒两种方法。

1. 固定病毒稀释血清法　将已知的病毒量固定，血清作倍比稀释，常用于测定抗血清的中和效价。

（1）病毒毒价单位。病毒毒价（毒力）的单位过去多用最小致死量（MLD），但由于剂量的递增与死亡率递增的关系不是一条直线，而是呈S形曲线，在越接近100%死亡时，对剂量的递增越不敏感；而死亡率越接近50%时，剂量与死亡率呈直线关系，所以现在基本上采用半数致死量（LD50）作为毒价单位，而且LD50的计算应用了统计学方法，减少了个体差异的影响，因此比较准确。以感染发病作为指标的，可用半数感染量（ID50）。用鸡胚测定时，可用鸡胚半数致死量（ELD50）或鸡胚半数感染量（EID50）；用细胞培养测定时，可用组织细胞半数感染量（TCID50）；在测定疫苗的免疫性能时，则用半数免疫量（IMD50）或半数保护量（PD50）。

（2）病毒毒价测定。将病毒原液作10倍递进稀释即10^{-1}、10^{-2}、10^{-3}、……，选择4～6个稀释倍数接种一定体重的试验动物（或鸡胚、细胞），每组3～6只（个、孔）。接种后，观察一定时间内的死亡（或出现细胞病变）数和生存数。根据累计死亡数和生存数计算致死百分率（表5-2）。然后按Reed-Muench法、内插法或Karber法计算半数剂量。

以TCID50测定为例说明如下：

按Karber法计算，其公式为$\lg TCID50 = L + d\ (S - 0.5)$，$L$为病毒最低稀释度的对数；$d$为组距，即稀释系数，10倍递进稀释时$d$为−1；$S$为死亡比值之和［计算固定病毒稀释血清法中和试验效价时，S应为保护比值之和，即各组死亡（感染）

数/试验数相加]。

若以测定某种病毒的 TCID50 为例，病毒作 10^{-4}～10^{-7}稀释，记录其出现细胞病变（CPE）的情况（表 5-2）。则 $L=-4$，$d=-1$，$S=6/6+5/6+2/6+0/6=2.16$。

$\lg TCID50=(-4)+(-1)\times(2.16-0.5)=-5.66$。$TCID50=10^{-5.66}$，0.1mL。

TCID50 为毒价的单位，表示该病毒经稀释至 $10^{-5.66}$（1/105.66）时，每孔细胞接种 0.1mL，可使 50%的细胞孔出现 CPE。而病毒的毒价通常以每毫升或每毫克含多少 TCID50 或（LD50 等）表示。如上述病毒的毒价为每 0.1mL$10^{5.66}$ TCID50，即 $10^{6.66}$ TCID50/mL。

表 5-2　病毒毒价滴定（接种剂量 0.1mL）

病毒稀释	CPE		
	阳性数	阴性数	%
10^{-4}	6	0	100
10^{-5}	5	1	83
10^{-6}	2	4	33
10^{-7}	0	6	0

（3）正式试验。将病毒原液稀释成每一单位剂量含 200LD50（或 EID50、TCID50），与等量递进稀释的待检血清混合，置 37℃感作 1h。每一稀释度接种 3～6 只（个、管）试验动物（或鸡胚、细胞），记录每组动物的存活数和死亡数，同样按 Reed-Muench 法或 Karber 法计算其半数保护量（PD50），即该血清的中和价。

2. 固定血清稀释病毒法　将病毒原液作 10 倍递进稀释，分装两列无菌试管，第一列加等量正常血清（对照组），第二列加等量待检血清（中和组）；混合后置 37℃感作 1h，每一稀释度接种 3～6 只试验动物（或鸡胚、组织细胞），记录每组动物死亡数、累积死亡数和累积存活数（表 5-3），按 Karber 法计算 LD50，然后计算中和指数。中和指数＝中和组 LD50/对照组 LD50。按表 5-3 的结果：中和指数$=10^{-2.2}/10^{-5.5}=10^{3.3}$，查 3.3 的反对数为 1995，即 $10^{3.3}=1995$，也就是说该待检血清中和病毒的能力比正常血清大 1994 倍。通常待检血清的中和指数大于 50 者即可判为阳性，10～40 为可疑，小于 10 为阴性。

表 5-3　固定血清稀释病毒法中和指数测定举例

病毒稀释	10^{-1}	10^{-2}	10^{-3}	10^{-4}	10^{-5}	10^{-6}	10^{-7}	LD50	中和指数
正常血清组				4/4	3/4	1/4	0/4	$10^{-5.5}$	$10^{3.3}=1995$
待检血清组	4/4	2/4	1/4	0/4	0/4	0/4	0/4	$10^{-2.2}$	

（二）空斑减数试验

空斑或蚀斑是指把病毒接种于单层细胞，经过一段时间培养，进行染色，原先感染病毒的细胞及病毒扩散的周围细胞会形成一个近似圆形的斑点，类似固体培养基上的菌落形态。空斑减数试验是应用空斑技术，使空斑数减少 50%的血清稀释度为该血清的中和效价。试验时，将已知空斑形成单位（PFU）的病毒稀释成每一接种剂

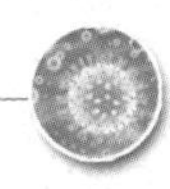

量含100PFU，加等量递进稀释的血清，37℃感作1h。每一稀释度至少接种3个已形成单层细胞的培养瓶，每瓶0.2～0.5mL，37℃感作1h，使病毒与血清充分作用，然后加入在44℃水浴预温的营养琼脂（在0.5%水解乳蛋白或Eagles液中，加2%犊牛血清、1.5%琼脂及0.1%中性红3.3mL）10mL，平放凝固后，将细胞面朝上放入无灯光照射的37℃二氧化碳培养箱中。同时用稀释的病毒加等量Hanks液同样处理作为病毒对照。数天后分别计算空斑数，用Reed-muench法或Karber法计算血清的中和滴度。

六、免疫标记技术

免疫标记技术是利用抗原抗体反应的特异性和标记分子极易检测的高度敏感性相结合形成的试验技术。免疫标记技术主要有荧光标记抗体技术、酶标抗体技术和同位素标记抗体技术。它们的敏感性和特异性大大超过常规血清学方法，现已广泛用于传染病的诊断、病原微生物的鉴定、分子生物学中基因表达产物分析等领域。其中酶标抗体技术最为简便，应用较广。这里主要介绍荧光抗体标记技术和酶标抗体技术。

（一）荧光标记抗体技术

荧光标记抗体技术是把用荧光色素标记在抗体或抗原上，与相应的抗原或抗体特异性结合，然后用荧光显微镜观察所标记的荧光，以分析示踪相应的抗原或抗体的方法。

1. 原理　荧光素在10^{-6}的超低浓度时，仍可被专门的短波光源激发，在荧光显微镜下可观察到荧光。荧光标记抗体技术就是将抗原抗体反应的特异性、荧光检测的高敏性，以及显微镜技术的精确性三者结合的一种免疫检测技术。

2. 荧光色素　荧光色素是既能产生明显荧光，又能作为染料使用的有机化合物。主要是以苯环为基础的芳香族化合物和一些杂环化合物，它们受到激发光（如紫外光）照射后，可发射荧光。

可用于标记的荧光色素有异硫氰酸荧光黄（FITC）、四乙基罗丹明（RB 200）和四甲基异硫氰酸罗丹明（TMRITC）。其中FITC应用最广，为黄色结晶，最大吸收光波长为490～495nm，最大发射光波长520～530nm，可呈现明亮的黄绿色荧光。FITC分子中含有异硫氰基，在碱性（pH9.0～9.5）条件下能与IgG分子的自由氨基结合，形成FITC-IgG结合物，从而制成荧光抗体。

抗体经荧光色素标记后，不影响与抗原的结合能力和特异性。当荧光抗体与相应的抗原结合时，就形成了带有荧光性的抗原-抗体复合物，从而可在荧光显微镜下检出抗原的存在。

3. 荧光抗体染色及荧光显微镜检查

（1）标本片的制备。标本制作的要求首先是保持抗原的完整性，并尽可能减少形态变化，抗原位置保持不变。同时还必须使抗原-抗体复合物易于接受激发光源，以便很好地观察和记录。这就要求标本要相当薄，并要有适宜的固定处理方法。

根据被检样品的不同，采用不同的制备方法。细菌培养物、血液、脓汁、粪便、尿沉渣及感染的动物组织等，可制成涂片或压印片。感染组织最好制成冰冻切片或低温石蜡切片。也可用生长在盖玻片上的单层细胞培养作标本。

标本的固定有两个目的，一是防止被检材料从玻片上脱落，二是消除抑制抗原抗体反应的因素。最常用的固定剂是丙酮和95%的乙醇。固定后用PBS反复冲洗，干后即可用于染色。

（2）染色方法。荧光抗体染色法有多种类型，常用的有直接法和间接法两种。

①直接法。取待检抗原标本片，滴加荧光抗体染色液于其上，置湿盒中，于37℃作用30min，用pH7.2的PBS漂洗15min，冲去游离的染色液，干燥后滴加缓冲甘油（分析纯甘油9份加PBS 1份）封片，在荧光显微镜下观察。标本片中若有相应抗原存在，即可与荧光抗体结合，在镜下见有荧光抗体围绕在受检的抗原周围，发出黄绿色荧光。直接法应设以下对照：标本自发荧光对照、阳性标本和阴性标本对照。该方法优点是简便、特异性高、非特异性荧光染色少；缺点是敏感性偏低，而且每检一种抗原就需要制备一种荧光抗体。

②间接法。取待检抗原的标本，首先滴加特异性抗体，置湿盒中，于37℃作用30min，用pH7.2的PBS漂洗后，再滴加荧光色素标记的第2抗体（抗抗体）染色，再置湿盒中，于37℃作用30min，用PBS漂洗，干燥后封片镜检。阳性者形成抗原-抗体-荧光抗抗体复合物，发黄绿色荧光。间接法对照除自发荧光、阳性和阴性对照外，首次试验时应设无中间层对照（标本加标记抗抗体）和阴性血清对照（中间层用阴性血清代替特异性抗血清）。

间接法的优点是，比直接法敏感，对一种动物而言，只需制备一种荧光抗抗体，即可用于多种抗原或抗体的检测，镜检所见荧光也比直接法明亮。

③抗补体法。将抗血清与补体等量混合，滴加于待检抗原的标本片上，使其形成抗原-抗体-补体复合物，漂洗后再滴加荧光标记的抗补体抗体染色液，感作一定时间，漂洗、干燥后镜检。此法特异性和敏感性均高，但易产生非特异性荧光。

（3）荧光显微镜检查。标本滴加缓冲甘油后用盖玻片封载，即可在荧光显微镜下观察。荧光显微镜不同于光学显微镜之处，在于它的光源是高压汞灯或溴钨灯，并有一套位于集光器与光源之间的激发滤光片，它只让一定波长的紫外光及少量可见光（蓝紫光）通过。此外，还有一套位于目镜内的屏障滤光片，只让激发的荧光通过，而不让紫外光通过，以保护眼睛并能增加反差。为了直接观察微量滴定板中的抗原抗体反应，如感染细胞培养物上的荧光，可使用倒置荧光显微镜观察。

4. 荧光标记抗体技术的应用 荧光标记抗体技术具有快速、操作简单的特点，同时又有较高的敏感性、特异性和直观性，已广泛用于细菌、病毒、原虫的鉴定和传染病的快速诊断。此外还可用于淋巴细胞表面抗原的测定和自身免疫病的诊断等方面。

（1）细菌病诊断。能利用荧光标记抗体技术直接检出或鉴定的细菌有30余种，均具有较高的敏感性和特异性，其中较常应用的是链球菌、致病性大肠杆菌、沙门氏菌、马鼻疽杆菌、猪丹毒杆菌等。动物的粪便、黏膜拭子涂片、病变部渗出物、体液或血液涂片、病变组织的触片或切片以及尿沉渣均可作为检测样本，经直接法检出目的菌，这对于细菌病的诊断具有很高的价值。

（2）病毒病诊断。用荧光标记抗体技术直接检出患畜病变组织中的病毒，已成为病毒感染快速诊断的重要手段，如猪瘟、鸡新城疫等可取感染组织做成冰冻切片或触

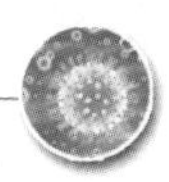

片，用直接或间接免疫荧光染色可检出病毒抗原，一般可在2h内作出诊断报告；猪流行性腹泻在临床上与猪传染性肠胃炎十分相似，将患病猪小肠冰冻切片，用猪流行性腹泻病毒的特异性荧光抗体做直接免疫荧光检查，即可对猪流行性腹泻进行确诊。

（二）酶标抗体技术

酶标抗体技术（enzyme-labelled antibody technique）是继免疫荧光技术之后发展起来的一大新型的血清学技术，目前该技术已成为免疫诊断、检测和分子生物学研究中应用最广泛的免疫学方法之一。

1. 原理　酶标抗体技术是根据抗原抗体反应的特异性和酶催化反应的高度敏感性而建立起来的免疫检测技术。酶是一种有机催化剂，催化反应过程中不被消耗，能反复作用，微量的酶即可导致大量的催化过程，如果产物为有色可见产物，则极为敏感。

酶标抗体技术的基本程序是：①将酶分子与抗原或抗体分子共价结合，这种结合既不改变抗体的免疫反应活性，也不影响酶的催化活性；②将此种酶标记的抗体（抗抗体）与存在于组织细胞或吸附在固相载体上的抗原（抗体）发生特异性结合，并洗下未结合的物质；③滴加底物溶液后，底物在酶作用下水解呈色；或者底物不呈色，但在底物水解过程中由另外的供氢体提供氢离子，使供氢体由无色的还原型变为有色的氧化型，呈现颜色反应。因而可通过底物溶液的颜色反应来判定有无相应的免疫反应发生。颜色反应的深浅与标本中相应抗原（抗体）的量呈正比。此种有色产物可用肉眼或在光学显微镜或电子显微镜下看到，或用分光光度计加以测定。这样，就将酶化学反应的敏感性和抗原抗体反应的特异性结合起来，用以在细胞或亚细胞水平上示踪抗原或抗体的所在部位，或在微克、纳克水平上测定它们的量。所以，本法既特异又敏感，是目前应用最为广泛的一种免疫检测方法之一。

2. 用于标记的酶　用于标记的酶有辣根过氧化物酶（HRP）、碱性磷酸酶、葡萄糖氧化酶等，其中以HRP应用最广泛，其次是碱性磷酸酶。HRP广泛分布于植物界，辣根中含量最高。HRP是由无色的酶蛋白和深棕色的铁卟啉构成的一种糖蛋白，相对分子质量为40 000。HRP的作用底物是过氧化氢，常用的供氢体有邻苯二胺（OPD）和3，3，-二氨基联苯胺（DAB），二者作为显色剂。因为它们能在HRP催化过氧化氢生成水过程中提供氢，而自己生成有色产物。

OPD氧化后形成可溶性产物，呈橙色，最大吸收波长为492nm，可用肉眼判定。OPD不稳定，须现用现配，常作为酶联免疫吸附试验中的显色剂。OPD有致癌性，操作时应予注意。DAB反应后形成不溶性的棕色物质，可用光学显微镜和肉眼观察，适用于各种免疫酶组织化学染色法。

HRP可用戊二醛交联法或过碘酸盐氧化法将其标记于抗体分子上制成酶标抗体。生产中常用的酶标抗体技术有免疫酶组织化学染色法和酶联免疫吸附试验两种。

3. 免疫酶组织化学染色技术　又称免疫酶染色法，是将酶标记的抗体应用于组织化学染色，以检测组织和细胞中或固相载体上抗原或抗体的存在及其分布位置的技术（图5-12）。

（1）标本制备和处理。用于免疫酶染色的标本有组织切片（冷冻切片或低温石蜡切片）、组织压印片、涂片以及细胞培养的单层细胞盖片等。这些标本的制备和固定与荧光抗体技术相同，但尚要进行一些特殊处理。

用酶结合物作细胞内抗原定位时，由于组织和细胞内含有内源性过氧化酶，可与标记在抗体上的过氧化物酶在显色反应上发生混淆。因此，在滴加酶结合物之前通常将制片浸于 0.3% H_2O_2 中室温处理 15～30min，以消除内原酶。应用 1%～3% H_2O_2 甲醇溶液处理单纯细胞培养标本或组织涂片，低温条件下作用 10～15min，可同时起到固定和消除内原酶的作用，效果比较好。

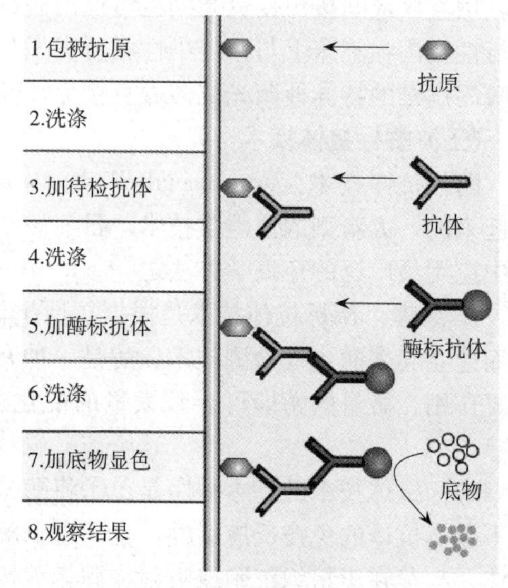

图 5-12 免疫酶组化染色法

组织成分对球蛋白的非特异性吸附所致的非特异性背景染色，可用 10%卵蛋白作用 30min 进行处理，用 0.05%吐温-20 和含 1%牛血清白蛋白（BSA）的 PBS 对细胞培养标本进行处理，同时可起到消除背景染色的效果。

（2）染色方法。可采用直接法、间接法、抗抗体搭桥法、杂交抗体法、酶抗酶复合物法、增效抗体法等各种染色方法，其中直接法和间接法最常用。反应中每加一种反应试剂，均需于 37℃作用 30min，然后以 PBS 反复洗涤三次，以除去未结合物。

①直接法。以酶标抗体处理标本，然后浸入含有相应底物和显色剂的反应液中，通过显色反应检测抗原-抗体复合物的存在。

②间接法。标本首先用相应的特异性抗体处理后，再加酶标记的抗抗体，然后经显色揭示抗原-抗体-抗抗体复合物的存在。

（3）显色反应。免疫酶组化染色中的最后一环是用相应的底物使反应显色。不同的酶所用底物和供氢体不同。同一种酶和底物如用不同的供氢体，则其反应物的颜色也不同。如辣根过氧化物酶，在组化染色中最常用 DAB，用前应以 0.05%mol/L，pH7.4～7.6 的 Tris-HCl 缓冲液配成 50～75mg/100mL 溶液，并加少量（0.01%～0.03%）双氧水混匀后加于反应物中置室温 10～30min，反应产物呈深棕色；如用甲萘酚，则反应产物呈红色；用 4-氯-1-萘酚，则呈浅蓝色或蓝色。

（4）标本观察。显色后的标本可在普通显微镜下观察，抗原所在部位 DAB 显色呈棕黄色。亦可用常规染料作反衬染色，使细胞结构更为清晰，有利于抗原的定位。本法优于免疫荧光抗体技术之处，在于无须应用荧光显微镜，且标本可以长期保存。

4. 酶联免疫吸附试验（Enzyme linked immunosorbent assay，ELISA） ELISA 是应用最广、发展最快的一项新技术。其基本过程是将抗原（或抗体）吸附于固相载体，在载体上进行免疫酶反应，底物显色后用肉眼或分光光度计判定结果。

（1）固相载体。有聚苯乙烯微量滴定板、聚苯乙烯球珠等。聚苯乙烯微量滴定

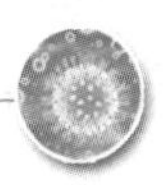

板（40 孔或 96 孔板）是目前最常用的载体，小孔呈凹形，操作简便，有利于大批样品的检测。新板在应用前一般无需特殊处理，直接使用或用蒸馏水冲洗干净，自然干燥后备用。一般均一次性使用，如用已用过的微量滴定板，需进行特殊处理。

用于 ELISA 的另一种载体是聚苯乙烯珠，由此建立的 ELISA 又称微球 ELISA。珠的直径 0.5～0.6cm，表面经过处理以增强其吸附性能，并可做成不同颜色。此小珠可事先吸附或交联上抗原或抗体，制成商品。检测时将小球放入特制的凹孔板或小管中，加入待检标本将小珠浸没进行反应，最后在底物显色后比色测定。本法现已有半自动化装置，用以检验抗原或抗体，效果良好。

（2）包被。将抗原或抗体吸附于固相表面的过程，称载体的致敏或包被。用于包被的抗原或抗体，必须能牢固地吸附在固相载体的表面，并保持其免疫活性。大多数蛋白质可以吸附于载体表面，但吸附能力不同。可溶性物质或蛋白质抗原，例如病毒蛋白、细菌脂多糖、脂蛋白、变性的 DNA 等均较易包被上去。较大的病毒、细菌或寄生虫等难以吸附，需要将它们用超声波打碎或用化学方法提取抗原成分，才能供试验用。

用于包被的抗原或抗体需纯化，纯化抗原和抗体是提高 ELISA 敏感性与特异性的关键。抗体最好用亲和层析和 DEAE 纤维素离子交换层析方法提纯。有些抗原含有多种杂蛋白，须用密度梯度离心等方法除去，否则易出现非特异性反应。

蛋白质（抗原或抗体）很易吸附于未使用过的载体表面，适宜的条件更有利于该包被过程。包被的蛋白质数量通常为 1～10μg/mL。高 pH 和低离子强度缓冲液一般有利于蛋白质包被，通常用 0.1mol/L pH9.6 碳酸盐缓冲液作包被液。一般包被均在 4℃过夜，也有经 37℃ 2～3h 达到最大反应强度。包被后的滴定板置于 4℃冰箱，可贮存 3 周。如真空塑料封口，于－20℃冰箱可贮存更长时间。用时应充分洗涤。

（3）洗涤。在 ELISA 的整个过程中，需进行多次洗涤，目的是防止重叠反应，避免引起非特异吸附现象。因此，洗涤必须充分。通常采用含助溶剂吐温-20（最终质量分数为 0.05%）的 PBS 作洗涤液。洗涤时，先将前次加入的溶液倒空，吸干，然后加入洗涤液洗涤 3 次，每次 3min，倒空，并用滤纸吸干。

（4）试验方法。ELISA 的核心是利用抗原抗体的特异性吸附，在固相载体上一层层地叠加，可以是两层、三层甚至多层。整个反应都必须在抗原抗体结合的最适条件下进行。每层试剂均稀释于最适合抗原抗体反应的稀释液（0.01～0.05mol/L pH7.4 PBS 中加吐温-20 至 0.05%，10%犊牛血清或 1%BSA）中，加入后置 4℃过夜或 37℃1～2h。每加一层反应后均需充分洗涤。阳性、阴性应有明显区别。阳性血清颜色深，阴性血清颜色浅，二者吸收值的比值最大时的浓度为最适浓度，试验方法主要有以下几种：

①间接法。用于测定抗体。用抗原包被固相载体，然后加入待检血清样品，经孵育一定时间后，若待检血清中含有特异性的抗体，即与固相载体表面的抗原结合形成抗原-抗体复合物。洗涤除去其他成分，再加上酶标记的抗抗体，反应后洗涤，加入底物，在酶的催化作用下底物发生反应，产生有色物质。样品中含抗体越多，

出现颜色越快越深。

②夹心法。又称双抗体法，用于测定大分子抗原。将纯化的特异性抗体包被于固相载体，加入待检抗原样品，孵育后，洗涤，再加入酶标记的特异性抗体，洗涤除去未结合的酶标抗体结合物，最后加入酶的底物，显色，颜色的深浅与样品中的抗原含量成正比。

③双夹心法。用于测定大分子抗原。此法是采用酶标抗抗体检测多种大分子抗原，它不仅不必标记每种抗体，还可提高试验的敏感性。将抗体（如豚鼠免疫血清Ab1）吸附在固相载体上，洗涤除去未吸附的抗体，加入待测抗原（Ag）样品，使之与固相载体上的抗体结合，洗涤除去未结合的抗原，加入不同种动物制备的特异性相同的抗体（如兔免疫血清Ab2），使之与固相载体上的抗原结合，洗涤后加入酶标记的抗Ab2抗体（如羊抗兔球蛋白Ab3），使之结合在Ab2上。结果形成Ab1-Ag-Ab2-Ab3-HRP复合物。洗涤后加底物显色，呈色反应的深浅与样品中的抗原量呈正比。

④酶标抗原竞争法。用于测定小分子抗原及半抗原。用特异性抗体包被固相载体，加入含待测抗原的溶液和一定量的酶标记抗原共同孵育，对照仅加酶标抗原，洗涤后加入酶底物。被结合的酶标记抗原的量由酶催化底物反应产生有色产物的量来确定。如待检溶液中抗原越多，被结合的酶标记抗原的量越少，显色就越浅。可用不同浓度的标准抗原进行反应绘制出标准曲线，根据样品的OD值求出检测样品中抗原的含量。

⑤PPA-ELISA。以HRP标记SPA代替间接法中的酶标抗抗体进行的ELISA（见本项目技能三）。因SPA（葡萄球菌蛋白A）能与多种动物的$IgGF_C$片段结合，可用HRP标记制成酶标记SPA，而代替多种动物的酶标抗抗体，该制剂有商品供应。

此外，还有酶-抗酶抗体法、酶标抗体直接竞争法、酶标抗体间接竞争法等。

（5）底物显色。与免疫酶组织化学染色法不同，本法必须选用反应后的产物为水溶性色素的供氢体，最常用的为邻苯二胺（OPD），产物呈棕色，可溶，敏感性高，但对光敏感，因此要避光进行显色反应。底物溶液应现用现配。底物显色以室温10～20min为宜。反应结束，每孔加浓硫酸50μL终止反应。也常用四甲基联苯胺（TMB）为供氢体，其产物为蓝色，用氢氟酸终止（如用硫酸终止，则为黄色）。

（6）结果判定。ELISA试验结果可用肉眼观察，也可用ELISA测定仪测样本的光密度（OD）值。每次试验都需设阳性和阴性对照，肉眼观察时，如样本颜色反应超过阴性对照，即判为阳性。用ELISA测定仪来测定OD值，所用波长随底物供氢体不同而异，如以OPD为供氢体，测定波长为492nm，TMB为650nm（氢氟酸终止）或450nm（硫酸终止）。

定性结果通常有两种表示方法：以P/N表示，求出该样本的OD吸收值与一组阴性样本吸收值的比值，即为P/N比值，若比值≥2或3倍，即判为阳性。若样本的吸收值≥规定吸收值（阴性样本的平均吸收值＋2个标准差）为阳性。定量结果以终点滴度表示，可将样本稀释，出现阳性（如P/N＞2或3，或吸收值仍大于规定吸收值）的最高稀释度为该样本的ELISA滴度。

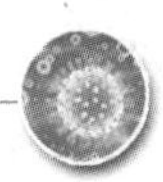

5. 斑点-酶联免疫吸附试验（Dot-ELISA） 该试验是近几年创建的一项新技术，不仅保留了常规ELISA的优点，而且还弥补了抗原或抗体对载体包被不牢的缺点。此法的原理及其步骤与ELISA基本相同，不同之处在于：一是将固相载体以硝酸纤维素滤膜、硝酸醋酸混合纤维素滤膜、重氮苄氧甲基化纸等固相化基质膜代替，用以吸附抗原或抗体；二是显色底物的供氢体为不溶性的。结果以在基质膜上出现有色斑点来判定。可采用直接法、间接法、双抗体法、双夹心法等。

6. 酶标抗体技术的应用 此技术具有敏感、特异、简便、快速、易于标准化和商品化等优点，是当前应用最广、发展最快的一项新技术。目前已广泛应用于多种细菌病和病毒病的诊断和检测，并多数是利用商品化的ELISA试剂盒进行操作，如猪传染性胃肠炎、牛副结核病、牛结核病、鸡新城疫、牛传染性鼻气管炎、猪伪狂犬病、蓝舌病、蓝耳病、猪瘟、口蹄疫等传染病的诊断和抗体监测常用此技术。

（三）胶体金标记技术

胶体金免疫标记技术是20世纪80年代发展起来的免疫检测技术。近年来该技术发展很快，已广泛应用于抗体或抗原的监测及定位分析。

1. 原理 免疫胶体金技术是以胶体金作为标记物应用于抗原或抗体检测的一种新型的免疫标记技术。胶体金是由氯金酸（$HAuCl_4$）在还原剂如白磷、抗坏血酸、枸橼酸钠、鞣酸等作用下，聚合成为特定大小的金颗粒，并由于静电作用成为一种稳定的胶体状态，称为胶体金。胶体金在弱碱环境下带负电荷，可与蛋白质分子的正电荷基团形成牢固的结合，由于这种结合是静电结合，所以不影响蛋白质的生物特性。

胶体金除了与蛋白质结合以外，还可以与许多其他生物大分子结合，如SPA、PHA、ConA等。根据胶体金的一些物理性状，如高电子密度、颗粒大小、形状及颜色反应，加上结合物的免疫和生物学特性，因而使胶体金广泛地应用于免疫学、组织学、病理学和细胞生物学等领域。

2. 检测试验类型

（1）胶体金免疫凝集试验。该试验具有试剂稳定、用量少、反应快、结果易判定的特点。优于红细胞凝集试验和乳胶凝集试验。

（2）胶体金免疫光镜染色。用标记有胶体金颗粒的抗体与组织切片反应，在光学显微镜下观察胶体金颗粒结合部位，可进行抗原定位分析。

（3）胶体金免疫电镜染色。将病毒等抗原置于铜网上，加抗体反应，再与SPA包被胶体金颗粒反应，在电镜下观察胶体金结合部位，可用于抗原或抗体检测。用胶体金颗粒抗体处理超薄样品切片，在电镜下还可进行抗原亚细胞水平定位分析。

七、血清学试验技术

1. 疾病诊断 疾病的诊断主要是寻找致病因素，或者确定发病后特异性产物。微生物及寄生虫分别是传染病和寄生虫病的病原，他们能刺激机体产生特异性抗体。取患病动物的组织或血清作为检测材料，利用适当的血清学试验，能够定性或定量地检测微生物或寄生虫抗原，确定他们的血清型及亚型，或者检测相应的抗体，从而对疾病进行确诊。目前，诊断用抗原已从微生物和寄生虫抗原扩展到肿瘤抗原等多种。

通过免疫学诊断，不仅能考查动物个体某一时间点所处的病理发展阶段和免疫应答能力，而且能通过对群体材料的定期检测，揭示全群动物抗体水平的动态变化规律，从而判断群体对某一特定疾病的易感性，对该病在群体中流行的可能性做出评估，即所谓流行病学分析。凝集试验、沉淀试验、中和试验、标记抗体技术等，正在越来越广泛地应用于此类诊断。

随着免疫学诊断技术的发展和完善，血清学诊断还可以用来检测植物体内的病毒等微生物抗原，诊断植物疾病。

2. 妊娠诊断 动物妊娠期间能产生新的激素，并从尿液排出。以该激素作为抗原，将激素抗原或抗激素抗体吸附到乳胶颗粒上，利用间接凝集试验或间接凝集抑制试验，检测孕妇或妊娠动物尿液标本中是否有相应激素存在，进行早期妊娠诊断。根据反应类型和条件不同，这些反应在室温下经过 3～20min 就能观察到结果。另外，间接血凝抑制试验、琼脂扩散试验等也可用于妊娠诊断。

3. 生物活性物质的超微定量 利用血清学技术，尤其是酶免疫标记技术和放射免疫标记技术，可以检测出 ng（10^{-9}g）及 pg（10^{-12}g）水平的物质，实现对动物、植物和昆虫体内其他方法难以测出的微量激素、白细胞介素（IL）等生物活性物质的超微量测定。

4. 物种鉴定 免疫学技术还可用于揭示不同物种之间抗原性差异的程度，作为分析物种鉴定和生物分类的依据。另外，血清学试验能用于人和动物血型的分类与鉴定。

5. 免疫增强药物和疫苗研究 血清学试验还可用于研究疫苗免疫效力和评价免疫增强药物的功效，例如抗肿瘤药物筛选中，需要测定药物对细胞免疫功能的作用。

6. 免疫诊断与高新技术结合 免疫学诊断方法与其他先进技术相结合，还产生了许多新的免疫鉴定技术。例如，与荧光抗体染色法和免疫酶组织化学相结合，可以在细胞水平、亚细胞水平对抗原分子进行精确定位；与分子生物学技术相结合，产生了用于定量分析基因表达产物的免疫转印迹技术等。

任务二　变态反应诊断

一、变态反应的概念

免疫系统对再次进入机体的同种抗原作出过于强烈或不适当的异常反应，从而导致组织器官的炎症、损伤和机能紊乱，称为变态反应。由于变态反应主要表现为对特定抗原的反应异常增强，故又称超敏反应。除炎症反应、组织损伤和机能紊乱外，变态反应与维持机体正常功能的免疫反应并无实质性的区别。

引起变态反应的抗原称为过敏原或变应原。完全抗原、半抗原或小分子的化学物质均可成为变应原，如异种动物血清、异种动物组织细胞、病原微生物、寄生虫、动物皮毛、药物等，可通过消化道、呼吸道、皮肤、黏膜等途径进入动物体内，导致机体出现变态反应。

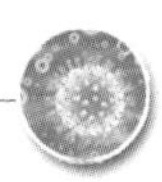

变应原可以是来自体外的抗原物质（外源性物质），也可是机体自身已发生改变的组织细胞成分（内源性物质）。

机体参与变态反应的免疫物质，包括某些特异性抗体、致敏淋巴细胞及其所产生的淋巴因子等。

变态反应发生的过程，可分为两个阶段：第一阶段为致敏阶段，当机体初次接触变应原后，产生相应的抗体（主要是 IgE，其次是 IgG、IgM）或致敏淋巴细胞及淋巴因子，经过一个潜伏期（一般为 2～3 周）动物进入致敏状态；第二阶段为反应阶段，当致敏状态的机体再次接触同一种变应原时，机体被激发产生变态反应。

二、变态反应的类型及形成机理

1963 年 Gell 和 Coombs 根据变态反应原理和临床特点，即所参与的细胞、活性物质、损伤组织器官的机制以及产生反应所需的时间等，将变态反应分为四个型：Ⅰ型变态反应（过敏反应）、Ⅱ型变态反应（细胞毒型变态反应）、Ⅲ型变态反应（免疫复合型变态反应）、Ⅳ型变态反应（迟发型变态反应）。前三型是由抗体介导的，其共同特点是反应发生快，故又称为速发型变态反应；Ⅳ型则是细胞介导的，反应发生慢，称为迟发型变态反应。变态反应的类型及特点见表 5-4。

表 5-4　变态反应的类型和特点

类型	参加成分		反应速度		特　点
	效应分子	效应细胞	开始	反应高峰（h）	
Ⅰ型	IgE	肥大细胞 嗜碱性粒细胞 嗜酸性粒细胞 血小板	数分钟内	1/4～1/2	①很快出现反应高峰 ②IgE 为亲细胞性抗体，无补体及淋巴因子参与 ③有功能障碍，无组织损伤 ④有个体差异和遗传倾向
Ⅱ型	IgG IgM 补体	单核巨噬细胞 中性粒细胞 K 细胞 NK 细胞	数小时内		①达到反应高峰较快 ②发生过程中有细胞性抗原 ③有抗体及补体参与，无淋巴因子参与 ④既有功能障碍，又有组织损伤
Ⅲ型	IgG IgM 补体	中性粒细胞 嗜碱性粒细胞 单核巨噬细胞 血小板	数小时内	18	①达到反应高峰较慢 ②由抗原-抗体复合物引起，抗原为可溶性分子 ③有抗体及补体参与，无淋巴因子参与 ④既有功能障碍，又有组织损伤
Ⅳ型	细胞因子	T 淋巴细胞 单核巨噬细胞 粒细胞 NK 细胞	12～24	48～72	①反应的开始及高峰出现极慢 ②无明显个体差异 ③与抗体和补体无关，属细胞免疫 ④既有功能障碍，又有组织损伤

1. Ⅰ型变态反应（过敏反应）　过敏反应是指机体再次接触同种抗原时，在几分钟至数小时内出现的以炎症为特点的一种变态反应。引起过敏反应的抗原被称为是过敏原。

过敏原首次进入机体内，可刺激机体产生一种亲细胞的抗体 IgE。IgE 可吸附于皮肤、呼吸道（鼻、气管、支气管）和消化道黏膜组织中的肥大细胞、血液中的嗜碱性粒细胞等细胞表面，使机体呈致敏状态。当敏感机体再次接触同种过敏原时，过敏原与吸附在细胞表面上的 IgE 结合，导致细胞内的分泌颗粒迅速释放出各种生物活性物质，如组织胺、5-羟色胺、缓激肽、过敏毒素等，这些活性介质作用于相应器官，可导致毛细血管扩张，通透性增加，血压下降，腺体分泌增多，呼吸道和消化道平滑肌痉挛等反应。若反应发生在皮肤，则引起荨麻疹、皮肤红肿等反应；发生在胃肠道，则引起腹痛、腹泻等反应；发生在呼吸道，则引起支气管痉挛、呼吸困难和哮喘；若全身受影响，则表现为血压下降，引起过敏性休克，甚至死亡（图 5-13）。

例如：用适量正常马血清注入豚鼠体内，使其致敏，经一定时间后（10～21d），再从静脉或心脏注入马血清时，即发现豚鼠显著不安，用爪搔鼻，被毛耸立，分泌增加，粪尿失禁，喷嚏，呼吸困难，甚至窒息而死。

将致敏动物的血清转移注入另一正常动物体时，经数小时至 1～2d，可使该动物致敏，当该动物再次接触变应原时，即可发生过敏反应，这称为被动过敏反应。豚鼠对被动过敏反应十分敏感，临床上常用于作被动皮肤过敏试验，以测定微量的变应原。

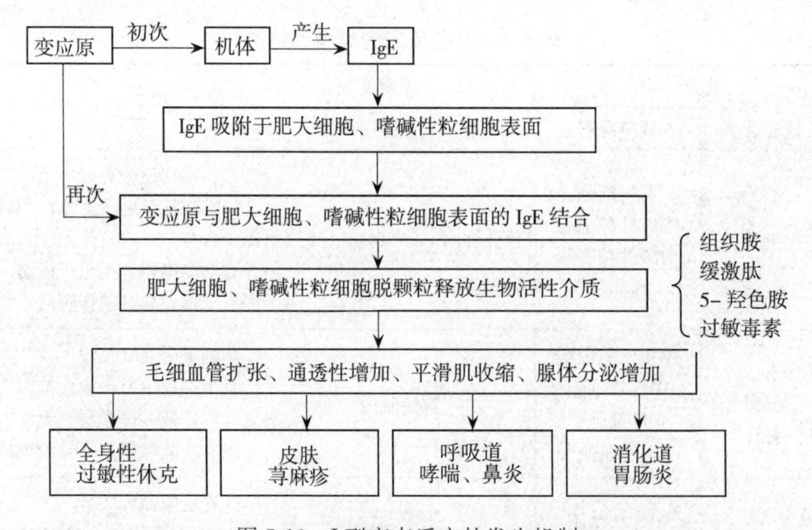

图 5-13 Ⅰ型变态反应的发生机制

在兽医临床上常见的过敏反应有青霉素过敏、血清过敏、饲料过敏、药物过敏、疫苗过敏、寄生虫过敏、花粉过敏等。这些过敏反应可分为两种类型：一种是因大量过敏原进入机体而引起的急性、全身性反应；另一种是局部的过敏反应，这种反应往往因表现较温和，而被临床兽医忽视，如由饲料引起的消化道和皮肤症状，由霉菌、花粉等引起的呼吸道、皮肤症状等。

过敏反应的确诊比较困难，因为一般实验室通常不具备确定过敏原和检测特异性抗体 IgE 的能力。

2. Ⅱ型变态反应（细胞毒型变态反应） Ⅱ型变态反应又称抗体依赖性细胞毒型变态反应（图 5-14）。当某些变应原（如某些微生物或药物）进入机体后，可吸附在

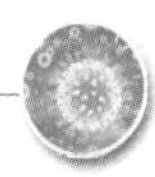

血细胞（红细胞、白细胞、血小板）表面，并刺激机体产生抗体 IgG 或 IgM，这些抗体与吸附在血细胞上的变应原结合，在补体参与下，引起血细胞溶解或被吞噬细胞吞噬。如在药物方面，氨基比林可与白细胞结合，引起溶血；在动物病毒感染方面，马传染性贫血病毒引起的马溶血性贫血均属于Ⅱ型变态反应。

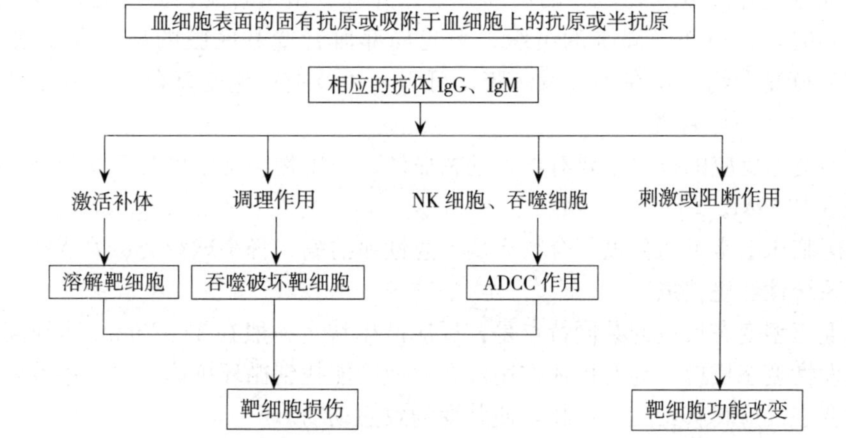

图 5-14　Ⅱ型变态反应的发生机制

另外，Ⅱ型变态反应的变应原，也可是血细胞本身的表面抗原。当同种异体的红细胞抗原进入机体后，由于血型不同，红细胞膜上的抗原与血清中抗体相结合，在补体参与下，使红细胞溶解。如不同血型输血引起的溶血反应、初生幼畜溶血性贫血等也属于Ⅱ型变态反应。

3. Ⅲ型变态反应（免疫复合物型变态反应）　参与Ⅲ型变态反应的抗体主要是 IgG 和 IgM，这些抗体与相应可溶性抗原结合后形成抗原-抗体复合物（免疫复合物），并在一定条件下沉积在肾小球基底膜、皮肤或关节滑液膜等组织中，并激活性补体系统，引起以充血水肿、局部坏死和中性粒细胞浸润为特征的炎症性反应和组织损伤(图 5-15)。

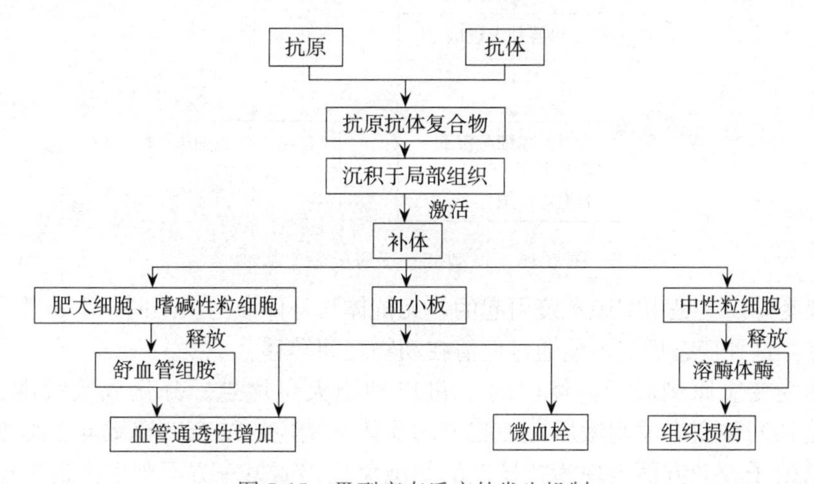

图 5-15　Ⅲ型变态反应的发生机制

抗原与抗体结合形成免疫复合物时，由于抗原和抗体的比例不同，则形成的复合物大小也不同。二者比例适当时，形成大的免疫复合物，易于被吞噬细胞吞噬和清除。当二者比例悬殊时，形成细小的可溶性复合物，易通过肾随尿液排出体外。而当抗原量稍多于抗体量时，可形成相对分子质量约100万的中等大小复合物，既不易被吞噬，又不易被排出体外，而是长时间在血流中循环，刺激血管壁产生活性因子，引起毛细血管壁通透性增加，复合物渗出，嵌于血管壁上，激活补体，吸引中性粒细胞向免疫复合物沉积的局部聚集，并释放出溶解酶，溶解酶在溶解免疫复合物的同时，也损伤了周围的组织，引起局部血管壁基底膜的病变和小血管周围炎。如免疫复合物嵌留在关节滑液膜，可引起关节炎；免疫复合物嵌留在肾小球基底膜，引起肾小球肾炎。

Ⅲ型变态反应的抗原主要有异种动物血清、微生物、寄生虫及某些药物，抗体主要为IgG和IgM。

兽医临床上常见的免疫复合物疾病有急性血清病、肾小球肾炎、关节炎、过敏性肺炎、系统性红斑狼疮等。

以上三型变态反应的共同特点是：反应产生快，一般在1～20min达到高峰，故称为速发性变态反应；均有抗体作用，在血液中能找到循环抗体；均可用致敏动物的血清把变态反应转移给正常动物，使其变为致敏动物。

4. Ⅳ型变态反应（迟发型变态反应）　Ⅳ型变态反应又称为迟发型变态反应或细胞免疫型变态反应。经典的Ⅳ型变态反应是指所有在12h或更长的时间产生的变态反应，故又称迟发型变态反应（图5-16）。

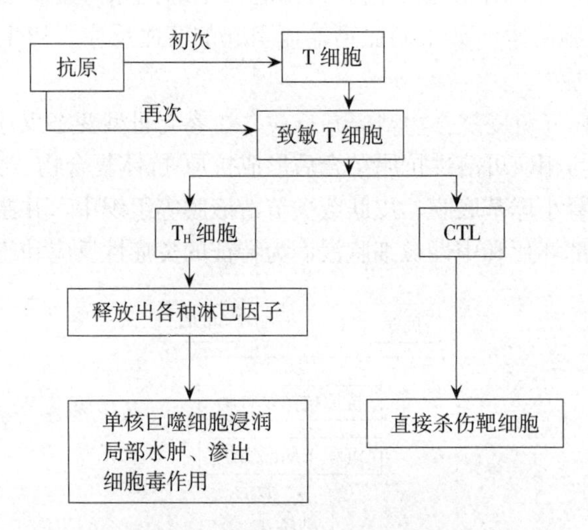

图5-16　Ⅳ型变态反应的发生机制

Ⅳ型变态反应是由细胞免疫引起的，无抗体与补体参与。不同于Ⅰ、Ⅱ、Ⅲ三型变态反应，这种变态反应不能通过血清在动物之间转移。

机体受变应原刺激后，体内的T淋巴细胞大量增殖、分化成致敏淋巴细胞。当再次受到同种变应原刺激后，细胞上的受体与变应原结合，致敏淋巴细胞释放出多种淋巴因子。一方面表现为特异性的细胞免疫，而另一方面则发生迟发型变态反应，以单核细胞浸润、巨噬细胞释出溶酶体和淋巴细胞释放出多种淋巴因子为特征。引起局部组织发生充血、水肿、化脓、坏死等炎症反应。

常见的Ⅳ型变态反应有传染性变态反应、组织移植排斥反应及接触性皮炎等。临

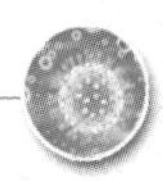

床应用广泛的是传染性变态反应。

传染性变态反应是以病原微生物在传染过程中引起的以细胞免疫为基础的Ⅳ型变态反应。如某些胞内寄生菌（结核杆菌、鼻疽杆菌、布鲁氏菌等）、病毒、真菌及寄生虫等侵入机体后导致T细胞致敏，对外来的抗原有破坏和清除的作用，这是机体的一种防御反应；但若反应过强则对自身组织造成损伤，表现为局部炎症。有传染性变态反应的个体表明机体已获得对某一病原体的细胞免疫能力。如利用结核菌素进行结核病的检疫，结核菌素试验阳性者，表明该动物已感染过结核杆菌，出现了传染性变态反应；利用鼻疽菌素进行鼻疽病的检疫原理也是如此。

接触性皮炎是一种经皮肤致敏的迟发型变态反应。致敏原通常是药物、油漆染料、某些农药和塑料等小分子半抗原，可与表皮细胞内的胶原蛋白和角质蛋白等结合形成完全抗原，致使T细胞致敏。当机体再次接触同一致敏原后，24h发生皮肤炎症反应，48～96h达高峰，表现局部红肿、硬节、水疱，严重者可发生剥脱性皮炎。

三、变态反应的防治

防治变态反应要从变应原及机体的免疫反应两方面考虑。临床上采取的措施是：①要尽可能找出变应原，避免动物的再次接触。一定剂量范围内的少量变应原可引起明显的局部变态反应，而动物整体功能无影响，利用这一原理进行试验，可确定变应原，如人的青霉素皮内试验等。②用脱敏疗法改善机体的异常免疫反应。如避免动物血清过敏症的发生，在给动物大剂量注射血清之前，可将血清加温至30℃后使用，并且先少量多次皮下注射血清（中动物每次0.2mL，大动物每次2.0mL），隔15min后再注射中等剂量血清（中动物10mL，大动物100mL），若无严重反应，15min后可全量注射。③如果动物在注射后短时间内出现不安、颤抖、出汗或呼吸急促等过敏反应症状，首先用0.1%的肾上腺素皮下注射（大动物5～10mL、中小动物2～5mL），并采取其他对症治疗措施。常用的药物有肾上腺素、肾上腺皮质激素、抗组胺药物和钙制剂等。

四、变态反应诊断技术

利用变态反应原理，通过已知微生物或寄生虫抗原在动物机体局部引发变态反应，能确定动物机体是否已感染相应的微生物或寄生虫，并能分析动物的整体免疫功能。迟发型变态反应常用于诊断结核分枝杆菌、鼻疽杆菌、布鲁氏菌等细胞内寄生菌的感染。例如，将结核菌素进行皮内注射同时点眼，可以诊断动物是否已经感染结核分枝杆菌。目前，用结核菌素进行皮内注射、点眼是动物结核病的规范化检疫方法。

技能一　凝集试验

【目的要求】掌握平板凝集试验和试管凝集试验的操作及结果判定，明确凝集试

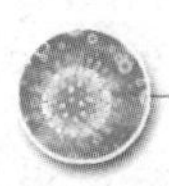

验在生产中的应用。

【仪器及材料】 试管架、凝集管、吸管（5mL、1mL、0.5mL）、生理盐水、玻板、25μL 移液器（配带滴头）、被检血清、温箱、鸡白痢全血平板凝集抗原、鸡白痢阳性血清、鸡白痢阴性血清、布鲁氏菌平板凝集抗原和试管凝集抗原、布鲁氏菌标准阳性血清和阴性血清、羊布鲁氏菌病待检血清。

方法与步骤

（一）鸡白痢快速全血平板凝集试验

鸡白痢全
平板凝集

（1）取一块洁净的玻板或白瓷板，划出 3cm×3cm 的方块。

（2）在每个方块的中心滴一滴（约 0.02mL）鸡白痢全血平板凝集抗原。

（3）用采血针刺破鸡冠或翅静脉采集新鲜血液。

（4）在抗原滴旁边滴加等量的一滴新鲜血液。

（5）用一洁净的细玻璃棒或牙签将抗原与血液混匀，不同检样不能用同一牙签混匀。

（6）轻轻摇动，使混合物反应 2min。

结果：室温下，在 2min 内出现凝集现象者为阳性；2min 内未出现凝集现象者为阴性。

注意：每次试验都要设阳性和阴性对照，做法同全血平板凝集试验。对可疑的鸡应根据鸡群以往感染情况做出解释，如鸡群以前为阳性群，则可疑反应应判为阳性。新近感染的鸡，还需在 3～4 周后作重新试验。

（二）布鲁氏菌病凝集试验

1. 布鲁氏菌病平板凝集试验

（1）取一长方形洁净玻璃板，用玻璃铅笔划成若干方格，每格约 $4cm^2$，编号。

（2）分别吸取 25μL 被检血清、生理盐水、标准阳性血清、标准阴性血清加于不同编号的方格内，每吸一种成分需换一个滴头。然后吸取 25μL 抗原加到玻璃板的每一个格内，用牙签将抗原与血清充分混匀，每混匀一格需更换一根牙签。于室温（15℃以上）静置 4min 观察结果，如室温过低，可适当加温。

（3）在对照标准阳性血清（＋）、标准阴性血清（－）、生理盐水（－）反应正常的前提下，被检血清出现大的凝集片或小的颗粒状物，液体透明判为阳性（＋），液体均匀混浊，无任何凝集物判为阴性（－）。

本法操作简便，容易掌握和判断，适用于大群家畜的检疫。筛选出的阳性反应血清，再做试管凝集试验，以试管凝集的结果作为被检血清的最终结果。

2. 布鲁氏菌病试管凝集试验

（1）每份血清用 5 支试管，另取对照管 3 支，置于试管架上。如待检血清多时，对照只需做一份。

（2）按表 5-5 取 0.5%石炭酸生理盐水（检绵羊和山羊血清，则用 10%盐水稀释血清和抗原）第 1 孔加入 2.3mL，2～5 孔加入 0.5mL，然后另取吸管吸取被检血清 0.2mL，加入第 1 管中，并反复吸吹 3 次将血清与生理盐水充分混合均匀，吸出 1.5mL 弃之，再吸出 0.5mL 加入第 2 管，混匀后吸出 0.5mL 加入第 3 管，依此类推至第 5 管，混匀后吸出 0.5mL 弃去。第 6 管中不加血清，第 7 管中加 1：25 稀释的

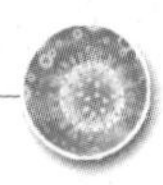

布鲁氏菌阳性血清 0.5mL，第 8 管中加 1：25 稀释的布鲁氏菌阴性血清 0.5mL（取阳性血清、阴性血清应另换吸管）。

表 5-5　布鲁氏菌病试管凝集试验术式表

试管号	1	2	3	4	5	6	7	8
血清稀释倍数	1：12.5	1：25	1：50	1：100	1：200	抗原对照	对照 阳性血清 1：25	阴性血清 1：25
0.5%石炭酸生理盐水（mL）	2.3	0.5	0.5	0.5	0.5	0.5	—	—
被检血清（mL）	0.2	0.5	0.5	0.5	0.5	—	0.5	0.5
1：20 抗原（mL）	0.5	0.5	0.5	0.5	0.5	0.5	0.5	0.5
	弃去 1.5					弃去 0.5		

（3）将布鲁氏菌试管凝集抗原用 0.5%石炭酸生理盐水稀释 20 倍，在各管中分别加入 0.5mL，加完后，充分振荡，放入 37℃温箱中 24h，取出观察并记录结果。

（4）结果判定。判定结果时用“＋”表示反应的强度。以出现“＋＋”以上凝集现象的最高稀释倍数，作为该血清的凝集价（滴度）。

＋＋＋＋：液体完全透明，菌体完全被凝集呈伞状沉于管底，振荡时，沉淀物呈片状、块状或颗粒状，表示菌体 100%凝集。

＋＋＋：液体稍有混浊，菌体大部分被凝集沉于管底，振荡时情况同上，表示菌体 75%凝集。

＋＋：液体呈淡乳白色混浊，管底有明显的凝集沉淀，振荡时有块状或小片絮状物，表示菌体 50%凝集。

＋：液体混浊，不透明，管底有少许凝集沉淀，表示菌体 25%凝集。

－：液体完全混浊，不透明，有时管底中央有一部分圆点状沉淀物，振荡时均匀混浊，表示菌体完全不凝集。

（5）判定标准。牛、马和骆驼凝集价为 1：100，猪、羊和犬的凝集价为 1：50，判为阳性；牛、马和骆驼凝集价为 1：50，猪、羊和犬凝集价为 1：25，判为可疑。

可疑反应的家畜，经 3～4 周后再采血重新检查，牛和羊仍为可疑判为阳性；猪和马仍为可疑，而畜群中又没有病例和大批阳性病畜，则判为阴性。

3. 注意事项

（1）被检血清必须新鲜，无溶血现象和腐败气味。

（2）每次需做阳性血清、阴性血清和抗原三种对照。

技能二　沉淀试验

【目的要求】掌握炭疽环状沉淀试验和琼脂扩散试验的操作和判定标准，明确此试验在生产中的应用。

【仪器及材料】沉淀试验用小试管、毛细吸管、漏斗、滤纸、乳钵、剪刀、微量加样器（带滴头）、琼脂平板、琼脂打孔器。生理盐水、0.5%石炭酸生理盐水、炭疽沉淀素血清、炭疽标准抗原、疑似被检材料（脾、皮张等）、禽流感琼脂扩散抗原、禽流感标准阳性血清、被检血清，以及 pH7.2、0.01mol/LPBS。

【方法与步骤】

（一）环状沉淀试验（以炭疽检疫为例）

1. 被检抗原的制备

（1）热浸出法。取疑似病料（各种实质脏器）1～2g，在乳钵内剪碎、研磨，然后加入 5～10mL 生理盐水，混合后移至大试管中，煮沸 30min，冷却后用滤纸过滤，透明的滤液即为被检抗原（图 5-17）。

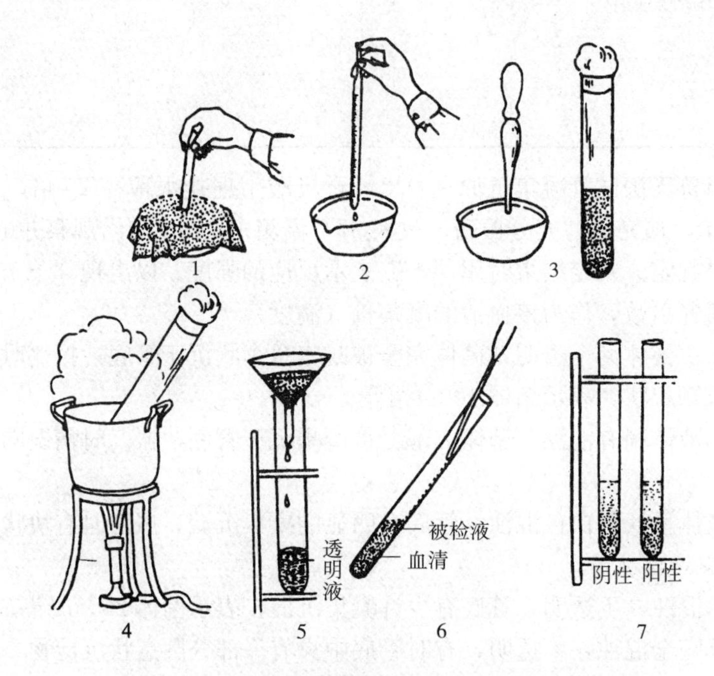

图 5-17　炭疽沉淀反应操作方法图解

1. 研碎　2. 加 5～10 倍盐水　3. 将乳剂装入试管内　4. 煮沸 30min　5. 滤过　6. 层积法　7. 结果

（2）冷浸出法。待检皮张置 37℃温箱烘干，高压蒸汽灭菌，剪成小块称重，然后加入5～10 倍的 0.5%石炭酸生理盐水，在室温或 4℃冰箱下浸泡 18～24h，滤纸过滤 2～3 次，使之成为透明液体即为被检抗原。

2. 操作方法

（1）取沉淀试验用小试管 3 支，用毛细吸管吸取炭疽沉淀素血清，分别加入小试管中，每管约至试管 1/3 处。

（2）取另 1 支毛细吸管吸取被检抗原，沿管壁轻轻重叠于其中一管的沉淀素血清上面，静置。其余 2 支试管作对照，分别加入炭疽标准抗原和生理盐水，作对照。

（3）结果判定。抗原加入后，5～10min 内判定结果。如在小试管重叠的两液界面出现白色沉淀环，为阳性反应。加炭疽标准抗原管应出现白色沉淀环，为阳性对照，而加生理盐水管应无沉淀环出现，为阴性对照。

此法可用于诊断牛、羊、马的炭疽病，但不能用于诊断猪炭疽病，因猪患炭疽时，用此法诊断常为阴性。

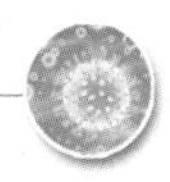

（二）琼脂扩散试验

以禽流感琼脂扩散试验为例（选自 GB/T 18936—2003，略有改动）。

1. 琼脂板的制备　称取琼脂糖 1.0g，加到 100mLpH7.2、0.01mol/L PBS 中，在水浴中煮沸或用电炉煮沸充分融化，加入 8g 氯化钠，充分溶解后加 1%硫柳汞溶液 1mL。冷至 45～55℃时，将洁净干热灭菌直径为 90mm 的平皿置于平台上，每个平皿加入 18～20mL，加盖，待凝固后把平皿倒置，以防水分蒸发，放普通冰箱（4℃）中保存备用（保存时间不超过 2 周）。

琼脂扩散试验

2. 操作

（1）打孔。在制好的琼脂板上按 7 孔一组的梅花形打孔（中间 1 孔，周围 6 孔），孔径 5mm，孔距 2～5mm（图 5-18）。将孔内的琼脂用注射针头斜面向上从右侧边缘插入，轻轻向左侧方向将琼脂挑出，勿伤边缘或使琼脂层脱离皿底。

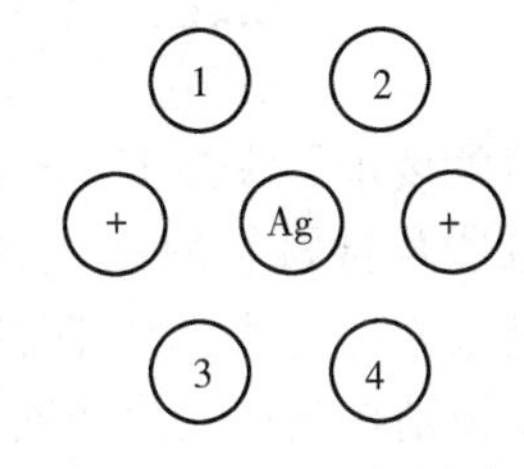

图 5-18　打孔、加样示意
Ag. 抗原　+. 阳性血清
1、2、3、4. 被检血清

（2）封底。用酒精灯轻烤平皿底部至琼脂板底部刚刚要溶化（手背感觉微烫手）为止，封闭孔底部，以防侧漏。

（3）加样。用微量移液器或带有 6～7 号针头的 0.25mL 注射器，吸取抗原悬液加入中间孔，标准阳性血清分别加入外周的阳性对照孔，被检血清按编号顺序分别加入另外 4 个外孔。每孔均以加满不溢出为度，每加一个样品应换一个滴头。

（4）反应（扩散）。加样完毕后，静置 5～10min，然后将平皿轻轻倒置放入湿盒内，37℃温箱中作用，分别在 24h、48h、72h 观察并记录结果。

3. 结果判定

（1）判定方法。将琼脂板置日光灯或侧强光下观察，若标准阳性血清与抗原孔之间出现一条清晰的白色沉淀线，则试验成立。

（2）判定标准（图 5-19）。若被检血清（图 5-19A）孔与中心抗原孔之间出现清晰致密的沉淀线，且该线与抗原和标准阳性血清之间沉淀线的末端相吻合，则被检血清判为阳性。

被检血清（图 5-19B）孔与中心孔之间出现或虽不出现沉淀线，但标准阳性血清

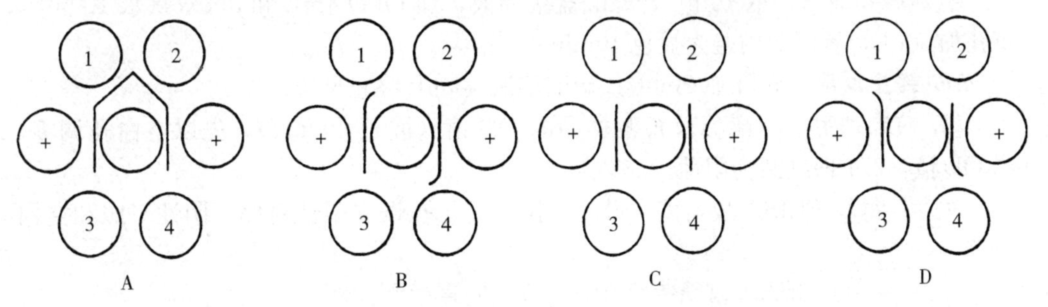

图 5-19　结果举例
A. 1、2 阳性　B. 1、4 阳性　C. 全阴　D. 全阴

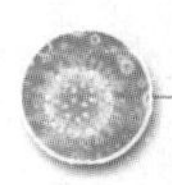

（如图中 4 号）的沉淀线一端向被检血清孔内侧弯曲，则此孔的被检样品判为弱阳性（凡弱阳性者应重复试验，仍为弱阳性者，判为阳性）。

若被检血清（图 5-19D）孔与中心孔之间不出现沉淀线，且标准血清沉淀线指向被检血清孔，则被检血清判为阴性。

被检血清孔与中心孔之间沉淀线粗而混浊，或标准阳性血清与抗原孔之间的沉淀线交叉并直伸，被检血清孔为非特异反应，应重做，若仍出现非特异反应则判为阴性。

技能三　酶联免疫吸附试验（ELISA）

【目的要求】掌握 ELISA 的基本操作步骤，了解猪群猪瘟抗体监测的意义。

【仪器及材料】酶联检测仪、酶标板、微量加样器（配带滴头）、猪瘟病毒、酶标 SPA、猪瘟阳性血清、猪瘟阴性血清、待检血清、pH9.6碳酸盐缓冲液、洗涤液（PBS-T）、BSA（牛血清白蛋白）、封闭液、稀释液、底物溶液、30％双氧水、2mol/L 硫酸溶液、邻苯二胺（OPD）。

【方法与步骤】

（一）间接 ELISA（以猪瘟抗体的检测为例，该法可用于猪瘟抗体监测）

1. 包被　用碳酸盐缓冲液稀释猪瘟病毒抗原至 1μg/mL，以微量加样器每孔加样 100μL，置湿盒内 37℃包被 2～3h。

2. 洗涤　以 PBS-T 冲洗酶标板，共洗 3 次，每次 5min。

3. 封闭　用微量加样器在每孔内加封闭液 200μL，置湿盒内 37℃封闭 3h。

4. 洗涤　重复第 2 步。

5. 加待检血清　每孔加 100μLPBS，然后在酶标板的第 1 孔加 100μL 待检血清，用微量加样器反复吹吸几次混匀，吸 100μL 加至第 2 孔，依次倍比稀释至第 12 孔，剩余的 100μL 弃去，置湿盒内 37℃作用 2h。

6. 洗涤　重复第 2 步。

7. 加酶标抗体　用 PBS 将兔抗猪 IgG 酶标抗体稀释至工作浓度，每孔加 100μL，置湿盒内 37℃作用 2h。

8. 洗涤　重复第 2 步。

9. 加底物显色　取 10mL 柠檬酸盐缓冲液，加 OPD 4mL 和 3％双氧水 100mL，每孔加 50μL，置湿盒内避光显色 10min。

10. 终止反应　每孔加 2mol/L 硫酸溶液 100μL 终止反应。

11. 结果判定　以酶标仪检测样品的 OD 值（波长 490nm），先以空白孔调零，当 OD 值≥2.1 即判断为阳性。

注意：每块 ELISA 板均需在最后一排的后 3 孔设立阳性对照、阴性对照和空白对照。

（二）夹心 ELISA（以鸡传染性法氏囊病病毒检测为例）

1. 包被　用包被液将 IBDV 特异性抗体稀释为 25～100μg/mL，以 100μL/孔的量加入酶标板中，置 4℃过夜吸附或 37℃吸附 120min。

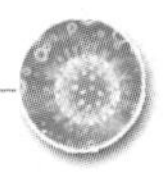

2. 洗涤　PBS-T 冲洗酶标板，共洗 3 次，每次 5min。

3. 封闭　用封闭液封闭，200μL/孔，4℃过夜或 37℃ 120min；PBS-T 洗 3 次，每次 1min。

4. 加待检 IBDV 抗原　每孔加 100μL 待检 IBDV 抗原，同时设立阴、阳性对照，37℃孵育 45～90min；PBS-T 洗 3 次，每次 3min。

5. 加酶标抗体　每孔加 100μL 酶标鼠抗 IBDV 的单抗，37℃孵育 45～90min；PBS-T 洗 3 次，每次 5min。

6. 加底物溶液　每孔加底物溶液（OPD 和双氧水）100μL，37℃避光作用 20min。

7. 终止反应　每孔加 2mol/L 硫酸溶液 50μL 终止反应。

8. 结果判定　在酶标仪上读取 OD 值（波长 490nm），当 OD 值≥0.3，并且 P/N 值≥2.1，为阳性。

附：常用试剂的配制

1. 包被液（0.05mol pH9.6 碳酸盐缓冲液）　Na_2CO_3，1.59g；$NaHCO_3$，2.93g；蒸馏水，1 000mL。

2. 缓冲液（0.01mol pH7.4 PBS）　NaCl，8.0g；KH_2PO_4，0.2g；Na_2HPO_4，2.9g；KCl，0.2g；蒸馏水，1 000mL。

3. 洗涤液（0.01mol pH7.4 PBS-吐温-20）　Tween-20，0.5mL；0.01mol/L，pH7.4，PBS，1 000mL。

4. 封闭液（1%BSA-PBS-T）　BSA，1.0g；PBS-T，100mL。

5. 底物缓冲液（pH5.0 磷酸盐-柠檬酸盐缓冲液）　柠檬酸，4.6656g；Na_2HPO_4，7.298 8g；蒸馏水，1 000mL。

6. 底物溶液（临用前新鲜配制，配后立即使用）　邻苯二胺（OPD），40mg；30%H_2O_2，0.15mL；底物缓冲液，100mL。

7. 终止剂（2mol/LH_2SO_4）　H_2SO_4，22.2mL；蒸馏水，177.8mL。

技能四　间接血凝试验

【目的要求】初步学会间接血凝试验的操作及结果判定。

【仪器及材料】96 孔 110°～120°V 型医用血凝板、10～100μL 可调微量移液器、加样头、微型振荡器、猪瘟间接血凝抗原（猪瘟正向血凝诊断液）、猪瘟标准阳性血清和阴性血清、被检血清（56℃水浴灭活 30min）、2%兔血清 PBS（取 pH7.6、0.01 mol/L PBS 98 mL，灭能兔血清 2mL，于 4℃冰箱保存即成 2%NRS）。

【方法与步骤】（以猪瘟间接血凝试验为例）

1. 操作步骤　按表 5-6 进行操作。

表 5-6　猪瘟间接血凝试验操作术式

V 型板孔号	1	2	3	4	5	6	7	8
血清稀释倍数	1∶2	1∶4	1∶8	1∶16	1∶32	1∶64	1∶128	对照

（续）

V型板孔号	1	2	3	4	5	6	7	8
2%NRS（μL）	50	50	50	50	50	50	50	50
待检血清（μL）	50	50	50	50	50	50	50	弃去50
抗原（μL）	25	25	25	25	25	25	25	25
振荡1min，室温下（15℃以上）静置1.5～2h								

2. 阴性和阳性对照 在血凝板上的第11排第1孔加2%NRS 60μL，取阴性血清20μL加入后混匀，取出30μL弃去，然后加入抗原25μL，此孔即为阴性血清对照孔。

在血凝板的第12排第1孔加2%NRS 70 μL，第2至第7孔各加2%NRS 50 μL，取阳性血清10μL，加入第1孔混匀，并从中取出50μL加入第2孔，混匀后取出50μL加入第3孔，依此照做，直到第7孔，混匀后弃去50μL，该孔的阳性血清稀释度为1∶512，然后每孔各加抗原25μL，此即为阳性血清对照。

3. 判断方法和标准 先观察阴性血清对照孔和2%NRS对照孔，红细胞应全部沉入孔底，无凝集现象"－"或呈"＋"的轻度凝集为合格；阳性血清对照应呈"＋＋＋"以上凝集为合格。

在以上3孔对照合格的前提下，观察待检血清各孔的凝集程度，以呈"＋＋"凝集的被检血清最大稀释度为其血凝效价（血凝价）。血清的血凝价达到1∶16为免疫合格。

＋＋＋＋：表示100%红细胞凝集。

＋＋＋：表示75%红细胞凝集。

＋＋：表示50%红细胞凝集。

＋：表示25%红细胞凝集。

－：表示红细胞100%沉于孔底，完全不凝集。

技能五　免疫荧光技术

【目的要求】了解荧光抗体的染色及镜检方法，明确此试验的实际应用。

【仪器及材料】荧光显微镜、冰冻切片机、载玻片、染色缸、pH7.2 0.01mol/L PBS、pH9.0～9.5碳酸盐缓冲甘油（配制：碳酸氢钠3.7g，碳酸钠0.6g，蒸馏水100mL；混合后取该缓冲液1份加9份甘油即成）、丙酮、猪瘟荧光抗体、疑似猪瘟的新鲜病料（淋巴结、肾、扁桃体等）。

【方法与步骤】

（一）标本制备

1. 制片 取疑似猪瘟病料的组织块无菌剪成适当大小，制成压印片或冰冻切片，吹干。

2. 固定与洗涤 将吹干的标本片立即放入纯丙酮中固定15min，取出后放入pH7.2 0.01mol/L PBS中，轻轻漂洗3～4次，每次3～4min。取出吹干。如不能及时染色，可用塑料纸包好，放入低温冰箱中保存。

（二）直接染色法

1. 荧光抗体染色 在晾干的标本片上滴加猪瘟荧光抗体，放湿盒内置37℃染

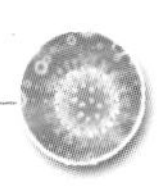

色 30min。

2. 洗涤、封片 取出标本片，放入 pH7.2 0.01mol/L PBS 中，轻轻漂洗 3～4 次，每次 3～4min，再用 pH9.0～9.5 碳酸盐缓冲甘油封片。染色后应尽快镜检。

3. 对照设置 将猪瘟阳性标本、阴性标本固定后，以猪瘟荧光抗体染色、封片后镜检。

（1）自发荧光对照。以 PBS 代替荧光抗体染色。

（2）抑制试验对照。标本上加未标记的猪瘟抗血清，37℃于湿盒中 30min 后，PBS 漂洗，再加标记抗体，染色同上。

4. 镜检 将染色好的标本片置激发光为蓝紫光或紫外光的荧光显微镜下观察。先用低倍物镜选择适当的标本区，然后换高倍物镜观察。

5. 结果判定 阳性对照应呈黄绿色荧光，而阴性对照、猪瘟自发荧光对照和抑制试验对照组应无荧光。

标本判定标准：

＋＋＋＋：黄绿色闪亮荧光。

＋＋＋：黄绿色的亮荧光。

＋＋：黄绿色荧光较弱。

＋：仅有暗淡的荧光。

－：无荧光。

（三）间接染色法

1. 一抗作用 在晾干的标本片上滴加猪瘟抗体（用兔制备），置湿盒，37℃作用 30min。洗涤，同直接法。

2. 二抗染色 滴加羊抗兔荧光抗抗体，置湿盒，37℃作用 30min。洗涤、晾干、镜检同直接法。

3. 对照设置 应设自发荧光对照、阴性兔血清对照、阳性对照和阴性对照。

4. 结果判定 观察和结果记录同直接法，除阳性对照外，其他对照应无荧光。

【注意事项】

（1）本试验应设阳性对照、阴性对照等，以确证其特异性。

（2）可疑急性猪瘟病例，取淋巴结、扁桃体效果较好；病程较长的病例，应同时采集肾。

（3）所采病料应尽可能早作压印片或冰冻切片。

综合实训一 利用琼脂扩散试验进行传染性法氏囊病卵黄抗体效价测定

【实训目标】能够利用琼脂扩散试验对送检的高免蛋进行传染性法氏囊病卵黄抗

体效价的测定和分析。

【试验方案】

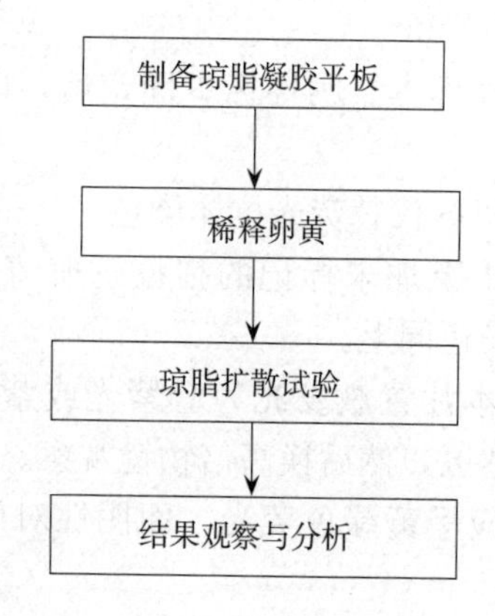

【方法与步骤】

（一）琼脂凝胶平板的制备

琼脂凝胶平板的制备见项目五技能二。

（二）高免蛋卵黄稀释

【仪器及材料】青霉素小瓶、1mL 注射器、培养皿、96 孔 V 型反应板、微量移液器、200μL 吸头等。

【操作方法】

（1）青霉素小瓶中加入生理盐水 1mL。

（2）高免蛋去壳，小心放入培养皿中（勿破损卵黄膜），使卵黄自然突出于蛋清。

（3）刺破卵黄膜，用 1mL 注射器（不带针头）吸取卵黄液 1mL 加入青霉素小瓶中，盖上瓶塞，充分振荡混匀。

（4）在 96 孔 V 型反应板的 1～12 孔中各加入 50μL 生理盐水，在第一孔中再加入 50μL 振荡混匀的卵黄液，吹打 3 次以上使卵黄液与生理盐水充分混匀，从第一孔中吸取 50μL 加入第二孔，重复第一孔的操作，然后从第二孔中吸取 50μL 加入第三孔，依此类推，根据需要将卵黄进行合适倍数的倍比稀释。

（三）琼脂扩散试验

仪器材料及操作方法中见项目五技能二，加样时，中央孔加入 IBD 琼脂扩散试验标准抗原，外周孔按顺序依次加入经过倍比稀释的卵黄液。用记号笔做好标记。

（四）结果判定与分析

观察琼脂凝胶平板上中央孔与外周孔之间有无出现沉淀线，出现沉淀线表示反应为阳性。以出现沉淀线的卵黄最高稀释倍数为被检卵黄的抗体效价。如图 5-20 所示，该被检卵黄抗体效价为 2^4。

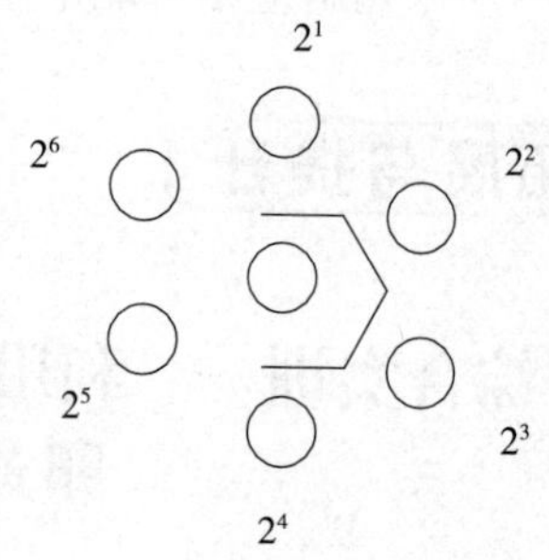

图 5-20　琼脂扩散试验结果示意

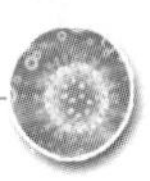

综合实训二　利用全血平板凝集试验进行种鸡场鸡白痢的检疫

【实训目标】熟练利用全血平板凝集试验对种鸡场进行鸡白痢检疫，并了解鸡白痢对种鸡场的危害，对检出的阳性种鸡能正确进行处理。

【试验方案】

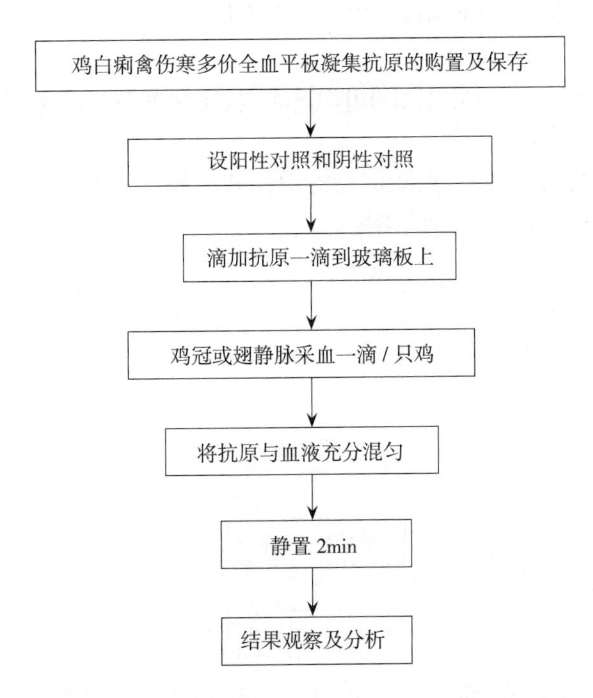

【仪器及材料】玻璃板、无菌采血针、酒精灯、酒精棉、微量移液器、灭菌吸头、牙签、消毒盘、鸡白痢禽伤寒多价染色平板凝集抗原、鸡白痢阴性血清、鸡白痢阳性血清。

【操作方法】

（1）用微量移液器吸取鸡白痢禽伤寒多价染色平板凝集抗原 50μL 滴于洁净的玻璃板上，抗原使用前需充分摇匀。

（2）用灭菌采血针刺破鸡冠或翅静脉，用移液器吸取血液 50μL 滴于抗原滴上，用牙签将抗原与血液充分混匀，使其直径约为 2cm，轻摇玻璃板，2min 内观察结果。

（3）结果观察与分析。

①阴性对照和阳性对照成立，才能判定结果。

②血液与抗原混合后 2min 内出现片状或明显的颗粒凝集，判为阳性。

③血液与抗原混合后 2min 内未出现明显的凝集现象，或仅呈现均匀一致的微细颗粒，或在液面边缘出现少数几个较大颗粒，均判为阴性。

④有别于上述反应，不易判定阴性或阳性的，判为疑似反应。重复试验一次，若仍为疑似，需结合鸡群以前的试验记录进行判定，如以前为阳性鸡群，则判为阳性，

否则，判为阴性。

种鸡场鸡白痢检疫的意义

鸡白痢是由鸡白痢沙门氏菌引起的一种传染病，主要侵害鸡和火鸡。雏鸡以拉白色糊状稀粪为特征，死亡率很高；成年鸡多为慢性经过或呈隐性感染，鸡白痢沙门氏菌可通过种蛋垂直传播，导致孵化率降低、弱雏率升高，严重影响种鸡场和商品鸡场的经济效益。

通过进行鸡白痢检疫，不断淘汰和处理鸡白痢阳性种鸡，可逐步净化种鸡场。种鸡场鸡白痢的净化需同时加强鸡场的生物安全工作。

综合实训三　利用正向间接血凝试验检测猪瘟抗体

【实训目标】学会正向间接血凝试验的操作和结果判定的方法，能利用正向间接血凝试验正确进行猪瘟抗体效价的测定。

【试验方案】

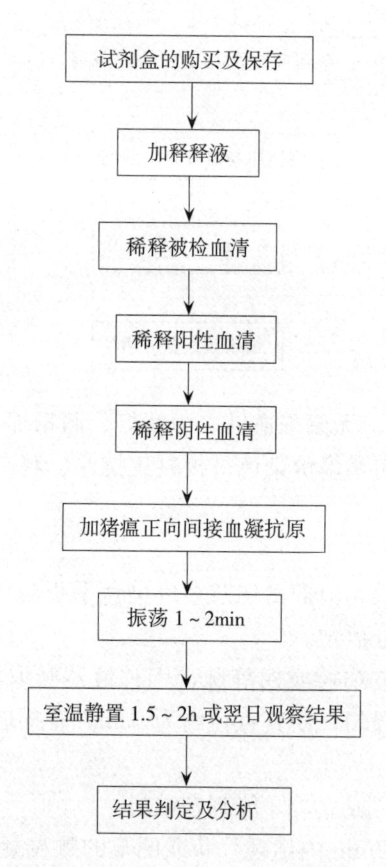

【仪器及材料】96 孔 110°V 型血凝板、与血凝板大小相同的玻板、微量移液器（50μL、25μL）、吸头、微量振荡器、猪瘟正向间接血凝抗原、猪瘟阴性对照血清、猪瘟阳性对照血清、稀释液、待检血清（每头约 0.5mL 血清即可）56℃水浴灭活 30min。

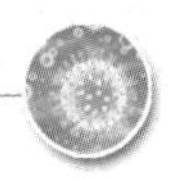

【方法与步骤】

1. 加稀释液　在血凝板上1～6排的1～9孔、第七排的1～3孔和5～6孔、第8排的1～12孔各加稀释液50μL。

2. 稀释待检血清　取1号待检血清50μL加入第1排第1孔，并将吸头插入孔底，右手拇指轻压弹簧吸吹1～3次混匀（避免产生过多的气泡），从该孔移出50μL移入第2孔，混匀后取出50μL移入第3孔，混匀后取出50μL移入第4孔……直至第9孔混匀后取出50μL丢弃。此时第一排1～9孔待检血清的稀释度（稀释倍数）依次为：1∶2（2^1）、1∶4（2^2）、1∶8（2^3）、1∶16（2^4）、1∶32（2^5）、1∶64（2^6）、1∶128（2^7）、1∶256（2^8）、1∶512（2^9）。

取2号待检血清加入第2排；取3号待检血清加入第3排……均按上法稀释，注意每取一份血清时，必须更换吸头。

3. 稀释阴性对照血清　在血凝板的第7排第1孔加阴性血清50μL，倍比稀释至第3孔，混匀后从该孔取出50μL丢弃。此时阴性血清的稀释倍数依次为：1∶2（2^1）、1∶4（2^2）、1∶8（2^3）。第5～6孔为稀释液对照。

4. 稀释阳性对照血清　在血凝板第8排第1孔加阳性血清50μL，倍比稀释至第12孔，混匀后从该孔取出50μL丢弃。此时阳性血清的稀释倍数依次为1∶2（2^1）～1∶4 096（2^{12}）。

5. 加血凝抗原　向被检血清各孔、阴性对照各孔、阳性对照各孔、稀释液对照孔各加血凝抗原（充分混匀，瓶底应无红细胞沉淀）25μL。

6. 振荡混匀　将血凝板置于微量振荡器上振荡1～2min，如无振荡器，用手轻轻摇匀亦可，然后将血凝板放在白纸上观察各孔红细胞是否混匀，不出现红细胞沉淀为合格。盖上玻板，室温下静置1.5～2h判定结果，也可延迟到翌日判定。

7. 结果判定及分析　移去玻板，将血凝板放在白纸上。

（1）先观察阴性对照血清和阳性对照血清现象。

阴性血清对照孔，稀释液对照孔，均应无凝集（红细胞全部沉入孔底形成边缘整齐的小圆点），或仅出现“＋”凝集（红细胞大部分沉于孔底，边缘稍有少量红细胞悬浮）。

阳性血清对照1∶2～1∶256各孔应出现“＋＋＋”以上凝集为合格，（少量红细胞沉于孔底，大部分红细胞悬浮于孔内）。

（2）在对照孔合格的前提下，再观察待检血清各孔，以呈现“＋＋”凝集的最大稀释倍数为该血清的抗体效价，例如1号待检血清1～5孔呈现“＋＋＋＋”凝集，6～7孔呈现“＋＋”凝集，第8孔呈现“＋”凝集，第9孔无凝集，那么就可以判定该份血清的猪瘟抗体效价为1∶128。

接种猪瘟疫苗的猪群免疫抗体效价达到1∶16（即第4孔，呈现“＋＋”凝集）为免疫合格。

注：“－”表示完全不凝集或0～10%红细胞凝集；“＋”表示10%～25%红细胞凝集；“＋＋”表示50%红细胞凝集；“＋＋＋”表示75%红细胞凝集；“＋＋＋＋”表示90%～100%红细胞凝集。

综合实训四　利用间接 ELISA 试验检测猪繁殖与呼吸综合征（PRRS）抗体

【实训目标】 熟练掌握 ELISA 原理，能够根据说明利用间接 ELISA 进行 PRRS 抗体检测。

【试验方案】

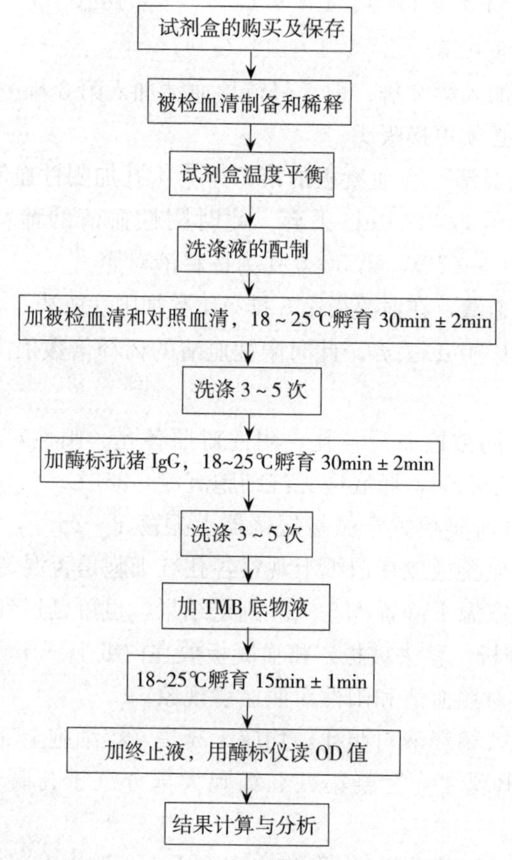

【仪器及材料】 PRRS 抗原包被板、PRRS 阳性对照血清、PRRS 阴性对照血清、HRP 标记抗猪 IgG 抗体、样品稀释液、洗涤液（10 倍浓缩）、TMB 底物液、终止液、5～1 000μL 微量移液器、一次性移液器吸头、500mL 量筒、96 孔板酶标仪、蒸馏水或去离子水、吸水纸。

【方法与步骤】

1. 被检血清的稀释　用样品稀释液 40 倍稀释被测样品（例如：5μL 样品加 195μL 样品稀释液）。取每个样品后都要更换吸头，准确记录每个样品在板上的位置。每个样品在添加到 PRRSV 包被板前应混匀。

2. 洗涤液的准备　浓缩洗涤液使用前应恢复至室温（18～25℃），并摇动使沉淀盐溶解。使用前浓缩洗涤液应用蒸馏水或去离子水 10 倍稀释（例如：每块反应板需要 30mL 浓缩洗涤液加入 270mL 蒸馏水或去离子水中）。

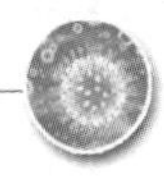

3. 平衡温度　使用前所有试剂应恢复至室温（18～25℃）。试剂应轻轻旋转或振荡混合。每个样品使用一个独立的吸头。

4. 加对照和被检血清　取出抗原包被板，在记录表上记录样本的位置。在包被孔内加入 100μL 没有稀释的阴性对照，每次检测加两孔。在包被孔内加入 100μL 没有稀释的阳性对照，每次检测加两孔。在相应的孔中加入 100μL 已稀释好的样本。

5. 孵育　18～25℃孵育 30min±2min。

6. 洗涤　吸取各孔的液体弃入废液筒。用大约 300μL 洗涤液洗涤板孔，共洗涤 3～5 次。每次洗涤后应吸去孔内的液体。注意：应避免包被孔干燥。在最后一次洗涤液吸去后，将每块板中残留的洗涤液扣拍到吸水纸上。

7. 加酶标抗体　每孔加入 100μL 辣根过氧化物酶标记的抗猪 IgG 抗体。

8. 孵育　18～25℃孵育 30min±2min。

9. 洗涤　重复步骤 6。

10. 加底物　每孔加入 100μLTMB 底物液。

11. 孵育　18～25℃孵育 15min±1min。

12. 加终止液　每孔加入 100μL 终止液，终止反应。

13. 测 OD 值　测量并且记录样本和对照的吸光值 A（650）。

14. 结果判定及分析　符合下列条件，试验方能有效：阳性对照的平均值减去阴性对照的平均值必须大于或等于 0.150；此外，阴性对照的平均值（NCx）必须小于或等于 0.150。如果试验无效，试验中的操作值得怀疑，应按照操作说明书重做一次试验。PRRS 抗体的阳性/阴性通过计算样品与阳性对照（S/P）的比值进行判定。PRRS 抗体的有无（阳性/阴性）通过计算每个样品的 S/P 值判定，如果 S/P 值低于 0.4，样品应判定为 PRRS 抗体阴性；如果 S/P 值大于或等于 0.4，样品应判定为 PRRS 抗体阳性。计算方法如下：

（1）阴性对照平均值的计算（NCx）：NCx＝（NC_1 A650＋NC_2 A650）/2

例如，NC_1 A650＝0.064，NC_2 A650＝0.08，则 NCx＝（0.064＋0.08）/2＝0.072 2

（2）阳性对照平均值的计算（PCx）：PCx＝（PC_1 A650＋PC_2 A650）/2

例如，PC_1 A650＝0.560，PC_2 A650＝0.596，则 PCx＝（0.560＋0.596）/2＝0.578 2

（3）样本/阳性对照比率的计算（S/P）：S/P＝［样本 A（650）－NCx］/（PCx－NCx）

例如，如果样品的 A（650）＝0.750，NCx 和 PCx 如上例，则 S/P 值计算如下：

S/P＝（0.750－0.072）/（0.578－0.072）＝1.34

【注意事项】

（1）灭菌处理所有的生物材料。

（2）不要用口吸移液管移液。

（3）使用样品或试剂盒的场所不要吸烟、喝水和吃东西。

（4）TMB 底物和终止液对皮肤和眼睛可能有刺激性，应避免底物与皮肤和眼睛接触。

(5) TMB不要暴露于强光下或任何氧化剂中。取用TMB显色液要用洁净的玻璃或塑料容器。

(6) 所有的试剂应在2～8℃储存。使用前拿到室温(18～25℃),使用后放回2～8℃储存。

(7) 所有的废弃液应在丢弃前合理处理,以免造成污染。

(8) 防止试剂盒内的试剂污染。

(9) 不要使用过期的试剂,不同批次的试剂盒成分不要混用。

(10) 严格遵守操作说明可以获得最理想结果。操作过程中移液、定时和洗涤等全部过程必须精确。

(11) 每次检测时都要设立阴性和阳性对照。

(12) 在检测过程中,仅使用去离子水或蒸馏水稀释和准备试剂。

(13) 未用完的微孔板/条应用塑料袋密封并储存于2～8℃。

(14) 仅供兽医使用。

复习与思考

1. 解释下列名词:血清学试验、凝集试验、间接血凝试验、沉淀试验、沉淀原、沉淀素、凝集原、凝集素、ELISA、免疫标记技术、变态反应、变应原。

2. 试述血清学试验的类型、特点及影响血清学试验的因素。

3. 直接凝集试验与间接凝集试验有何异同?

4. 双向双扩散与双向单扩散琼脂扩散试验有何用途?

5. 试述ELISA试验的原理、主要方法及应用。

6. 补体结合试验的原理是什么?

7. 试述荧光标记抗体技术的原理、主要方法及应用。

8. 什么是变态反应?有哪些主要类型,各类型常见的疾病有哪些?

9. 什么是传染性变态反应?在临床上有何应用价值?

10. 免疫诊断包括哪些方面?各有何用途?

11. 对临床上的猪瘟、鸡新城疫、牛结核、炭疽病的疑似病例分别采用哪种血清学试验方法进行诊断?请设计试验方案。

项目六　生物制品及其应用

项目指南

生物制品是畜牧生产中疫病防控常用的制剂，主要有疫苗、免疫血清和诊断液。疫苗主要用于疫病的预防，免疫血清主要用于疫病的预防和治疗，诊断液主要用于疫病的诊断。

本项目的主要内容有：生物制品的概念、分类、命名原则、制备及检验、应用。学习时要求重点掌握生物制品的概念、分类及使用的注意事项，了解疫苗、免疫血清、卵黄抗体及诊断液的制备方法及检验程序。本项目的学习，应培养学生合理利用生物制品进行动物疫病预防、诊断与治疗的能力。

认知与解读

任务一　生物制品的认知

一、生物制品的概念

利用微生物、寄生虫及其组织成分或代谢产物以及动物或人的血液与组织液等生物材料为原料，通过生物学、生物化学以及生物工程学的方法制成的，用于传染病或其他疾病的预防、诊断和治疗的生物制剂称为生物制品。狭义的生物制品是指利用微生物及其代谢产物或免疫动物而制成的，用于传染病的预防、诊断和治疗的各种抗原或抗体制剂。主要包括疫苗、免疫血清和诊断液三大类。

二、生物制品的分类

兽医临床常用的生物制品主要指疫苗、免疫抗血清及诊断制剂等三大类。

（一）疫苗

利用病原微生物、寄生虫及其组分或代谢产物制成的，用于人工主动免疫的生物制品称为疫苗。概括起来分为活疫苗、灭活疫苗、代谢产物和亚单位疫苗以及生物技术疫苗。其中生物技术疫苗又分基因工程亚单位疫苗、合成肽疫苗、抗独特型疫苗、基因工程活疫苗以及DNA疫苗。

1. 活疫苗　简称活苗，可分为强毒苗、弱毒苗和异源苗三种。

（1）强毒苗是应用最早的疫苗种类，如我国古代民间预防天花所使用的痂皮粉末就含有强毒。使用强毒进行免疫有较大的危险，免疫的过程就是散毒的过程，所以在现在的生产中应严格禁止。

（2）现今活疫苗主要指弱毒苗，是通过人工诱变获得的弱毒株、或者是筛选的自然减弱的天然弱毒株、或者失去毒力的无毒株所制成的疫苗。弱毒苗是目前使用最广泛的疫苗，其优点是能在动物体内有一定程度的增殖，免疫剂量小，免疫保护期长，不需要使用佐剂，应用成本低。缺点是弱毒苗有散毒的可能或有一定的组织反应，难以制成联苗，运输保存条件要求高，现多制成冻干苗。

（3）异源苗是利用具有类属保护性抗原的非同种微生物所制成的疫苗。如用火鸡疱疹病毒（HVT）疫苗预防鸡马立克氏病、用鸽痘病毒疫苗预防鸡痘、用麻疹疫苗预防犬和野生动物的犬瘟热等。

将同种细菌（或病毒）的不同血清型混合制成的疫苗称为多价苗，如巴氏杆菌多价苗，大肠杆菌多价苗，口蹄疫O、A型双价苗。由两种或两种以上的细菌或病毒联合制成的疫苗称为联苗，一次免疫可达到预防几种疾病的目的。如猪瘟-猪丹毒-猪肺疫三联苗，新城疫-减蛋综合征-传染性法氏囊病三联苗，犬的六联苗等。联苗或多价苗的应用可减少接种次数，减少接种动物的应激反应，有利于畜牧生产管理。

2. 灭活疫苗 简称死苗，是将含有细菌或病毒的材料，利用物理的或化学的方法处理，使其丧失感染性或毒性但保持免疫原性的一类制品。灭活疫苗分为组织灭活疫苗和培养物灭活疫苗。灭活苗的优点是研制周期短，使用安全，易于保存和运输，容易制成联苗或多价苗；缺点是不能在动物体内增殖，使用剂量大，免疫保护期短，通常需加佐剂以增强免疫效果，常需多次免疫，且只能注射免疫。

3. 代谢产物疫苗 是利用细菌的代谢产物如毒素、酶等制成的疫苗。如破伤风毒素、白喉毒素、肉毒梭菌毒素经甲醛灭活后制成的类毒素具有良好的免疫原性，是一种良好的主动免疫制剂。此外，致病性大肠杆菌肠毒素、多杀性巴氏杆菌的攻击毒素和链球菌的扩散因子等都可作为代谢产物疫苗。

4. 亚单位疫苗 从病原体提取免疫有效成分，去除有害或无效成分，利用一种或几种亚单位成分制成的疫苗称为亚单位疫苗。这些免疫有效成分包括细菌的荚膜、鞭毛，病毒的囊膜、膜粒、衣壳蛋白等。亚单位疫苗没有微生物的遗传信息，但免疫动物能产生针对此微生物的免疫力，并且可免除微生物非抗原成分引起的不必要的不良反应，保证疫苗的安全性。如狂犬病亚单位疫苗、口蹄疫VP3疫苗、流感血凝素疫苗及脑膜炎球菌多糖疫苗、致病性大肠杆菌K88疫苗等。亚单位疫苗由于制备困难，价格昂贵，在生产中难以推广应用。

5. 生物技术疫苗 生物技术疫苗是利用生物技术制备的分子水平的疫苗，包括基因工程亚单位疫苗、合成肽疫苗、抗独特型疫苗、DNA疫苗及基因工程活载体疫苗。

（1）基因工程亚单位疫苗。利用DNA重组技术，将微生物的保护性抗原基因重组于载体质粒后导入受体菌或细胞，使该基因在受体菌或细胞中高效表达，产生大量的保护性抗原肽片段，提取该抗原肽片段，加佐剂即制成亚单位疫苗。首次报道研制成功的是口蹄疫基因工程亚单位苗，此外还有预防仔猪和犊牛下痢的大肠杆菌菌毛基

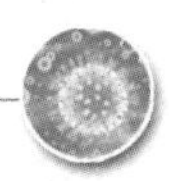

因工程亚单位疫苗。

（2）合成肽疫苗。用人工合成的多肽抗原与适当载体和佐剂配合而成的疫苗。如人工合成白喉杆菌的14个氨基酸肽、流感病毒血凝素的18个氨基酸肽等。此类疫苗解决了疫苗减毒不彻底导致的安全问题、生产过程中一些病毒不能人工培养问题、某些病毒如流感病毒不断出现新的血清型问题等。

（3）抗独特型抗体疫苗。与特定抗原的抗体结合的抗体，称为抗独特型抗体。抗独特型抗体可以模拟抗原物质，可刺激机体产生与抗原特异性抗体具有同等免疫效应的抗体，由此制成的疫苗称抗独特型疫苗或内影像疫苗。抗独特型疫苗不仅能诱导体液免疫，亦能诱导细胞免疫，并不受MHC的限制，而且具有广谱性。此类疫苗制备不易，成本较高。

（4）DNA疫苗。是一种最新的分子水平的生物技术疫苗，将编码保护性抗原的基因与能在真核细胞中表达的载体DNA重组，重组的DNA可直接注射到动物体内，刺激机体产生体液免疫和细胞免疫。

（5）基因工程活载体疫苗。包括基因缺失苗、重组活载体疫苗及非复制性疫苗三类。

①基因缺失疫苗是用基因工程技术将毒株毒力相关基因切除构建的疫苗。该苗比较稳定，无毒力返祖现象，是效果良好而且安全的新型疫苗。目前已有多种基因缺失苗问世，如霍乱弧菌A亚基基因中切除94%的A1基因缺失变异株，获得无毒的活菌苗。另外，将某些疱疹病毒的TK基因切除，其毒力下降，而且不影响病毒复制及其免疫原性，成为良好的基因缺失苗。猪伪狂犬病基因缺失苗已商品化并普遍使用。

②重组活载体疫苗是用基因工程技术将保护性抗原基因（目的基因）转移到载体中，使之表达的活疫苗。目前有多种理想的病毒载体，如痘病毒、腺病毒和疱疹病毒等都可以用于活载体疫苗的制备。国外已经研制出以腺病毒为载体的乙肝疫苗、以疱疹病毒为载体的新城疫疫苗等。

③非复制性疫苗又称活一死苗。与重组活载体疫苗类似，但载体病毒接种后只产生顿挫感染，不能完成复制过程，无排毒的隐患，同时又可表达目的抗原，产生有效的免疫保护。如用金丝猴痘病毒为载体，表达新城疫病毒HF基因，用于预防鸡的新城疫。

6. 寄生虫疫苗　由于寄生虫大多有复杂的生活史，同时虫体抗原又极其复杂，且有高度多变性，迄今较为理想的寄生虫疫苗不多。多数研究者认为，只有活的虫体才能诱发机体产生保护性免疫。国际上有些国家使用犬钩虫疫苗及抗球虫活苗等收到了良好的免疫效果，有些国家还相继生产了旋毛虫虫体组织佐剂苗、猪全囊虫匀浆苗、弓形虫佐剂苗和伊氏锥虫致弱苗等。

7. 多价苗和联苗　多价苗是指将同种细菌（或病毒）的不同血清型混合制成的疫苗，如巴氏杆菌多价苗、大肠杆菌多价苗、口蹄疫O、A型双价苗。

联苗是指由两种或两种以上的细菌或病毒联合制成的疫苗，一次免疫可达到预防几种疾病的目的。如猪瘟-猪丹毒-猪肺疫三联苗，新城疫-减蛋综合征-传染性法氏囊病三联苗，犬的六联苗等。

联苗或多价苗的应用可减少接种次数，减少接种动物的应激反应，因而利于畜牧生产管理。

(二) 免疫血清

动物经反复多次注射同一种抗原物质后，机体体液中尤其血清中产生大量抗体，由此分离所得的血清称为免疫血清，又称高免血清或抗血清。此外，可用类似方法免疫产蛋鸡群，收集卵黄制备高免卵黄抗体制剂。免疫血清或卵黄抗体常用于传染病的治疗或紧急预防，属人工被动免疫。免疫血清注入机体后免疫产生快，但免疫持续期短，常用于传染病的紧急预防和治疗，临床上常用的有抗炭疽血清、抗猪瘟血清、抗小鹅瘟血清、抗鸭病毒性肝炎血清、破伤风抗毒素等。

根据制备免疫血清所用抗原物质的不同，免疫血清可分为抗菌血清、抗病毒血清和抗毒素（抗毒素血清）。

根据制备免疫血清所用动物的不同，免疫血清还有同种血清和异种血清之分。用同种动物制备的血清称同种血清，用异种动物制备的血清称异种血清，抗细菌血清和抗毒素通常用大动物（马、牛等）制备，如用马制备破伤风抗毒素，用牛制备猪丹毒血清均为异种血清。抗病毒血清常用同种动物制备，如用猪制备猪瘟血清、用鸡制备鸡新城疫血清等，同种动物血清的产量有限，但免疫后不引起应答反应，因而比异种血清免疫期长。

在家禽常用卵黄抗体制剂进行人工接种，例如鸡群爆发鸡传染性法氏囊炎（IBD）时，用高效价 IBD 卵黄抗体进行紧急接种，可起到良好的防治效果。卵黄抗体的应用应考虑防止内源和外源病原微生物的污染。

(三) 诊断液

利用微生物、寄生虫或其代谢产物，以及含有其特异性抗体的血清制成的，专供传染病、寄生虫病或其他疾病诊断以及机体免疫状态监测用的生物制品，称为诊断液。

诊断液包括诊断抗原和诊断抗体（血清）。诊断抗原包括变态反应性抗原和血清学反应抗原，如结核菌素、布鲁氏菌素等均是变态反应性抗原，对于已感染的机体，此类诊断抗原能刺激机体发生迟发型变态反应，从而来判断机体的感染情况；血清学反应抗原包括各种凝集反应抗原，如鸡白痢全血平板凝集抗原、鸡支原体病全血平板凝集抗原、布鲁氏菌病试管凝集及平板凝集抗原等；沉淀反应抗原，如炭疽环状沉淀反应抗原、马传染性贫血琼脂扩散抗原等；补体结合反应抗原，如鼻疽补体结合反应抗原、马传染性贫血补体结合反应抗原等。应该指出的是在各种类型的血清学试验中，用同一种微生物制备的诊断抗原，会因试验类型的不同而有差异，因此，在临床使用时，应根据试验类型选择适当的诊断抗原使用。

诊断抗体，包括诊断血清和诊断用特殊抗体。诊断血清是用抗原免疫动物制成的，如鸡白痢血清、炭疽沉淀素血清、产气荚膜梭菌定型血清、大肠杆菌和沙门氏菌的单因子血清等。此外，单克隆抗体、荧光抗体、酶标抗体等也已作为诊断制剂而得到广泛应用，研制出的诊断试剂盒也日益增多。

三、生物制品的命名原则

根据中华人民共和国《兽用新生物制品管理办法》规定，生物制品命名原则有10条。

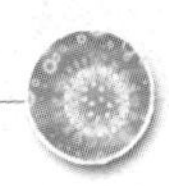

（1）生物制品的命名原则以明确、简练、科学为基础原则。

（2）生物制品名称不采用商品名或代号。

（3）生物制品名称一般采用“动物种名＋病名＋制品名称”的形式。诊断制剂则在制品种类前加诊断方法名称。如：牛巴氏杆菌病灭活疫苗、马传染性贫血活疫苗、猪支原体肺炎微量间接血凝抗原。特殊的制品命名可参照此方法。病名应为国际公认的、普遍的称呼，译音汉字采用国内公认的习惯定法。

（4）共患病一般可不列动物种名。如：气肿疽灭活疫苗、狂犬病灭活疫苗。

（5）由特定细菌、病毒、立克次体、螺旋体、支原体等微生物以及寄生虫制成的主动免疫制品，一律称为疫苗。例如：仔猪副伤寒活疫苗、牛瘟活疫苗、牛环形泰勒虫疫苗。

（6）凡将特定细菌、病毒等微生物及寄生虫毒力致弱或采用异源毒制成的疫苗，称“活疫苗”；用物理或化学方法将其灭活后制成的疫苗，称“灭活疫苗”。

（7）同一种类而不同毒（菌、虫）株（系）制成的疫苗。可在全称后加括号注明毒（菌、虫）株（系）。例如：猪丹毒活疫苗（GC42 株）、猪丹毒活疫苗（G4T10 株）。

（8）由两种以上的病原体制成的一种疫苗，命名采用“动物种名＋若干病名＋x 联疫苗”的形式。例如：羊黑疫、快疫二联灭活疫苗，猪瘟、猪丹毒、猪肺疫三联活疫苗。

（9）由两种以上血清型制备的一种疫苗，命名采用“动物种名＋病名＋若干型名＋x 价疫苗”的形式。例如：口蹄疫 O 型、A 型双价活疫苗。

（10）制品的制造方法、剂型、灭活剂、佐剂一般不标明。但为区别已有的制品，可以标明。

任务二　生物制品的应用

一、疫苗使用的注意事项

疫苗是用于人工主动免疫的生物制品，接种疫苗是预防动物疫病的发生行之有效的措施之一，但在疫苗使用的过程中，必须注意以下 9 个方面的问题，否则就会造成免疫失败。

1. 疫苗的质量　首先，疫苗应购自国家批准的生物制品厂家。购买及使用前检查是否过期，并剔除破损、封口不严及物理性状（色泽、外观、透明度、有无异物等）与说明不符者。

2. 疫苗的保存和运输　供免疫接种的疫苗购买后，必须按规定的条件保存和运输，否则会使疫苗的质量明显下降而影响免疫效果甚至造成免疫失败。一般来说，灭活苗要保存于 2～15℃的阴暗环境中，非经冻干的活菌苗（湿苗）要保存于 4～8℃的冰箱中，这两种疫苗都不应冻结保存。冻干的弱毒苗，一般都要求低温冷冻－15℃以下保存，并且保存温度越低，疫苗病毒（或细菌）死亡越少。如猪瘟兔化弱毒冻干苗在－15℃可保存 1 年，0～8℃保存 6 个月，25℃约 10d。有些国家的冻干苗因使用耐热保护剂而保存于 4～6℃。所有疫苗的保存温度均应保持稳定，温度高低波动大，尤其是反复冻融，疫苗病毒（或细菌）会迅速大量死亡。马立克病疫苗有一种细胞结合型疫苗，必须于液氮罐中保存和运输，要求更为严格。

疫苗运输的理想温度应与保存的温度一致，在疫苗运输时通常都达不到理想的低温要求，因此，运输时间越长，疫苗中病毒（或细菌）的死亡率越高，如果中途转运多次，影响就更大，生产中要注意此环节。

3. 疫苗的稀释与及时使用

（1）器械的消毒。一切用于疫苗稀释的器具，包括注射器、针头及容器等，使用前必须洗涤干净，并经高压灭菌或煮沸消毒，不干净的和未经灭菌的用具，容易造成疫苗的污染或将疫苗病毒（或细菌）杀死。注射器和针头尽量做到一头（只）换一个。绝不能一个针头从头打到尾。用清洁的针头吸药，使用完毕的疫苗瓶、剩余疫苗及给药用具一起消毒灭菌处理。

（2）稀释剂的选择。必须选择符合要求的稀释剂来稀释疫苗，除马立克病疫苗等个别疫苗要用专用的稀释剂以外，一般用于滴鼻、滴眼、刺种、擦肛及注射的疫苗，可用灭菌的生理盐水或灭菌的蒸馏水作为稀释剂；饮水免疫时，稀释剂最好用蒸馏水或去离子水，也可用洁净的深井水，但不能用含消毒剂的自来水；气雾免疫时，稀释剂可用蒸馏水或去离子水，如果稀释水中含有盐类，雾滴喷出后，由于水分蒸发，盐类的浓度增高，亦会使疫苗病毒死亡。为了保护疫苗病毒，可在饮水或气雾的稀释剂中加入0.1%的脱脂奶粉或山梨糖醇。

（3）稀释方法。稀释疫苗时，首先将疫苗瓶盖消毒，然后用注射器把少量的稀释剂注入疫苗瓶中，充分摇振，使疫苗完全溶解后，再加入其余量的稀释剂。如果疫苗瓶太小，不能装入全部的稀释剂，应把疫苗吸出来放于一容器中，再用稀释剂把原疫苗瓶冲洗若干次，以便将全部疫苗病毒（或细菌）都洗下来。

疫苗应于临用前才由冰箱内取出，稀释后应尽快使用。尤其是活毒疫苗稀释后，于高温条件下或被太阳光照射易死亡，时间越长，死亡越多。一般来说，马立克氏疫苗应于稀释后1～2h用完，其他疫苗也应于2～4h用完，超过此时间的要灭菌后废弃，更不能隔天使用。

4. 选择适当的免疫途径　接种疫苗的方法有滴鼻、点眼、刺种、皮下或肌内注射、饮水、气雾、滴肛或擦肛等，应根据疫苗的类型、疫病特点及免疫程序来选择每次的接种途径，一般应以疫苗使用说明为准。例如灭活疫苗、类毒素和亚单位疫苗不能经消化道接种，一般用于肌内或皮下注射，注射时应选择活动少的易于注射的部位，如颈部皮下、禽胸部肌肉等。

5. 制订合理的免疫程序　目前没有适用于各地区及各饲养场的固定的免疫程序，应根据当地的实际情况制订。由于影响免疫的因素很多，免疫程序应根据疫病在本地区的流行情况及规律、畜禽的用途（种用、肉用或蛋用）、年龄、母源抗体水平和饲养条件，以及使用疫苗的种类、性质、免疫途径等方面的因素制订，不宜做统一要求。免疫程序应随情况的变化而作适当调整，不存在普遍适用的最佳免疫程序。血清学抗体检测是重要的参考依据。

6. 免疫剂量、接种次数及时间间隔　在一定限度内，疫苗用量与免疫效果成正相关。过低的剂量刺激强度不够，不能产生足够强烈的免疫反应；而疫苗用量超过了一定限度后，免疫效果不但不增加，还可能导致免疫受到抑制，称为免疫麻痹。因此

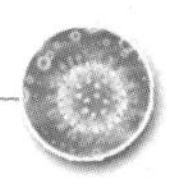

疫苗的剂量应按照规定使用，不得任意增减。

疫苗使用时，在初次应答之后，间隔一定时间重复免疫，可刺激机体产生再次应答和回忆反应，产生较高水平的抗体和持久免疫力。所以生产中常进行 2～3 次的连续接种，时间间隔视疫苗种类而定，细菌或病毒疫苗免疫产生快，间隔 7～10d 或更长一些。类毒素是可溶性抗原，免疫反应产生较慢，时间间隔至少 4～6 周。

7. 疫苗的型别与疫病型别的一致性　有些传染病的病原有多种血清型，并且各血清型之间无交互免疫性，因此对于这些传染病的预防就需要对型免疫或用多价苗。如口蹄疫、禽流感、鸡传染性支气管炎的免疫就应注意对型免疫或使用多价苗。

8. 药物的干扰　使用活菌苗前后 10d 不得使用抗生素及其他抗菌药，活菌苗和活病毒苗不能随意混合使用。

9. 防止不良反应的发生　免疫接种时，应注意被免疫动物的年龄、体质和特殊的生理时期（如怀孕和产蛋期）。幼龄动物应选用毒力弱的疫苗免疫，如鸡新城疫的首次免疫用Ⅳ系而不用Ⅰ系，鸡传染性支气管炎首次免疫用 H120，而不用 H52；对体质弱或正患病的动物应暂缓接种；对怀孕母畜和产蛋期的家禽使用弱毒疫苗，可导致胎儿的发育障碍和产蛋下降，因此，生产中应在母畜怀孕前、家禽产蛋前做好各种疫病的免疫工作，必要时，可选择灭活疫苗，以防引起流产和产蛋下降等不良后果。

免疫接种完毕，要将用过的用具及剩余的疫苗高压灭菌。同时注意观察动物的状态和反应，有些疫苗使用后会出现短时间的轻微反应，如发热、局部淋巴结肿大等，属正常反应。如出现剧烈或长时间的不良反应，应及时治疗。

二、免疫血清使用的注意事项

免疫血清是用于人工被动免疫的生物制品，一般保存于 2～8℃的冷暗处，冻干制品在－15℃以下保存。接种免疫血清是预防和治疗动物疫病行之有效的措施之一，但在免疫血清使用的过程中，必须注意以下 5 个方面的问题：

1. 早期使用　抗毒素具有中和外毒素的作用，抗病毒血清具有中和病毒的作用，这种作用仅限于未和组织细胞结合的外毒素和病毒，而对已和组织细胞结合的外毒素、病毒及产生的组织损害无作用。因此，用免疫血清治疗时，越早越好，以便使毒素和病毒在未达到侵害部位之前，就被中和而失去毒性。

2. 多次足量　应用免疫血清治疗虽然有收效快、疗效高的特点，但维持时间短，因此必须多次足量注射才能收到好的效果。

3. 血清用量　要根据动物的体重、年龄和使用目的来确定血清用量，一般大动物预防用量为 10～20mL，中等动物 5～10mL，家禽预防用量 0.5～1mL，治疗用量 2～3mL。

4. 途径适当　使用免疫血清适当的途径是注射，而不能经口使用。注射时以选择吸收较快者为宜。静脉吸收最快，但易引起过敏反应，应用时要注意预防。另外，也可选择皮下或肌内注射。静脉注射时应预先加热到 30℃左右，皮下注射和肌内注射量较大时应多点注射。

5. 防止过敏　用异种动物制备的免疫血清使用时可能会引起过敏反应，要注意预防，最好用提纯制品。给大动物注射异种血清时，可采取脱敏疗法注射，必要时应准备好抢救措施。

生物制品是用于动物疫病预防、诊断和治疗的一类生物制剂，其生产具有特殊性，生物制品的质量优劣不仅直接关系到对动物疫病预防的有效性和安全性，而且关系到人类健康和可能对生态环境造成的影响。因此，制造生物制品的条件必须达到GMP的要求，建立国家监察制度，对生物制品质量进行监督。各种生物制品的生产应遵循《兽医生物制品制造及检验规程》《兽用生物制品注册分类及注册资料要求》《兽药管理条例》《兽药注册办法》等国家法律法规的要求。

知识拓展一　疫苗的制备及检验

疫苗种类、苗型较多，制备工艺有较大差异，但制造的基本程序大致相同。一般来讲，活疫苗制造主要包括种毒鉴定、种毒批制备，细菌、病毒或寄生虫培养、鉴定，抗原纯化或提取，配苗与冻干及成品检验等过程；灭活苗制造主要包括种毒鉴定、种子液纯制备，细菌、病毒或寄生虫培养、鉴定，抗原提取、灭活，配苗及成品检验等过程。

一、疫苗的制备

（一）细菌性疫苗的制备

细菌性疫苗的制备由细菌培养开始。不同的菌苗制备工艺不尽相同，但主要程序基本一致，其制备工艺流程见图6-1。

1. 细菌性灭活疫苗的制备程序

（1）菌种与种子培养。选取毒力弱、免疫原性好的1～3个品系菌株，按规定定期复壮和鉴定，将合格菌种增殖培养并经无菌检验、活菌计数达到标准后作为种子液。种子液保存于2～8℃冷暗处，在有效期内用于菌苗生产种子使用。

（2）菌液培养。用于规模化细菌培养的方法很多，包括固体表面培养法、液体静置培养法、液体深层通气培养法和透析培养法。一般固体培养易获得高浓度细菌悬液，含培养基成分少，易稀释成不同的浓度，但生产量较小。因此，大量生产疫苗时常用液体培养法。

（3）灭活与浓缩。灭活时，根据细菌的特性选择有效的灭活剂和最适灭活条件。灭活后需对菌液进行浓缩，以提高菌液浓度，进而提高灭活菌苗的免疫效果。常用的浓缩方法有离心沉降法、氢氧化铝吸附沉淀法和羧甲基纤维沉淀法，可使菌液浓缩一倍以上。

（4）配苗与分装。配苗就是在菌苗的制备过程中加入佐剂，以增强免疫效果。由于灭活菌苗所用的佐剂不同，所以配苗方法也不相同。如猪肺疫氢氧化铝菌苗的配制，既可在加入甲醛灭活的同时按比例加入氢氧化铝胶佐剂，也可经甲醛灭活后再按

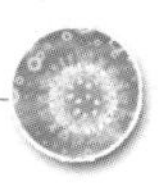

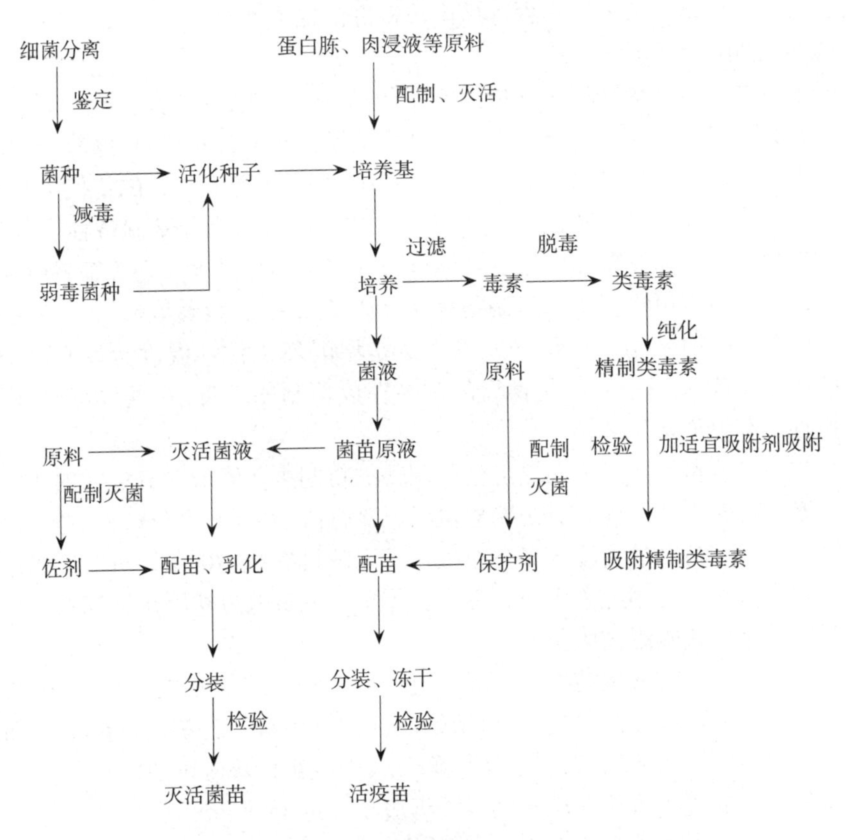

图 6-1　细菌性疫苗及类毒素制备工艺流程
（姜平．2003．兽医生物制品学）

比例加入佐剂；又如禽霍乱油佐剂菌苗的配制，取白油 135mL、司本-85 11.4mL、吐温-85 3.6mL，混合成油相，在搅拌下加入等量水相（甲醛灭活菌液）。配苗时应充分振摇混匀，分装时亦如此，并即时塞上瓶塞、贴标签或印字。整个制备过程均须在无菌条件下按照无菌操作进行。

2. 细菌性活疫苗的制备程序

（1）菌种与种子。弱毒菌种多是冻干制品，在使用前应按照规程规定进行复壮、挑选，并做形态、免疫原性等鉴定，合格后将菌种接种于规定的培养基进行增殖培养，经纯粹检查及有关的检查合格者即作为种子液。种子液保存在 0～4℃，有效期 2 个月。在保存期内用作菌苗生产的批量种子使用。

（2）菌液培养。按培养基 1%～3%的比例接入种子液，依不同菌苗的要求制备菌液。如猪丹毒弱毒苗在深层通气培养中要加入适当植物油作消泡剂，并通入过滤除菌的空气。菌液于 0～4℃暗处保存，经抽样无菌检验、活菌计数合格后使用。

（3）浓缩。对上述检验合格的菌液进行浓缩，其目的是提高单位体积菌数，进而提高某些弱毒菌苗的免疫效果。常用的浓缩方法有吸附剂吸附沉降法和离心沉降法。浓缩菌液应抽样做纯粹性检验、无菌检验及活菌计数。

（4）配苗和冻干。将检验合格的菌液按比例加入冻干保护剂（如 5%蔗糖脱脂乳）配苗，充分摇匀后立即分装。随后将菌苗迅速放入冻干柜预冷和真空干燥，并立即加塞、抽空、封口，移入冷库保存后由质检部门抽样检验。

3. 类毒素的制备程序

（1）菌种与毒素。应选用中国兽医药品监察所分发或批准的产毒效价高、免疫力强的菌株，必要时可对菌种进行筛选。菌种应定期做全面性状检查（如细菌形态、纯化试验、糖发酵试验、产毒试验、特异性中和试验等），并有完整的传代、鉴定记录。菌种应用冻干或其他适宜方法保存在2～8℃。选择适宜的培养基制备种子菌及毒素。毒素制备过程应严格控制杂菌污染，经显微镜检查或纯化试验发现污染者应废弃。毒素须经除菌过滤后方可进行下一步制备程序，亦可杀菌后进行精制。

（2）脱毒。目前采用最可靠的脱毒方法是甲醛溶液法，温度控制在37～39℃，终浓度控制在0.3%～0.4%。脱毒后的制品即成粗制的类毒素。经检验合格者，置2～8℃保存，有效期可达3年。

（3）类毒素的精制。用人工培养法所制得的粗制类毒素液含有大量的非特异性杂质，而毒素含量较低。因此，有必要对类毒素进行浓缩精制，以获得纯的或比较纯的类毒素制品。浓缩精制的方法很多，可根据不同的目的和不同条件进行适当选择。

①物理学方法。可用冷冻干燥、蒸发、超滤、冻融等方法除水浓缩；也可用氧化铝和磷酸钙胶等固相吸附剂吸附。

②化学沉淀法。有酸沉淀法（盐酸、硫酸、磷酸、三氯醋酸等）、盐析法（硫酸盐、硫酸钠、磷酸盐缓冲液等）、有机溶剂沉淀法（甲醇、乙醇、丙酮等）和重金属离子沉淀法（Mg^{2+}、Ca^{2+}、Zn^{2+}、Ba^{2+}等，其中以氯化锌应用最广）。

③层析法。有凝胶过滤和离子交换层析法。

类毒素精制后加终浓度为0.01%硫柳汞防腐，并尽快除菌过滤。保存于2～8℃，有效期为3年。

（二）病毒性疫苗的制备

1. 病毒性组织苗的制备程序　病毒性组织苗是利用病毒在易感动物体内大量增殖，采用含毒量高的组织制备的疫苗。包括动物组织灭活疫苗和动物组织弱毒疫苗，前者多以强毒株制备，如猪瘟结晶紫疫苗、兔出血症组织苗、狂犬病羊脑组织疫苗等；后者均为弱毒株生产，如猪瘟兔化弱毒乳兔组织疫苗、牛瘟兔化弱毒组织疫苗等。制备工艺流程见图6-2。

（1）动物选择。动物质量对组织疫苗的质量有着直接影响，特别是对疫苗的安全性和效力有着决定性的作用。所选择的动物应该是SPF动物，对所接种的病毒易感性高，在品种、年龄、体重等方面应合乎要求。

（2）种毒与接种。种毒既可用强毒株的脏器组织或增菌培养物，也可用弱毒株的组织毒。无论何种种毒都必须经纯粹性、抗原性等检测合格后使用。无疑，生产不同批次的疫苗也可使用同一批检验合格的种毒批，以减少疫苗批次间的质量差别。

将检验合格的种毒接种到动物体内进行病毒的增殖培养。种毒的接种途径依病毒性质和目的而异。如猪瘟结晶紫疫苗，采取猪肌内注射血液毒种；牛瘟兔化弱毒疫苗，向兔耳静脉注射脾、淋巴结毒种；狂犬病疫苗，用兔脑毒种接种绵羊脑内感染。

（3）观察与收获。动物在接种毒种后应每天观察和检查规定的各项指标，常规检查的项目有食欲、精神、活动状态、体温、粪尿、血液变化等。根据观察和检查的结

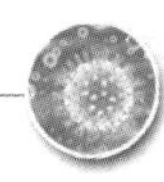

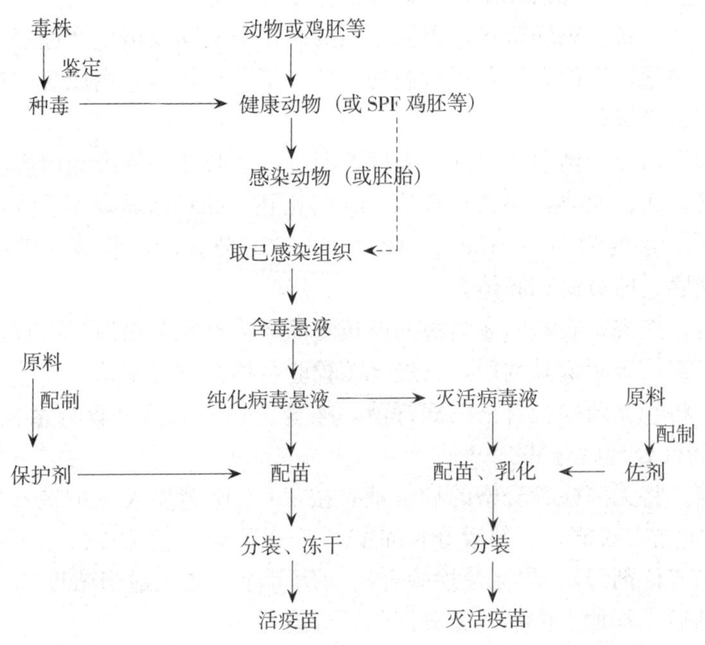

图 6-2　病毒性动物组织疫苗与禽胚培养疫苗制备工艺流程

（姜平．20003．兽医生物制品学）

果选出符合要求的发病动物，按规定方式剖杀，采取、收集含毒量高的器官组织，用于制备疫苗。如兔出血症组织灭活疫苗采集病毒肝生产，猪瘟结晶紫疫苗采取发病猪的血液制备，狂犬病疫苗利用发病羊的脑组织制备。

（4）制苗。

①组织灭活疫苗。收获的含毒组织经无菌检验及毒价测定合格后按规定比例加入平衡液和灭活剂（甲醛、酚、结晶紫等）制成匀浆，然后按不同病毒的灭活温度、时间进行灭活。如猪瘟结晶紫疫苗配制，按血毒 4 份、结晶紫甘油溶液 1 份混合，于 37～38℃减毒 6～8d 制成。

②弱毒组织疫苗。在无菌操作下剔除脏器上的脂肪与结缔组织等，称重后剪碎，加入适量保护剂制成匀浆，然后过滤去除残渣，按实际滤过的组织液计算稀释倍数，加入余量保护剂即为原苗。原苗按 100IU（μg）/mL 加入青霉素和链霉素，摇匀后置 4℃作用一定时间，做无菌检验与毒价测定，合格者进行分装、冷冻、真空干燥制成冻干疫苗。

2. 病毒性禽胚培养疫苗的制备程序　禽胚作为疫苗生产的原材料，其来源方便，质量较易控制，制备程序简单，设备要求较低，生产的疫苗质量可靠。迄今，某些病毒如痘病毒、正黏病毒、副黏病毒等的疫苗仍用禽胚（尤其是鸡胚）制备。其生产工艺流程见图6-2。

（1）鸡胚的选择与孵化。生产用的鸡胚应来自 SPF 鸡群或未用抗生素的非免疫鸡群的受精卵，蛋壳为白色且薄厚均匀。按常规无菌孵化至所需日龄用于接种。

（2）种毒与毒种的继代。种毒应由国家菌、毒种保藏部门供应，适应于鸡胚的种毒多系弱毒且为冻干毒种，使用前需在鸡胚上继代复壮 3 代以上和检验合格后方可用于生产。毒种鉴定内容包括无菌检验、毒价测定和其他项目的鉴定。

(3) 接毒和收获。鸡胚接毒可根据不同的病毒与不同疫苗生产程序选择最佳接种途径和最佳接种量，目的在于获得最高的毒价。接种途径常采用尿囊腔接种、绒毛尿囊膜接种和卵黄囊接种。

鸡胚接种后培养、增殖的时间、温度、湿度以及收获的标准与内容物依据病毒的种类和鸡胚接种途径而异，弃去接毒后24h内死胚。如鸡新城疫Ⅰ系苗，接毒后温度为38.5～39℃，湿度为60%～70%，收获48～72h死胚的尿囊液，供制苗用。也可收获绒毛尿囊膜、卵黄囊和胚体。

(4) 配苗。按规定收获的尿囊液和卵黄囊经无菌检验合格后，可直接配苗。胎体和绒毛尿囊膜需剪碎制成乳剂后，再经无菌检验合格，方可配苗。

①湿苗。将经无菌检验合格的病毒液，按规定加入双抗（青霉素、链霉素），放置2～8℃冷暗处处理后分装。

②冻干苗。将无菌检验合格的病毒液，按1∶1比例加入保护剂（如5%蔗糖脱脂乳），按规定加入双抗，混匀后分装冻干。

③灭活苗（佐剂苗）。将无菌检验合格的病毒液，加入适当浓度的灭活剂，在适当条件下灭活后，再加入佐剂，充分混匀后分装。

3. 病毒性细胞培养疫苗的制备程序 病毒的细胞培养已广泛应用于兽用生物制品尤其是疫苗的工业化生产。可根据不同的病毒与不同疫苗生产程序选择最佳培养细胞和细胞培养方法。细胞培养疫苗有灭活疫苗和活疫苗两类，前者多为强毒株培养增殖制备，后者则为弱毒株增殖生产，两者的制备程序基本相同。

(1) 种毒和毒种。种毒由国家指定的菌、毒种保藏部门鉴定分发，多为冻干品。按规定在细胞中继代培养后用作毒种。继代培养控制在一定代数以内。

(2) 营养液配制与细胞制备。营养液通常分为细胞培养用的生长液和病毒增殖用的维持液，两者不同的是生长液中血清含量为5%～20%，维持液血清含量仅有0～5%。不同细胞需要不同的营养成分，根据需要选择合适的营养液。常用的营养液有乳汉液、MEM、EMEM、199、1640等，只需溶解后经除菌过滤即可使用。

制备疫苗用的细胞主要是原代细胞和二倍体细胞，根据病毒种类、疫苗性质与工艺流程选择不同的细胞。选择的依据是：病毒的适应性高、毒价高、细胞来源方便、制备简单、生命力强。

常用的细胞培养方法有静止培养、悬浮培养、微载体培养等。按要求将细胞培养成细胞单层，备用。

(3) 接毒与收获。病毒接种可与细胞同步（分装同时或分装不久后接种病毒）或异步（细胞形成单层后接种病毒）。待出现70%～80% CPE时即可收获。收获时可将培养瓶反复冻融后收取；也可加入EDTA-胰酶液消化分散收获。收获的细胞毒液经无菌检验、毒价测定合格后，供配苗用。

(4) 配苗。灭活疫苗和冻干苗的配制方法见禽胚培养疫苗。

二、疫苗的成品检验

成品检验是保证疫苗质量的重要环节，由监察部门承担。

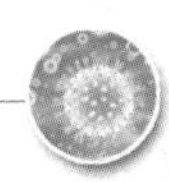

1. 纯粹检验或无菌检验　所有制品都不应有外源微生物污染，灭活疫苗不得含有活的本菌或本毒。每种产品按规定的比例随机抽样，抽取的样品部分用于成品检验，部分用作留样保存。凡含有防腐剂、灭活剂或抗生素的疫苗需用培养基稀释后再移植培养。不同疫苗无菌检验所用培养基种类不同，通常选择最适合各种容易污染的需氧或厌氧杂菌生长而不适宜活菌苗细菌的培养基，如马丁肉汤琼脂斜面、普通琼脂斜面、血琼脂斜面及厌氧肉肝汤和改良沙氏培养基等，分别将被检物0.2～1mL接种到50～100mL培养基中。除改良沙氏培养基置20～30℃外，其余均置37℃培养3～10d，观察有无杂菌生长，或按要求再作移植培养后判定结果。灭活苗培养应无细菌生长，弱毒活苗应无杂菌生长。除一些组织苗如猪瘟兔化弱毒乳兔组织疫苗、鸡新城疫鸡胚组织疫苗等按规定允许含一定数量非病原菌外，每批抽检的样品应全部无菌生长。如经无菌检验证明含污染菌，必须进行污染菌病原性鉴定及杂菌计数再作结论。

2. 活菌计数　弱毒活菌苗必须进行活菌计数，以计算头份数和保证免疫效果。通常用适量稀释的疫苗均匀接种最适平板培养基，置37℃培养24～48h后计数，以3瓶样品中最低菌数者确定每批菌苗的使用头剂。

3. 安全检验　制品的安全性是其首要条件，各种制品都必须经过安全检验，合格者方可出厂。检验的内容包括外源性细菌污染的检验，杀菌、灭菌或脱毒效果检验，残余毒力及毒性物质的检验，对胚胎的致畸和致死性检验等。用于安全检验的动物应是敏感性高的普通级或清洁级动物，且符合一定的品种或品系、年龄、体重等规定。

安全检验的剂量通常高于免疫剂量5～10倍，以确保疫苗的安全性，必要时还需要用同源动物进行复检。在安全检验期内，如发生经剖检证明非产品所致者，应做重检；如检查结果可疑而难以结论时，应以加倍动物进行重检。凡规定要用多种动物做安全检验的产品，应以全部动物安全为合格。在用小动物检验不合格时，有的产品规定可用同源的动物重检，但若用同源动物检验不合格者，不允许再用小动物重检。只有安全检验合格的疫苗方可出具证明，允许出厂。

4. 效力检验　主要包括疫苗的免疫原性检验，免疫产生期与持续期检验。多数采用动物保护试验、活菌计数与病毒量滴定或血清学方法进行。

5. 其他检验

（1）物理性状检验。应逐瓶检查其装量是否正确、封口是否严密，包装是否整洁美观，以及内容物是否有异物等。凡变质者均应剔除；装量不足、封口不严、外观污秽不洁和标签不符者均应废弃。冻干疫苗应为海绵状疏松物，呈微白、微黄或微红色，无异物和干缩现象，安瓿口无裂缝及烧焦物。加水或稀释液后，常温下应在5min内即溶解成均匀一致的混悬液。

（2）真空度检查。冻干苗无论在入库保存时或在出库前2个月时都应通过高频火花真空测定器进行真空度检查，剔除无真空的制品，但不得重抽空后出厂。

（3）残余水分测定。冻干制品残余水分含量均不得超过4%，否则会严重地影响制品的保存期和质量。每批冻干制品随机抽取4瓶（每瓶冻干物不少于0.3g），进行真空烘箱测定或卡氏测定法测定含水量。

知识拓展二　免疫血清的制备及检验

一、动物的选择与管理

1. 动物的选择　用于制备免疫血清的动物有马、牛、山羊、绵羊、猪、兔、豚鼠、鸡、鹅等。制备抗菌和抗毒素血清多用异种动物，通常用马、牛等大动物制备。如破伤风抗毒素多用青年马制备，猪丹毒抗血清多用牛制备。抗病毒血清的制备多用同种动物，如抗牛瘟血清用牛制备，抗猪瘟血清用猪制备。总的看来，制备免疫血清用马较多，因为血清渗出率较高，外观颜色较好。由于动物存在个体差异，所以选定动物应有一定的数量。此外，还必须是选自非疫区，经过隔离观察和严格检疫后确认为健康的动物方可投入使用。

2. 动物的管理　制血清用动物应制定严格的管理制度，详细登记每头动物的来源、品种、性别、年龄、体重、特征及营养状况、体温记录和检疫结果等，由专人负责饲养。经常喂以营养丰富及多汁的饲料、经常刷拭体表及每日给予4h以上的运动。动物应在隔离条件下饲养，杜绝散毒。应定期检查免疫及采血期间的动物体温和健康状况。

二、免疫原与免疫程序

1. 免疫原　制备抗菌血清的基础免疫原多为弱毒活苗、灭活苗，而高度免疫原一般选用强毒菌株。通常活菌抗原需用生长对数期的培养16～18h的新鲜培养菌液，经纯粹检查合格者即可作为免疫原。制备抗病毒血清的基础免疫原可用弱毒疫苗，高度免疫原则用强毒。制备抗毒素血清的免疫原可用类毒素，也可根据需要使用毒素或细菌全培养物等。

2. 免疫程序　一般分为基础免疫和高度免疫两个阶段。

基础免疫通常先用本病的弱毒疫苗或灭活疫苗按预防剂量做第一次免疫，经1～3周再用较大剂量免疫1～3次。基础免疫后2～4周开始进行高度免疫，免疫原为强毒株，免疫剂量逐渐增加，每次注射抗原间隔时间多为5～7d，高免的注射次数要视血清抗体效价注射1～10次不等。注射途径常为皮下或肌肉多部位分点注射，每一注射点的抗原，特别是油佐剂抗原不宜过多。

三、采血与抗血清的提取

1. 采血　经检验血清效价达到规定标准时即可采血。不合格者，再度免疫，多次免疫仍不合格者淘汰。一般最后一次高度免疫后7～10d采用全放血或部分采血的方法进行采血。采血前应禁食24h，但需照常饮水。采血须无菌操作，一般不加抗凝剂。

2. 抗血清的提取　采血量较大时可直接采血于事先用灭菌生理盐水或PBS湿润过的玻璃筒内，置室温自然凝固2～4h，当有血清析出时在筒中加入灭菌不锈钢压铊，24h后用虹吸法将血清吸入灭菌瓶中。也可将血液采入50mL离心瓶内，在血液自然凝固后离心分离血清。血清加0.5%石炭酸或0.01%硫柳汞防腐，放置数

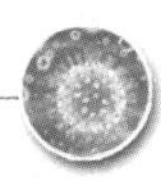

日后再做纯度检验和分装。

四、免疫血清的检验

免疫血清除了要做无菌检验外，还要按规定进行安全检验和效力检验。同时检查装量、封口、瓶签等，只有按要求检验合格后才能使用。

五、卵黄抗体的制备及检验

产蛋的禽类接受抗原刺激后，血清中产生抗体的同时，其卵黄内也产生相应的抗体，而且，卵黄中的抗体水平同样也随抗原的反复刺激而升高。收取卵黄液或提取卵黄液中的抗体可用于相应传染病的预防和治疗，这类抗体称为卵黄抗体。卵黄抗体因其成本低、生产周期短等优点而在某些动物疫病的防治中成为血清抗体的有效替代品。现以鸡传染性法氏囊病为例，简介卵黄抗体的制备过程。

选择健康产蛋鸡群，用鸡传染性法氏囊病弱毒苗或用鸡传染性法氏囊病囊毒组织灭活油乳剂苗肌内注射，一般免疫2～3次，每次间隔10～14d，免疫剂量逐步增加。最后一次免疫完成后7d收集卵黄，并用琼脂扩散试验测卵黄抗体效价（即AGP效价），AGP效价达1∶128时开始收集高免蛋，降至1∶64时停止收蛋。

收集的高免蛋用0.5%的新洁尔灭溶液浸泡或清洗消毒，然后用75%酒精擦拭消毒蛋壳，破壳分离卵黄。根据卵黄的AGP效价加入适量的灭菌生理盐水或PBS，充分捣匀，过滤（稀释后的卵黄抗体AGP效价不应低于1∶16～1∶32），加青霉素、链霉素各1 000U（mg）/mL，加硫柳汞至终浓度为0.01%，4℃或冷冻保存。

每批均需经无菌检验、安全检验、效力检验、硫柳汞残留量测定，检验合格后方可出厂。

知识拓展三　诊断液的制备及检验

诊断液主要有诊断用抗原、诊断用抗体（血清）等。对于诊断液的最基本要求是特异性和敏感性。

一、诊断抗原的制备

1. 血清反应抗原　是用已知微生物和寄生虫及其组分或浸出物、代谢产物、感染动物组织制成，用以检测血清中的相应抗体。常用的抗原有凝集反应抗原、沉淀反应抗原和补体结合反应抗原等。

（1）凝集反应抗原。选择符合要求的合格菌株，接种于适宜培养基上进行培养。用生理盐水洗下培养基上的细菌后进行灭活。将灭活的菌液过滤，除去大的颗粒，离心除去上清，将沉淀用1%福尔马林生理盐水或0.5%石炭酸生理盐水稀释成每毫升含规定菌数。经无菌检验、特异性检验和效价测定合格者即为浓菌液。间接凝集抗原制备使用的载体多为红细胞。先取可溶性抗原，然后将抗原按量吸附于双醛化的载体红细胞上，使红细胞致敏，即为间接凝集抗原。

（2）沉淀反应抗原。根据病原体的不同和制备材料的不同，诊断抗原的制备方法也不同。

①细菌沉淀抗原制备。选择适宜的菌种接种于合适的培养基上培养。培养结束后收获细菌，灭菌，研磨成菌粉，加适当比例的0.5%石炭酸生理盐水浸泡，过滤后的滤液即为沉淀抗原。也可将收集的细菌培养物直接加入一定量的福尔马林或酒精，静置一定时间；或加入一定量醋酸，100℃水浴30min；或用裂解菌体等方法提取抗原，然后离心，收集上清（有时也可使用离心沉淀物），必要时浓缩即成。

②病毒沉淀抗原制备。选择动物增殖病毒，收获含病毒量高的组织制成匀浆，加入缓冲液或生理盐水，裂解细胞，置于40℃浸毒。高速离心取上清，灭活后即成。如采用细胞培养病毒方法制备抗原，接毒后使用不含血清的维持液培养，收集培养物，裂解细胞，3 000r/min离心取上清，浓缩即成。也可进一步提取，用硫酸铵进一步沉淀、纯化抗原。

（3）补体结合反应抗原。先将合格的菌株在培养基上大量培养，然后用0.5%石炭酸生理盐水冲下，收集菌液，高压灭菌或加温水浴灭活，或加福尔马林灭活，然后离心除去上清，将沉淀悬浮于0.5%石炭酸生理盐水中，置冷暗处浸泡一段时间，收集上清即为细菌性补体结合反应抗原。若是病毒性的，就先将病毒在细胞中大量增殖后，收获病毒液，冻融3次，30 000r/min离心30min，收集上清，经适当处理即为抗原。

2. 变态反应抗原 分粗变态反应抗原和提纯变态反应抗原两种。将合格的菌种接种于规定的培养基上培养一定时间，收获培养物，然后高压灭菌、过滤，滤液即为粗变态反应抗原。结核菌素还可用合成培养基制备，此培养基不含蛋白质，可减少非特异性物质。提纯变态反应抗原是将选好的菌种接种于不含蛋白质的合成培养基上进行培养，培养结束后收获细菌，高压灭菌、过滤，在滤液中加入4%三氯醋酸，离心洗涤3次，将沉淀物溶于pH7.4磷酸盐缓冲液中，测定蛋白质含量，分装备用或冻干保存。

二、诊断血清（抗体）的制备

诊断抗体是指用于疾病诊断的抗体，包括诊断血清和单克隆抗体等。

（一）诊断血清的制备

诊断血清的制备方法类似治疗用免疫血清的制备，用抗原免疫动物制成。有些血清需进一步除去非特异性抗体成分后使用，如单因子血清的制备需要用非特异性细菌抗原吸收血清中的其他抗体成分。诊断血清，尤其是用于定量测定的诊断血清必须依法进行无菌检验、非特异性检验、效价测定等。

（二）单克隆抗体的制备

1. 单克隆抗体的概念 单克隆抗体（McAb），又称单抗，是指由一个B细胞增殖分化的子代细胞（浆细胞）产生的针对单一抗原决定簇的抗体。这种抗体重链、轻链及其V区独特型的特异性、亲和力、生物学性状等均完全相同。如此均一的抗体用传统的免疫方法无法获得，因为B细胞在体外无限增殖培养很难完成。1975年Kohler和Milstein建立了体外淋巴细胞杂交瘤技术，人工地将产生特异性抗体的B细胞与骨髓瘤细胞融合，形成B细胞杂交瘤。这种杂交瘤细胞既具有骨髓瘤细胞无

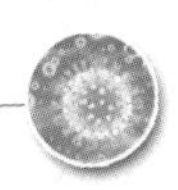

限繁殖的特性，又具有B细胞分泌特异性抗体的能力，由这种克隆化B细胞杂交瘤所产生的抗体即为生产中应用的单克隆抗体。

单克隆抗体与传统使用的免疫血清相比，不仅亲和力不变，而且又具有纯度高、特异性高、均质性好、重复性强、效价高、成本低、可大量生产等无比优越的特点。

2. 单克隆抗体的制备

（1）B细胞的制备。用提纯抗原免疫BALB/c健康小鼠，一般免疫2～3次，每次间隔2～4周，最后一次免疫后3～4d，取小鼠脾，制成10^8个/mL的脾细胞悬液，即为亲本的B细胞。

（2）骨髓瘤细胞的制备。用与免疫同源的小鼠骨髓瘤细胞，在含有10%新生犊牛血清的DMEM培养基中培养，至对数生长期，细胞数达10^5～10^6个/mL，即可用于细胞融合。

（3）饲养细胞的准备。常用的饲养细胞有小鼠胸腺细胞、小鼠腹腔巨噬细胞。饲养细胞一方面可减少培养板对杂交瘤细胞的毒性，另一方面巨噬细胞也能清除一部分死亡的细胞。在融合前，将饲养细胞制成所需浓度，加入培养板孔中。

（4）选择培养基。常用HAT选择培养基，在该培养基中，只有融合的骨髓瘤细胞才能生长。

（5）细胞融合。将脾细胞与骨髓瘤细胞按一定比例混合，离心后吸尽上清液，然后缓缓加入融合剂，静置90s，逐渐将HAT培养基分别加入有饲养细胞的96孔培养板中，置5%～10%二氧化碳培养箱中培养。5d更换一半HAT培养基，再5d后改用HT培养基，再经5d用完全DMEM培养基。

（6）检测抗体。杂交瘤细胞培养后，应用敏感的血清学方法检测各孔中的抗体，通过检测筛选出抗体阳性孔。

（7）杂交瘤细胞的克隆化。对于抗体阳性孔的杂交瘤细胞应采用有限稀释法、显微操作法、软琼脂平板法尽快克隆化。原始克隆、克隆化的杂交瘤细胞，可加入二甲基亚砜，分装在安瓿瓶中保存于液氮中。可用动物体内（如小鼠腹腔）或细胞培养生产单抗。

（三）标记抗体

将具有示踪效应的物质连接于抗体分子上，该抗体相应地具有示踪效应，并保持与相应抗原特异性结合的特性，此种带有示踪物的抗体称为标记抗体。

用于标记的物质主要有荧光素、酶、放射性同位素、亲和素及生物素等，由此建立了免疫荧光标记技术、免疫酶标记技术、同位素标记技术及亲和素-生物素标记技术等。标记抗体在检测中的特异性和敏感性远远超过常规的血清学方法，广泛用于各种抗原的鉴定、抗原含量的测定、疾病的诊断、分子生物学中的基因表达产物分析等各个领域。

1. 荧光素标记抗体　荧光素标记抗体，又称为荧光抗体，是将荧光物质标记在抗体上，然后与相应的抗原结合，借荧光显微镜观察抗原-抗体复合物中特异性荧光的存在，从而判断抗原的存在、位置、分布和含量。免疫荧光技术是将抗原抗体结合的特异性、荧光检测的高敏感性以及显微镜的精确性三者结合的一种检测技术。现已广泛用于细菌、病毒、原虫的鉴定和传染病的快速诊断。

荧光素是能够产生明显荧光、并能作为染料使用的有机化合物。常用的荧光素有异硫氰酸荧光素（FITC）、四乙基罗丹明（RB200）和四甲基异硫氰酸罗丹明（TMRITC），其中FITC应用最广。FITC分子中含有异硫氰基，在碱性（pH9.0～9.5）条件下能与IgG分子的自由氨基结合，形成FITC-IgG结合物，从而制成荧光抗体。用于标记的IgG通常用亲和层析法从抗血清中提纯，并具有特异性强和纯度高的特点。

现以FITC为例，其标记程序为是：将提纯的IgG用pH7.2 PBS稀释成浓度为10～20mg/mL的溶液，按蛋白质含量的1/80～1/100加入FITC，先用pH9.5 0.5mol/L碳酸盐缓冲液溶解FITC，于5min内滴加到IgG溶液中，最后补加碳酸盐缓冲液，使其总量为IgG溶液的1/10。在4℃条件下搅拌12～15h（20～25℃ 1～2h）；用大量PBS透析4h，用Sephadex G-50凝胶滤除标记抗体中的游离荧光素，通过DEAE纤维素层析除去过高标记和未标记的蛋白质分子；最后测定标记抗体的效价和特异性，分装保存。

荧光抗体染色包括直接法和间接法。将染色好的标本片用荧光显微镜观察，呈黄绿色荧光为阳性，应设置阳性对照、阴性对照、自发荧光对照和抑制试验对照。

2. 酶标抗体 酶标抗体是用一定方法使抗体与酶共价结合，利用抗体与抗原反应的特异性和酶催化反应的高敏感性，通过酶专一性底物的显色反应来显示样品中抗原的存在与否，从而对疾病做出诊断。

用于抗体标记的酶有辣根过氧化物酶、碱性磷酸酶、葡萄糖氧化酶等，其中以辣根过氧化物酶（HRP）应用最广。HRP作用的底物是过氧化氢，催化时需要供氢体，供氢体在HRP催化过氧化氢生成水的过程中提供氢，而后自己生成有色产物，因此供氢体亦为显色剂。常用的显色剂有邻苯二胺（OPD）和3，3-二氨基联苯胺（DAB），前者用于酶联免疫吸附试验，后者用于免疫酶组织化学染色法、斑点-酶联免疫吸附试验和免疫转印等试验。

抗体的酶标记常用方法有戊二醛法一步法、戊二醛二步法和过碘酸钠法三种。过碘酸钠法标记率较高，但穿透细胞的能力较弱，主要用于ELISA。其原理是：先用2，4-硝基氟苯（FDNB）封闭酶蛋白上残存的α和ε-氨基，以避免酶的自身交联；然后用过碘酸钠（$NaIO_4$）将HRP中的低聚糖基氧化为醛基，用硼氢化钠中和多余的过碘酸。酶分子上的醛基很活泼，可与蛋白质的氨基结合。

标记步骤为：

①取5mg HRP溶于1.0mL新配制的0.3mol/L pH8.2的碳酸氢钠溶液中。

②滴加0.1mL 1% 2，4-二硝基氟苯（FDNB）无水乙醇溶液，室温避光轻搅1h。

③加入1.0 mL 0.06mol/L过碘酸钠水溶液，室温轻搅30min。

④加入1mL 0.16 mol/L乙二醇，室温避光轻搅，装入透析袋中。

⑤于1 000mL pH 9.5 0.01mol/L的碳酸盐缓冲液中，4℃透析过夜，其间换液3次。

⑥吸出透析袋中液体，加入含5mg IgG的pH9.5 0.01mol/L碳酸盐缓冲液1mL，室温避光轻搅2～3h。

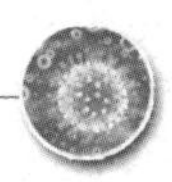

⑦加硼氢化钠（$NaBH_4$）5mg，置4℃ 3h或过夜。

⑧逐滴加入等量饱和硫酸铵溶液，置4℃1h，4 000r/min离心15min，弃上清。再用50%饱和硫酸铵沉淀2次。

⑨沉淀物溶于少量pH7.4 0.01 mol/L PBS，装入透析袋，以同样PBS充分透析至无铵离子，10 000 r/min 离心 30min，上清液即为酶标抗体。酶标抗体可用Sephadex G-200过滤除去未标记的抗体。

⑩用751型分光光度计测定酶标抗体OD值，按公式计算酶含量、抗体含量、HRP与IgG物质的量的比值和酶结合率。

酶含量：HRP含量（mg/mL）$=OD_{403nm}\times 0.4$

IgG含量：IgG含量（mg/mL）$=(OD_{280nm}-OD_{403nm}\times 0.34)\times 0.6$

HRP和IgG物质的量的比值：HRP与IgG物质的量的比值＝HRP含量/IgG含量×4

酶结合率：HRP结合率＝酶标抗体中酶总量/标记时加入的HRP量

酶标抗体中的酶量达500μg/mL以上时，效果较好，如达1 000μg/mL，则效果最为理想。HRP与IgG物质的量的比值在1.0以上较好，2.0时效果最好。酶结合率在9%～10%时较好，能达30%最好。

以上述方法制备的酶标抗体可加纯甘油（终浓度为33%），置4℃保存，保存期达半年至1年，活性不变。如酶标抗体经Sephadex G-200洗脱，则应小量分装，置－20℃保存，尽量避免反复冻融。

3. 亲和素-生物素标记抗体　利用生物素与亲和素专一性结合以及生物素、亲和素既可标记抗体（或抗原），又可被标记物所标记的特性，建立生物素-亲和素系统来显示抗原抗体特异性反应的各种免疫检测技术。

生物素是一种广泛分布于动植物组织的生长因子，经过特殊处理的生物素（活化生物素）可结合溶液中的蛋白质分子，使生物素标记在蛋白质上。如用生物素标记抗体或抗抗体（即二抗）。

亲和素是存在于鸡蛋清中的一种碱性糖蛋白，由四个相同的亚单位组成四聚体，富含色氨酸，通过色氨酸与生物素十分牢固地结合，亲和素的每个亚单位可结合一个生物素分子，因此一个亲和素分子可结合四个生物素分子。

亲和素-生物素标记技术包括桥亲和素-生物素技术（BRAB）、亲和素-生物素-过氧化物酶技术（ABC法）等。

桥亲和素-生物素技术（BRAB）是用生物素分别标记抗体和酶，然后以亲和素为桥，把两者连接起来。检查抗原时，先用生物素标记的抗体与细胞（或组织）内的抗原反应，洗去未结合的生物素标记抗体，加入亲和素孵育后，洗去未结合的亲和素，再加入已标记酶的生物素孵育，洗片，最后加底物显色。

亲和素-生物素-过氧化物酶技术（ABC法）首先是用过氧化物酶标记生物素，然后用过量的亲和素与生物素-酶复合物反应，制成ABC复合物；用生物素标记的第二抗体与ABC复合物连接。用于抗原的检测。

生物素分子小，标记抗体的渗透性更高，敏感性好，因此，在疾病诊断等方面的应用越来越广泛。

复习与思考

1. 解释下列名词：生物制品、疫苗、免疫血清、诊断液。
2. 简述活疫苗和灭活疫苗的优缺点。
3. 疫苗使用时的注意事项有哪些?
4. 免疫血清使用时的注意事项有哪些?

项目七　微生物的其他应用

项目指南

微生物饲料是动物的“绿色食品”，有着广阔的发展前景。单细胞蛋白饲料包括酵母饲料、白地霉饲料、石油饲料和藻体饲料。发酵饲料包括米曲霉发酵饲料、纤维素酶解饲料、瘤胃液发酵饲料和担子菌发酵饲料等。青贮饲料是指玉米秆、牧草等青绿饲料在青贮塔或窖等密封条件下，经过微生物发酵作用而制成的饲料。其颜色黄绿，气味酸香，柔软多汁，适口性好，是一种易加工、耐贮藏、营养价值高的饲料。鲜乳中的微生物主要来自外界环境，其次是乳房内部。保证鲜乳安全和品质必须采取一系列的微生物学措施。鲜乳的常规微生物学检验包括菌落总数、大肠菌群的测定。必要时做常见病原菌的检验。鲜肉中微生物的来源有内源性和外源性两种，可引起鲜肉肉质发生腐败和霉变。蛋内污染的微生物主要有细菌、霉菌等，微生物在蛋内繁殖，可引起鲜蛋腐败、霉坏。微生物酶制剂种类多样，在饲料添加剂、饲料的辅助原料、饲料脱毒和防病保健等多个方面发挥着积极作用。在畜牧业生产中，微生态制剂在巩固或重建正常菌群、提高饲料转化率等方面发挥着重要作用。

本项目的学习应了解微生物在饲料生产中的应用；了解肉、蛋、乳中微生物的来源、检测和意义；能够在掌握微生物酶制剂、微生态制剂概念的基础上，具备在生产实践中应用微生态制剂的理论基础；了解微生物活性制剂的其他应用研究。

认知与解读

任务一　微生物与饲料的认知

饲料中存在着各种微生物，饲料为微生物提供了生长繁殖所需的物质和环境。同时，微生物的各种活动也极大地影响着饲料的营养价值。其中，有的对饲料的生产加工、保存和动物健康有益，有的却能破坏饲料的营养成分，危害动物健康。

微生物饲料是原料经微生物及其代谢产物转化而成的新型饲料，没有使用药剂，其生产环境很少受到污染，是动物的“绿色食品”。用于生产微生物饲料的主要有细菌、酵母菌、霉菌、放线菌、单细胞藻类等。微生物在饲料生产中的作用主要有 3 个方面：一是将各种原料转化为菌体蛋白而制成单细胞蛋白饲料，如酵母饲料和藻体饲料；二是改变原料的理化性状，提高其营养价值和适口性，如青贮饲料和发酵饲料；三是分解原料中的有害成分，如饼粕类发酵脱毒饲料。

一、单细胞蛋白饲料

单细胞蛋白是单细胞或具有简单构造的多细胞生物的菌体蛋白的统称。单细胞蛋白不仅可用于饲料生产，而且对开发人类新型食品有重要意义。单细胞蛋白饲料指由单细胞或简单多细胞生物组成、蛋白质含量较高的饲料。目前可供作饲料用的微生物有酵母菌、白地霉、藻类及非病原性细菌。单细胞蛋白饲料不仅营养价值高，而且随着生物工程技术的不断发展，在利用酒精、啤酒副产品——废水等生产单细胞蛋白饲料的技术方面有了很大进展，单细胞蛋白饲料在我国已有批量生产，显示出了很好的生产和应用前景。单细胞蛋白饲料包括酵母饲料、白地霉饲料、石油蛋白饲料和藻体饲料等。

（一）酵母饲料

将酵母菌繁殖在工农业废弃物及农副产品下脚料中制成的饲料称为酵母饲料，是单细胞蛋白的主要产品。酵母饲料营养齐全，风干制品中粗蛋白质含量为50%～60%，并含有多种必需氨基酸和多种维生素，是近似于鱼粉的优质蛋白质饲料，常作为畜禽蛋白质及维生素的添加饲料。

一般认为酵母饲料除了可以向动物提供动物性蛋白以外，还可以向动物提供一些生物活性物质，促进动物消化道内有益微生物菌群的生长繁殖，进而提高动物对饲料的消化率，减少疾病的发生。

常用于生产酵母饲料的酵母菌有产朊假丝酵母、热带假丝酵母、啤酒酵母等。它们对营养要求不高，除利用己糖外，也可利用植物组织中的戊糖作为碳源，并且能利用各种廉价的铵盐作氮源。因此，生产酵母饲料的原料广泛，如亚硫酸盐纸浆废液、废糖蜜、粉浆水等。如用农作物秸秆、玉米芯、糠壳、棉籽壳、锯末、畜禽粪便时，须预先水解为糖。上述各种原料中以利用亚硫酸盐纸浆废液最为经济。

（二）白地霉饲料

白地霉饲料是将白地霉培养在工农业副产品中形成的单细胞蛋白饲料。白地霉又称乳卵孢霉，属于霉菌。菌丝为分支状，宽3～7μm，为有隔菌丝。节孢子呈筒状、方形或椭圆形。白地霉为需氧菌，适合在28～30℃及pH5.5～6.0的条件下生长。在麦芽汁中生长可形成菌膜，在麦芽汁琼脂上生长形成菌落。菌膜和菌落都为白色绒毛状或粉状。白地霉能利用简单的糖类作为碳源，可以利用尿素、硫酸铵等无机氮化物作为氮源，生产原料来源十分广泛，可采用通气深层液体培养基或浅层培养。生产过程大致与酵母菌饲料相当。

（三）石油蛋白饲料

以石油或天然气为碳源生产的单细胞蛋白饲料称为石油蛋白饲料，又称烃蛋白饲料。能利用石油和天然气的微生物种类很多，包括酵母菌、细菌、放线菌和霉菌，生产上以酵母菌和细菌较常用。以石油或石蜡为原料时主要接种解脂假丝酵母、热带假丝酵母等酵母菌；以天然气为原料时接种嗜甲基微生物。

以石油为原料时，所接种的酵母菌能利用其中的石蜡组分（十一碳以上的烷烃），

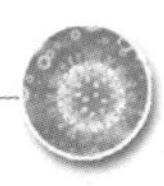

再加入无机氮肥及无机盐，pH5 和 30℃左右的条件下通气培养，就能得到石油蛋白。将其从石油中分离出来干燥，就得到了石油蛋白饲料。

以石蜡为原料时，生产条件基本相同，但原料几乎全部能被酵母菌所分解。形成的石油蛋白也不混杂油类，只需要经过水洗、干燥，就能得到高纯度石油蛋白。

用天然气生产的石油蛋白为第二代石油蛋白。嗜甲基微生物能利用的碳源范围很广，包括甲烷、甲醇及其氧化物，如甲醛、甲酸；还包括含两个以上甲基但不含 c—c 键的物质，如三甲基胺等。在适宜条件下，嗜甲基微生物经过通气培养，就能将这些物质和含氮物转化成菌体蛋白。

(四) 藻体饲料

藻类是泛指生活在水域或湿地，以天然无机物为培养基，以二氧化碳为碳源，以氨等为氮源，通过光合作用进行繁殖的一类单细胞或多细胞蛋白。胞体多带有色素。

藻类细胞中蛋白质占干重的 50%～70%，脂肪含量达干重的 10%～20%，营养比其他任何未浓缩的植物蛋白都高。生产藻体饲料的藻类主要有小球藻、盐藻和大螺旋藻。生产螺旋藻饲料与普通微生物培养不同，一般在阳光及二氧化碳充足的露天水池中进行，温度 30℃左右，pH8～10，通入二氧化碳则产量更高。得到的螺旋藻经过简单过滤、洗涤、干燥和粉碎，即可成为藻体饲料。藻体饲料可提高动物的生长速度，提高饲料转化率，并减少疾病。水池养殖藻类既充分利用了淡水资源，又能美化环境。

二、发酵饲料

粗饲料经过微生物发酵而制成的饲料称为发酵饲料。粗饲料富含纤维素、半纤维素、果胶物质、木质素等粗纤维和蛋白质，但难以被动物直接消化吸收，必须经过微生物发酵分解，才能提高利用率。发酵饲料包括米曲霉发酵饲料、纤维素酶解饲料、瘤胃液发酵饲料、担子菌发酵饲料等。

(一) 米曲霉发酵饲料

米曲霉属于曲霉，生长快，菌落为绒毛状，初期为白色，以后变为绿色。菌丝细长；孢子梗为瓶状，长 6μm，呈单层排列；分生孢子近球形，直径 3μm，表面有突起。米曲霉繁殖的最适条件为 30～32℃、pH6～6.5，但在 25～40℃、pH5～7 时均能生长。

米曲霉能进行需氧呼吸，能利用无机氮和蔗糖、淀粉、玉米粉等碳源，具有极高的淀粉酶活性，能将较难消化的动物蛋白，如鲜血、血粉、羽毛等降解为可消化的氨基酸，形成自身蛋白。

(二) 纤维素酶解饲料

纤维素酶解饲料是富含纤维素的原料在微生物纤维素酶的催化下制成的饲料。纤维素酶是一种多组分的复合生物催化剂，由微生物经过发酵产生，能够分解结构复杂的纤维素，生成易消化的葡萄糖，便于动物消化吸收。细菌、霉菌和担子菌是生产纤维素酶解饲料的主要微生物。秸秆粉或富含纤维素的工业废渣，如蔗渣等，都可作为生产的原料。

（三）瘤胃液发酵饲料

瘤胃液发酵饲料是粗饲料经瘤胃液发酵而制成的一种饲料。牛、羊瘤胃液中含有细菌和纤毛虫，他们能分泌纤维素酶，将纤维素降解。各种可做粗饲料的原料，粉碎后都可做人工瘤胃发酵饲料。向秸秆粉中加入适量水、无机盐和氮素（硫酸铵），再接种瘤胃液，在密闭缸内保温发酵后，就可得到瘤胃液发酵饲料。

（四）担子菌发酵饲料

将担子菌接种于由粗饲料粉、水、铵盐组成的混合物中，担子菌就能使其中的木质素分解，形成粗蛋白含量较高的担子菌发酵饲料。用于发酵饲料的担子菌，有柳小皮伞、小齿薄耙齿菌、榆黄蘑等。

三、青贮饲料

青贮饲料是指青玉米秆、牧草等青绿饲料在青贮塔或窖等密封条件下，经过微生物发酵作用而调制成的饲料。其颜色黄绿，气味酸香，柔软多汁，适口性好，是一种易加工、耐贮藏、营养价值高的饲料。

（一）青贮饲料中的微生物及其作用

天然植物体上附着多种微生物（表7-1），它们在青贮原料中相互制约，巧妙配合，才能制成青贮饲料。

表7-1　植物体上附着的微生物数量

原料种类	数　量			
	腐败细菌（$\times10^6$ 个/g）	乳酸菌（$\times10^3$ 个/g）	酵母菌（$\times10^3$ 个/g）	酪酸菌（$\times10^3$ 个/g）
玉米	42.0	17.0	5.0	1.0
草地青草	12.0	8.0	5.0	1.0
三叶草	8.0	10.0	10.0	1.0
甜菜茎叶	30.0	10.0	500.0	1.0

1. 乳酸菌　是青贮中最重要的细菌，包括乳酸链球菌、乳酸杆菌等。他们能分解青贮原料而产生乳酸，使饲料中的pH急剧下降，从而抑制腐败菌或其他有害菌的繁殖，起到防腐保鲜作用。乳酸菌在青贮过程中不分泌蛋白酶，不会分解破坏原料中的蛋白质，但能利用饲料中的氨基酸。乳酸菌都是革兰氏阳性菌，无芽孢，大多数无运动性，厌氧或微需氧。乳酸链球菌是兼性厌氧菌，要求pH8.6～4.2；乳酸杆菌为专性厌氧菌，要求pH8.6～3.0，产酸能力较强。利用乳酸菌进行乳酸发酵，每个细胞产生的乳酸为其体重的1 000～10 000倍，所以在调制青贮饲料时，原料本身自然附着的乳酸菌作为发酵菌种就足够了，当然如果当时自然界存在的杂菌比较复杂而多，则为了使乳酸菌迅速成为优势菌群，则必须添加发酵剂。

2. 酵母菌　在青贮初期的有氧及无氧环境中，酵母菌能迅速繁殖，分解糖类产生乙醇，使青贮饲料产生良好的香味。随着氧气的耗尽和乳酸的积累，酵母菌的活动很快停止。

3. 丁酸菌　是一类革兰氏阳性、严格厌氧的梭状芽孢杆菌。它们分解糖类而产

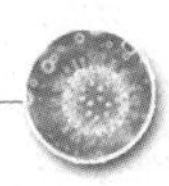

生丁酸、氢气和二氧化碳；将蛋白质分解成胺类及有臭味的物质；还破坏叶绿素，使青贮饲料带有黄斑，含量越多，青贮饲料的品质越差，并严重影响其营养价值和适口性。丁酸菌不耐酸，在 pH4.7 以下时则不能活动。

4. 肠道杆菌　是一类革兰氏阴性无芽孢的兼性厌氧菌，以大肠杆菌和产气杆菌为主。分解糖类虽然能产生乳酸，但也产生大量气体，还能使蛋白质腐败分解，从而降低青贮饲料的营养价值。但是，在密闭良好的正常青贮饲料中，因为环境缺氧和酸度增加，肠道杆菌的活动很快受到抑制。

5. 腐败菌　凡能强烈分解蛋白质的细菌统称为腐败菌，包括枯草杆菌、马铃薯杆菌、腐败梭菌、变形杆菌等。大多数能强烈地分解蛋白质和糖类，并产生臭味，严重降低青贮饲料的营养价值和适口性。

此外，青贮原料密封不严时，霉菌、放线菌、纤维素分解菌等可以生长而使饲料发霉变质，甚至产生毒素。

（二）青贮各时期微生物的活动

青贮饲料中微生物的活动主要经过 4 个时期。

1. 预备发酵期　是从原料装填密封后到酸性、厌氧环境形成为止。最初，需氧和兼性厌氧的微生物迅速繁殖，产生了多种有机酸。同时微生物和植物细胞的呼吸作用使原料中的氧气逐渐耗尽。在酸性、厌氧的环境中，乳酸菌能大量繁殖，并抑制多种腐败菌、酵母菌、肠道菌和霉菌的生长。

2. 发酵竞争期　在厌氧条件下，很多厌氧微生物和兼性厌氧菌都在青贮饲料中进行发酵，其中乳酸菌发酵能否占主要地位，是青贮成败的关键。因此，必须尽快创造乳酸菌发酵所需的厌氧、低 pH 的环境，以控制有害微生物的繁殖。

3. 酸化成熟期　先是乳酸链球菌占优势，随着酸度的增加，乳酸杆菌迅速繁殖。乳酸的积累使饲料酸化成熟，其他微生物进一步受到抑制而死亡。

4. 保存使用期　青贮饲料的 pH 降到 4.0 以下时，乳酸杆菌逐渐停止活动而死亡，青贮饲料也已制作完成。开窖使用后，由于空气进入，需氧微生物（如霉菌）利用青贮饲料的营养成分进行发酵和产热，而引起青贮饲料品质败坏的现象称为二次发酵。故开窖后的青贮饲料应连续、尽快用完，每次取用后用薄膜盖紧。

（三）影响乳酸发酵的因素

1. 原料含糖量　玉米、高粱、甘薯等比豆科作物含糖量高，易于青贮。一般来说，原料含糖量应不低于青贮原料质量的 1%～2%。如原料含糖量低，可添加糖渣、酒糟等。

2. 原料含水量　原料的适宜含水量是 65%～75%，水分不足，则原料不易压实而需氧菌大量繁殖，容易使青贮饲料腐烂；水分过多，则过早形成厌氧环境，引起丁酸菌活动过强，降低饲料品质。

3. 厌氧环境　将原料铡碎、压实、密封是青贮成功的关键。初期进入空气会降低乳酸含量和总酸度。

4. 添加剂　添加纤维素酶、淀粉酶等微生物酶制剂，可促进乳酸发酵。添加 0.2%～0.3%甲酸、甲酸钙、焦硫酸钠或 0.6%～1.2%甲醛等，可防止二次发酵。添加 0.5%的尿素，能提高青贮料的产酸量和蛋白质含量。

任务二　微生物与畜产品的认知

一、乳及乳制品中的微生物

乳中含有蛋白质、乳糖、脂肪、无机盐、维生素等多种营养物质，是多种微生物生长繁殖良好的培养基，鲜乳及乳制品在生产过程中，如果污染了大量微生物甚至是病原微生物，不但会使乳品腐败变质，造成经济上的损失，而且可使食用者感染疾病。

（一）鲜乳中的微生物

1. 鲜乳中微生物的来源　鲜乳中的微生物来源于乳房内部和外界环境。健康动物的乳头管处常常含有微生物，随着挤乳而进入鲜乳。动物体表、空气、水源、鲜乳接触的用具及工作人员所带的微生物等都会直接或间接地进入鲜乳，甚至使鲜乳带上病原微生物。

2. 鲜乳中微生物的类群及作用　鲜乳中最常见的微生物是细菌、酵母菌及少数霉菌。

（1）发酵产酸的细菌。主要包括乳酸链球菌和乳酸杆菌等乳酸菌，他们能在鲜乳中迅速繁殖，分解乳糖产生大量乳酸。乳酸既能使乳中的蛋白质均匀凝固，又可抑制腐败菌的生长。有的乳酸菌还能产生气体和芳香物质。因此，乳酸菌被广泛用于乳品加工。

（2）胨化细菌。胨化细菌有枯草杆菌、蜡样芽孢杆菌、假单胞菌等。他们能产生蛋白酶，使已经凝固的蛋白质溶解液化。

（3）产酸产气的细菌。此类细菌能使乳糖转化为乳酸、醋酸、乙醇及气体。大肠杆菌和产气杆菌的产酸产气作用最强，能分解蛋白质而产生异味；厌氧性丁酸梭菌能产生大量气体和丁酸，使凝固的牛乳形成暴烈发酵现象，并出现异味；丙酸菌也能使乳品产酸产气，使干酪形成孔眼和芳香气味，对干酪的品质形成有利。

（4）嗜热菌与嗜冷菌。嗜热菌能在30～70℃生长发育。乳中的嗜热菌包括多种需氧和兼性厌氧菌，他们能耐过巴氏消毒，甚至80～90℃ 10min不被杀死。乳中嗜冷菌以革兰氏阴性菌为主，适于在20℃以下生长。嗜热菌和嗜冷菌的存在不仅污染加工设备，使其难以清洗和消毒，而且影响了鲜乳的卫生状况。

（5）其他微生物。酵母菌、霉菌以及一些细菌和放线菌可以使鲜乳变稠或凝固，有的细菌和酵母菌还能使鲜乳变色，降低了乳的品质。

（6）病原微生物。乳畜患传染病时，乳中常有病原微生物，如牛分枝杆菌、布鲁氏菌、大肠杆菌、葡萄球菌等。乳畜患乳房炎时，乳中还会有无乳链球菌等病原菌。工作人员患病可使乳中带有沙门氏菌、结核分枝杆菌等病原微生物。饲料可能使鲜乳带上李氏杆菌、霉菌及其毒素等。

3. 鲜乳贮藏过程中的微生物学变化　正常乳汁刚从乳畜挤出后，如不立即灭菌而放置于10℃以上的常温中，便会发生一系列的微生物学变化，大致可分为以下4个时期。

（1）细菌减数时期。鲜乳中含有溶酶体、抗体、补体、白细胞等杀菌物质，对刚

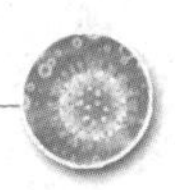

挤出的乳汁在一定温度和时间内具有杀菌作用，使乳中的微生物总数减少。此期长短与乳汁温度、尤其是乳中含微生物的数量有关。严重污染的乳汁，在13～14℃时，此期可持续18h，而同一温度下的清洁乳汁可持续36h。为了延长鲜乳的杀菌期，并抑制微生物的生长繁殖，应尽可能迅速使鲜乳挤出后立即冷却到10℃以下。

（2）发酵产酸期。随着抗菌作用的减弱，各种微生物的生长开始活跃。首先是腐败菌占优势，接着大肠杆菌和产气类杆菌继续发酵产酸。接着乳酸菌繁殖而大量产酸，pH下降抑制了其他微生物的继续生长繁殖，最后乳酸菌被抑制。此期大约为数小时至几天。

（3）中和期。在酸性环境中，多数微生物停止活动，但霉菌和酵母菌大量繁殖，他们利用乳酸及其他酸类，同时分解蛋白质产生碱性物质，中和乳的酸性。此期约数天到几周。

（4）胨化期。当乳中酸性被中和至微碱性时，乳中的胨化细菌开始发育，分解酪蛋白；霉菌和酵母菌继续活动，将乳中固形物质全部分解，最后使乳变成澄清而有毒性的液体。

4. 乳的卫生标准　按照国家标准，鲜乳及消毒乳中均不得检出病原微生物；原料乳每毫升鲜乳中菌落总数不得超过500 000个（一级）、2 000 000个（二级）；每毫升巴氏消毒乳中细菌总数不得超过30 000个；每100mL巴氏消毒乳的总大肠菌群数不得超过90个。

（二）微生物与乳制品

乳制品种类繁多，风味各异，但其加工大都离不开微生物。乳制品的变质也往往是微生物活动的结果。

1. 微生物在乳品中的作用

（1）酸乳酪。酸乳酪又称酸性奶油，是稀奶油经乳酸发酵而制成的。在制备酸乳酪过程中，乳酸链球菌和乳酪链球菌有产酸作用，而柠檬链球菌和副柠檬酸链球菌能产生芳香物质。

（2）酸奶制品。嗜热链球菌、保加利亚乳酸杆菌和乳酸链球菌在适当温度下，经协同发酵作用可使原料产酸而形成酸奶。乳酸与酵母菌协同发酵后，还会形成含酒精的酸奶酒、马奶酒等酸乳制品。

（3）干酪。在乳酸菌的作用下，使原料乳经过发酵、凝乳、乳清分离而制成的固体乳制品称干酪。干酪中的乳酸链球菌、嗜热链球菌等有产酸作用，而丁二酮乳酸链球菌和乳酪串珠菌兼有产香和产气作用，使干酪带上孔眼和香味。在细菌等其他微生物参与的“成熟”过程中，干酪内残留的乳糖及蛋白质充分降解，并形成特殊的风味和香味。

2. 乳制品的变质

（1）奶油变质。霉菌可引起奶油发霉；鱼杆菌和乳卵孢霉分解奶油中的卵磷脂而产生带鱼腥味的三甲胺；一些酵母、霉菌、假单胞菌、灵杆菌等能产生脂肪酶，分解奶油中的脂肪产生酪酸、己酸，使之散发酸臭味。

（2）干酪变质。大肠菌群和产气杆菌分解残留的乳糖，可引起干酪成熟初期的膨胀现象，而酵母菌和厌氧性丁酸梭菌可导致成熟后期发生膨胀，使干酪组织变软呈海绵状，并带上丁酸味和油腻味。干酪的酸度和盐分不足时，乳酸菌、胨化细菌及厌氧的丁酸菌等使干酪表面湿润、液化，并产生腐败气味。酵母菌、细菌和霉菌还可使干酪表面变色、发霉或带上苦味。

(3) 甜炼乳变质。液态的甜炼乳含蔗糖 40%～50%，为高渗环境，一般微生物在其中难以生长，但耐高渗的酵母菌及丁酸菌繁殖后产气，造成膨罐；耐高渗的芽孢杆菌、球菌及乳酸菌可产生有机酸和凝乳酶，使炼乳变稠，不易倒出；霉菌生长后还会在炼乳表面形成褐色和淡棕色纽扣状菌落。

(4) 其他乳制品的变质。淡炼乳灭菌不彻底时，耐热的芽孢杆菌会引起结块、胀罐及变味；球菌、芽孢杆菌、大肠菌群、霉菌等微生物常污染冰淇淋；而嗜热性链球菌等可能污染奶粉。

二、肉及肉制品中的微生物

(一) 鲜肉中的微生物

1. 鲜肉中微生物的来源 可分为内源性和外源性两方面。内源性来源主要指动物屠宰后，肠道、呼吸道或其他部位的微生物进入肌肉和内脏。外源性来源是动物在屠宰加工过程中，由于环境卫生条件、用具、用水、运输过程等造成的污染，这是主要污染来源。

2. 鲜肉的成熟与腐败 动物屠宰后一段时间内，肌肉在酶的作用下发生复杂的生物化学变化和物理变化，称为肉的“成熟”。在成熟过程中，肌肉中的糖原分解，乳酸增加，ATP 转化为磷酸，使肌肉由弱酸性变为酸性，抑制了肉中腐败菌和病原微生物的生长繁殖；蛋白质初步分解，肌肉、筋腱等变松软，并形成了特殊的香味，这些变化有利于改善肉的口味和可消化性。

鲜肉成熟之后，肉中污染的腐败微生物如细菌、酵母菌、霉菌等开始繁殖，引起蛋白质、脂肪、糖类等分解，形成具有恶臭味的产物，使鲜肉的组织结构溶解，气味恶臭，色泽暗灰，称为腐败变质。一些腐败菌可产生毒素，能引起人类食物中毒。经腐败分解的肉不准供食用。

3. 鲜肉中的病原微生物及其危害 主要来自于病畜，多为炭疽杆菌、结核分枝杆菌、布鲁氏菌、沙门氏菌、巴氏杆菌、病原性链球菌、猪丹毒杆菌、口蹄疫病毒、猪瘟病毒等常见动物传染病的病原，此外还存在其他病原体。带有活的病原微生物的肉类被人畜食用，或者在加工、运输过程中散播病原，都会引起传染病的流行；含有病原菌或毒素的肉类可引起人和动物的食物中毒。另外，少数真菌也能通过肉品引起食物中毒。

(二) 肉制品中的微生物

1. 冷藏肉和冰冻肉中的微生物 肉类的低温冷藏和冰冻，在肉品工业中占有重要地位。低温虽然能抑制微生物的生长繁殖，但能耐低温的微生物还是相当多的。如沙门氏菌，在－165℃可存活 3d，结核分枝杆菌在－10℃可存活 2d，口蹄疫病毒在冻肉骨髓中可存活 144d，炭疽杆菌在低温也可存活。所以不能以冷冻作为带病肉尸无害化处理的手段。肉类在冰冻前必须经过预冻，一般先将肉类预冷至 4℃，然后采用－30～－23℃速冻，最后在－18℃冰冻保藏。

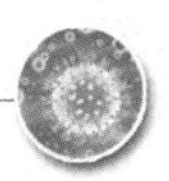

2. 熟肉中的微生物　熟肉制品包括酱卤肉、烧烤肉、肉松、肉干等，经加热处理后，一般不含有细菌的繁殖体，但可能含少量细菌的芽孢。引起熟肉变质的微生物主要是真菌，如根霉、青霉及酵母菌等，他们的孢子广泛分布于加工厂的环境中，很容易污染熟肉表面并导致变质，因此，加工好的熟肉制品应在冷藏条件运送、贮存和销售。

3. 香肠和灌肠中的微生物　灌肠类肉制品指以鲜（冻）畜肉腌制、切碎、加入辅料，灌入肠衣后经风（焙）干而成的生肠类肉制品，或煮熟而成的熟肠类肉制品。前者如腊（香）肠，后者如火腿肠等。

与生肠类肉制品变质有关的微生物有酵母菌、微杆菌及一些革兰氏阴性菌。熟肠类如果加热适当可杀死其中细菌的繁殖体，但芽孢可能存活，加热后及时进行冷藏，一般不会危害产品质量。

4. 腌腊肉制品中的微生物　腌制是肉类的一种加工方法，也是一种防腐的方法。这种方法在我国历史悠久，一直至现在还普遍使用。肉的腌制可分为干腌法和温腌法。腌制的防腐作用，主要是依靠一定浓度的盐水形成高渗环境，使微生物处于生理干燥状态而不能繁殖。

三、蛋及蛋制品中的微生物

（一）禽蛋中微生物及其来源

正常情况下，鲜蛋内部是无菌的。蛋清内的溶菌酶、抗体等有杀菌作用，壳膜、蛋壳及壳外黏液层能阻止微生物侵入蛋内。但当家禽卵巢及子宫感染微生物，或者蛋产出后，在运输、贮藏及加工过程中壳外黏液层破坏，微生物经蛋壳上的气孔侵入蛋内，则鲜蛋内部及蛋制品中会带上微生物。

鲜蛋中的微生物主要有细菌和真菌两大类。其中大部分是腐生菌如枯草杆菌、变形杆菌、霉菌等；也有致病菌如大肠杆菌、沙门氏菌等。

（二）微生物与禽蛋的败坏

1. 细菌性败坏　细菌侵入蛋壳内，使蛋黄膜破裂，蛋黄与蛋白液化、混合并黏附于蛋壳上，照蛋时呈灰黄色，称为泻黄蛋。细菌进一步活动而产生氨、酰胺、硫化氢等毒性代谢物质，使外壳呈暗灰色，并散发臭气，照蛋时呈黑色，称为黑腐蛋。

2. 霉菌性腐败　霉菌孢子污染蛋壳表面后萌发菌丝，并通过气孔或裂纹进入蛋壳内侧，形成霉斑。接着菌丝大量繁殖，使深部的蛋白及蛋黄液化、混合，照蛋时可见褐色或黑色斑块，蛋壳外表面有丝状霉斑，内容物有明显的霉变味，称为霉变蛋。

泻黄蛋、黑腐蛋及霉变蛋均不能食用或加工。

（三）禽蛋的卫生保鲜

基本原则是防止微生物侵入蛋内；使蛋壳及蛋内已存在的微生物停止发育；减弱蛋内酶的活动。如将禽蛋放在干燥环境中，采用低温或冷冻保藏，对蛋壳进行化学处理或对鲜蛋进行加工等。

（四）蛋制品中的微生物

蛋制品包括两大类，一类是鲜蛋的腌制品，主要有皮蛋、咸蛋、糟蛋；另一类是去壳的液蛋和冰蛋、干蛋粉和干蛋白片。

1. 皮蛋 又称松花蛋，是用一定量的水、生石灰、纯碱、盐、草木灰配成液料，将新鲜完整的鸭蛋浸入液料中，每个蛋壳表面包一层以料液拌调的黄泥，再滚上一层稻糠而制成，经25～30d后成熟。料液中的氢氧化钠具有强大的杀菌作用，盐也能抑菌防腐，故松花蛋能很好保存。

2. 咸蛋 咸蛋是将清洁、无破裂的鲜蛋浸于20%盐水中，或在壳上包一层含盐50%的草木灰浆，经30～40d成熟。高浓度的盐溶液有强大的抑菌作用，所以咸蛋能在常温中保存而不腐败。

3. 糟蛋 糟蛋是先用糯米配制成优质酒糟，加适量食盐，然后将鲜蛋洗净、晾干，轻轻击破钝端及一侧的蛋壳，但勿破壳膜，将蛋钝端向上插入糟内，使蛋的四周均有酒糟，依次排列，一层蛋一层糟，最上层以糟料盖严，最后密封，经4～5个月成熟。糟料中的醇和盐具有消毒和抑菌作用，所以糟蛋不但气味芳香，而且也能很好保存。

4. 液蛋和冰冻蛋 液蛋和冰冻蛋是将经过光照检查、水洗、消毒、晾干的鲜蛋，打出蛋内容物搅拌均匀，或分开蛋白、蛋黄各自混匀，必要时蛋黄中加一定量的盐或糖，然后进行巴氏消毒、装桶冷冻而成。液蛋极易受微生物的污染，污染的主要来源是蛋壳、腐败蛋和打蛋用具。故打蛋前要照蛋，剔除黏壳蛋、散黄蛋、霉坏蛋和已发育蛋。所有用具在用前用后要清洁、干燥、消毒。

5. 干蛋粉 干蛋粉分为全蛋粉、蛋黄粉，是各类液蛋经充分搅拌、过滤，除去碎蛋壳、蛋黄膜、系带等，经巴氏消毒、喷雾、干燥而制成的含水量仅4.5%左右的粉状制品。干蛋粉的微生物来源及其控制措施除与液蛋相同外，必须严格按照干蛋粉制作的操作规程进行，并对所用器具作清洁消毒。

6. 干蛋白片 干蛋白片是在蛋白液经搅拌、过滤、发酵除糖后不使蛋白凝固的条件下，蒸发其水分，烘干而成的透明亮晶片。干蛋白片的微生物污染及其控制措施与液蛋、冰蛋和干蛋粉基本相同。

任务三　微生物活性制剂的认知

人们发现，非致病性微生物本身及其产生的酶对动物具有多种生物学作用，由它们制成的制剂统称为微生物活性制剂，主要包括微生物酶制剂和微生态制剂。微生物酶制剂种类多样，在饲料添加剂、饲料的辅助原料、饲料脱毒和防病保健等多个方面发挥着积极作用。在畜牧生产中，微生态制剂在巩固或重建正常菌群、提高饲料转化率等方面发挥着重要作用。

一、微生物酶制剂

（一）微生物酶制剂的种类及作用

微生物酶制剂是由非致病性微生物产生的酶制成的制剂。动物生产中所使用的微生物酶制剂主要为水解酶，应用价值较高的微生物酶制剂有以下几种：

1. 聚糖酶 包括纤维素酶、木聚糖酶、β-葡聚糖酶、β-半乳糖苷酶、果胶酶等。

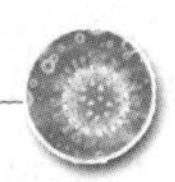

聚糖酶能摧毁植物细胞的细胞壁，有利于细胞内淀粉、蛋白质和脂肪释放，促进消化吸收。聚糖酶能分解可溶性非淀粉多糖，降低食糜的黏性，提高肠道微环境对食糜的消化分解及吸收利用效率。甘露聚糖酶能和某些致病细菌结合，减少畜禽腹泻等传染病的发生。聚糖酶能分解非淀粉多糖，不仅能减少畜禽饮水量和粪便的含水量，而且能减少粪便中及肠道后段的不良分解产物，使环境中氨气和硫化氢浓度降低，有利于净化环境。

2. 植酸酶 所有植物性饲料都含有1%～5%的植酸盐，它们含有占饲料总磷量60%～80%的磷。植酸盐非常稳定，而单胃动物不分泌植酸酶，难以直接利用饲料中的植酸盐。植酸酶能催化饲料中植酸盐的水解反应，一方面使其中的磷以无机磷的形式释放出来，被单胃动物所吸收，另一方面能使与植酸盐结合的锌、铜、铁等微量元素及蛋白质释放，提高动物对植物性饲料的利用率。植酸酶还能降低粪便含磷量约30%，减少磷对环境的污染。

3. 淀粉酶（包括α-淀粉酶、脱支酶）**和蛋白酶** 幼小动物消化机能尚不健全，淀粉酶和蛋白酶分泌量不足，脱支酶可降解饲料加工中形成的结晶化淀粉。枯草杆菌蛋白酶能促进豆科饲料中蛋白质的消化吸收。

4. 酯酶和环氧酶 霉菌毒素如玉米赤霉烯酮，细菌毒素如单胞菌素，是饲料在潮湿环境下易产生的微生物毒素。酯酶能破坏玉米赤霉烯酮，环氧酶能分解单胞菌素，生成无毒降解产物。

（二）微生物酶制剂的应用

1. 作为饲料添加剂 由于单胃动物不分泌聚糖酶，幼龄动物产生的消化酶不足，所以植物性饲料中有的成分不能被动物消化吸收。多种动物饲喂实践表明，饲料中加入微生物酶制剂能弥补动物消化酶的不足，促进动物对饲料的充分消化和利用，能明显提高动物的生产性能。淀粉酶、蛋白酶适用于肉食动物、仔猪、肉鸡等，纤维素酶主要用于肥育猪；植酸酶常用于多种草食动物，但反刍类瘤胃中能产生植酸酶，可以不用。

2. 微生物饲料的辅助原料 用含糖量低的豆科植物制作青贮饲料时，加入淀粉酶或纤维素酶制剂，能将部分多糖分解为单糖，促进乳酸菌的活动，同时降低果胶含量，提高青贮饲料的质量。

3. 用于饲料脱毒 应用酶法可以除去棉籽饼中的毒素，酯酶和环氧酶制剂还能分解饲料中的霉菌毒素和单胞菌素。

4. 防病保健，保护环境 纤维素酶对反刍类前胃迟缓和马属动物消化不良等症具有一定防治效果。酶制剂改善了动物肠道微环境，减少了有害物质的吸收和排泄，降低了空气中氨、硫化氢等有害物质的浓度，有利于保护人和动物的生存环境，增进健康。

二、微生态制剂

微生态制剂是一类可通过有益的微生物活动或相应的有机物质，帮助宿主建立起新的肠道微生物区系，以达到预防疾病、促进生长的添加剂。微生态制剂有益生素和益生元两种类型。

（一）微生态制剂的种类

1. 益生素　是指应用于动物饲养的微生态制剂，也称微生物活菌制剂，如乳酸杆菌、双歧杆菌等。

2. 益生元　是指不被动物吸收，但能选择性地促进宿主消化道内的有益微生物，或促进益生素的生长和活性，从而对宿主有益的饲料或食品中的一些功能制剂，如寡果糖等。

（二）微生态制剂的作用

动物微生态制剂发挥作用的确切机理尚未完全知晓，对其作用机理研究的难度较大，这也是限制微生态制剂广泛使用的主要原因。一般认为，动物微生态制剂进入畜禽肠道内，会与其中极其复杂的微生态环境中的正常菌群会合，出现栖生、互生、偏生、竞争或吞噬等复杂关系。

1. 巩固或重建正常菌群　动物保持健康的奥妙之一就是维持肠道微生物的种类和相对数量的稳定。通过对发病与健康畜禽肠道微生物区系的比较研究，以及对鸡、猪等动物肠道多种正常微生物群进行的定位、定性和定量研究表明，动物肠道正常微生物群是由需氧性和厌氧性微生物组成的复杂体系，正常微生物群落各成员间出现比例失调，或者需氧菌与厌氧菌之间比例不当，动物就会出现疾病。利用健康动物肠道的正常微生物制成微生态制剂，并处理未患病的幼小动物，能使小动物迅速建立合理的微生物群落，对某些致病微生物的易感性降低，达到防病目的。这在鸡白痢、仔猪白痢的预防中已得到证实。给患病动物服用微生态制剂，还能抑制致病性微生物的进一步活动，加速动物恢复健康。

微生态制剂与致病微生物之间的微生态竞争分为结构竞争和营养竞争。

（1）致病性微生物，特别是致病性大肠杆菌，通过菌体表面的菌毛吸附于肠黏膜上皮，从而侵入上皮细胞，引起仔猪白痢、鸡白痢传染性腹泻症状。如果服用微生态制剂，使具有相同结构的非致病细菌先于致病菌吸附于肠上皮细胞，则致病菌进入肠道后无法定居，只能被排出体外，这就是微生态制剂对致病微生物的结构竞争作用。

（2）微生态制剂中的微生物一般有较强的耗氧能力。他们进入肠道后能消耗氧气而妨碍致病微生物的需氧呼吸，因此发挥抗病作用，这就是微生态制剂的营养竞争作用。

2. 提高饲料的利用率，促进动物生长　益生素在动物体内能产生各种消化酶，提高饲料转化率。如芽孢杆菌有很强的蛋白酶、脂肪酶活性，还能降解饲料中复杂的糖类。乳酸菌能合成多种维生素供动物吸收，并产生有机酸加强肠道的蠕动，促进常量及微量元素如钙、铁、锌等的吸收。一些酵母菌有富集微量元素的作用，并使之由无机态变成动物易消化吸收的有机态。用芽孢杆菌和乳杆菌等产酸型益生菌饲喂动物后，发现动物小肠黏膜皱裂增多，绒毛加长，黏膜陷窝加深，小肠吸收面积增大，从而促进增重和饲料的利用率。电镜扫描证实，益生素能够保持动物小肠绒毛的结构和强化其功能，从而促进营养物质的消化吸收。

（三）微生态制剂

人们在重视调节自身肠道微生态的平衡时，除了均衡饮食和加强体育锻炼外，服

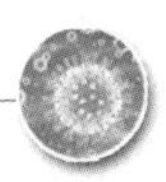

用微生态制剂保健品也是一种有效方式。我国对人用益生菌类微生物制剂给予了明确规范。要求不提倡以液态形式生产益生菌类保健食品活菌产品；活菌类益生菌保健品在保存期内活菌数目不得少于 10^6 个/g；产品上应明确两歧双歧杆菌、婴儿双歧杆菌、长双歧杆菌等 9 种可用于保健食品的益生菌菌种名称。

饲料用微生态制剂具有促生长、防病治病、改善养殖环境的功效，可广泛添加于家畜、家禽、水产动物的饲料中。与饲料中添加抗生素相比，活菌制剂的使用效果相同甚至更好，而且无任何毒、副作用，不在体内残留，不引起耐药性。

动植物生产上应用的有 EM 微生态制剂等。EM 是“有效微生物群”的英文首字母缩写，含有光合细菌、蓝藻类、乳酸细菌、放线菌、曲霉菌等微生物，兼有重建正常菌群和调整肠道营养的双重作用，不仅用作动物的饲用添加剂，而且能使农作物增产。

(四) 使用微生态制剂应注意的问题

1. 微生态制剂的菌种　用于制造微生态制剂的微生物菌种可以来源于动物体内的正常微生物群，也可以是自然界的非致病微生物。可以是细菌，也可以是放线菌或藻类。一般先分析已知微生物菌种对致病微生物的体外抑菌效果，然后确定微生态制剂所需的菌种。例如，从健康母鸡肠道分离到正常菌群中的乳酸细菌，发现它对一些致病性大肠杆菌（O78：K80）有明显抑制作用，就把它作为微生态制剂的菌种。

对微生态制剂菌种的要求是：对致病菌有较强的抑制作用；营养要求低；对胃肠道酸碱环境有较强耐受力；对磺胺有一定的耐药性；用于家禽的菌种还应能耐受41～43℃的培养条件。目前应用较多的菌种有嗜酸乳杆菌、枯草芽孢杆菌、蕈状芽孢杆菌、需氧性放线菌、酵母菌等。

2. 微生态制剂的安全性和条件　微生态制剂的安全性必须考虑以下几个方面：应用于动物的益生菌最好来源于同种动物；益生菌必须从健康的动物中分离；益生菌必须经过一定的时间来证明其无致病性；益生菌不能有与疾病相联系的历史；益生菌不能携带可以转移的抗抗生素基因。

用于制备微生态制剂的益生菌还必须具备以下条件：不能产生任何内外毒素，即无毒、无害、安全、无不良反应；有利于促进体内菌群平衡；为了具有较好的黏附性能，最好采用来源于动物的益生菌；对于必须以活菌体形式才能发挥作用的益生菌，如双歧杆菌、乳杆菌类，还需要耐酸、耐胆盐；为了实际生产需要，益生菌株应有生长速度快、存活期长、易保存等特性。

微生态制剂一般应密封保存在阴凉环境，温度不应超过 45℃，并避免与抗生素混用或接触消毒剂。

复习与思考

1. 解释下列名词：单细胞蛋白饲料、青贮饲料、发酵饲料、瘤胃液发酵饲料、酵母饲料、微生态制剂、益生素。

2. 简述青贮饲料调制过程中各时期微生物活动的特点。

3. 简述青贮饲料中的微生物及其作用。

4. 试述鲜乳中微生物的来源及在贮藏过程中的微生物学变化。
5. 试述鲜肉中病原微生物的来源及危害。
6. 试述鲜蛋中微生物的来源及危害。
7. 试述微生态制剂的作用。

参 考 文 献

蔡宝祥，2005. 家畜传染病学［M］.4版. 北京：中国农业出版社.

崔治中，崔保安，2004. 兽医免疫学［M］. 北京：中国农业出版社.

杜念兴，2000. 兽医免疫学［M］.2版. 北京：中国农业出版社.

葛兆宏，2001. 动物微生物［M］. 北京：中国农业出版社.

何昭阳，胡桂学，王春凤，2002. 动物免疫学实验技术［M］. 吉林：吉林科学技术出版社.

河南农业大学，2004. 动物微生物学［M］. 北京：中国农业出版社.

胡建和，等，2006. 动物微生物学［M］. 北京：中国农业科学技术出版社.

黄青云，2007. 畜牧微生物学［M］.4版. 北京：中国农业出版社.

姜平，2003. 兽医生物制品学［M］.2版. 北京：中国农业出版社.

李舫，2001. 动物微生物及检验［M］. 北京：中国农业出版社.

李舫，2006. 动物微生物学［M］. 北京：中国农业出版社.

刘莉，王涛，2010. 动物微生物及免疫［M］. 北京：化学工业出版社.

刘莉，2004. 动物微生物及免疫［M］. 哈尔滨：黑龙江科学技术出版社.

陆承平，2008. 兽医微生物学［M］.4版. 北京：中国农业出版社.

马兴树，2006. 禽传染病实验诊断技术［M］. 北京：化学工业出版社.

任家琰，马海利，2001. 动物病原微生物学［M］. 北京：中国农业科技出版社.

王家鑫，2009. 免疫学［M］. 北京：中国农业出版社.

王坤，等，2007. 动物微生物［M］. 北京：中国农业大学出版社.

王兰兰，2007. 临床免疫学和免疫检验［M］. 北京：科学技术文献出版社.

王世若，王兴龙，韩文瑜，2001. 现代动物免疫学［M］.2版. 吉林：吉林科学技术出版社.

王世若，等，2001. 现代动物免疫学［M］.2版. 吉林：吉林科学技术出版社.

王涛，于淼，2012. 兽医职业技能鉴定培训教材［M］. 北京：中国农业科学技术出版社.

杨本升，刘玉斌，苟仕金，等，1995. 动物微生物学［M］. 长春：吉林科学技术出版社.

杨汉春，2003. 动物免疫学［M］.2版. 北京：中国农业大学出版社.

姚火春，2002. 兽医微生物学实验指导［M］.2版. 北京：中国农业出版社.

殷震，刘景华，1985. 动物病毒学［M］. 北京：科学出版社.

周正任，2003. 医学微生物学［M］.6版. 北京：人民卫生出版社.

朱善元，2006. 兽医生物制品生产与检验［M］. 北京：中国环境科学出版社.

读者意见反馈

亲爱的读者：

感谢您选用中国农业出版社出版的职业教育规划教材。为了提升我们的服务质量，为职业教育提供更加优质的教材，敬请您在百忙之中抽出时间对我们的教材提出宝贵意见。我们将根据您的反馈信息改进工作，以优质的服务和高质量的教材回报您的支持和爱护。

地　　址：北京市朝阳区麦子店街 18 号楼（100125）
中国农业出版社职业教育出版分社

联系方式：QQ（1492997993）

教材名称：　　　　　　　　　　　ISBN：

个人资料

姓名：＿＿＿＿＿＿＿＿＿所在院校及所学专业：＿＿＿＿＿＿＿＿＿

通信地址：＿＿＿＿＿＿＿＿＿＿＿＿＿＿＿＿＿＿＿＿

联系电话：＿＿＿＿＿＿＿＿＿电子信箱：＿＿＿＿＿＿＿＿＿

您使用本教材是作为：□指定教材□选用教材□辅导教材□自学教材

您对本教材的总体满意度：

从内容质量角度看□很满意□满意□一般□不满意

改进意见：＿＿＿＿＿＿＿＿＿＿＿＿＿＿＿＿＿＿＿＿

从印装质量角度看□很满意□满意□一般□不满意

改进意见：＿＿＿＿＿＿＿＿＿＿＿＿＿＿＿＿＿＿＿＿

本教材最令您满意的是：

□指导明确□内容充实□讲解详尽□实例丰富□技术先进实用□其他＿＿＿＿＿＿

您认为本教材在哪些方面需要改进？（可另附页）

□封面设计□版式设计□印装质量□内容□其他＿＿＿＿＿＿＿＿＿＿

您认为本教材在内容上哪些地方应进行修改？（可另附页）

＿＿＿＿＿＿＿＿＿＿＿＿＿＿＿＿＿＿＿＿＿＿＿＿＿＿

＿＿＿＿＿＿＿＿＿＿＿＿＿＿＿＿＿＿＿＿＿＿＿＿＿＿

本教材存在的错误：（可另附页）

第＿＿＿＿页，第＿＿＿＿行：＿＿＿＿＿＿＿＿应改为：＿＿＿＿＿＿＿＿

第＿＿＿＿页，第＿＿＿＿行：＿＿＿＿＿＿＿＿应改为：＿＿＿＿＿＿＿＿

第＿＿＿＿页，第＿＿＿＿行：＿＿＿＿＿＿＿＿应改为：＿＿＿＿＿＿＿＿

您提供的勘误信息可通过 QQ 发给我们，我们会安排编辑尽快核实改正，所提问题一经采纳，会有精美小礼品赠送。非常感谢您对我社工作的大力支持！

欢迎访问“全国农业教育教材网”http：//www.qgnyjc.com（此表可在网上下载）

欢迎登录“中国农业教育在线”http：//www.ccapedu.com 查看更多网络学习资源

图书在版编目（CIP）数据

动物微生物与免疫技术 / 李舫，沈美艳主编．—3版．—北京：中国农业出版社，2019.8（2022.1重印）
“十二五”职业教育国家规划教材　经全国职业教育教材审定委员会审定
ISBN 978-7-109-26099-3

Ⅰ.①动…　Ⅱ.①李…　②沈…　Ⅲ.①兽医学－微生物学－高等职业教育－教材②兽医学－免疫学－高等职业教育－教材　Ⅳ.①S852

中国版本图书馆CIP数据核字（2019）第253944号

中国农业出版社出版
地址：北京市朝阳区麦子店街18号楼
邮编：100125
责任编辑：徐　芳
版式设计：王　晨　　责任校对：吴丽婷
印刷：北京通州皇家印刷厂
版次：2006年8月第1版　　2019年8月第3版
印次：2022年1月第3版北京第7次印刷
发行：新华书店北京发行所
开本：787mm×1092mm　1/16
印张：18.5　　插页：4
字数：410千字
定价：45.00元

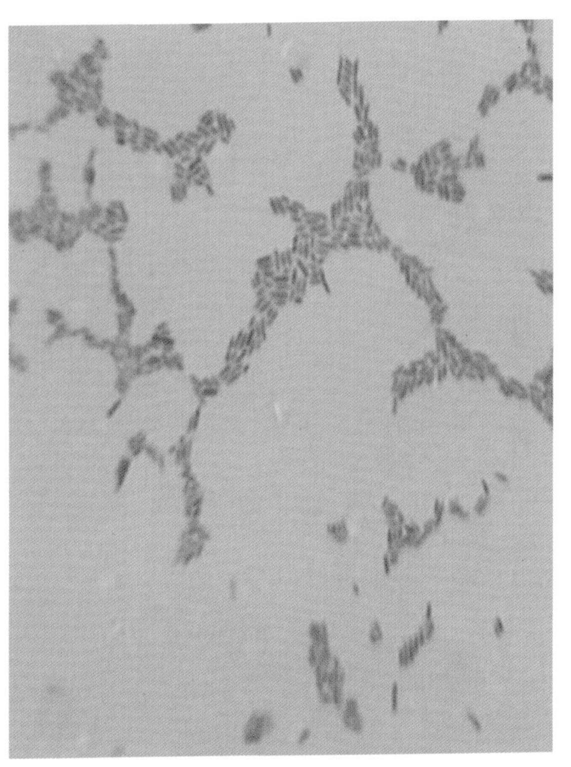

彩图1　大肠杆菌（纯培养、革兰氏染色）
（宋宗好提供）

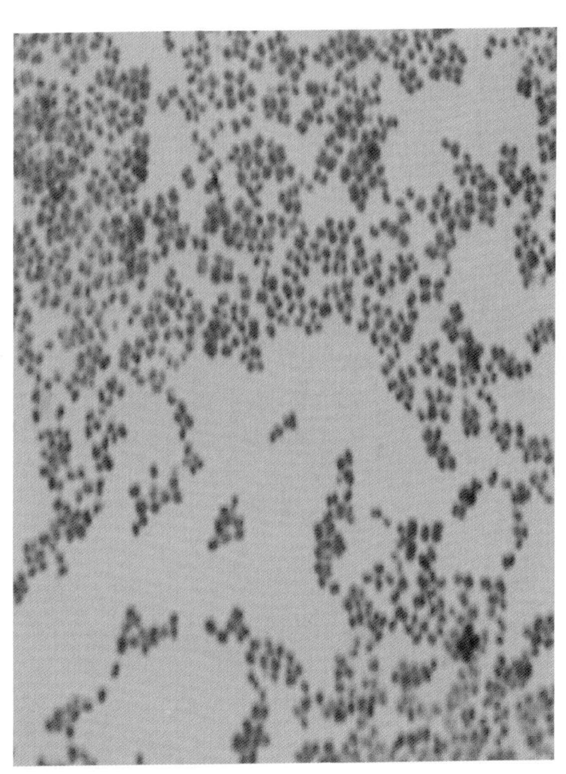

彩图2　葡萄球菌（纯培养、革兰氏染色）
（宋宗好提供）

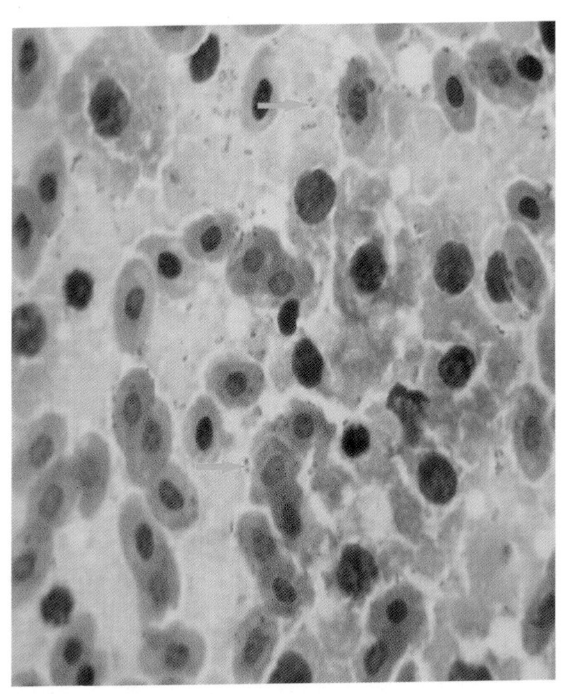

彩图3　病料中的巴氏杆菌（瑞氏染色）
（宋宗好提供）

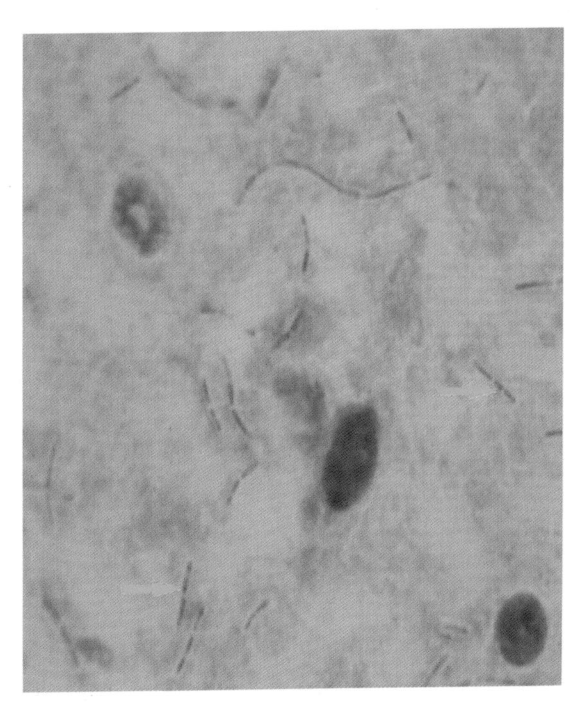

彩图4　病料中的炭疽杆菌（美蓝染色）
（宋宗好提供）

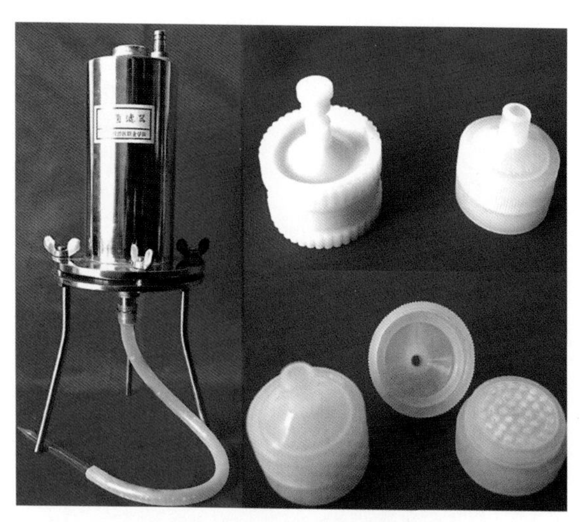

彩图5　不同规格的细菌滤器
（王彩霞、黄宏渊提供）

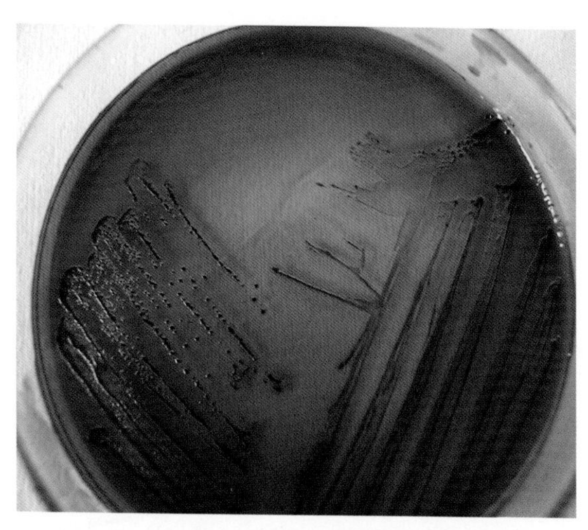

彩图6　大肠杆菌在伊红美蓝琼脂上的菌落
（王彩霞、黄宏渊提供）

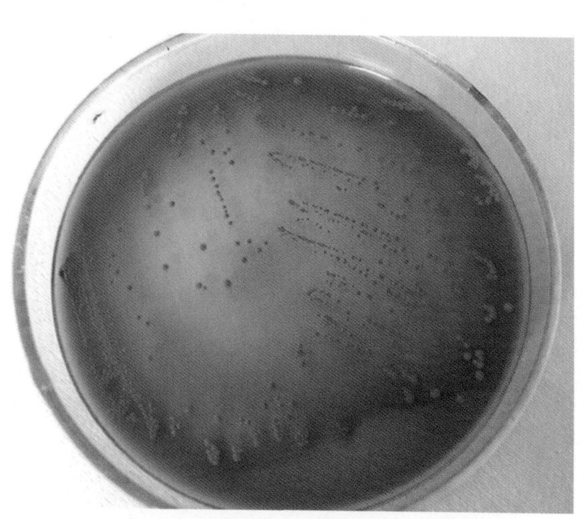

彩图7　大肠杆菌在SS琼脂上的菌落
（王彩霞、黄宏渊提供）

彩图8　大肠杆菌在麦康凯琼脂上的菌落
（王彩霞、黄宏渊提供）

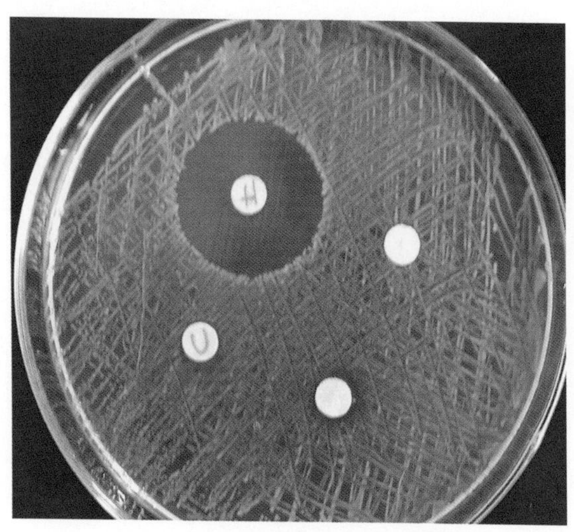

彩图9　药敏试验结果举例（培养物）
（宋宗好提供）

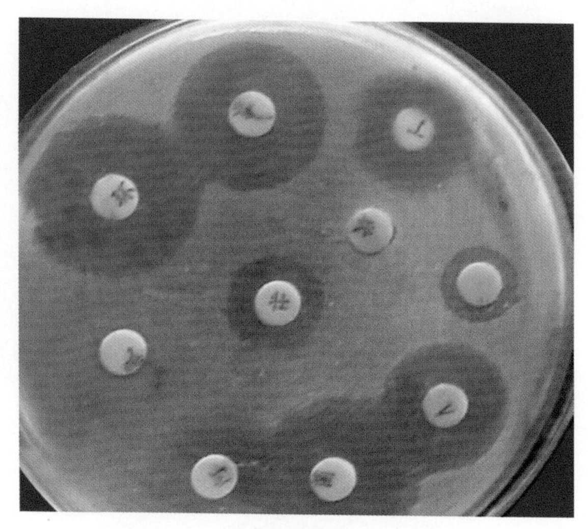

彩图10　药敏试验结果举例（病料）
（杨明彩提供）

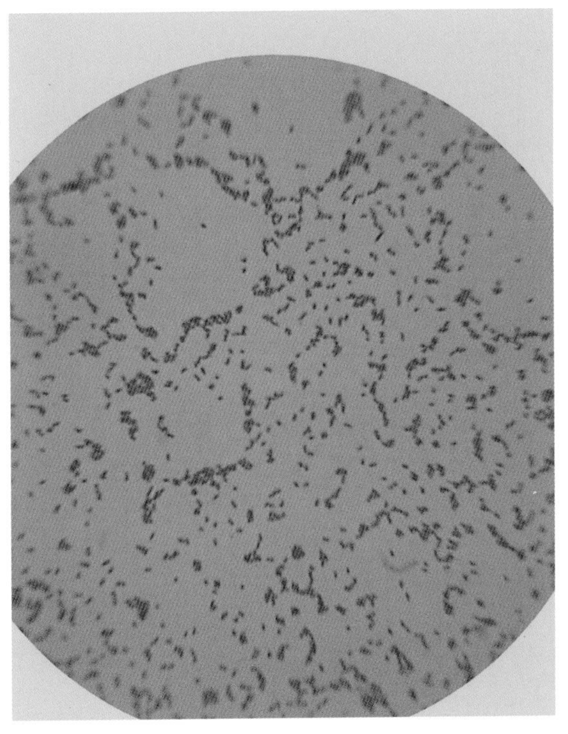

彩图11　鸭疫里氏杆菌（纯培养、革兰氏染色）
（宋宗好提供）

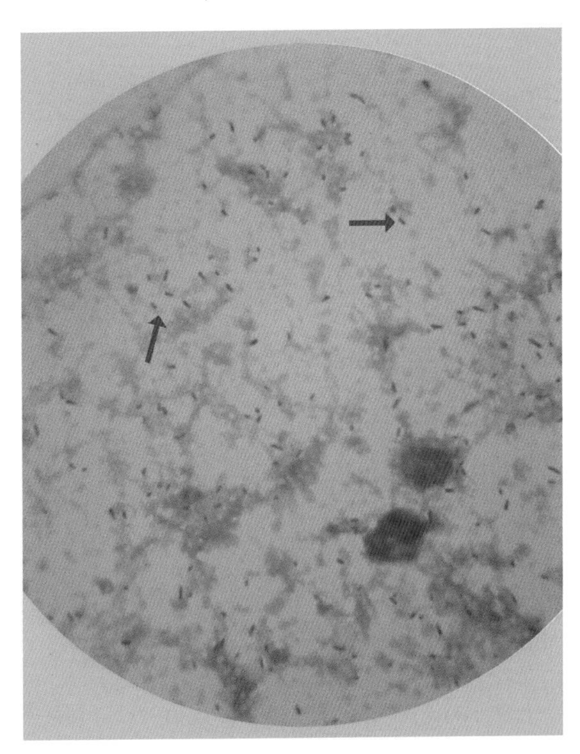

彩图12　鸭疫里氏杆菌
（纤维素性渗出物涂片、美蓝染色）
（宋宗好提供）

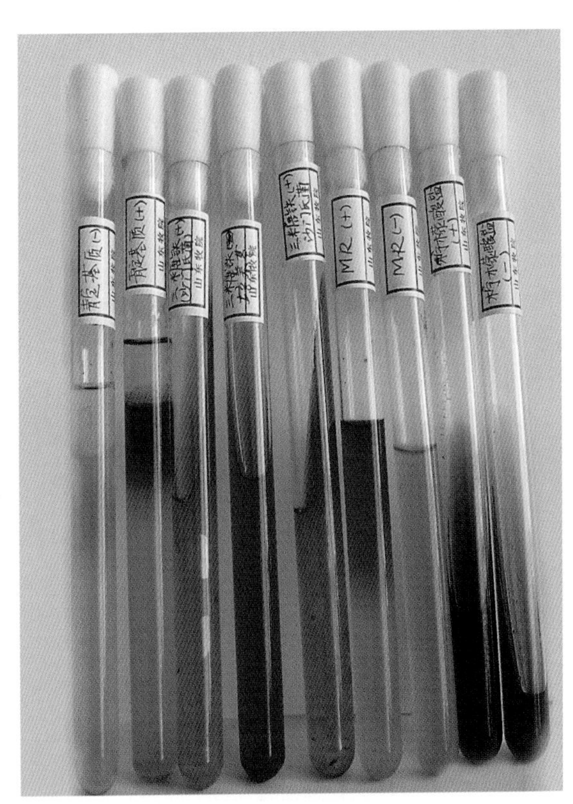

彩图13　部分生化试验结果（一）
（宋宗好提供）

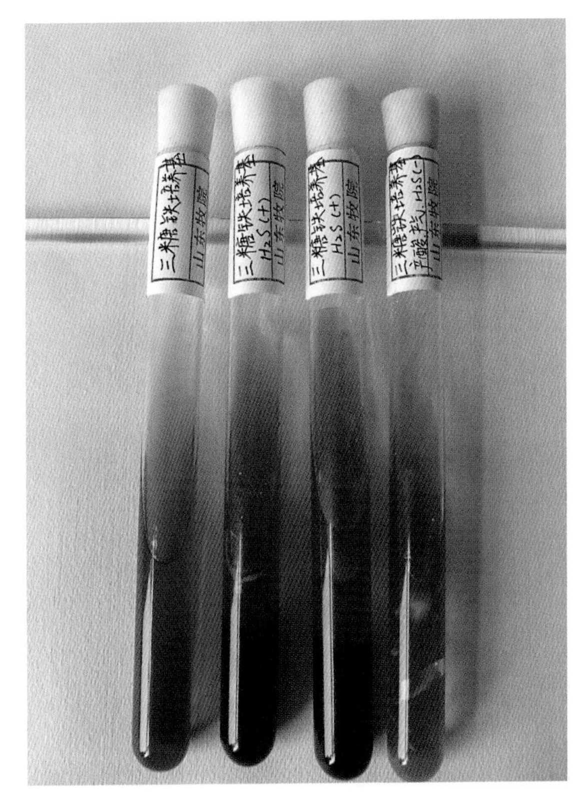

彩图14　部分生化试验结果（二）
（宋宗好提供）

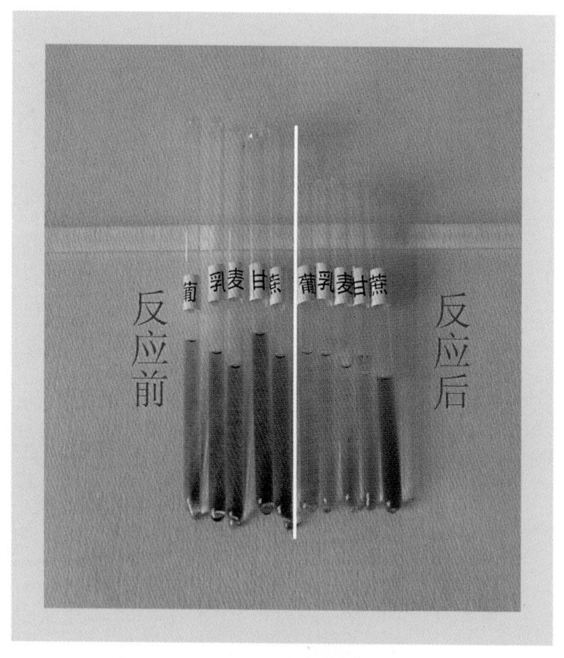

彩图15　部分生化试验结果（三）
（微量糖发酵管）
（王彩霞、黄宏渊提供）

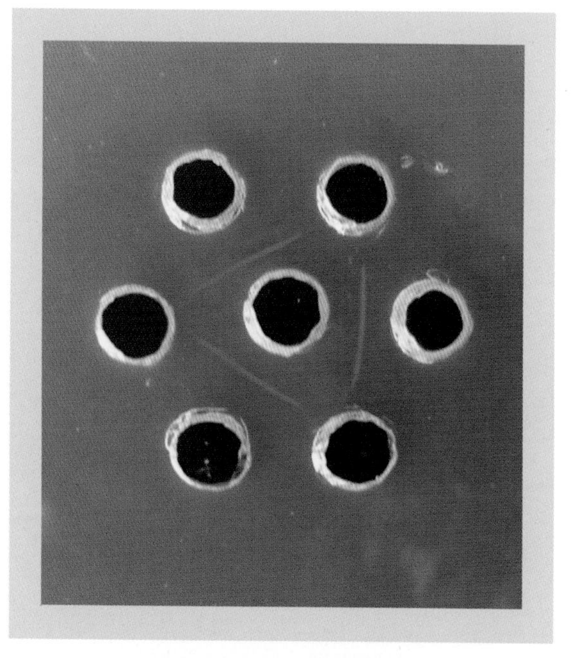

彩图16　琼脂扩散试验结果
（王彩霞、黄宏渊提供）

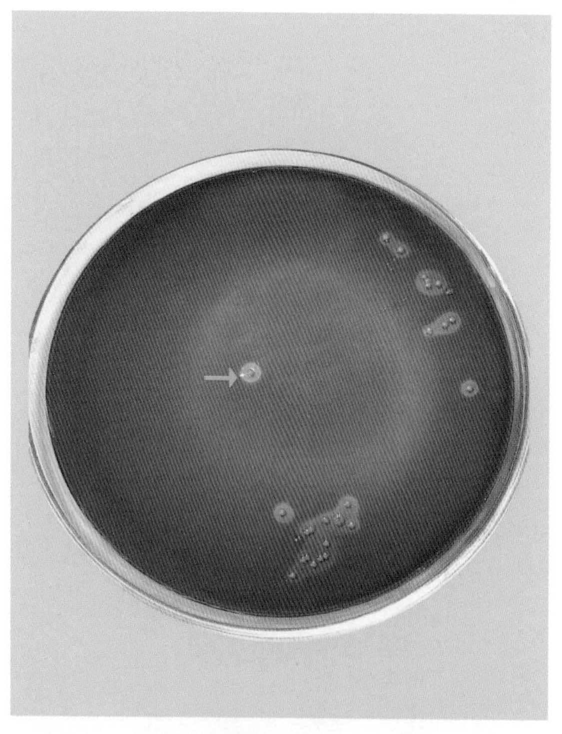

彩图17　细菌在血液琼脂平板上形成的β溶血环
（宋宗好提供）

彩图18　鸭疫里氏杆菌在巧克力培养基上的菌落
（宋宗好提供）

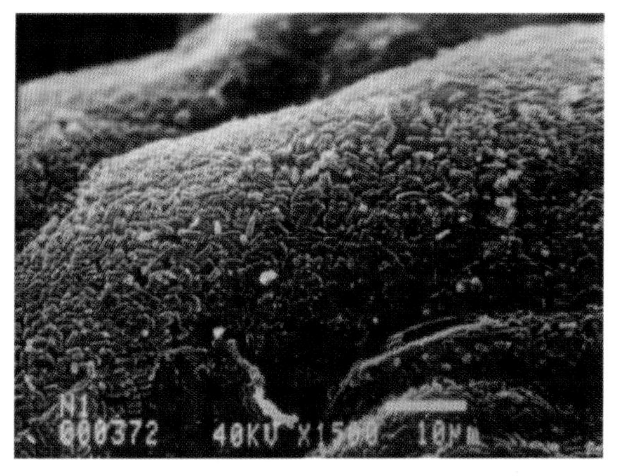

彩图19　健康鸡嗉囊黏膜壁细菌分布状况（×1500）
（牛钟相提供）

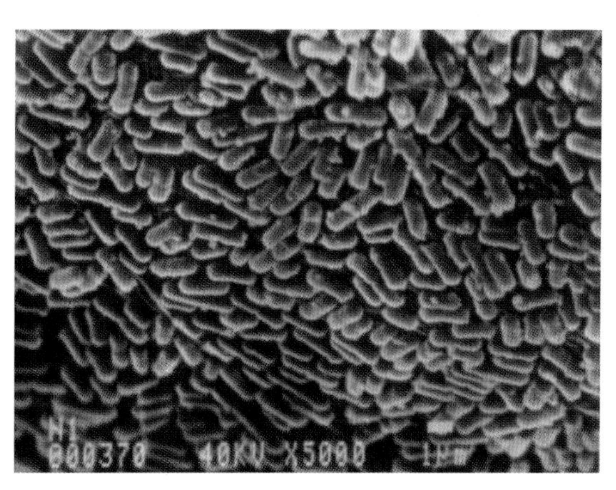

彩图20　健康鸡嗉囊黏膜壁细菌分布状况（×5000）
（牛钟相提供）

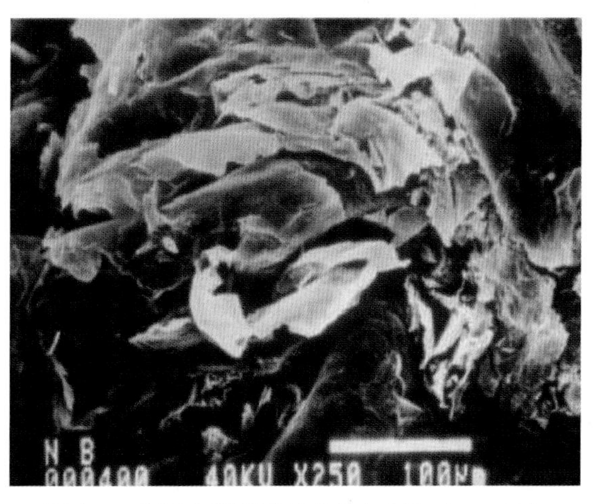

彩图21　腹泻病黏膜壁细菌分布状况（×1500）
（牛钟相提供）

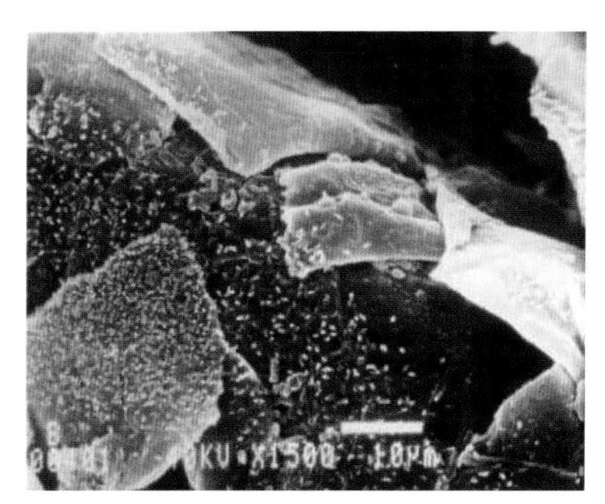

彩图22　腹泻病黏膜壁细菌分布状况（×5000）
（牛钟相提供）

彩图23　盲肠黏膜壁细菌分布状况（×3000）
（牛钟相提供）

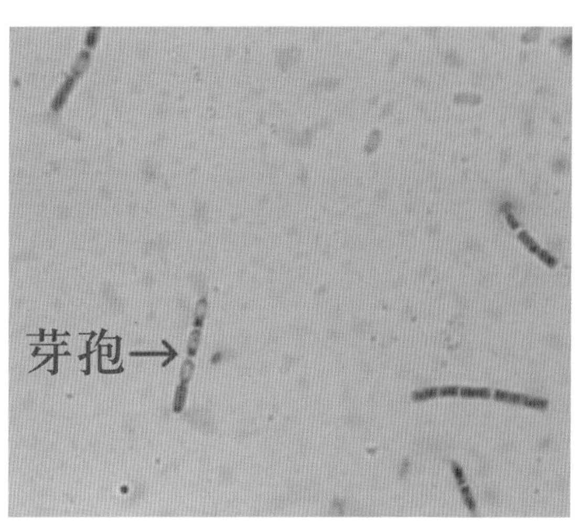

彩图24　杆菌的芽孢
（王彩霞提供）

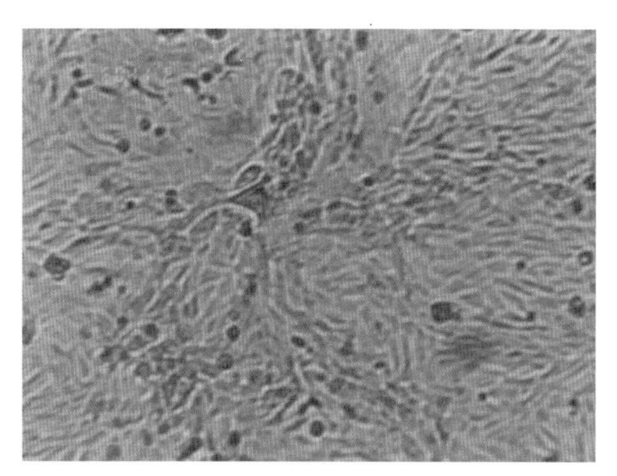

彩图25　接种病毒前正常的DK细胞
（郭洪梅提供）

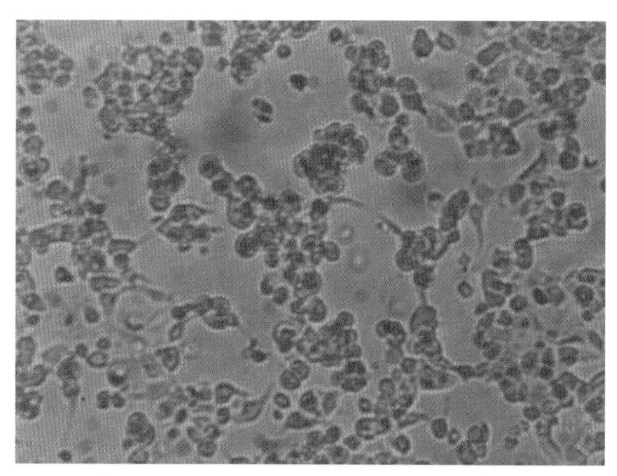

彩图26　接种病毒后DK细胞（CPE：细胞肿胀变圆、脱落，呈葡萄串样病变）
（郭洪梅提供）

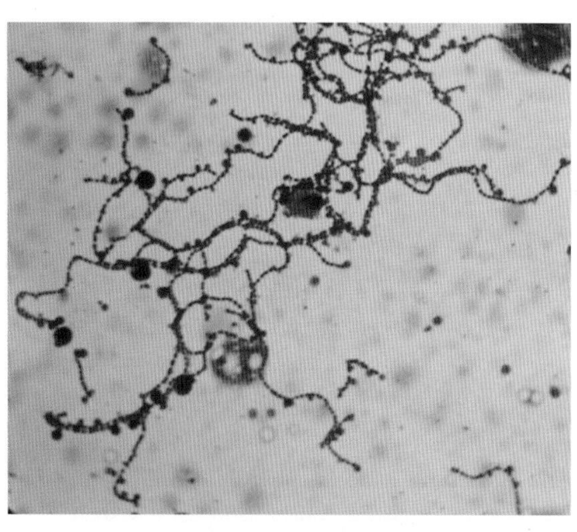

彩图27　无乳链球菌
（隋兆峰提供）

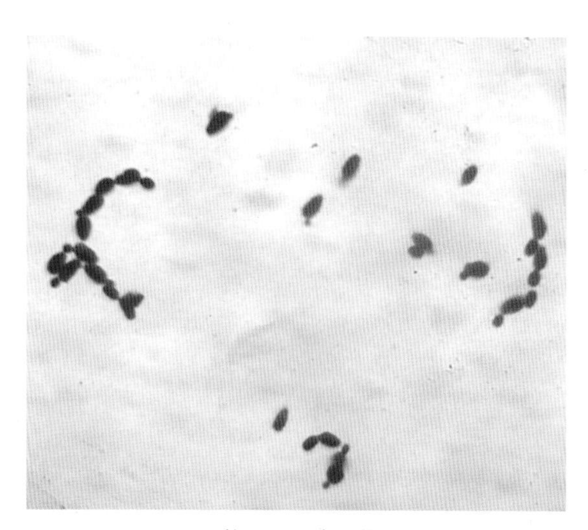

彩图28　酵母菌
（郭洪梅提供）

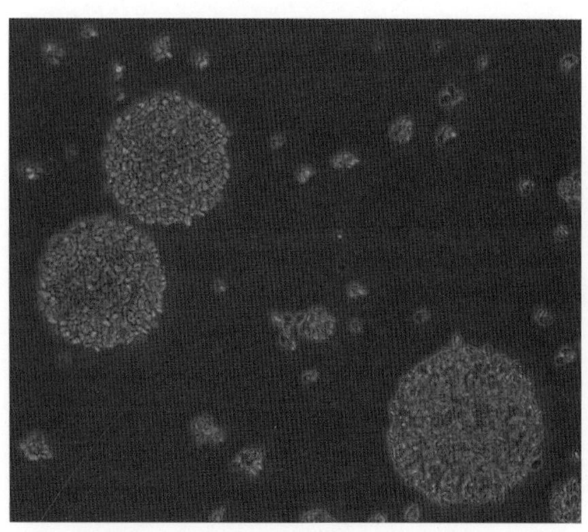

彩图29　鸡毒支原体菌落吸附红细胞现象
（隋兆峰提供）

彩图30　猪肺炎支原体菌落（×40）
（孙霞提供）

彩图31　靛基质试验（左为接种前的培养基；中为阴性结果；右为阳性结果）
（孙霞提供）

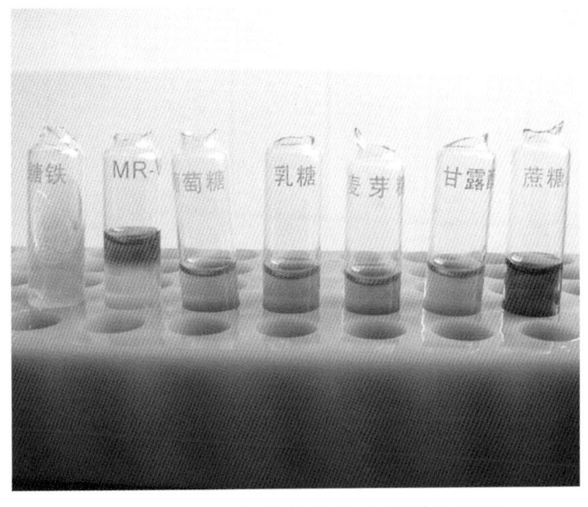

彩图32　大肠杆菌的部分生化试验结果
（郭洪梅提供）

彩图33　血浆凝固酶试验结果（左：+；右：−）
（王福红提供）

彩图34　半固体培养基穿刺培养结果
（王彩霞提供）

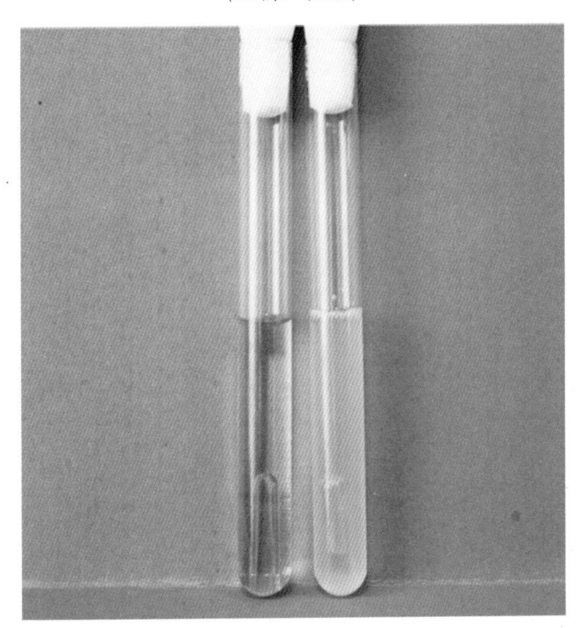

彩图35　大肠菌群在LST发酵管生长情况（左为接种前；右为接种后产气）
（王福红提供）

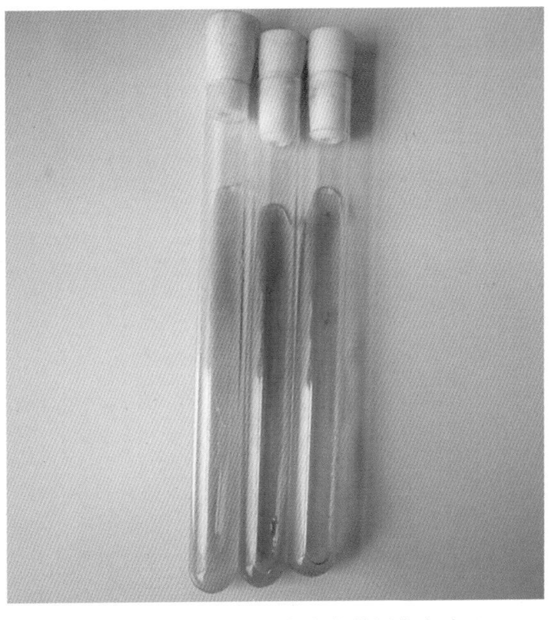

彩图36　绿脓杆菌产生的黄绿色色素
（孙霞提供）

彩图37　手提式高压蒸汽灭菌器
（郭洪梅提供）

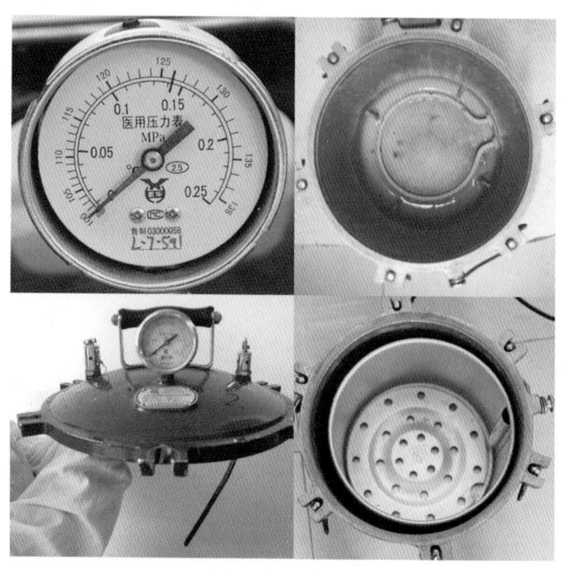

彩图38　手提式高压蒸汽灭菌器构造
（郭洪梅提供）

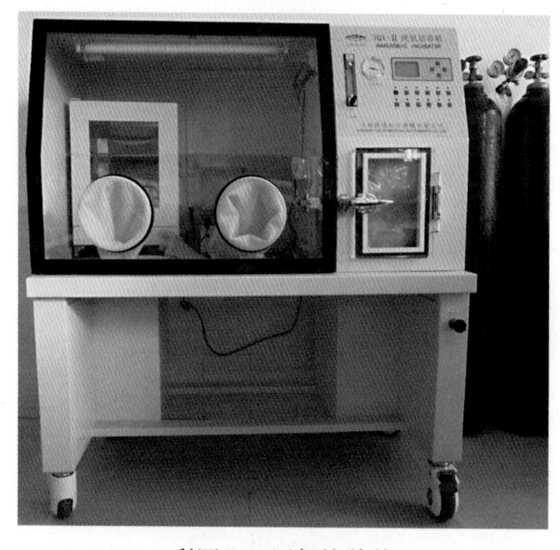

彩图39　厌氧培养箱
（袁东芳提供）

彩图40　电热干燥箱
（王彩霞提供）

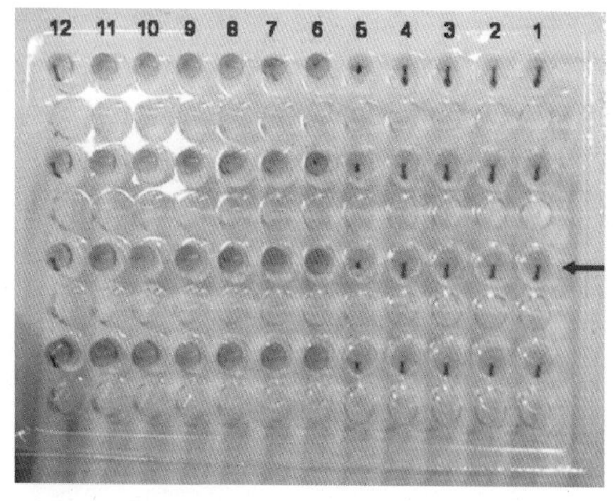

彩图41　HI试验结果（1　4孔RBC完全不凝集，血凝抑制价为4log2）
（郭洪梅提供）

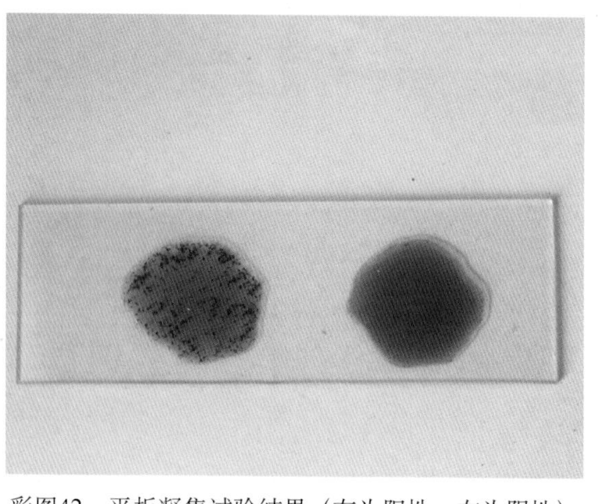

彩图42　平板凝集试验结果（左为阳性；右为阴性）
（王彩霞提供）